21世纪高等学校规划教材

Tumu Gongcheng Shigong

土木工程施工

钟春玲　张健为　主　编

中国质检出版社
中国标准出版社
北　京

图书在版编目（CIP）数据

土木工程施工/钟春玲，张健为主编．—北京：中国质检出版社，2013.3
21世纪高等学校规划教材
ISBN 978 - 7 - 5026 - 3364 - 6

Ⅰ．①土…　Ⅱ．①钟…②张…　Ⅲ．①土木工程 - 工程施工　Ⅳ．①TU7

中国版本图书馆 CIP 数据核字（2013）第 027095 号

内 容 提 要

本书包括土木工程施工技术与组织管理两方面的内容。施工技术部分包括土方工程、地基处理与基础施工、砌筑工程、钢筋混凝土工程、结构安装工程与钢结构工程、脚手架与垂直运输机械、防水工程和装饰工程等；施工组织部分包括施工组织概论、流水施工、网络计划技术和施工组织设计等。

本书按照最新国家规范、规程进行编写，适应土木工程施工技术和管理科学的发展，力求反映土木工程技术的飞速发展。教材可供高等学校工科类土木工程专业、工程管理专业、房地产专业及其他相关专业的师生作为教材，也可供土木类科研、设计、施工、监理等技术人员学习、参考。

中国质检出版社
中国标准出版社　出版发行

北京市朝阳区和平里西街甲 2 号（100013）
北京市西城区三里河北街 16 号（100045）

网址：www. spc. net. cn

总编室：（010）64275323　　发行中心：（010）51780235
读者服务部：（010）68523946
中国标准出版社秦皇岛印刷厂印刷
各地新华书店经销

*

开本 787×1092　1/16　印张 24　字数 604 千字
2013 年 3 月第一版　　2013 年 3 月第一次印刷

*

定价：49.00 元

本 书 编 委 会

主　编　钟春玲（吉林建筑工程学院）
　　　　张健为（大连大学）

副主编　周志军（陕西理工学院）
　　　　高　兵（吉林建筑工程学院）

参　编　刘　芳（吉林建筑工程学院）
　　　　张　华（长春工程学院）

审　阅　夏　瀛（吉林建筑工程学院）

序　言

伴随着近年来经济的空前发展和社会各项改革的不断深化，建筑业已成为国民经济的支柱产业和重要的经济增长点。该行业的快速发展对整个社会经济起到了良好的推动作用，尤其是房地产业和公路桥梁等各项基础设施建设的深入开展和逐步完善，也进一步促使整个国民经济逐步走上了良性发展的道路。与此同时，建筑行业自身的结构性调整也在不断进行，这种调整使其对本行业的技术水平、知识结构和人才特点提出了更高的要求，因此，近年来教育部对高校土木工程类各专业的发展日益重视，并连年加大投入以提高教育质量，以期向社会提供更加适应经济发展的应用型技术人才。为此，教育部对高等院校土木工程类各专业的具体设置和教材目录也多次进行了相应的调整，使高等教育逐步从偏重于理论的教育模式中脱离出来，真正成为为国家培养生产一线的高级技术应用型人才的教育，"十二五"期间，这种转化将加速推进并最终得以完善。为适应这一特点，编写高等院校土木工程类各专业所需教材势在必行。

针对以上变化与调整，由中国质检出版社牵头组织了 21 世纪高等学校规划教材的编写与出版工作，该套教材主要适用于高等院校的土木工程、工程监理以及道路与桥梁等相关专业。由于该领域各专业的技术应用性强、知识结构更新快，因此，我们有针对性地组织了中南林业科技大学、深圳大学、大连海洋大学以及北方工业大学等多所相关高校、科研院所以及企业中兼具丰富工程实践和教学经验的专家学者担当各教材的主编与主审，从而为我们成功推出该套框架好、内容新、适应面广的好教材提供了必要的保障，以此来满足土木工程类各专业普通高等教育的不断发展和当前全社会范围内建设工程项目安全体系建设的迫切需要；这也对培养素质全面、适应性强、有创新能力的应用型技术人才，进一步提高土木工程类各专业高等教育教材的编写水平起到了积极的推动作用。

针对应用型人才培养院校土木工程类各专业的实际教学需要，本系列教材的编写尤其注重了理论与实践的深度融合，不仅将建筑领域科技发展的新理论合理融入教材中，使读者通过对教材的学习可以深入把握建筑行业发展的全貌，而且也将建筑行业的新知识、新技术、新工艺、新材料编入教材中，使读者掌握最先进的知识和技能，这对我国新世纪应用型人才的培养大有裨益。相信该套教材的成功推出，必将会推动我国土木工程类高等教育教材体系建设的逐步完善和不断发展，从而对国家的新世纪人才培养战略起到积极的促进作用。

教材编审委员会

2012 年 12 月

前言 FOREWORD

　　"土木工程施工"是土木工程类专业的一门主要专业课。主要研究土木工程施工技术和施工组织的一般规律；土木工程中主要工种施工工艺及工艺原理；施工项目科学的组织和管理；土木工程施工中新技术、新材料、新工艺的发展和应用。

　　土木工程施工课程实践性强、知识面广、综合性强、发展速度快。本书结合实际情况，综合运用有关学科的基本理论和知识，以解决生产实践中的问题。理论联系实际，侧重于应用，着重基本理论、基本原理和基本方法的学习和应用，注意保证生产质量、安全生产、提高生产率和节约成本。

　　本书由吉林建筑工程学院、大连大学、陕西理工学院和长春工程学院参与编写，全书由吉林建筑工程学院钟春玲统稿。编写具体分工如下：

　　吉林建筑工程学院钟春玲：绪论；第一章；第二章。

　　大连大学张健为：第四章。

　　陕西理工学院周志军：第十章；第十一章；第十二章。

吉林建筑工程学院高兵：第七章；第八章；第九章。

吉林建筑工程学院刘芳：第六章。

长春工程学院张华：第三章；第五章；第十三章。

全书由吉林建筑工程学院夏瀛审阅。

由于编写时间仓促，水平有限，书中难免有不足之处，恳切希望读者批评指正。

编　者

2012 年 12 月

目 录 CONTENTS

绪　　论

一、本课程的地位与作用

"土木工程施工"是工程类院校土木工程专业的一门主要专业课,在土木工程施工技术和施工组织方面对学生进行分析问题和解决问题能力的培养,通过课程学习和实践环节使学生能够掌握有关土木工程施工的基本能力,对培养学生在土木工程领域的就业能力起着重要作用。

二、本课程主要研究内容

土木工程施工是一个实践过程,是一个将理想转变为现实的组织过程。无论是古代的穴居还是现代的高楼大厦,也无论是跨海大桥还是拦河大坝,凡是要将人们的设计转变为现实的,都需要经过土木工程施工人员的实践来实现。

确切地说,土木工程施工是研究土木工程施工技术、工艺原理和施工组织管理的一般规律的学科,是指通过良好的技术手段和有效的组织方法,按照工程设计图纸和说明书的要求,建成具有一定使用功能的土木工程结构物。建筑、桥梁和堤坝等土木工程的兴建要经过以下几个阶段:首先设计师根据功能要求进行设计;其次结构工程师通过结构计算,安全可靠地对设计师的意图进行保障;最后建造师按照图纸要求组织建造完成。

土木工程施工从内容上分为施工技术和施工组织两大部分。

施工技术主要研究土木工程中各工种工程的施工技术内容,结合具体施工对象的特点,为其制定各工种工程最合理的施工方法,确定最有效的技术措施,达到最优秀的质量要求。

施工组织是主要研究土木工程施工组织设计的科学性、可行性和有效性的一门科学,结合具体施工对象的特点,为其制定有效方案,合理使用人力、物力和空间,使土木工程施工得以有组织、有秩序、优质高效地进行。

通过本课程的学习,应掌握土木工程施工的基本理论和基本方法,学会根据工程特点和现场条件制定施工方案,并编制施工组织设计,具备解决土木工程施工中的施工技术和组织计划问题的初步能力。

三、本课程的特点

1. 涉及面广:本课程的学习,需要综合利用基础知识和专业知识解决实际问题,既要求基础知识牢固,又要求专业知识灵活。学科交叉广泛,如数学、力学、结构、材料、测量、机械等多学科的知识都是学好本课程的基础。

2. 实践性强:本课程以土木工程为背景,直接涉及工程问题,需要理论联系实际,课内与课外结合,课堂教学与现场实践结合,听课与自学结合。需重视现场参观、施工业务实习及课程设计等教学实践环节。

3. 发展迅速:随着现代土木工程施工技术、工艺、材料及管理等各方面的不断发展,更新速度非常迅速,《土木工程施工》课程的教学内容也在不断更新。需经常阅读土木工程施工方面的书刊杂志,随时了解国内外的最新动态。

四、掌握本课程的知识与将来就业方向的关系

1. 土木工程承包企业:从事技术和管理工作。

2. 建设单位:进行与工程发包和施工过程管理有关的工作。

3. 建设监理公司:受业主委托对工程施工全过程进行监理。

4. 政府行业管理职能部门:从事相应的管理工作。

5. 行业协会。

第一章　土方工程

第一节　概　述

土方工程是土木工程施工的主要工种工程之一。在土木工程施工过程中,首先要进行的就是场地平整和基坑开挖。土方工程对整个建筑工程的影响非常大,有时甚至是关键性的,特别是高层建筑的深基坑工程。土方工程包括一切土的爆破、挖掘、填筑、运输平整和压实等主要过程,以及排水、降水、土壁支撑等准备工作和辅助工程。在土木工程中,最常见的土方工程有:场地平整、基坑(槽)开挖、地坪填土、路基填筑及基坑回填土等。

土方工程的施工特点:

(1)工程量大,施工工期长。有些大型土木建设项目土方量可达几十万到数百万立方米,面积大,挖掘深,因此合理选择施工方法及施工机械对降低成本、缩短工期有着重要意义。

(2)施工条件复杂。土方工程施工多为露天作业,受建设地点的周围环境、气候条件、工程地质、水文地质条件的影响大,不确定因素多。因此,在组织土方工程施工前,应详细分析与核对各项技术资料,进行现场调查。根据现有施工条件,制定出技术可行且经济合理的施工设计方案。

(3)劳动强度大。土方工程施工由于受条件限制很难完全实现机械化作业,需要大量的人力进行作业,因此在土方施工前要合理选择施工方案,尽量降低工人劳动强度。

土方工程主要包括两类:

(1)场地平整,达到开工所要求的"三通一平"。如设计报告的确定;土方量的计算;土方调配以及挖、运、填的机械化施工。

(2)建(构)筑物和其他地下工程的开挖与回填。如支护结构的设计与施工;开挖前的降水和开挖后的排水;土方机械化开挖以及回填土的压实或夯实等。

一、土的工程分类

土的种类繁多,其分类法也很多,如在《土方与爆破工程施工及验收规范》(GBJ 201—83)中,根据土的颗粒级配或塑性指数,将土分为碎石类土、砂土和黏性土;根据土的沉积年代,将黏性土分为老黏性土、一般黏性土和新近沉积黏性土;根据土的工程特性,将土分出特殊性土,如:软土、人工填土、黄土、膨润土、红黏土、盐渍土和冻土。

GB 50007—2002《建筑地基基础设计规范》对土的分类方法为:从土木工程施工的角度,按土的开挖难易程度不同,可将土石分为八类,(见表1－1)。各类土的工程性质将直接影响支护结构设计、施工方法、劳动量消耗和工程费用。可根据土的工程分类选择施工方法和确定劳动量,为计算劳动力、机具及工程费用提供依据。

表 1-1 土的工程分类

类别	土的名称	开挖方法及工具	可松性系数	
			K_s	K_s'
第一类 (松软土)	砂,粉土,冲积砂土层,种植土,泥炭(淤泥)	用锹、锄头挖掘	1.08~1.17	1.01~1.04
第二类 (普通土)	粉质黏土,潮湿的黄土,夹有碎石、卵石的砂,种植土,填筑土和粉土	用锹、锄头挖掘,少许用镐翻松	1.14~1.28	1.02~1.05
第三类 (坚土)	软土及中等密实黏土,重粉质黏土,粗砾石,干黄土及含碎石、卵石的黄土、粉质黏土、压实的填筑土	主要用镐,少许用锹、锄头,部分用撬棍	1.24~1.30	1.04~1.07
第四类 (砾砂坚土)	重黏土及含碎石、卵石的黏土,粗卵石,密实的黄土,天然级配砂石,软泥灰岩及蛋白石	先用镐、撬棍,然后用锹挖掘,部分用锲子及大锤	1.26~1.37	1.06~1.09
第五类 (软石)	硬石炭及黏土,中等密实的页岩、泥灰岩、白垩土,胶结不紧的砾岩,软的石灰岩	用镐或撬棍、大锤,部分用爆破方法	1.30~1.45	1.10~1.20
第六类 (次坚石)	泥岩,砂岩,砾岩,坚实的页岩、泥灰岩,密实的石灰岩,风化花岗岩、片麻岩	用爆破方法,部分用风镐	1.30~1.45	1.10~1.20
第七类 (坚石)	大理岩,辉绿岩,玢岩,粗、中粒花岗岩,坚实的白云岩、砾岩、砂岩、片麻岩、石灰岩,风化痕迹的安山岩、玄武岩	用爆破方法	1.30~1.45	1.10~1.20
第八类 (特坚石)	安山岩,玄武岩,花岗片麻岩,坚实的细粒花岗岩,闪长岩,石英岩,辉长岩、辉绿岩,玢岩	用爆破方法	1.45~1.50	1.20~1.30

注:K_s——最初可松性系数;K_s'——最终可松性系数。

二、土的工程性质

(一)土的可松性

天然状态下的土,经开挖后,其体积因松散而增大,以后虽经回填压实,仍不能完全恢复到原来的体积,土的这种性质称为土的可松性。土的可松性程度用可松性系数表示,见式(1-1)、式(1-2)即:

$$K_s = \frac{V_2}{V_1}$$

$$(1-1)$$

$$K'_s = \frac{V_3}{V_1} \qquad (1-2)$$

式中：K_s——土的最初可松性系数；

K'_s——土的最终可松性系数；

V_1——土在天然状态下的体积，m^3；

V_2——土经开挖后的松散体积，m^3；

V_3——土经回填压实后的体积，m^3。

由于土方工程量是以自然状态的体积来计算的，所以在进行土方的平衡调配、计算填方所需挖方体积、确定基坑（槽）开挖时的留弃土量以及计算运土机具数量时，应考虑土的可松性。在土方施工过程中，K_s 是计算挖方工程量、运输工具数量和挖土机械生产率的重要参数；K'_s 是计算场地平整标高和填方所需土方工程量的重要参数。

（二）土的天然含水量

在天然状态下，土中所含水的质量与土的固体颗粒质量之比的百分率，称为土的含水量，用 ω 表示，见式（1-3）。它表示土的干湿程度。

$$\omega = \frac{m_w}{m_s} \times 100\% \qquad (1-3)$$

式中：m_w——土中水的质量（kg），为含水状态时土的质量与烘干后土的质量之差；

m_s——土中固体颗粒的质量（kg），为烘干后土的质量。

土的含水量影响土方施工方法的选择和填土的质量，土的含水量过高（超过 25% ~ 30%）给机械施工带来困难，而在回填土时要求土具有最佳含水量，土的含水量对土方边坡稳定性也有一定影响。

（三）原状土经机械压实后的沉降量

原状土经机械往返压实或其他压实措施压实后，会产生一定的沉陷，根据不同的土质，其沉陷量在 3 ~ 30cm 之间。可按下述经验公式计算，见式（1-4）：

$$S = \frac{p}{C} \qquad (1-4)$$

式中：S——原状土经机械压实后的沉降量，cm；

p——机械压实的有效作用力，kg/cm^2；

C——原状土的抗陷系数，kg/cm^3，可按表 1-2 取值。

表 1-2　不同土的 C 值参考表

原状土质	C/MPa	原状土质	C/MPa
沼泽土	0.01 ~ 0.015	大块胶结的砂、潮湿黏土	0.035 ~ 0.06
凝滞的土、细粒砂	0.018 ~ 0.025	坚实的黏土	0.1 ~ 0.125
松砂、松湿黏土、耕土	0.025 ~ 0.035	泥灰石	0.13 - 0.18

（四）土的渗透性

土的渗透性即指土体被水所透过的性质，也称土的透水性。土的渗透性一般用渗透系

数 k 表示。土体孔隙中的自由水在重力作用下会发生流动,当基坑开挖至地下水位以下,地下水在土中渗透时受到土颗粒的阻力,其大小与土的渗透性及地下水渗流路线长短有关。法国学者达西根据下图中所示的砂土渗透试验(如图1-1),发现渗流速度 v 与水力坡度 i 成正比。

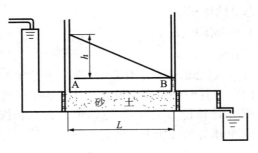

图1-1 达西试验

水力坡度 λ 是 A、B 两点的水位差 h(斜体的高度)与渗流路程长度 L(斜体的长度)之比,即斜率。显然,渗流速度 v 与 A、B 两点水位差 h 成正比,与渗流路程长度 L 成反比。比例系数 K 称土的渗透系数(m/d)。即:

$$v = K \cdot i = K\frac{h}{L} \tag{1-5}$$

渗透系数是反映土体渗透性强弱的一个指标。土的渗透性主要取决于土体的孔隙特征和水力坡度,不同的土其渗透性不同。当基坑开挖至地下水位以下时,需采用人工降水,降水方法的选择与渗透系数有关。渗透系数 K 可以通过室内渗透试验或现场抽水试验测定,表1-3的数值可供参考。

表1-3 土壤渗透系数

土壤的种类	$K/(\text{m/d})$	土壤的种类	$K/(\text{m/d})$
亚黏土、黏土	<0.1	含黏土的中砂及纯细砂	20~25
亚黏土	0.1~0.5	含黏土的细砂及纯中砂	35~50
含亚黏土的粉砂	0.5~1.0	纯粗砂	50~75
纯粉砂	1.5~5.0	粗砂夹砾石	50~100
含黏土的细砂	10~15	砾 石	100~200

（五）土的其他性质

土的性质中,也有对土方工程施工产生影响,如土的压缩性、土的密实度、土的抗剪强度、土压力等,这些内容在土力学中有详细分析,在此不再赘述。

【例1-1】某建筑物外墙为条形毛石基础,基础平均截面面积为3.0m,基槽截面如图所示,地基土为三类土（$K_s = 1.30$ $K'_s = 1.05$）,计算100延米长基槽土挖方量、填方量和弃土量。

解:(1)计算挖方量

$$V_1 = (a + 2c + mH)HL = (1.5 + 1/2 \times 2.0) \times 2.0 \times 100 = 500\text{m}^3$$

（2）计算填方量

$$V_2 = \frac{500 - 3 \times 100}{1.05} = 190 \text{m}^3$$

（3）计算弃土量

$$V_3 = (500 - 190) \times 1.30 = 403 \text{m}^3$$

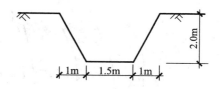

第二节　场地平整

土木工程开工之前一般都要进行场地平整，场地平整就是将自然地面平整为工程所要求的平面。场地平整前，要确定场地设计标高；计算挖方和填方的土方量；确定挖方和填方的平衡调配方案；并根据工程规模、工期要求、土的性质以及现有的机械设备条件，选择土方机械，拟订施工方案。

一、确定场地设计标高

场地平整首先需要确定场地的设计标高，确定场地的设计标高时应考虑以下因素：①应满足规划要求和生产工艺及运输的要求；②尽量利用地形，以减少填、挖土方的数量；③根据具体条件，争取场区内的挖、填方平衡，使土方运输费用最少；④有一定的泄水坡度，满足排水要求。考虑到市政排水、道路和城市规划等因素，应按照设计文件中明确规定的设计标高进行场地平整。若设计文件无规定时，可采用"挖填土方量平衡法"或"最佳设计平面法"来确定。

（一）初步确定场地设计标高

1. 挖填土方量平衡法确定场地设计标高

对于小型场地平整，原地形比较平缓，对场地设计标高无特殊要求，可按"挖填土方量平衡法"确定场地设计标高。此法只能使挖方量与填方量平衡，而不能保证总土方量最小，但由于其计算简便，精度也能满足一般施工要求，所以实际施工时经常采用。

用"挖填土方量平衡法"确定场地设计标高，可参照下述步骤和方法确定。

计算前先将场地平面划分成若干方格网，并根据地形图将每个方格的角点标高标注于图上。根据挖填平衡的原则计算场地的设计标高，即：总挖方量等于总填方量，平整前后的土方量相等。

具体步骤如下：

（1）将场地平面划分成方格网［方格网边长 $a = 10 \sim 40\text{m}$］，如图 1 - 2；

（2）确定出各方格角点的自然地面标高（在地形平坦时，可根据地形上相邻两条等高线的高程，用线插入法求得；当地形起伏大，用插入法有较大误差，或者无地形图时，可在现场用木桩打好方格网，然后用实地测量的方法求得）；

（3）按照挖填平衡的原则，场地设计标高可按下式计算：

$$na^2 z_0 = \sum_{i=1}^{n} \left(a^2 \frac{z_{11} + z_{12} + z_{13} + z_{14}}{4} \right)$$

$$z_0 = \frac{1}{4n} \left(\sum z_{11} + 2\sum z_{12} + 3\sum z_{13} + 4\sum z_{14} \right)$$

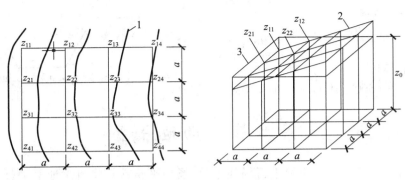

图 1-2 场地设计标高计算简图

1—等高线;2—自然地面;3—设计标高平面

$$z_0 = \frac{1}{4n}\left(\sum z_1 + 2\sum z_2 + 3\sum z_3 + 4\sum z_4\right) \qquad (1-6)$$

式中：　　　n——方格数;

　　　　　z_0——所计算场地的设计标高,m;

$z_{11},z_{12},z_{13},z_{14}$——Ⅰ方格四个角点的标高,m;

　　　　　z_1——一个方格仅有的角点标高,m;

　　　　　z_2——二个方格共有的角点标高,m;

　　　　　z_3——三个方格共有的角点标高,m;

　　　　　z_4——四个方格共有的角点标高,m。

2. 最佳设计平面法确定场地设计标高

当进行大型场地平整,并要求使挖填方平衡和总的土方量最小时,应采用"最佳设计平面法"。"最佳设计平面法"就是应用最小二乘法的原理,将场地划分成方格网,使场地内方格网各角点施工高度的平方和为最小,由此计算出的设计平面,既可满足挖方量与填方量平衡,又能保证总的土方量最小,因此称为"最佳设计平面"。

当地形比较复杂,可根据工艺要求和地形,预先把场区划分成几个平面,分别计算出各最佳设计平面的各个参数。然后适当修正各设计平面交界处的标高,使场区平面的变化缓和且连续。由此可见,确定每个平面的最佳设计平面是"最佳设计平面法"确定场地设计标高的基础。

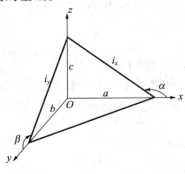

设计平面是一个三维问题,如图 1-3 所示,按照解析几何学,一个平面在空间中的位置用直角坐标系可表示为[见式(1-7)]：

$$\frac{x}{a} + \frac{y}{b} + \frac{z}{c} = 1 \qquad (1-7)$$

式中:a、b、c——平面与直角坐标系相交点到坐标原点的距离。

式(1-7)两边同时乘以c,有：

$$x\frac{c}{a} + y\frac{c}{b} + z = c$$

图 1-3 平面的空间位置

设设计平面同坐标平面在 x 轴、y 轴的夹角分别为 α、β,则：

$$\tan \alpha = i_x = -\frac{c}{a}$$

$$\tan \beta = i_y = -\frac{c}{b} \qquad (1-8)$$

式中：i_x 及 i_y——设计平面沿坐标 x 及 y 的坡度。

则有：

$$z = c + xi_x + yi_y \qquad (1-9)$$

假设在工程中需要平整场区内有若干点，它们的坐标分别为：

$1(x_1,y_1,z_1),2(x_2,y_2,z_2),\cdots\cdots n(x_n,y_n,z_n)$，当参数 c、i_x 及 i_y 已知时，则场区上相应点的设计标高为：

$$z_1' = c + x_1 i_x + y_1 i_y$$
$$z_2' = c + x_2 i_x + y_2 i_y$$
$$\cdots\cdots\cdots\cdots\cdots\cdots \qquad (1-10)$$
$$z_n' = c + x_n i_x + y_n i_y$$

由此可得设计平面上各相应点的施工高度（即填挖深度）为：

$$H_1 = c + x_1 i_x + y_1 i_y - z_1$$
$$H_2 = c + x_2 i_x + y_2 i_y - z_2$$
$$\cdots\cdots\cdots\cdots\cdots\cdots \qquad (1-11)$$
$$H_n = c + x_n i_x + y_n i_y - z_n$$

式（1-11）中，H_i 为各角点施工高度，计算结果为正值则表示该点的设计标高大于地面标高，即该点应是填土区；反之，则应是挖土区。

根据最小二乘法原理，该设计平面能满足土方工程量最小和保证填挖方量相等的最佳条件，则：

$$\sigma = \sum_{i=1}^{n} P_i H_i^2 = P_1 H_1^2 + P_2 H_2^2 + \cdots\cdots + P_n H_n^2 = 最小 \qquad (1-12)$$

将公式（1-11）代入（1-12），并对参数 c、i_x 及 i_y 分别求偏导数，令其等于 0，整理成准则方程为：

$$[P]c + [Px]i_x + [Py]i_y - [Pz] = 0$$
$$[Px]c + [Pxx]i_x + [Pxy]i_y - [Pxz] = 0 \qquad (1-13)$$
$$[Py]c + [Pxy]i_x + [Pyy]i_y - [Pyz] = 0$$

式中：$[P] = P_1 + P_2 + \cdots\cdots + P_n$

$[Px] = P_1 x_1 + P_2 x_2 + \cdots\cdots + P_n x_n$

$[Pxx] = P_1 x_1 x_1 + P_2 x_2 x_2 + \cdots\cdots + P_n x_n x_n$

$[Pxy] = P_1 x_1 y_1 + P_2 x_2 y_2 + \cdots\cdots + P_n x_n y_n$

根据式（1-13）便可求出最佳设计平面的三个参数 c、i_x、i_y。然后根据式（1-11）计算出各点的施工高的 H_i。在实际计算时，可采用列表方法（见表1-4）。最后一列的和 $[PH]$ 可用于检验计算结果，当 $[PH]=0$，则计算无误。

（二）场地设计标高的调整

理论上确定了场地的设计标高 z_0 后，在实际工程中，还应考虑以下因素进行调整。

表1-4　最佳设计平面计算表

1	2	3	4	5	6	7	8	9	10	11	12	13	14	15
点号	y	x	z	P	P_x	P_y	P_z	P_{xx}	P_{xy}	P_{yy}	P_{xz}	P_{yz}	H	PH
0	…	…	…	…	…	…	…	…	…	…	…	…	…	…
1	…	…	…	…	…	…	…	…	…	…	…	…	…	…
2	…	…	…	…	…	…	…	…	…	…	…	…	…	…
3	…	…	…	…	…	…	…	…	…	…	…	…	…	…
…	…	…	…	…	…	…	…	…	…	…	…	…	…	…
				$[P]$	P_x	$[P_y]$	$[P_z]$	$[P_{xx}]$	$[P_{xy}]$	$[P_{yy}]$	$[P_{xz}]$	$[P_{yz}]$		$[PH]$

（1）考虑土的可松性影响，土方开挖后其体积会增大，按设计 z_0 进行施工填土将有剩余，因此需相应提高设计标高，以求达到实际挖、填土方量平衡。如图1-4所示。

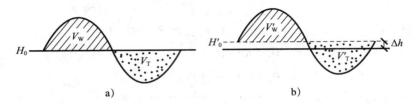

图1-4　土的可松性对设计标高的影响

设 Δh 为考虑土的可松性而引起的设计标高的增加值，则总挖方体积 V_W 应减少 $F_W \Delta h$，即：

$$V'_W = V_W - F_W \Delta h$$

式中：V'_W——设计标高调整后的总挖方体积；

V_W——设计标高调整前的总挖方体积；

F_W——设计标高调整前的挖方区总面积。

根据土的可松性进行场地设计标高调整后，总填方体积变为：

$$V'_T = V'_W K'_s = (V_W - F_W \Delta h) K'_s$$

同时，填方区标高也与挖方区的标高一样提高 Δh，因此可求得设计标高增加值为：

$$\Delta h = \frac{V'_T - V_T}{F_T} = \frac{(V_W - F_W \Delta h) K'_s - V_T}{F_T} = \frac{V_W(K'_s - 1)}{F_T + F_W K'_s}$$

式中：V'_T——设计标高调整后的总填方体积；

V_T——设计标高调整前的总填方体积；

F_T——设计标高调整前的填方区总面积。

故考虑土的可松性后，调整后场区的设计标高为［见式（1-14）］：

$$z'_0 = z_0 + \Delta h \tag{1-14}$$

（2）由于设计标高以上的各种填方工程而影响设计标高的降低，或者由于设计标高以下的各种挖方工程二影响设计标高的提高，因此应考虑工程余土和工程用土，相应提高或降低设计标高。

（3）根据经济比较结果，如采用场外就近取土或场外就近弃土的施工方案，引起挖、填土方量的变化,需将设计标高进行调整。

(三)考虑泄水坡度最后确定场地设计标高

按上述计算和调整后的设计标高得到的设计平面为一水平面,实际场地都有排水要求,因此均应有一定的泄水坡度。工程中应根据场地泄水坡度要求,计算出场地内各方格角点实际施工时所采用的设计标高。平整后场地的泄水坡度应符合设计要求,如无设计要求时,应沿排水方向做成不小于 0.2% 的泄水坡度。

1. 单向泄水

在图 1-5 中,泄水方向仅为 X 方向或者仅为 Y 方向时,场地内采取单向泄水的方式。单向泄水时,场地各方格角点的设计标高为[见式(1-15)]:

$$z_i' = z_0' \pm li \qquad (1-15)$$

2. 双向泄水

在图 1-5 中,在 X 方向和 Y 方向同时进行泄水时,则场地内采取双向泄水的方式。双向泄水时,场地各方格角点的设计标高为[见式(1-16)]:

$$z_i' = z_0' \pm l_x i_x \pm l_y i_y \qquad (1-16)$$

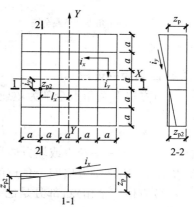

图 1-5 场地泄水坡度

二、场地平整土方量的计算

场地平整土方量的计算,通常采用"方格网法"。计算过程中,根据方格网各方格角点的自然地面标高和实际采用的设计标高,求出相应的角点填挖高度(即施工高度)后,计算每一个方格的土方量,并计算出场地边坡的土方量。这样便可求得整个场地的填、挖土方总量,具体计算步骤如下。

(一)计算各方格角点的施工高度 H_i[见式(1-17)]

$$H_i = z_i' - z_i \qquad (1-17)$$

式中:H_i——角点施工高度," + "为填方高度," - "为挖方高度

z_i'——角点的设计标高;

z_i——角点的自然地面标高。

(二)计算零点位置,确定零线

零点位置就是在一个方格网上,施工高度为零的点的位置。连接零点就得到零线,零线即挖方区与填方区的交线,在零线上,施工高度为零。

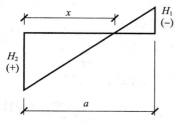

图 1-6 零点位置确定示意图

要确定零线,应先确定零点,当方格的两个角点一挖一填时,如图 1-6 所示,两角点连线上的挖填分界点即为零点,其位置可按下式计算:

将方格网各相邻边线上的零点连接起来,即为零线。在实际工作中,为了省略计算,零点也可用图解法直接求得。即用尺子按比例相连,直接找到零点位置,这种方法很方便,同时可以避免计算或查表出错。

（三）计算各方格挖、填土方量

场区土方量的计算方法，有"四角棱柱体法"和"三角棱柱体法"。

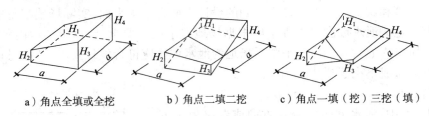

a）角点全填或全挖　　　b）角点二填二挖　　　c）角点一填（挖）三挖（填）

图 1 – 7　四方棱柱体的体积计算

1. 四角棱柱体法

（1）方格四个角点全部为填或全部为挖［见图 1 – 7a)］时［见式（1 – 18）］：

$$V = \frac{a^2}{4}(H_1 + H_2 + H_3 + H_4) \tag{1-18}$$

式中：　　　　V——挖方或填方体积（m^3）；

H_1, H_2, H_3, H_4——方格四个角点的填挖高度，均取绝对值（m）。

（2）方格四个角点，部分是挖方，部分是填方［见图 1 – 7b)和 c)］时［见式（1 – 19）、式（1 – 20）］：

$$V_填 = \frac{a^2}{4} \frac{(\sum H_填)^2}{\sum H} \tag{1-19}$$

$$V_挖 = \frac{a^2}{4} \frac{(\sum H_挖)^2}{\sum H} \tag{1-20}$$

式中：$\sum H_{填（挖）}$——方格角点中填（挖）方施工高度的总和，取绝对值（m）；

$\sum H$——方格四角点施工高度之总和，取绝对值（m）。

2. 三角棱柱体法

计算时先把方格网顺地形等高线，将各个方格划分成三角形。根据各角点施工高度符号的不同，零线可能将三角形划分为两种情况，即全部为挖方或填方区以及部分挖方和填方区（见图 1 – 8）。

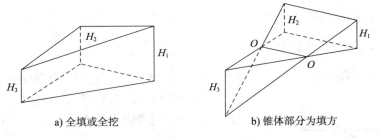

a) 全填或全挖　　　　　b) 锥体部分为填方

图 1 – 8　三角棱柱体的体积计算

（1）当三角形三个角点全部为挖或全部为填时［见图 1 – 8a)］，见式（1 – 21）：

$$V = \frac{a^2}{6}(H_1 + H_2 + H_3) \tag{1-21}$$

式中：H_1, H_2, H_3——三角形各角点的施工高度，m，用绝对值代入。

（2）三角形三个角点有填有挖时,零线将三角形分成两部分,一个是底面为三角形的锥体,一个是底面为四边形的楔体[见图1－8b]。

其中锥体部分的体积为[见式(1－22)]：

$$V_锥 = \frac{a^2}{6} \frac{H_3^3}{(H_1+H_3)(H_2+H_3)} \tag{1－22}$$

楔体部分的体积为[见式(1－23)]：

$$V_楔 = \frac{a^2}{6}\left[\frac{H_3^3}{(H_1+H_3)(H_2+H_3)} - H_3 + H_2 + H_1\right] \tag{1－23}$$

式中:H_1,H_2,H_3——分别为三角形各角点的施工高度,m,取绝对值,其中H_3指的是锥体顶点的施工高度。

（四）计算场地边坡土方量

为了保持土体的稳定和施工安全,挖方和填方的边沿均应做成一定坡度的边坡。边坡的土方量可分为两种近似几何形体,即三角棱锥体和三角棱柱体。

三角棱锥体体积为：
$$V = \frac{1}{3}Fl$$

三角棱柱体体积为：
$$V = \frac{F_1+F_2}{2}l$$

式中:F——边坡的端面积;

l——边坡的长度;

F_1、F_2——边坡两端横断面面积相差较大时,边坡两端的端面积。

（五）计算总土方量

将挖方区(或填方区)的所有方格土方量和边坡土方量汇总后即得到场地平整挖(填)方的工程量。

【例1－2】一建筑场地方格网及各方格角点标高如图1－9所示,方格网边长为20m,双向泄水坡度 $i_x = 0.3\%$,$i_y = 0.2\%$,试按挖填平衡的原则确定场地设计标高(不考虑可松性的影响),并计算场地平整的土方量(不考虑边坡土方量)。

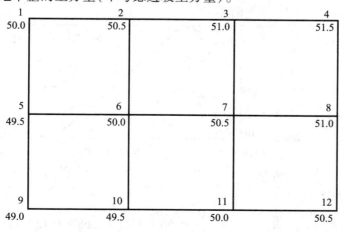

图1－9

解:(1)确定场地内各方格角点的设计标高

$$z_0 = \frac{\sum z_1 + 2\sum z_2 + 3\sum z_3 + 4\sum z_4}{4n}$$

$\sum z_1 = 50.00 + 51.50 + 49.0 + 50.5 = 201m$

$2\sum z_2 = 2 \times (50.5 + 51.0 + 49.5 + 51.0 + 49.5 + 50.0) = 603m$

$3\sum z_3 = 0$

$4\sum z_4 = 4 \times (50.0 + 50.5) = 402m$

$$z_0 = \frac{201 + 603 + 402}{4 \times 6} = 50.25m$$

$z_i' = z_0 \pm l_x i_x \pm l_y i_y$，代入 $z_1' = 50.25 - 30 \times 0.3\% + 20 \times 0.2\% = 50.20m$

同理

$z_2' = 50.26m$　　$z_3' = 50.32m$　　$z_4' = 50.38m$　　$z_5' = 50.16m$　　$z_6' = 50.22m$　　$z_7' = 50.28m$

$z_8' = 50.34m$　　$z_9' = 50.12m$　　$z_{10}' = 50.18m$　　$z_{11}' = 50.24m$　　$z_{12}' = 50.30m$

(2)计算各角点的施工高度;标出场地零线

$$H_i = z_i' - z_i,$$

$$H_1 = 50.20 - 50.00 = 0.20m$$

同理

$H_2 = -0.24m$　　$H_3 = -0.68m$　　$H_4 = -1.12m$　　$H_5 = 0.66m$　　$H_6 = 0.22m$　　$H_7 = -0.22m$

$H_8 = -0.66m$　　$H_9 = 1.12m$　　$H_{10} = 0.68m$　　$H_{11} = 0.24m$　　$H_{12} = -0.20m$

用图解法确定零线

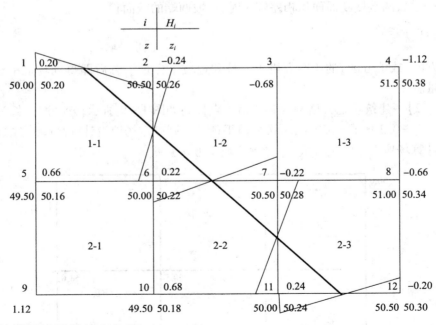

(3)计算场地平整的土方量

2-1 为全填方格

$$V_{2-1} = \frac{a^2}{4}(H_1 + H_2 + H_3 + H_4) = \frac{20^2}{4}(0.66 + 0.22 + 0.68 + 1.12) = 268m^3(\ +\ )$$

1-3 为全挖方格

$$V_{1-3} = \frac{20^2}{4}(0.68 + 1.12 + 0.66 + 0.22) = 268\text{m}^3 \ (-)$$

1-1 为三填一挖方格

$$V_{1-1填} = \frac{a^2(\sum H_填)^2}{4\sum H} = \frac{20^2}{4} \times \frac{(0.20 + 0.66 + 0.22)^2}{0.20 + 0.66 + 0.22 + 0.24} = 88.36\text{m}^3 \ (+)$$

$$V_{1-1挖} = \frac{a^2(\sum H_挖)^2}{4\sum H} = \frac{20^2}{4} \times \frac{(0.24)^2}{0.20 + 0.66 + 0.22 + 0.24} = 4.36\text{m}^3 \ (-)$$

1-2 为三挖一填方格

$$V_{1-2挖} = \frac{a^2(\sum H_挖)^2}{4\sum H} = \frac{20^2}{4} \times \frac{(0.24 + 0.68 + 0.22)^2}{0.24 + 0.68 + 0.22 + 0.22} = 99.56\text{m}^3 \ (-)$$

$$V_{1-2填} = \frac{a^2(\sum H_填)^2}{4\sum H} = \frac{20^2}{4} \times \frac{(0.22)^2}{0.24 + 0.68 + 0.22 + 0.22} = 3.56\text{m}^3 \ (+)$$

2-2 为三填一挖方格

$$V_{2-2填} = V_{1-2挖} = 99.56\text{m}^3 \ (+)$$
$$V_{2-2挖} = V_{1-2填} = 3.56\text{m}^3 \ (-)$$

2-3 为三挖一填方格

$$V_{2-3挖} = V_{1-1填} = 88.36\text{m}^3 \ (-)$$
$$V_{2-3填} = V_{1-1挖} = 4.36\text{m}^3 \ (+)$$

平整场地总土方量为

$$\sum V_填 = 268 + 88.36 + 3.56 + 99.56 + 4.36 = 463.84\text{m}^3 \ (+)$$
$$\sum V_挖 = 4.36 + 99.56 + 43.56 + 88.36 = 463.84\text{m}^3 \ (-)$$

三、土方调配

土方调配的目的就是使在土方总运输量最小($\text{m}^3 \cdot \text{m}$)或土方运输成本最低(元)的条件下,确定填挖方区土方的调配方向和数量,从而达到缩短工期和降低成本的目的。进行土方调配,必须综合考虑工程和现场情况、有关技术资料、进度要求和土方施工方法。经过全面研究,确定调配原则之后,即可着手进行土方调配工作:划分土方调配区、计算土方的平均运距(或单位土方的施工费用)、确定土方的最优调配方案。

(一)土方调配原则

(1)应力求达到挖方与填方基本平衡和就近调配,使挖方量与运距的乘积之和尽可能为最小,即土方运输量或费用最小;

(2)土方调配应考虑近期施工与后期利用相结合的原则,考虑分区与全场相结合的原则,还应尽可能与大型地下建筑物的施工相结合,以避免重复挖运和场地混乱;

(3)合理布置挖、填分区线,选择恰当的调配方向、运输线路,使土方机械和运输车辆能得到充分发挥;

(4)好土用在回填质量要求高的地区。

总之,在进行土方调配时,必须根据现场具体情况、有关技术资料、工期要求、土方施工方法与运输方法综合考虑,并按上述原则,经过计算比较,来选择经济合理的调配方案。

(二)土方调配区的划分,平均运距和土方施工单价的确定

1. 调配区的划分原则

进行土方调配,首先要划分调配区,划分调配区时应注意:

(1)调配区的划分应与拟建工程的位置相协调,并考虑他们的施工顺序和分区施工的要求;

(2)调配区的大小应满足主导施工机械(铲运机、挖土机等)的行进操作要求;

(3)调配区的范围应与测量方格网相协调,通常由若干个方格组成一个调配区;

(4)如需就近取土或就近弃土,取土区或弃土区都可作为一个调配区。

2. 平均运距的确定

当采用铲运机或推土机平土时,平均运距为某一挖土调配区到某一填方调配区的土方重心的距离。一般情况下,为便于计算,都是假定调配区平面的几何中心即为其体积的重心,以近似计算。

若挖、填方调配区之间距离较远,采用汽车等运输机械沿现场道路运土时,其运距按实际情况计算。

3. 土方施工单价的确定

若采用汽车或其他专用运土工具运土时,可根据预算定额确定调配区之间的运土单价;若采用多种运土机械施工时,应根据运、填配套机械的施工单价,确定一个综合单价。

(三)用"线性规划"方法确定最优土方调配方案

1. "线性规划"法简介

整个场地可以划分为 m 个挖方区 $A_i(i=1,2\cdots,m)$ 和 n 个填方区 $B_j(j=1,2\cdots,n)$,相应的挖方量为 $a_i(i=1,2\cdots,m)$,填方量为 $b_j(i=1,2\cdots,n)$。从挖方区 A_i 到填方区 B_j 的单位土方施工费用或运距为 c_{ij},调配的土方量为 x_{ij},如表 $1-5$ 所示。

表 $1-5$

挖方区	填方区					挖方量
	B_1	B_2		B_j		B_n	
A_1	c_{11} x_{11}	c_{12} x_{12}		c_{1j} x_{1j}	c_{1n} x_{1n}	a_i
A_2	c_{21} x_{21}	c_{22} x_{22}		c_{2j} x_{2j}	c_{2n} x_{2n}	a_i
A_i	c_{i1} x_{i1}	c_{i2} x_{i2}		c_{ij} x_{ij}	c_{in} x_{in}	a_i
A_m	c_{m1} x_{m1}	c_{m2} x_{m2}		c_{mj} x_{mj}	c_{mn} x_{mn}	a_i
填方量	b_1	b_2		b_j	b_n	$\sum\limits_{i=1}^{m} a_i = \sum\limits_{j=1}^{n} b_j$

则土方调配问题可以得到一个数学模型,即要求求出一组 x_{ij},使得目标函数 $Z = \sum\limits_{i=1}^{m} \sum\limits_{j=1}^{n} c_{ij} x_{ij}$ 为最小,而且 x_{ij} 应满足下列约束条件:

$$\sum_{j=1}^{n} x_{ij} = a_i \qquad i = 1, 2, \cdots, m$$

$$\sum_{i=1}^{m} x_{ij} = b_i \qquad j = 1, 2, \cdots, n$$

$$x_{ij} \geq 0$$

根据约束条件可知,变量有 $m \times n$ 个,而方程数量有 $m + n$ 个。由于挖填平衡,所以独立方程的数量实际上只有 $m + n - 1$ 个。因此方程组有无穷多个解,我们的目的是要求出一组最优解。显然这是线性规划中的运输问题,可以用"表上作业法"来求解。

2. 用"表上作业法"进行土方调配

土方的最优调配方案,可根据线性规划中的"表上作业法",直接在土方平衡表上进行,这种方法既简便又科学。"表上作业法"的思路是:先令 $m \times n - (m + n - 1)$ 个未知量为 0,则可求出第一组 $(m + n - 1)$ 未知量的值,并可求出与之相应的目标函数值,若非最优解,则可在解中取一个 x_{ij} 令其为 0,重新求解,此时若目标函数值小于前一解,则继续调整,直至目标函数值最小,便得到最优解。现以实例说明其方法。

【例 1-3】图 1-10 为一矩形广场,图中小方格的数字为各调配区的土方量,箭杆上的数字为各调配区之间的平均运距。试求土方调配最优方案。

解:用"表上作业法"进行土方调配,步骤如下:

(1)根据图 1-10 编制土方调配表

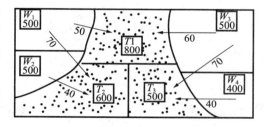

图 1-10　各调配区的土方量和平均运距

表 1-6　土方调配表

挖方区	填 方 区						挖方量/m³
	T_1		T_2		T_3		
W_1	x_{11}	$c_{11} = 50$ c'_{11}	x_{12}	$c_{12} = 70$ c'_{12}	x_{13}	$c_{13} = 100$ c'_{13}	500
W_2	x_{21}	$c_{21} = 70$ c'_{21}	x_{22}	$c_{22} = 40$ c'_{22}	x_{23}	$c_{23} = 90$ c'_{23}	500
W_3	x_{31}	$c_{31} = 60$ c'_{31}	x_{32}	$c_{32} = 110$ c'_{32}	x_{33}	$c_{33} = 70$ c'_{33}	500
W_4	x_{41}	$c_{41} = 80$ c'_{41}	x_{42}	$c_{42} = 100$ c'_{42}	x_{43}	$c_{43} = 40$ c'_{43}	400
填方量/m³	800		600		500		1900

(2)编制初始调配方案

初始方案编制采用"最小元素法",即对应于价格系数 c_{ij} 最小的土方调配量取最大值。

即:首先在土方调配表中找到一个最小的运距,如 $c_{22}=c_{43}=40$ 最小,选取任意一个如 $c_{43}=40$ 使其尽可能的大,即 $x_{43}=\min(400,500)=400$。由于 W_4 挖方区的土方全部调配到 T_3 填方区里了,所以 $x_{41}=x_{42}=0$。然后在剩下的没有数字的方格里再选择一个最小运距,即 $c_{22}=40$,此时我们让 x_{22} 值尽量大,所以 $x_{22}=\min(500,600)=500$。同样道理,由于 W_2 挖方区的土方全部调配到 T_2 填方区里了,所以 $x_{21}=x_{23}=0$。重复以上步骤,可得到表 1-7。

表 1-7 初始调配方案

挖方区	填 方 区						挖方量/m³
	T_1		T_2		T_3		
W_1	500	$c_{11}=50$	0	$c_{12}=70$	0	$c_{13}=100$	500
		c'_{11}		c'_{12}		c'_{13}	
W_2	0	$c_{21}=70$	500	$c_{22}=40$	0	$c_{23}=90$	500
		c'_{21}		c'_{22}		c'_{23}	
W_3	300	$c_{31}=60$	100	$c_{32}=110$	100	$c_{33}=70$	500
		c'_{31}		c'_{32}		c'_{33}	
W_4	0	$c_{41}=80$	0	$c_{42}=100$	400	$c_{43}=40$	400
		c'_{41}		c'_{42}		c'_{43}	
填方量/m³	800		600		500		1900

表 1-7 即为利用"最小元素法"确定的初始方案,目标函数 $Z=500\times50+500\times40+300\times60+100\times110+100\times70+400\times40=9700\text{m}^3-\text{m}$。该方案优先考虑了"就近调配"的原则,所以求得的总运输量是较小的。但这并不能保证总的运输量最小,因此还需要进行判别,看它是否是最优方案。

(3)调配方案的最优化检验

调配方案的最优化检验,可采用"假想价格系数法"。

最优方案的判别原则:检验数 $\lambda_{ij}\geq0$,即为最优方案。

"表上作业法"中求检验数 λ_{ij} 有两种方法,即"闭回路法"和"位势法"。用"闭回路法"求检验数 λ_{ij} 的步骤如下。

① 求出表中各方格的假想系数 c'_{ij},

有调配量的方格 $c'_{ij}=c_{ij}$;无调配量方格 $c'_{cf}+c'_{pq}=c'_{eq}+c'_{pf}$,即构成任一矩形的四格方格内对角线上的假想价格系数之和相等。据此逐个求出未知的 c'_{ij}。

表 1-8 假想价格系数表

挖方区	填 方 区						挖方量/m³
	T_1		T_2		T_3		
W_1	500	50	0	70	0	100	500
		50		100		60	
W_2	0	70	500	40	0	90	500
		-10		40		0	

续表

挖方区	填方区						挖方量/m³
	T_1		T_2		T_3		
W_3	300	60	100	110	100	70	500
		60		110		70	
W_4	0	80	0	100	400	40	400
		30		80		40	
填方量/m³	800		600		500		1900

②求出无调配量方格的检验数

挖方区	填方区						挖方量/m³
	T_1		T_2		T_3		
W_1	0	50	—	70	+	100	500
		50		100		60	
W_2	+	70	0	40	+	90	500
		−10		40		0	
W_3	0	60	0	110	0	70	500
		60		110		70	
W_4	+	80	+	100	0	40	400
		30		80		40	
填方量/m³	800		600		500		1900

计算公式为：$\lambda_{ij} = c_{ij} - c'_{ij}$，将计算结果的正负号填入表中。

若计算结果出现负值，说明初始方案并非最优，需要进一步调整。

（4）方案的调整

①在所有负检验数中挑选最小一个为调整对象，本例为 x_{12}；

②找出 x_{12} 的闭回路；

求解闭回路

挖方区	填方区		
	T_1	T_2	T_3
W_1	500	← x_{12}	
W_2	↓	500 ↑	
W_3	300 →	100	100
W_4			400

③调整：x_{32} 的价格系数大于 x_{12}，故将 x_{32} 调入 x_{12}，并进行相应调整。

调整后的新调配方案

挖方区	填方区						挖方量/m³
	T_1		T_2		T_3		
W_1	400	50	100	70	+	100	500
		50		70		60	
W_2	+	70	500	40	+	90	500
		20		40		30	
W_3	400	60	+	110	100	70	500
		60		80		70	
W_4	+	80	+	100	400	40	400
		30		50		40	
填方量/m³	800		600		500		1900

对新方案仍要用上述检验方法进行检验,如 λ_{ij} 出现负值,仍需调整。

经检验 $\lambda_{ij} \geq 0$,故为最优方案。

目标函数 $Z = 400 \times 50 + 100 \times 70 + 500 \times 40 + 400 \times 60 + 100 \times 70 + 400 \times 40 = 94000 \text{m}^3 - \text{m}$

(5)绘出土方调配图。

第三节　基坑工程

场区平整完成后,利用设计提供的基点坐标经过定位放线之后,就可进行基坑开挖。基坑开挖方法取决于基坑深度、周围环境、土的物理力学性能等。为缩短工期减少工人劳动繁重程度,尽可能利用机械开挖。尤其在多雨季节或地区,尽量缩短挖土时间,对工程非常有利。在基坑开挖时,需解决好降水、排水、支护等问题。

在地下水位高的地区开挖深基坑时,需要事先降低地下水位以利于施工。对设有支护结构的深基坑,为降低土壤含水量以利用机械下坑开挖,有时也需要降水疏干土壤。

当周围环境允许且开挖基坑不太深时,基坑宜放坡开挖,比较经济。放坡开挖时需注意边坡的稳定,尤其对于较深的基坑。当基坑深度较大且周围环境不允许放坡开挖时,需事先做好支护结构后再进行开挖。施工支护结构需支出较多的费用,且需进行详细、合理的计算和设计。

对于大型基坑事先要拟定好详细的开挖方案,要全面考虑挖土顺序、挖土方法、运土方法和与支护结构施工的配合,以便顺利地进行土方开挖,为后续工作创造条件。

一、土方边坡及其稳定

在基坑(槽)及地下结构工程施工时,应保持基坑(槽)土壁的稳定,防止塌方事故的发生。一旦塌方,不仅妨碍土方工程施工,造成人员伤亡,还会危及附近建筑物、道路和地下管线的安全,后果严重。为了保持土壁的稳定,可采用放坡开挖或支护开挖的方式。

当基坑所在的场地较大,而且周边环境较简单时,基坑(槽)的开挖可以采用放坡开挖形式,这样比较经济,而且施工较简单。

（一）土方边坡坡度

常见的边坡形式有：直线形、折线形、踏步形

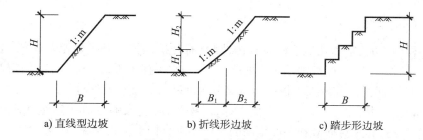

a) 直线型边坡   b) 折线形边坡   c) 踏步形边坡

图 1-11 土方边坡的形式

$$土方边坡坡度 = \frac{H}{B} = \frac{1}{B/H} = \frac{1}{m}$$

式中：$m = \dfrac{B}{H}$，称为坡度系数。

土方放坡坡度应考虑土质条件、开挖深度、施工工期、地下水水位、坡顶荷载及气候条件因素确定。若地下水水位低于基底标高，在湿度正常的土层中开挖基坑或管沟，如敞露时间不长，开挖深度在一定限度内可挖成直壁，不加支撑。若地质条件好，土质均匀，地下水位低于基坑底面标高，开挖深度在 5m 以内时，可按经验确定边坡坡度。对于开挖深度较深或土质条件较差的基坑，在施工前应进行基坑土壁稳定验算，确定其放坡坡度。土方边坡的大小，与土质、基坑开挖深度、基坑开挖方法、基坑开挖后留置时间的长短、附近有无堆载及排水情况等有关。

（二）土方边坡的稳定

土方边坡一定范围内的土体由于重力作用具有沿某一滑动面向下和向外移动的趋势，即沿着某一滑动面存在着促使土体下滑的剪应力。土方边坡的稳定，主要是由于土体内土颗粒间存在摩阻力和内聚力，使土体具有抗剪强度，抗剪强度的大小与土质有关。当土体中的剪应力大于其抗剪强度时，边坡就将因失稳而塌方。

基坑开挖后，如果边坡土体中的剪应力大于土的抗剪强度，则边坡就会滑动失稳。因此凡是造成土体内下滑力增加和抗剪强度降低的因素，均为影响边坡稳定性的因素。

引起下滑力增加的因素的主要有：坡顶上堆物、行车等荷载；雨水或地面水渗入土中，使土的含水量提高而使土的自重增加；地下水渗流产生一定的动水压力；土体竖向裂缝中的积水产生侧向静水压力等。

引起土体抗剪强度降低的因素主要有：气候的影响使土质松软；土体内含水量增加而产生润滑作用；饱和的细砂、粉砂受振动而液化等。

因此，在土方施工中，要预估各种可能出现的情况，采取必要的措施护坡防坍，特别要注意及时排除雨水、地面水，防止坡顶集中堆载及振动。必要时可采用钢丝网细石混凝土护坡面层加固。如是永久性土方边坡，则应做好永久性加固措施。

二、土壁支护

开挖基坑（槽）时，如地质条件及周围环境许可，采用放坡开挖是较经济的。但在建筑稠密地区施工，或有地下水渗入基坑（槽）时，受环境限制不能采用放坡开挖时，就需采用直立

边坡加支撑的施工方法,以保证施工的顺利和安全,并减少对相邻建筑、管线等的不利影响。即在基坑开挖前,需进行支护结构的设计与施工。

基坑(槽)支护结构的主要作用是支撑土壁,有些支护结构还兼有不同程度的隔水作用。

（一）基槽支护

市政工程施工时,常需在地下铺设管沟,因此需开挖沟槽。开挖较窄的沟槽,多用横撑式土壁支撑。横撑式土壁支撑根据挡土板的不同,分为水平挡土板式[图1-12a)]以及垂直挡土板式(图1-12b)两类。前者挡土板的布置又分为间断式和连续式两种。湿度小的黏性土挖土深度小于3m时,可用间断式水平挡土板支撑;对松散、湿度大的土可用连续式水平挡土板支撑,挖土深度可达5m。对松散和湿度很高的土可用垂直挡土板式支撑,其挖土深度不限。

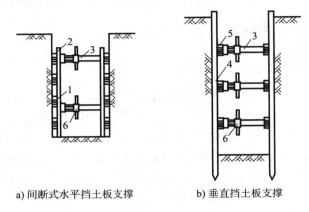

a) 间断式水平挡土板支撑　　　　b) 垂直挡土板支撑

图 1-12　横撑式支撑

1—水平挡土板;2—立柱;3—工具式横撑;4—垂直挡土板;5—横楞木;6—调节螺丝

横撑式支撑适用于湿度小的黏性土。当挖土深度小于3m时,可用间断式水平挡土板支撑;对松散、湿度大的土,挖土深度不超过5m,可用连续式水平挡土板;对松散、湿度很大的土,可用垂直挡土板式支撑。

支撑所承受的荷载为土压力。土压力的分布不仅与土的性质、土坡高度有关,且与支撑的形式及变形亦有关。由于沟槽的支护多为随挖、随铺、随撑,支撑构件的刚度不同,撑紧的程度难以一致,故作用在支撑上的土压力不能按库仑或朗肯土压力理论计算。实测资料表明,作用在横撑式支撑上的土压力的分布很复杂,也很不规则。工程中通常按图1-13所示几种简化图形进行计算。

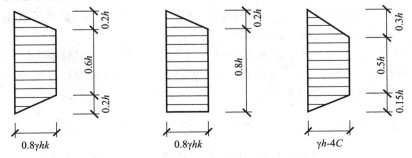

图 1-13　支撑计算土压力

挡土板、立柱及横撑的强度、变形及稳定等可根据实际布置情况进行结构计算。对较宽的沟槽，采用横撑式支撑便不适应，此时的土壁支护可采用类似于基坑的支护方法。

（二）基坑支护

基坑支护结构一般根据地质条件、基坑开挖深度及周边环境选用。在选择基坑支护结构形式时，首先应考虑周边环境保护要求，其次要满足本工程地下结构施工的要求，再则应尽可能降低造价，便于施工。

常用的支护结构形式有：重力式水泥土墙、板桩式支护结构、土钉式支护等。

1. 重力式水泥土墙支护结构

水泥土搅拌桩（或称为深层搅拌桩）支护结构是近年来发展起来的一种重力式支护结构。它是通过搅拌桩机将水泥与土进行搅拌，形成柱状的水泥加固土（搅拌桩）。用于支护结构的水泥土其水泥掺量通常 12% ~ 15%（单位土体的水泥掺量与土的重力密度之比），水泥土的强度可达 $0.8 ~ 1.2$MPa，其渗透系数很小，一般不大于 10^{-6}cm/s。由水泥土搅拌桩搭接而形成水泥土墙，它既具有挡土作用，又兼有隔水作用。它适用于 4~6m 深的基坑，最大可达 7~8m。

水泥土墙通常布置成格栅式，格栅的置换率（加固土的面积：水泥土墙的总面积）为 0.6 ~ 0.8。墙体的宽度 b、插入深度 h_d，根据基坑开挖深度 h 估算，一般 $b = 0.6 ~ 0.8h$，$h_d = 0.8 ~ 1.2h$（见图 1-14）。

深层搅拌桩机常用的机架有三种形式：塔架式、桅杆式及履带式。前两种构造简便，易于加工，在我国应用较多，但其搭设及行走较困难。履带式的机械化程度高，塔架高度大，钻进深度大，但机械费用较高。

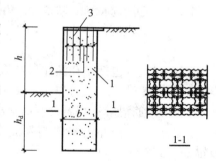

图 1-14　水泥土墙
1—搅拌桩；2—插筋；3—面板

水泥土搅拌桩成桩工艺可采用"一次喷浆、二次搅拌"或"二次喷浆、三次搅拌"工艺，主要依据水泥掺入比和土质情况而定。水泥掺量较小，土质较松时，可用前者，反之可用后者。

"一次喷浆、二次搅拌"的施工工艺流程如图 1-15 所示。当采用"二次喷浆、三次搅拌"工艺时可在图示步骤 e）作业时也进行注浆，以后再重复 d）与 e）的过程。

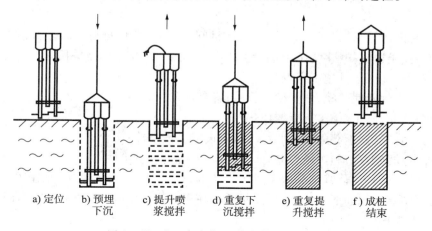

a）定位　　b）预埋　　c）提升喷　　d）重复下　　e）重复提　　f）成桩
　　　　　　下沉　　　浆搅拌　　　沉搅拌　　　升搅拌　　　结束

图 1-15　"一次喷浆、二次搅拌"施工流程

水泥土搅拌桩施工中应注意水泥浆配合比及搅拌制度、水泥浆喷射速率与提升速度的关系及每根桩的水泥浆喷注量,以保证注浆的均匀性与桩身强度。施工中还应注意控制桩的垂直度以及桩的搭接等,以保证水泥土墙的整体性与抗渗性。

2. 板桩式支护结构

（1）钢板桩支护

包括大规格的槽钢和热轧锁口钢板桩。前者是一种简易的钢板桩挡墙,由于抗弯能力较弱,也不能挡水,多用于深度不超过 4m 的基坑,坑顶设一道拉锚或支撑。

常用的钢板桩是热轧锁口钢板桩。热轧锁口钢板桩是由带锁口的热轧型钢制成,钢板桩之间通过锁口互相连接,形成一道连续的挡墙。常用的是 U 型,称为拉森板桩,可用于开挖深度 5～10m 的基坑。由于一次性投资较大,多以租赁方式租用,用后拔出归还。其施工特点有:

①由于锁口连接使钢板桩连接牢固形成整体,具有较好的隔水能力;

②材料质量可靠,打设方便,可多次重复使用;

③一次性投资较大,成本较高;

④拔除时易带土,处理不当会引起土体移动。

例:上海西尔顿酒店,基坑深 -7m,土质为粉质黏土、淤泥质粉质黏土,采用拉森钢板桩支护,桩长 15～20m。

（2）灌注桩支护

灌注桩支护包括钻孔灌注桩和人工挖孔灌注桩。

钻孔灌注桩支护是将直径为 600～1000mm 的钻孔灌注桩间隔连续排列,做成排桩挡墙,顶部设钢筋混凝土圈梁,中部设支撑体系或土层锚杆。多用于基坑安全等级为一、二、三级,深度为 7～15m 的基坑。当基坑深度小于 5m 时,可做成悬臂式,超过 5m 则应设内支撑或锚杆。其施工特点为:

①刚度大,抗弯能力强,变形较小;

②施工简便,无噪声、无振动、无挤土,应用最广泛;

③桩间至少留 100～150mm 的缝隙,不能挡水,如地下水位在基坑底面以上,需另设止水帷幕或采用人工降低地下水位;

④基础施工完毕,灌注桩将永远留在土中,可能为日后的地下工程施工造成障碍。

例:长春光大银行办公大楼,基坑深为 13.5m,土质为粉质黏土、黏土,采用桩锚支护,设两道土层锚杆,偏于安全。

人工挖孔灌注桩支护是将人工挖孔灌注桩间隔排列,形成排桩挡墙。其成孔方法为人工挖土,应边挖土边支护(多为喷射混凝土护壁),地下水位高时,需采用人工降水方法。适用于土质较好的地区。其施工特点为:

①由于人下到孔底开挖,便于检验土层,容易扩孔;

②可多桩同时施工,施工速度较快;

③多为大直径桩,承载力大,刚度大,可不设或少设支撑;

④挖孔劳动强度高,施工条件差,如支护不当,有一定危险性。

例:北京亮马河大厦,基坑深度 -10.65m,土质为杂填土、粉质黏土,采用人工挖孔灌注桩支护,桩径 1000mm,桩长 16.5m,间距 1.5m,在距桩顶 4.5m 处设一道土层锚杆。

3. 土钉墙支护

土钉墙是一种边坡稳定式结构。它是基于主动加固机制,在土体内设置一定长度和密度的土钉,使土钉与土体共同工作,形成了能大大提高原状土强度和刚度的复合土体。显著提高了土体的整体稳定性,使基坑开挖后坡面保持稳定。

土钉墙施工时,每开挖1.5m左右,钻孔插入钢筋或钢管并灌浆,然后在坡面挂钢筋网,喷射细石混凝土面层(厚50~100mm),依次进行直到坑底。适用于基坑侧壁安全等级为二、三级的非软土场地,基坑深度不宜大于12m,当地下水位高于基坑底面时,应采取降水或截水措施。其施工特点为:

(1)土钉墙支护的施工是采用边开挖边支护的方式,土钉墙的变形较小,安全程度较高。

(2)材料用量及工程量少,工程造价低,经济效益好。

(3)施工设备简单,操作方法简便,施工速度快,对周围环境干扰小。

(4)施工不需单独占用场地,能在狭小的场地内施工。

例:长春市北方大厦,基坑深度为11.2m,土质为粉质黏土、黏土,采用土钉墙支护,取得了良好的经济效益。

4. 地下连续墙

地下连续墙是深基坑的主要支护结构型式之一,既能挡土又能挡水,我国一些著名高层建筑的深基坑应用较多。尤其是地下水位高的软土地基地区,当基坑深度大且邻近的建(构)筑物、道路和地下管线相距很近时,往往是被优先考虑的支护方案。在地铁的车站施工中也经常采用地下连续墙支护。当地下连续墙与"逆作法"结合应用,可省去挖土后地下连续墙的内部支撑,还能使上部结构及早投入施工或使道路等及早恢复使用,对深度大、地下结构层数多的深基础的施工十分有利。

逆作法施工,是先沿地下室轴线施工地下连续墙或其他支护结构,同时在建筑物内部的有关位置浇筑或打入中间支承柱,作为施工期间在底板封底之前承受上部结构自重和施工荷载的支承,然后浇筑地面层的楼盖结构,作为地下连续墙等的刚度很大的支撑,随后逐层向下开挖土方和浇筑各层地下结构,直至底板封底。与此同时,由于地面层的楼盖结构已浇筑,为上部结构施工创造了条件,所以同时可向上逐层施工地上结构,如地面上、下同时进行施工,直至工程结束,但在浇筑底板之前,上部结构允许施工的高度由计算确定。

三、降水

当基坑开挖至地下水位以下时,由于土的含水层被切断,地下水将会不断渗入基坑内。这样不仅会使施工条件恶化,无法进行土方开挖,而且,当土被水浸泡后,还将导致边坡塌方和地基承载力下降。因此,为了保证工程质量和施工安全,必须进行基坑降水,以保持开挖土体的干燥。工程中常用的降水方法是集水井降水和轻型井点降水。集水井降水法一般适用于降水深度较小且土层为粗粒土层或渗水量小的黏性土层。当基坑开挖较深,又采用刚性土壁支护结构挡土并形成止水帷幕时,基坑内降水也多采用集水井降水法。如降水深度较大,或土层为细砂、粉砂或软土地区时,宜采用井点降水法降水,但仍有局部区域降水深度不足时,可辅以集水井降水。无论采用何种降水方法,均应持续到基础施工完毕,且土方回填后方可停止降水。

(一)集水井降水

1. 降水方法

集水井降水法是在基坑开挖过程中,沿坑底周围或中央开挖有一定坡度的排水沟,并在排水沟上,每隔一定距离设置集水井,使水在重力作用下,经排水沟流入集水井然后用水泵抽出基坑外。排水沟的截面一般为 $500 \times 500mm$,坡度 0.3% ~ 0.5%;集水井的直径一般为 600 ~ 800mm,间距 20 ~ 40m,其深度随着挖土的加深而加深,并保持低于挖土面 700 ~ 1000mm,坑壁可用竹、木材料等简易加固。当基坑挖至设计标高后,集水坑底应低于基坑底面 1.0 ~ 2.0m,并铺设碎石滤水层(0.3m 厚)或下部砾石(0.1m 厚)上部粗砂(0.1m)的双层滤水层,以免由于抽水时间过长而将泥砂抽出,并防止坑底土被扰动。四周的排水沟及集水井一般应设置在基础范围以外,地下水流的上游,基坑面积较大时,可在基坑范围内设置盲沟排水。根据地下水量、基坑平面形状及水泵能力,集水井每隔 20 ~ 40m 设置一个。

集水井降水法适用于面积较小,降水深度不大的基坑(槽)开挖工程;不适用于软土、淤泥质土或土层中含有细砂、粉砂的情况。因为,采用集水坑降水法时,将产生自下而上或从边坡向基坑方向的动水压力,容易导致流沙现象或边坡塌方。

2. 流砂现象

若采用集水井降水法,当基坑开挖到达地下水位以下,而土质又为细砂、粉砂时,坑底的土可能会形成流动状态,随地下水涌入基坑,这种现象称为"流砂现象"。

地下水在土体内渗流,土颗粒对水流将产生阻力,同时水流也将对土颗粒产生压力作用(作用力与反作用力),称为动水压力。动水压力的大小与水力坡度成正比,即水位差愈大,动水压力愈大;而渗流路线愈长,则动水压力愈小。动水压力的作用方向与水流方向相同。当水流在水位差作用下对土颗粒产生向上的压力时,动水压力不但使土颗粒受到水的浮力,而且还使土颗粒受到向上的压力,当动水压力等于或大于土的浸水重度时,则土颗粒失去自重,处于悬浮状态,土的抗剪强度等于零,土颗粒能随着渗流的水一起流动,形成流砂现象。

一旦发生流砂现象,基底土将完全丧失承载能力,土边挖边冒,施工条件极端恶化,甚至危及临近建筑物的安全。

由于在细颗粒、松散、饱和的非黏性土中发生流砂现象的主要条件是动水压力的大小和方向。当动水压力方向向上且足够大时,土转化为流砂,而动水压力方向向下时,又可将流砂转化成稳定土。因此,在基坑开挖中,防治流砂的原则是"治流砂必先治水"。

防治流砂的主要途径有:减少或平衡动水压力;设法使动水压力方向向下;截断地下水流。其具体措施有:

(1)枯水期施工法。枯水期地下水位较低,基坑内外水位差小,动水压力小,就不易产生流砂。

(2)抢挖并抛大石块法。分段抢挖土方,使挖土速度超过冒砂速度,在挖至标高后立即铺竹、芦席,并抛大石块,以平衡动水压力,将流砂压住。此法适用于治理局部的或轻微的流砂。

(3)设止水帷幕法。将连续的止水支护结构(如连续板桩、深层搅拌桩、密排灌注桩等)打入基坑底面以下一定深度,形成封闭的止水帷幕,从而使地下水只能从支护结构下端向基坑渗流,增加地下水从坑外流入基坑内的渗流路径,减小水力坡度,从而减小动水压力,防止流砂产生。

(4)人工降低地下水位法。即采用井点降水法(如轻型井点、管井井点、喷射井点等),使地下水位降低至基坑底面以下,地下水的渗流向下,则动水压力的方向也向下,从而水不能渗流入基坑内,可有效地防止流砂的发生。因此,此法应用广泛且较可靠。

此外,采用地下连续墙、压密注浆法、土壤冻结法等,阻止地下水流入基坑,以防止流砂发生。

(二)轻型井点降水

井点降水法,就是在基坑开挖前,预先在基坑四周埋设一定数量的滤水管(井),利用抽水设备,在基坑开挖前和开挖过程中不断地抽出地下水,使地下水位降低到坑底以下,直至基础工程施工完毕为止。

井点降水法的种类有:轻型井点、喷射井点、电渗井点、管井井点及深井井点等。各自适用范围如表1-9所示。

表1-9　井点的类别及适用范围

井点类别		土的渗透性/(m/d)	降水深度/m
轻型井点	一级轻型井点	0.1~50	3~6
	多级轻型井点	0.1~50	视井点级数而定
	喷射井点	0.1~50	8~20
	电渗井点	<0.1	视选用的井点而定
管井类	管井井点	20~200	3~5
	深井井点	10~250	>15

施工时可根据土的渗透系数、要求降低水位的深度、工程特点、设备条件及经济性等具体条件选择。其中轻型井点降水应用最广泛。

轻型井点降低地下水位,是沿基坑周围以一定间距埋入井点管(下端为滤管)至蓄水层内,井点管上端通过弯连管与地面上水平铺设的集水总管相连接,利用真空原理,通过抽水设备将地下水从井点管内不断抽出,使原有地下水位降至坑底以下。

1.轻型井点设备

轻型井点设备由管路系统和抽水设备组成。

管路系统包括:井点管、滤管、弯联管及总管。

井点管的直径为50mm,长度5~7m,上端用弯联管(透明硬塑料管)与总管相连,下端用螺丝套筒与滤管相连。滤管的直径为50mm,长度1~1.5m,管壁上钻有$\phi12$~$\phi19$星状排列的滤孔,外包两层滤网,为使水流畅通,在骨架与滤网之间用塑料细管或铁丝绕成螺旋状,将其隔开,滤网外面再用粗铁丝网保护。

总管的直径为100~127mm的无缝钢管,每段长4m,其上装有与井点管连接的短接头,间距0.8m或1.2m。

抽水设备有干式真空泵、射流泵及隔膜泵等,常用的W5、W6型干式真空泵,抽吸深度为5~7m,其最大负荷长度分别为100m和120m。

2.轻型井点系统布置

轻型井点系统的布置,应根据基坑或沟槽的平面形状和尺寸、深度、土质、地下水位高低与流向、降水深度要求等因素综合确定。

(1)平面布置

①当基坑或沟槽宽度小于6m,且降水深度不大于5m时,可用单排线状井点,布置在地下水流的上游一侧,两端延伸长一般以不小于坑(槽)宽度为宜,如图1-16a)所示。

②如宽度大于6m,或土质不良,渗透系数较大时,则宜采用双排线状井点,如图1-16b)所示。

③面积较大的基坑宜用环状井点,如图1-16c)所示;有时也可布置为U形,如图1-16d)所示,以利挖土机械和运输车辆出入基坑。

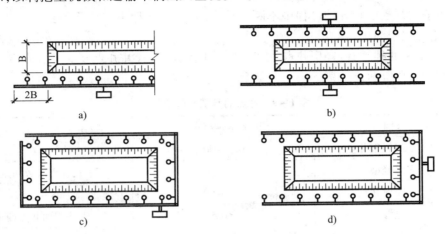

图1-16 轻型井点的平面布置

(2)高程布置

轻型井点的降水深度在考虑设备水头损失后,不超过6m。井点管距离基坑壁一般为0.7~1.0m,以防局部发生漏气,如图1-17所示。

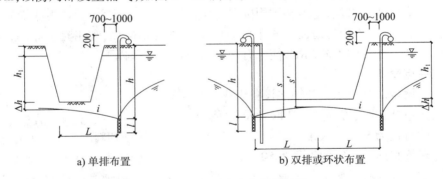

图1-17 轻型井点高程布置图

井点管的埋设深度H(不包括滤管长)按式(1-24)计算。

$$H \geqslant h_1 + \Delta h + iL \qquad (1-24)$$

式中:h_1——井管埋设面至基坑底的距离,m;

　　　Δh——基坑中心处基坑底面(单排井点时,为远离井点一侧坑底边缘)至降低后地下水位的距离,一般为0.5~1.0m;

　　　i——地下水降落坡度,环状井点1/10,单排线状井点为1/4,双排线状井点为1/7;

　　　L——井点管至基坑中心的水平距离(m)(在单排井点中,为井点管至基坑另一侧的水平距离)。

计算结果应满足式(1-25):

$$h \leqslant h_{p,max} \qquad (1-25)$$

确定井点管埋置深度还要考虑到井点管应露出地面0.2m,通常井点管均为定型的,可根据给定的井点管长度验算 Δh, $\Delta h \geqslant 0.5 \sim 1.0$m 即满足要求。

$$\Delta h = h' - 0.2 - h_1 - iL \geqslant 0.5 \sim 1.0\text{m}$$

若计算出的 h 值不满足要求,则应降低井点管的埋置面(以不低于地下水位为准)以适应降水深度的要求,但任何情况下滤管必须埋设在含水层内。

当一级井点系统达不到降水深度要求,可根据具体情况采用其他方法降水(如上层土的土质较好时,先用集水井排水法挖去一层土再布置井点系统)或采用二级井点(即先挖去第一级井点所疏干的土,然后再在其底部装设第二级井点),使降水深度增加。

3. 轻型井点计算

(1)涌水量计算

确定井点管数量时,需要知道井点系统的涌水量。井点系统的涌水量可按法国水力学家裴布依的水井理论进行计算。

按水井理论计算井点系统涌水量时,首先要判定水井的类型。水井分为四种类型,如图1-18所示。

无压完整井:水井布置在潜水含水层(地下水无压力),且井底到达不透水层;

无压非完整井:水井布置在潜水含水层(地下水无压力),井底未到达不透水层;

承压完整井:水井布置在承压含水层(地下水充满在两层不透水层之间,具有一定压力),且井底到达不透水层;

承压非完整井:水井布置在承压含水层,井底未到达不透水层。

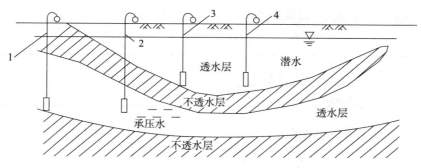

图 1-18　水井的分类
1—承压完整井;2—承压非完整井;3—无压完整井;4—无压非完整井

①无压完整井涌水量计算

根据裴布依水井理论,可推导出单井涌水量计算公式为,见式(1-26):

$$Q = 1.364K\frac{(2H - S)S}{\lg R - \lg r} \tag{1-26}$$

式中:Q——无压完整井的涌水量,m³/d;

K——土的渗透系数,m/d;

H——含水层厚度,m;

S——井水处水位降落值,m;

R——单井的降水影响半径,m;

r——水井的直径,m。

轻型井点系统为群井共同工作,群井涌水量的计算,可把由各井点管组成的群井系统,视为一口大的圆形单井。其涌水量计算公式见式(1-27):

$$Q = 1.364K \frac{(2H-S)S}{\lg(R+x_0) - \lg x_0} \qquad (1-27)$$

式中:S——井点管处水位降落高度(m);

R——群井的抽水影响半径,$R = 1.95S\sqrt{HK}$(m);

x_0——由井点管围成水井的半径(m)。

当基坑长宽比不大于 5 时,环形布置的井点系统,可近似地用假想半径 x_0 代替水井半径。

$$x_0 = \sqrt{\frac{F}{\pi}}$$

式中:F——环行井点所包围的面积(m^2)。

渗透系数 K 值对计算结果影响较大,可用现场抽水试验或通过试验室测定。

②无压非完整井涌水量的计算

在实际工程中往往会遇到无压非完整井的井点系统,此时地下水不仅从井的侧面流入,还从井底渗入,因此,其涌水量要比完整井大,精确计算比较复杂。为简化计算,可用有效含水深度 H_0 代替含水层厚度 H,近似的按式(1-28)计算:

$$Q = 1.364K \frac{(2H_0-S)S}{\lg(R+x_0) - \lg x_0} \qquad (1-28)$$

H_0 可根据表 1-10 确定,当算得的 $H_0 > H$ 时,取 $H_0 = H$。

表 1-10

$\dfrac{S}{S+l}$	0.2	0.3	0.5	0.8
H_0	$1.3(S+l)$	$1.5(S+l)$	$1.7(S+l)$	$1.8(S+l)$

(2)井点管数量与井距的确定

井点管数量取决于井点系统涌水量 Q 及单根井点管的最大出水量 q。

单根井点管的最大出水量,由式(1-29)确定:

$$q = 65\pi \cdot d \cdot l \cdot \sqrt[3]{K} \quad (m^3/d) \qquad (1-29)$$

式中:d——滤管直径,m;

l——滤管长度,m。

井点管的最少数量为:

$$n' = 1.1 \frac{Q}{q} (根)$$

1.1 为备用系数,主要考虑井点管堵塞等因素影响抽水效果。

井点管的最大间距为:

$$D' = \frac{L}{n}$$

井点管的实际间距应满足 $D < D'$,且与总管上的接头尺寸相适应,一般采用 0.8m、1.2m、1.6m、2.0m。井点管在总管四角部分应适当加密。

4. 抽水设备的选择

一般采用真空泵抽水设备。W5 型真空泵,总管长度不大于 100m;W6 型真空泵,总管长度不大于 120m。

采用多套抽水设备时,井点系统应分段,各段长度应大致相等。分段地点宜选择在基坑转弯处,以减少总管弯头数量,提高水泵抽吸能力。水泵宜设置在各段总管中部,使泵两边水流平衡。分段处应设阀门或将总管断开,以免管内水流紊乱,影响抽水效果。

5. 轻型井点的施工

(1)准备工作

包括设备、动力、水源及必要材料的准备,排水沟的开挖,附近建筑物的标高观测以及防止附近建筑物沉降措施的实施。

(2)井点系统的埋设

①挖土至总管埋设面,排放总管;

②水冲法冲孔,边冲边沉冲管,冲孔直径 300mm,保证砂滤层厚度深度比滤管底深 0.5m;

③拔出冲管,插入井点管,填灌粗砂滤层,填至滤管顶 1~1.5m。黏土封口,以防漏气;

④用弯联管将井点管与总管相连接;

⑤安装抽水设备;

⑥试抽,检查有无漏气现象;开始抽水后,应细水长流,不应停抽;

⑦加强观测,采取措施,防止周围地面不均匀沉降。

【例 1-4】某设备基础基坑,基坑宽 8m,长 12m,深 4.5m,四面放坡,放坡系数 1:0.5,地面标高为 ±0.00,地下水位标高为 -1.5m。土层分布:自然地面以下 1m 为粉质黏土;其下 8m 厚为细砂层,渗透系数 $K = 5m/d$;再下为不透水层。采用轻型井点降水,试进行轻型井点系统设计。

解:(1)井点设备选择

井点管选用直径 50mm,长 6m 的钢管;选用直径 50mm,长度为 1m 的滤管;总管选用 100mm 直径的无缝钢管。

(2)井点系统布置

先开挖 0.5m 深的沟槽,将总管埋设在地面以下 0.5m 处。

基坑上口尺寸为 12m×16m($8 + 2×4×0.5 = 12$);采用环形井点系统,井点管距基坑边缘取 1.0m。

总管长度:$L = (12 + 2 + 16 + 2) × 2 = 64m$

采用一级轻型井点,井点管露出地面 0.2m,井点管埋置深度应满足:

$$h \geq h_1 + \Delta h + iL$$

$\Delta h = h' - 0.2 - h_1 - iL = 6 - 0.2 - 4.0 - 1/10 × 14/2 = 1.1m > 1.0m$,满足要求。

(3)基坑涌水量计算

滤管下端距不透水层为 $9 - 0.5 - 5.8 - 1.0 = 1.7m$,该井为无压非完整井。

$$Q = 1.364K \frac{(2H_0 - S)S}{\lg(R + x_0) - \lg x_0}$$

$$\frac{S}{S + l} = \frac{4.8}{4.8 + 1.0} = 0.82$$

$$H_0 = 1.85(S + l) = 1.85(4.8 + 1.0) = 10.73\text{m} > 7.5\text{m}$$

$$\therefore 取 H_0 = H = 7.5\text{m}$$

$$R = 1.95S\sqrt{H_0 K} = 1.95 \times 4.8\sqrt{7.5 \times 5} = 57.32\text{m}$$

$$x_0 = \sqrt{\frac{F}{\pi}} = \sqrt{\frac{14 \times 18}{3.14}} = 8.96\text{m}$$

$$Q = 1.364 \times 5 \times \frac{(2 \times 7.5 - 4.8) \times 4.8}{\lg(57.32 + 8.96) - \lg 8.96} = 372.66\text{m}^3/\text{d}$$

（4）井点管数量和井距计算

$$q = 65\pi dl^3\sqrt{K} = 65 \times 3.14 \times 0.05 \times 1.0^3\sqrt{5} = 17.45\text{m}^3$$

$$n' = 1.1\frac{Q}{q} = 1.1 \times \frac{372.66}{17.45} = 23.49 \approx 24 \text{ 根}$$

$$D' = \frac{L}{n'} = \frac{64}{24} = 2.67\text{m}$$

取井点管间距为 2.0m，井点管实际数量为 64 ÷ 2.0 = 32 根。

（5）选择抽水设备

总管长度为 64m，选用 W5 型干式真空泵抽水设备。

（三）喷射井点

当基坑开挖所需降水深度超过 6m 时，一级的轻型井点就难以收到预期的降水效果，这时如果场地许可，可以采用二级甚至多级轻型井点以增加降水深度，达到设计要求。但是这样一是会增加基坑土方施工工程量、增加降水设备用量并延长工期，二是扩大了井点降水的影响范围而对环境不利。因此，可考虑采用喷射井点。

根据工作流体的不同，以压力水作为工作流体的是喷水井点；以压缩空气作为工作流体的是喷气井点，两者的工作原理是相同的。

喷射井点系统主要是由喷射井点、高压水泵（或空气压缩机）和管路系统组成。如图 1－19 所示。喷射井管由内管和外管组成，在内管的下端装有喷射扬水器与滤管相连。当喷射井点工作时，由地面高压离心水泵供应的高压工作水经过内外管之间的环行空间直达底端，在此处工作流体由特制内管的两侧进水孔至喷嘴喷出，在喷嘴处由于断面突然收缩变小，使工作流体具有极高的流速（30～60m/s），在喷口附近造成负压（形成真空），将地下水经过滤管吸入，吸入的地下水在混合室与工作水混合，然后进入扩散室，水流在强大压力的作用下把地下水同工作水一同扬升出地面，经排水管道系统排至集水池或水箱，一部分用低压泵排走，另一部分用高压水泵压入井管外管内作为工作水流。如此循环作业，将地下水不断从井点管中抽走，使地下水渐渐下降，达到设计要求的降水深度。

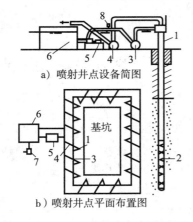

a）喷射井点设备简图

b）喷射井点平面布置图

图 1－19　喷射井点布置图

1—喷射井管；2—滤管；3—供水总管；4—排水总管；5—高压离心水泵；6—水池；7—排水泵；8—压力表

喷射井点用作深层降水，在粉土、极细砂和粉砂中较为适用。在较粗的砂粒中，由于出水量较大，循环水流就显得不经济，这时宜采用深井泵。一般一级喷射井点可降低地下位8～20m,甚至20m以上。

(四)电渗井点

在黏土和粉质黏土中进行基坑开挖施工,由于土体的渗透系数较小,为加速土中水分向井点管中流入,提高降水施工的效果,除了应用真空产生抽吸作用以外,还可加用电渗。

所谓电渗井点,一般与轻型井点或喷射井点结合使用,是利用轻型井点或喷射井点管本身作为阴极,一金属棒(钢筋、钢管、铝棒等)作为阳极。通入直流电(采用直流发电机或直流电焊机)后,带有负电荷的土粒即向阳极移动(即电泳作用),而带有正电荷的水则向阴极方向集中,产生电渗现象。在电渗与井点管内的真空双重用下,强制黏土中的水由井点管快速排出,井点管连续抽水,从而使地下水位渐渐降低。

因此,对于渗透系数较小(小于0.1m/d)的饱和黏土,特别是淤泥和淤泥质黏土,单纯利用井点系统的真空产生的抽吸作用可能很难将水从土体中抽出排走,利用黏土的电渗现象和电泳作用特性,一方面加速土体固结,增加土体强度,另一方面也可以达到较好的降水效果。电渗井点的原理可参见图1-20。

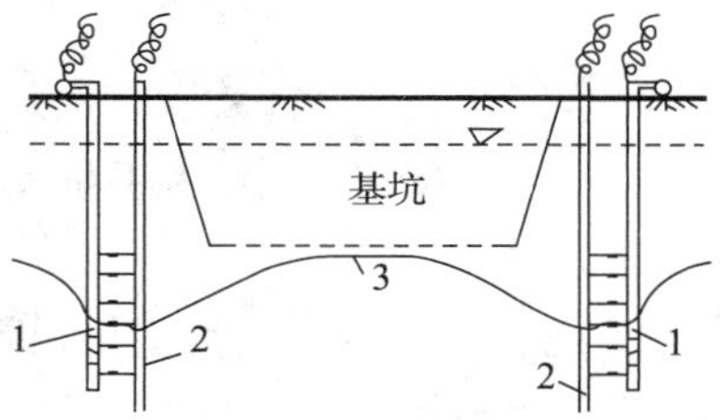

图1-20 电渗井点原理图
1—井管;2—金属棒;3—地下水降落曲线

(五)管井井点和深井井点

对于渗透系数为20～200m/d且地下水丰富的土层、砂层,使用明排水会造成土颗粒大量流失,引起边坡塌方,使用轻型井点又难以满足排降水的要求。这时候可采用管井井点。管井井点就是沿基坑每隔一定距离设置一个管井,或在坑内降水时每一定距离设置一个管井,每个管井单独用一台水泵不断抽取管井内的水来降低地下水位。管井井点具有排水量大、排水效果好、设备简单、易于维护等特点,降水深度3～5m,可代替多组轻型井点作用。

对于渗透系数大、涌水量大、降水较深的不砂类土,和用其他井点降水不易解决的深层降水,可采用深井井点系统。深井井点降水是在深基坑的周围埋置深于基坑的井管,使地下水通过设置在井管内的潜水电泵将地下水抽出,使地下水位低于坑底。本法具有排水量大,降水深(可达50m),不受吸程限制,排水效果好;井距大,对平面布置的干扰小;可用于各种情况,不受土层限制;成孔(打井)用人工或机械均可,较易于解决;井点制作、降水设备及操作工艺、维护均较简单,施工速度快;如果井点管采用钢管、塑料管,可以整根拔出重复使用等优点;但一次性投资大,成孔质量要求严格;降水完毕,井管拔出较困难。适用于渗透系数较大(10～250m/d),土质为砂类土,地下水丰富,降水深,面积大,时间长的情况,对在有流砂和重复挖填土方区使用,效果尤佳。

第四节 土方的填筑与压实

一、土料的选用与处理

填土土料应符合设计要求,保证填方的强度和稳定性。选择的填料应为强度高、压缩性小、水稳定性好便于施工的土、石料。如无设计要求时,应符合下列规定:

（1）碎石类土、砂土和爆破石渣可用于表层以下的填料。

（2）含水量符合压实要求的黏性土,可作为各层的填料。但不宜用于路基填料,若用于路基填料,必须充分压实并设有良好的排水设施。

（3）一般不能选用淤泥和淤泥质土、膨胀土、有机质含量大于8%的土、含水溶性硫酸盐大于5%的土、含水量不符合压实要求的黏性土作为填料。

填土应严格控制含水量,施工前应进行检验。当含水量过大时,应采用翻松、晾晒、风干等方法降低含水量,或采取掺入干土、打石灰桩等措施;如含水量偏低,则可预先洒水湿润,否则难以压实。

二、填土的方法

（一）填土方法

（1）人工填土:一般用手推车运土,用锹、耙、锄等工具进行填筑。只适用于小型土方工程。

（2）机械填土:可用推土机、铲运机或自卸汽车进行填筑。自卸汽车填土,需用推土机推平。采用机械填土时,可利用行驶的机械进行部分压实工作。

（二）填土要求

（1）填土应从最低处开始,由下向上整个宽度分层铺填碾压或夯实。

（2）填方应分层进行并尽量采用同类土填筑。

（3）应在相对两侧或四周同时进行回填与夯实。

（4）当天填土,应在当天压实。

三、压实方法

填土的压实方法一般有:碾压法、夯实法和振动压实法等。

（一）碾压法

碾压法适用于大面积填土工程。

碾压机械:平碾、羊足碾和气胎碾。应用最普遍的是刚性平碾;羊足碾只能用于压实黏性土;气胎碾工作时是弹性体,给土的压力较均匀,填土质量较好。

（二）夯实法

夯实法主要用于小面积填土,其优点是可以压实较厚的土层。

夯实机械:夯锤、内燃夯土机、蛙式打夯机和振动压实机。

夯锤借助起重机提起并落下,其重量大于1.5t,落距2.5～4.5m,夯土影响深度可超过1m,常用于夯实湿陷性黄土杂填土以及含有石块的填土。

内燃夯土机作用深度为0.4～0.7m,蛙式打夯机作用深度一般为0.2～0.3m。二者均为应用较广的夯实机械。

振动压实机主要用于压实非黏性土。

四、影响填土压实的因素

影响填土压实质量的主要因素:压实功、土的含水量以及每层铺土厚度。

(一)压实功的影响

填土压实后的密度与压实机械在其上所施加的功有一定的关系,见图1-21。当土的含水量一定,则在开始压实时,土的密度急剧增加,待到接近土的最大密度时,压实功虽然增加许多,而土的密度则变化甚小。在实际施工中,对于砂土只需碾压或夯击两三遍,对粉质黏土只需三四遍,对粉土或黏土只需五六遍。此外,松土不宜用重型碾压机械直接滚压,否则土层有强烈起伏现象,效率不高。如果先用轻碾压实,再用重碾压实就会取得较好效果。

(二)含水量的影响

在同一压实功条件下,填土的含水量对压实质量有直接影响。较为干燥的土,由于土颗粒之间的摩擦阻力较大,因而不易压实。当含水量超过一定限度时,土颗粒之间的孔隙由水填充而呈饱和状态,压实功不能有效的作用在土颗粒上,同样不能得到较好的压实效果。只有当填土具有适当含水量时,水起了润滑作用,土颗粒之间的摩擦阻力减小,土才易被压实。每种土都有其最佳含水量。土在这种含水量条件下,使用同样的压实功进行压实,所得到的密度最大(图1-22)。工地简单检验黏性土含水量的方法一般是以手握成团、落地开花为适宜。为了保证填土在压实过程中的最佳含水量,当土过湿时,应予翻松晾干,也可掺入同类干土或吸水性土料;当土过干时,则应洒水湿润。

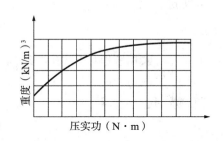

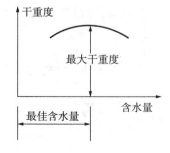

图1-21　土的容重与压实功的关系示意图　　图1-22　土的含水量对其压实质量的影响

(三)铺土厚度的影响

土在压实功的作用下,其应力随深度增加而逐渐减小,影响深度与压实机械、土的性质和含水量等有关。铺土厚度应小于压实机械压土时的作用深度,铺得过厚,要压很多遍才能达到规定的密实度;铺得过薄,同样要增加机械的总压实遍数。最优的铺土厚度应能使土方压实而机械的功耗最少。

上述三方面影响因素之间是互相关联的。为了保证压实质量,提高压实机械的生产率,重要工程应根据土质和所选用的压实机械在施工现场进行压实试验,以确定达到规定密实度所需的压实遍数、铺土厚度及最优含水量。一般情况下,填土的铺土厚度及压实遍数可参考表1-11选择。

表 1 - 11

项次	土的种类	变动范围	
		最优含水量/%（质量分数）	最大干密度/（10^3kg/m^3）
1	砂土	8～12	1.80～1.88
2	黏土	19～23	1.58～1.70
3	粉质黏土	12～15	1.85～1.95
4	粉土	16～22	1.61～1.80

五、填土压实的质量检查

填土压实后应达到一定的密实度及含水量的要求。

密实度要求一般由设计人员根据工程结构性质、使用要求及土的性质确定。

填土的密实度由压实系数 λ_c 控制。

$$\lambda_c = \frac{\rho_d}{\rho_{dmax}}$$

式中：ρ_d——施工控制干密度；

ρ_{dmax}——土的最大干密度。

施工前，应求出现场各种填料的最大干密度 ρ_{dmax}，土的最大干密度，可由锤击实试验确定。然后乘以设计的压实系数 λ_c，求得施工控制干密度 ρ_d，作为检查施工质量的依据。

填土压实后，可用"环刀法"取土样，取样组数应符合规范的规定。试样取出后，先测定土的湿密度及含水量，然后用下式计算土的实际干密度 ρ_0：

$$\rho_0 = \frac{\rho}{1 + 0.01W} (\text{g/cm}^3)$$

若 $\rho_0 \geqslant \rho_d$ 则压实质量合格；若 $\rho_0 \leqslant \rho_d$ 则压实不够，应采取相应措施提高压实质量。

第五节　土方的机械化施工

一、推土机

推土机是在拖拉机上安装推土板等工作装置而成的机械，是场地平整工程土方施工的主要机械之一，如图 1 - 23 所示。推土机集铲、运、平、填于一身的综合性机械，由于推土机操纵灵活、运转方便、所需工作面小、行驶速度快、易于转移、能爬 30° 左右的缓坡等优点，应用十分广泛。

推土机的适用范围：推土机开挖的基本作业是铲土、运土和卸土三个工作行程和空载回驶行程。多用于场地清理和平整、开挖深度 1.5m 以内的基坑，填平沟坑，以及配合铲运机、挖土机工作等。在推土机后面可安装松土装置，也可拖挂羊足碾进行土方压实工作。推土机可以推挖一至三类土，四类土以上需经预松后才能作业。推土机经济运距在 100m 以内，效率最高的运距为 60m。

推土机的生产率主要决定于推土机推移土的体积及切土、推土、回程等工作的循环时间。为提高生产率可采用下坡推土、并列推土、槽形推土等施工方法。

图 1-23　推土机作业

二、铲运机

铲运机是一种能独立完成铲土、运土、卸土、填筑、整平的土方机械,如图 1-24 所示。铲运机管理简单,生产率高,且运转费用低,在土方工程中常应用于大面积场地平整、填筑路基和堤坝等。最适宜于开挖含水量不超过 27% 的松土和普通土,坚土(三类土)和砂砾坚土(四类土)需用松土机预松后才能开挖。自行式铲运机的运距在 800~1500m 时效率最高,拖式铲运机的运距在 200~350m 时效率最高。

图 1-24　铲运机作业

铲运机的生产率主要取决于铲斗装土容量和铲土、运土、卸土、回程的工作循环时间。为提高生产率,可采用下坡铲土、推土机助铲等方法,以缩短装土时间和使铲斗装满。

铲运机的开行路线主要有环形路线和"8"字形路线两种形式。铲运机运行路线应根据填方、挖方区的分布情况并结合当地具体条件进行合理选择。环形路线是一种简单又常用的路线。当地形起伏不大,施工地段较短时,多采用环形路线。根据铲土与卸土的相对位置不同,分为两种情况,每一循环只完成一次铲土和卸土,如图 1-25a)、图 1-25b)所示。当挖填交替且挖填方之间的距离又较短时,则可采用大循环路线。一个循环能完成多次铲土和卸土,如图 1-25c)所示,可减少铲运机的转弯次数,提高工作效率。"8"字形路线是装土、运土和卸土,轮流在两个工作面上进行,每一循环完成两次铲土和两次卸土作业,如图

1-25d)所示。这种运行路线,装土、卸土沿直线开行,上下坡时斜向行驶,比环形路线运行时间短,减少了转弯次数和空驶距离。同时每次循环两次转弯方向不同,可避免机械行驶时的单侧磨损。适用于取土坑较长(300~500m)的路基填筑或地形起伏较大的场地平整。

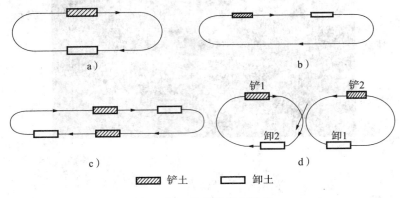

图1-25 铲运机运行路线

三、单斗挖土机

(一)正铲挖土机

如图1-26所示,正铲挖土机特点是"前进向上,强制切土"。正铲挖土机适用于开挖停机面以上的一至四类土和经爆破的岩石、冻土。与运土汽车配合能完成整个挖运任务,可用于开挖大型干燥基坑以及土丘的开挖。正铲挖土机开挖方式有正向挖土、侧向卸土和正向挖土、后方卸土两种。

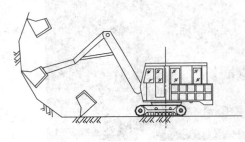

图1-26 正铲挖土机外形及工作状况

正向挖土、侧向卸土是挖土机沿前进方向挖土,运输工具在挖土机一侧开行和装土。采用这种作业方式,挖土机卸土时铲臂回转角度小,装车方便,循环时间短,生产率高而且运输车辆行驶方便,避免了倒车和小转弯,因此应用最广泛。

由于正铲挖土机作业于坑下,无论采用哪种卸土方式,都应先挖掘出口坡道,坡道的坡度为1:(7~10)。

正向挖土、后方卸土是挖土机沿前进方向挖土,运输工具停在挖土机后方装土。这种作业方式的工作面较大,但挖土机卸土时铲臂回转角度大,运输车辆要倒车驶入,增加工作循环时间,生产效率降低。一般只宜用于开挖工作面较狭窄且较深的基坑(槽)、沟渠和路堑等。

(二)反铲挖土机

如图1-27所示,反铲挖土机的特点是"后退向下,强制切土"。反铲挖土机的适用于开挖停机面以下的一至三类土,适用于开挖深度不大的基坑、基槽或管沟等及含水量大或地下水位较高的土方。反铲挖土机可以与自卸汽车配合,装土运走,也可弃土于坑槽附近。反铲挖土机的开挖方式有沟端开挖和沟侧开挖两种。

沟侧开挖是挖土机沿沟槽一侧直线移动，边走边挖，运输车辆停在机旁装土或直接将土卸在沟槽的一侧。卸土时铲臂回转半径小，能将土弃于距沟边较远的地方，但挖土宽度（一般为 0.8m）和深度较小，边坡不易控制。由于机身停在沟边工作，边坡稳定性差。因此只在无法采用沟端开挖方式或挖出的土不需运走时采用。

沟端开挖是挖土机停在基槽（坑）的一端，向后倒退着挖土，汽车停在两旁装车运土，也可直接将土甩在基槽（坑）的两边堆土（如图 1－28 所示）。此法的优点是挖掘宽度不受挖土机械最大挖掘半径的限制，铲臂回转半径小，开挖的深度可达到最大挖土深度。

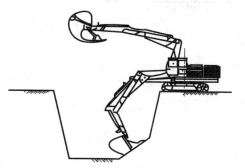
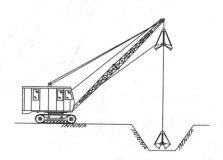

图 1－27　反铲挖土机外形及工作状况　　图 1－28　抓铲挖土机外形及工作状况

（三）抓铲挖土机

如图 1－28 所示，抓铲挖土机的特点是"直上直下，自重切土"。抓铲挖土机适用于开挖停机面以下一至二类土，如挖窄而深的基坑、疏通旧有渠道以及挖取水中淤泥等，或用于装卸碎石、矿渣等松散材料。在软土地基的地区，常用于开挖基坑、沉井等。开挖方式有沟侧开挖和定位开挖两种。

沟侧开挖是抓铲挖土机沿基坑边移动挖土。适用于边坡陡直或有支护结构的基坑开挖。

定位开挖是抓铲挖土机立于基坑一侧抓土；对较宽的基坑，则在两侧或四周抓土。挖淤泥时，抓斗易被淤泥吸住，应避免用力过猛，以防翻车。

（四）拉铲挖土机

如图 1－28 所示，拉铲挖土机的特点是"后退向下，自重切土"。拉铲挖土机适用于开挖停机面以下的一至二类土，适用于开挖较深较大的基坑（槽）、沟渠，挖取水中泥土以及填筑路基、修筑堤坝等。拉铲挖土机大多将土直接卸在基坑（槽）附近堆放，或配备自卸汽车装土运走，但工效较低。拉铲挖土机的开挖方式有沟端开挖和沟侧开挖两种。

四、挖土机与运土车辆的配合计算

当挖土机挖出的土方需用运土车辆运走时，挖土机的生产率不仅取决于本身的技术性能，还取决于辅助运输机械是否与挖土机相互配套，协调工作。

单斗挖土机挖土配以自卸汽车运土时，其配套计算如下：

（1）挖土机数量 N 的确定，见式（1－30）：

$$N = \frac{Q}{P} \times \frac{1}{TCK} \tag{1－30}$$

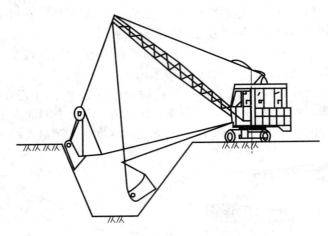

图 1 – 29　拉铲挖土机外形及工作状况

式中:Q——基坑土方量,m^3;

T——计划工期,d;

C——每天工作班数;

K——单班时间利用系数;

P——挖土机单机生产率,m^3/台班,可查定额确定或按式(1–31)计算。

$$P = \frac{8 \times 3600}{t}q\frac{K_c}{K_s}K_b\,(m^3/台班) \qquad (1–31)$$

式中:t——挖土机每斗作业循环时间,s;

q——挖土机斗客量,m^3;

K_s——土的最初可松性系数;

K_c——土斗的充盈系数,可取 $0.8 \sim 1.1$;

K_b——工作时间利用系数,一般为 $0.7 \sim 0.9$。

(2)自卸汽车数量 N' 的计算

自卸汽车的数量 N',应能保证挖土机连续工作,可按式(1–32)计算:

$$N' = \frac{T}{t_1 + t_2} \qquad (1–32)$$

式中:T——自卸汽车每一工作循环延续时间,s,由装车、重车运输、卸车、空车返回及等待时间组成;

t_1——运输车辆掉头而使挖土机等待时间,s;

t_2——运输车辆装满一车土的时间,s。

$$t_2 = nt \qquad (1–33)$$

$$n = \frac{10Q}{q\dfrac{K_c}{K_s}y} \qquad (1–34)$$

式中:n——运土车辆每车装土次数;

Q——运土车辆的载重量,t;

q——挖土机的斗容量,m^3;

γ——土的重力密度,kN/m^3。

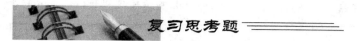

复习思考题

1. 土方工程分为哪两类？各包括哪些内容？
2. 影响土方施工的土的工程性质有哪些？有些什么影响？
3. 只要求场地平整前后土方量相等,其设计标高如何计算？
4. 何谓"最佳设计平面"？用什么方法求得？
5. 试述用"表上作业法"进行土方调配的步骤和方法。土方调配的原则？
6. 土方边坡的大小与什么有关？边坡稳定的影响因素有哪些？
7. 常用的基槽支护结构形式有哪些？各适用于什么情况？
8. 常用的基坑支护结构形式有哪些？各适用于什么情况？
9. 基坑降水方式有哪几种？各适用于什么情况？
10. 流砂是如何形成的？如何防治？
11. 试述轻型井点系统的组成及设备？
12. 轻型井点的平面和高程如何布置？
13. 如何区分水井类型？
14. 试述轻型井点的计算内容和方法。
15. 土方的填筑宜用哪些涂料？
16. 填土如何进行压实？
17. 影响填土压实的主要因素有哪些？
18. 土方施工常用机械有哪些？各有什么适用范围？

作 业

1. 一建筑场地方格网及各方格顶点标高如图所示,方格网边长为20m,场地表面要求的泄水坡度 $i_x = 0.3\%$, $i_y = 0.2\%$。试求:
(1)按挖填平衡的原则确定场地设计标高(不考虑土的可松性)。
(2)各方格角点的施工高度,并标出零线。
(3)计算场地平整的土方量(不考虑边坡土方量)。

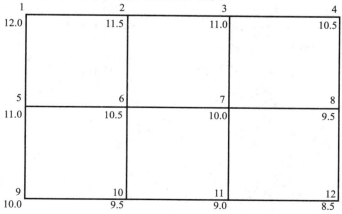

2. 用"表上作业法"计算下表所示的土方调配最优方案,并计算其运输工程量(m^3-km)

挖方区	填 方 区				挖方量/m^3
	T_1	T_2	T_3	T_4	
W_1	30	30	70	80	200
W_2	50	60	120	70	700
W_3	20	80	30	40	700
填方量/m^3	400	300	400	500	1600

注:方框内右上角数字为运距(m)。

3. 某基础底部尺寸为 $30m \times 40m$,基础埋深为 4.5m,基坑底部尺寸每边比基础底部放宽 1m,室外地坪标高为 $\pm 0.00m$,地下水位标高为 $-1.00m$。已知 $-10.00m$ 以上为黏质粉土,渗透系数为 5m/d,$-10.00m$ 以下为不透水的粘水层。基坑开挖为四边放坡,边坡坡度为 1:0.5。采用轻型井点降水,滤管长度为 1m。

试求:(1)确定该井点的平面与高程布置。

(2)计算涌水量。

(3)确定井点管的数量及间距。

4. 一基坑长 50m,宽 40m,深 5.5m,四面放坡,边坡坡度 1:0.5,问挖土土方量为多少?如混凝土基础的体积为 $3000m^3$,则回填土方量为多少?多余土方外运量为多少?如用斗容量 $3m^3$ 的汽车运土,问需运多少次?(已知土的最初可松性系数 $K_s = 1.14$,最终可松性系数 $K_s' = 1.05$)

第二章　地基处理与基础工程

第一节　概　述

任何建筑物都必须有可靠的地基和基础。建筑物的全部重量最终将通过基础传给地基,所以,对某些地基的处理及加固就成为基础工程施工中的一项重要内容。当地质条件较好时,建筑物多采用天然基础,它造价低、施工简便;如果天然浅土层较弱,不符合设计要求时,可采用机械压实、强夯、堆载预压、深层搅拌、化学加固等方法进行人工加固,形成人工地基;如深部土层也软弱,或建筑物的上部荷载较大,或对沉降有严格要求的高层建筑、地下建筑以及桥梁基础等,则需采用深基础。

一、常用的地基处理方法简介

常用的地基处理方法有换填垫层法、强夯法、砂石桩法、振冲法、水泥土搅拌法、高压喷射注浆法、预压法、夯实水泥土桩法、水泥粉煤灰碎石桩法、石灰桩法、灰土挤密桩法和土挤密桩法、柱锤冲扩桩法、单液硅化法和碱液法等。

(一)换填垫层法

当建筑物基础下的持力层比较软弱,不能满足上部荷载对地基的要求时,常采用换土垫层来处理软弱地基。需先将基础下一定范围内的土层挖去,然后回填强度较大的砂、碎石或灰土等,并夯实。适用于浅层(如一般的三、四层房屋、路堤、油罐和水闸等的地基)、软弱地基及不均匀地基的处理。其主要作用是提高地基承载力,减少沉降量,加速软弱土层的排水固结,防止冻胀和消除膨胀土的胀缩。换土垫层法按其回填的材料可分为砂垫层、碎(砂)石垫层、灰土垫层等。

(二)强夯法

用起重机械将重锤吊起从高处自由落下,给地基以冲击力和振动,从而提高地基土的强度并降低其压缩性的一种有效的地基加固方法。强夯法适用于处理碎石土、砂土、低饱和度的粉土与黏性土、湿陷性黄土、杂填土和素填土等地基。强夯置换法适用于高饱和度的粉土,软流塑的黏性土等地基上对变形控制不严的工程,在设计前必须通过现场试验确定其适用性和处理效果。强夯法和强夯置换法主要用来提高土的强度,减少压缩性,改善土体抵抗振动液化能力和消除土的湿陷性。对饱和黏性土宜结合堆载预压法和垂直排水法使用。

(三)砂石桩法

适用于挤密松散砂土、粉土、黏性土、素填土、杂填土等地基,提高地基的承载力和降低压缩性,也可用于处理可液化地基。对饱和黏土地基上变形控制不严的工程也可采用砂石桩置换处理,使砂石桩与软黏土构成复合地基,加速软土的排水固结,提高地基承载力。

(四)振冲法

分加填料和不加填料两种。加填料的通常称为振冲碎石桩法。振冲法适用于处理砂土、粉土、粉质黏土、素填土和杂填土等地基。对于处理不排水抗剪强度不小于 20kPa 的黏性土和饱和黄土地基,应在施工前通过现场试验确定其适用性。不加填料振冲加密适用于处理粘粒含量不大于 10% 的中、粗砂地基。振冲碎石桩主要用来提高地基承载力,减少地基沉降量,还可用来提高土坡的抗滑稳定性或提高土体的抗剪强度。

(五)水泥土搅拌法

分为浆液深层搅拌法(简称湿法)和粉体喷搅法(简称干法)。水泥土搅拌法适用于处理正常固结的淤泥与淤泥质土、黏性土、粉土、饱和黄土、素填土以及无流动地下水的饱和松散砂土等地基。不宜用于处理泥炭土、塑性指数大于 25 的黏土、地下水具有腐蚀性以及有机质含量较高的地基。若需采用时必须通过试验确定其适用性。当地基的天然含水量小于30%(黄土含水量小于 25%)、大于 70% 或地下水的 pH 小于 4 时不宜采用此法。连续搭接的水泥搅拌桩可作为基坑的止水帷幕,受其搅拌能力的限制,该法在地基承载力大于 140kPa 的黏性土和粉土地基中的应用有一定难度。

(六)高压喷射注浆法

适用于处理淤泥、淤泥质土、黏性土、粉土、砂土、人工填土和碎石土地基。当地基中含有较多的大粒径块石、大量植物根茎或较高的有机质时,应根据现场试验结果确定其适用性。对地下水流速度过大、喷射浆液无法在注浆套管周围凝固等情况不宜采用。高压旋喷桩的处理深度较大,除地基加固外,也可作为深基坑或大坝的止水帷幕,目前最大处理深度已超过 30m。

(七)预压法

适用于处理淤泥、淤泥质土、冲填土等饱和黏性土地基。按预压方法分为堆载预压法及真空预压法。堆载预压分塑料排水带或砂井地基堆载预压和天然地基堆载预压。当软土层厚度小于 4m 时,可采用天然地基堆载预压法处理,当软土层厚度超过 4m 时,应采用塑料排水带、砂井等竖向排水预压法处理。对真空预压工程,必须在地基内设置排水竖井。预压法主要用来解决地基的沉降及稳定问题。

(八)夯实水泥土桩法

适用于处理地下水位以上的粉土、素填土、杂填土、黏性土等地基。该法施工周期短、造价低、施工文明、造价容易控制,目前在北京、河北等地的旧城区危改小区工程中得到不少成功的应用。

(九)水泥粉煤灰碎石桩(CFG 桩)法

适用于处理黏性土、粉土、砂土和已自重固结的素填土等地基。对淤泥质土应根据地区经验或现场试验确定其适用性。基础和桩顶之间需设置一定厚度的褥垫层,保证桩、土共同承担荷载形成复合地基。该法适用于条基、独立基础、箱基、筏基,可用来提高地基承载力和减少变形。对可液化地基,可采用碎石桩和水泥粉煤灰碎石桩多桩型复合地基,达到消除地基土的液化和提高承载力的目的。

(十)石灰桩法

适用于处理饱和黏性土、淤泥、淤泥质土、杂填土和素填土等地基。用于地下水位以上的土层时,可采取减少生石灰用量和增加掺合料含水量的办法提高桩身强度。该法不适用于地下水下的砂类土。

(十一)灰土挤密桩法和土挤密桩法

适用于处理地下水位以上的湿陷性黄土、素填土和杂填土等地基,可处理的深度为 5 ~ 15m。当用来消除地基土的湿陷性时,宜采用土挤密桩法;当用来提高地基土的承载力或增强其水稳定性时,宜采用灰土挤密桩法;当地基土的含水量大于 24%、饱和度大于 65% 时,不宜采用这种方法。灰土挤密桩法和土挤密桩法在消除土的湿陷性和减少渗透性方面效果基本相同,土挤密桩法地基的承载力和水稳定性不及灰土挤密桩法。

(十二)其他方法

柱锤冲扩桩法适用于处理杂填土、粉土、黏性土、素填土和黄土等地基,对地下水位以下的饱和松软土层,应通过现场试验确定其适用性。地基处理深度不宜超过 6m;单液硅化法和碱液法适用于处理地下水位以上渗透系数为 0.1 ~ 2m/d 的湿陷性黄土等地基。在自重湿陷性黄土场地,对 Ⅱ 级湿陷性地基,应通过试验确定碱液法的适用性。

在确定地基处理方案时,宜选取不同的多种方法进行比选。对复合地基而言,方案选择是针对不同土性、设计要求的承载力提高幅质、选取适宜的成桩工艺和增强体材料。

二、基础工程简介

基础是建筑物和地基之间的连接体。基础把建筑物竖向体系传来的荷载传给地基。从平面上可见,竖向结构体系将荷载集中于点,或分布成线形,但作为最终支承机构的地基,提供的是一种分布的承载能力。

房屋基础设计应根据工程地质和水文地质条件、建筑体型与功能要求、荷载大小和分布情况、相邻建筑基础情况、施工条件和材料供应以及地区抗震烈度等综合考虑,选择经济合理的基础型式。

一般情况下,砌体结构优先采用刚性条形基础,当基础宽度大于 2.5m 时,可采用钢筋混凝土扩展基础即柔性基础。框架结构、无地下室、地基较好、荷载较小可采用单独柱基,无地下室、地基较差、荷载较大为增强整体性,减少不均匀沉降,可采用十字交叉梁条形基础。如采用上述基础不能满足地基基础强度和变形要求,又不宜采用桩基或人工地基时,可采用筏板基础(有梁或无梁)。框架结构、有地下室、上部结构对不均匀沉降要求严、防水要求高、柱网较均匀,可采用箱形基础;柱网不均匀时,可采用筏板基础。有地下室、无防水要求,柱网、荷载较均匀、地基较好,可采用独立柱基,抗震设防区加柱基拉梁。或采用钢筋混凝土交叉条形基础或筏板基础。筏板基础上的柱荷载不大、柱网较小且均匀,可采用板式筏形基础。当柱荷载不同、柱距较大时,宜采用梁板式筏基。无论采用何种基础都要处理好基础底板与地下室外墙的连结节点。框剪结构无地下室、地基较好、荷载较均匀，可选用单独柱基，墙下条基，抗震设防地区柱基下设拉梁并与墙下条基连结在一起。无地下室，地基较差，荷载较大，柱下可选用交叉条形基础并与墙下条基连结在一起，以加强整体性，如还不能满足地基承载力或变形要求，可采用筏板基础。剪力墙结构无地下室或有地下室，无防水要求，地基较好，宜选用交叉条形基础。当有防水要求时，可选用筏板基础或箱形基础。高层建筑一般都设有地下室，可采用筏板基础；如地下室设置有均匀的钢筋混凝土隔墙时，采用箱形基础。当地基较差，为满足地基强度和沉降要求，可采用桩基或人工处理地基。其中桩基础是常用的一种基础形式。

三、桩基础工程的分类

桩基础由桩和桩顶承台组成，如图2-1所示。按照不同的分类方法，有以下几种形式。

（一）按承载性状

可分为摩擦型桩和端承型桩，如图2-2所示。前者又分为摩擦桩、端承摩擦桩；后者又分为端承桩、摩擦端承桩。摩擦桩在极限承载力状态下，桩顶荷载由桩侧阻力承受；端承摩擦桩桩顶荷载则主要由桩侧阻力承受。端承桩在极限承载力状态下，桩顶荷载由桩端阻力承受；摩擦端承桩桩顶荷载则主要由桩端阻力承受。

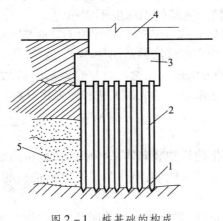

图2-1　桩基础的构成

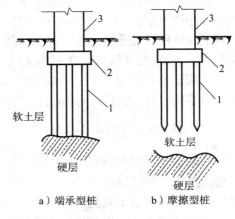

a）端承型桩　　　b）摩擦型桩

图2-2　端承桩与摩擦桩

1—坚硬土层　2—桩　3—承台　4—上部结构　5—软弱土层

（二）按施工方法

桩可分为预制桩和灌注桩。预制桩是在工厂或施工现场制成的各种形式的桩，然后用锤击、静压、振动或水冲沉入等方法打桩入土。灌注桩是就地成孔，而后再钻孔中放置钢筋笼、灌注混凝土成桩。灌注桩根据成孔的方法，又可分为钻孔、挖孔、冲孔及沉管成孔等方法。

第二节　浅埋式钢筋混凝土基础施工

一般工业与民用建筑在基础设计中多采用天然浅基础，它造价低、施工简便。常用的浅基础类型有板式基础、杯形基础、筏式基础和箱型基础等。

一、板式基础

板式基础包括柱下钢筋混凝土独立基础和墙下钢筋混凝土条形基础。这种基础的抗弯和抗剪性能良好,可在竖向荷载较大、地基承载力不高以及承受水平力和力矩荷载等情况下使用。因高度不受台阶宽高比的限制,故适用于需要"宽基浅埋"的场合下采用。板式基础施工时应满足下列要求。

(1)基坑(槽)应进行验槽,局部软弱土层应除去,用灰土或砂砾分层回填夯实至基底。基坑(槽)内浮土、积水、淤泥、垃圾、杂物应清除干净。验槽后垫层混凝土应立即浇筑,以免地基土被扰动。

(2)垫层达到一定强度后,在其上弹线、支模。铺放钢筋网片时底部用与混凝土保护层同厚度的水泥砂浆垫塞,以保证位置正确。

(3)在浇筑混凝土前,应清除模板上的垃圾、泥土和钢筋上的油污等杂物,模板应浇水加以湿润。

(4)基础混凝土宜分层连续浇筑完成,阶梯形基础的每一台阶高度内应整分浇捣层,每浇筑完一个台阶应稍停0.5～1.0h,待其初步获得沉实后,再浇筑上层,以防止下台阶混凝土溢出,在上台阶根部形成烂脖子,台阶表面应基本抹平。

(5)锥形基础的斜面部分模板应随混凝土浇捣分段支设并顶压紧,以防模板上浮变形,边角处的混凝土应注意捣实。严禁斜面部分不支撑,用铁锹拍实。

(6)基础上有插筋时,要加以固定,保证插筋位置的准确,防止浇捣混凝土发生移位,混凝土浇筑完毕后,外露表面应覆盖并浇水养护。

二、杯形基础

杯形基础常用作钢筋混凝土预制柱基础,基础中预留凹槽(即杯口),然后插入预制柱临时固定后,即在四周空隙中灌细石混凝土。其形式一般有杯口基础、双杯口基础和高杯口基础等。杯形基础施工时除参照板式基础的施工要求外,还应满足以下要求。

(1)混凝土应按台阶分层浇筑,对高杯口基础的高台阶部分按整段分层浇筑。

(2)杯口模板可做成二半式的定型模板,中间各加一块楔形板,拆模时,先取出楔形板,然后分别将两半杯口模板取出。为便于周转宜做成工具式的。支模时杯口模板要固定牢固并压浆。

(3)浇筑杯口混凝土时,应注意四侧要对称均匀进行,避免将杯口模板挤向一侧。

(4)施工时应先浇筑杯底混凝土并捣实,注意在杯底一般有50mm厚的细石混凝土找平层,应仔细留出。待杯底混凝土沉实后,再浇筑杯口周围混凝土。基础浇捣完毕,在混凝土初凝后终凝前将杯口模板取出,并将杯口内侧表面混凝土凿毛。

(5)施工高杯口基础时,可采用后安装杯口模板的方法施工,即当混凝土浇捣接近杯口底时,再安装固定杯口模板,继续浇筑杯口四周混凝土。

三、筏式基础

筏式基础由钢筋混凝土底板、梁等组成,适用于地基承载力较低而上部结构荷载很大的场合。其外形和构造上像倒置的钢筋混凝土楼盖,整体刚度较大,能有效将各柱子的沉降调整得较为均匀。筏式基础一般可分为梁板式和平板式两类。筏式基础施工应满足以下要求。

（1）施工前，如地下水位较高，可采用人工降低地下水位至基坑底不少于500mm，以保证在无水情况下进行基坑开挖和基础施工。

（2）施工时，可采用先在垫层上绑扎底板、梁的钢筋和柱子锚固插筋，浇筑底板混凝土，待达到25%设计强度后，再在底板上支梁模板，继续浇筑完梁部分混凝土；也可采用底板和梁模板一次同时支好，混凝土一次连续浇筑完成，梁侧模板采用支架支承并固定牢固。

（3）混凝土浇筑时一般不留施工缝，必须留设时，应按施工缝要求处理，并应设置止水带。

（4）基础浇筑完毕，表面应覆盖和洒水养护，并防止地基被水浸泡。

四、箱型基础

箱型基础是由钢筋混凝土底板、顶板、外墙以及一定数量的内隔墙构成封闭的箱体，基础中部可在内隔墙开门洞作地下室。该基础具有整体性好，刚度大，调整不均匀沉降能力及抗震能力强，可消除因地基变形使建筑物开裂的可能性，减少基底处原有地基自重应力，降低总沉降量等特点。适用于软弱地基上的面积较小、平面形状简单、上部结构荷载大且分布不均匀的高层建筑物的基础和对沉降有严格要求的设备基础或特种构筑物基础。箱型基础施工时应满足以下要求。

（1）基坑开挖，如地下水位较高，应采取措施降低地下水位至基坑底以下500mm处，并尽量减少对基坑底土的扰动。当采用机械开挖基坑时，在基坑底面以上200~400mm厚的土层应进行人工挖除，基坑验槽后，应立即进行基础施工。

（2）施工时，基础底板、内外墙和顶板的支模、钢筋绑扎和混凝土浇筑，可采取分块进行，其施工缝的留设位置和处理应符合钢筋混凝土工程施工及验收规范要求，外墙接缝应设止水带。

（3）基础的底板、内外墙和顶板宜连续浇筑完毕。为防止出现温度收缩裂缝，一般应设置贯通后浇带，带宽不宜小于800mm，在后浇带处钢筋应贯通，顶板浇筑后，相隔2~4周，用比设计强度提高一级的细石混凝土将后浇带填灌密实，并加强养护。

（4）基础施工完毕，应立即进行回填土，停止降水时，应验算基础的抗浮稳定性。

第三节　钢筋混凝土预制桩的施工

钢筋混凝土预制桩由于能承受较大的荷载、坚固耐久、施工速度快，因此是工程广泛应用的桩型之一。但另一方面由于其造价高，打桩噪音大，污染环境而限制了应用和推广。钢筋混凝土预制桩有混凝土实心方桩和预应力混凝土空心管桩两大类。

一、预制桩的制作

混凝土方桩的截面边长多为250~550mm，如在工厂制作，单节长度不宜超过12m；如在现场预制，长度不宜超过30m。混凝土强度等级不宜低于C30。

1. 钢筋混凝土桩的制作程序

场地平整、压实→场地地坪作三七灰土或浇筑混凝土→支模→绑扎钢筋骨架、安设吊环

→浇筑混凝土→养护至30%强度拆模→支间隔桩端头模板、设隔离层、绑钢筋→浇筑间隔桩混凝土→同法间隔制作第二层桩→养护至70%强度起吊→达100%强度后运输。

2. 钢筋混凝土桩的制作要求

（1）叠浇法施工，重叠层数取决于地面允许荷载和施工条件，一般不宜超过四层。

（2）预制桩的混凝土浇筑，应由桩顶向桩尖连续进行，严禁中断。

（3）上层桩或邻桩的浇筑，必须在下层桩或邻桩的混凝土达到设计强度的30%以后方可进行。

（4）水平方向可采用间隔施工的方法，但桩与桩间应做好隔离层，桩与邻桩、下层桩、底模间的接触面不得发生粘结。

二、预制桩的起吊、运输

（一）预制桩的起吊

规范规定：混凝土预制桩须在混凝土强度达到设计强度的70%方可起吊；达到100%方可运输和打桩。如提前起吊，必须采取措施并经验算合格方可进行。

桩在起吊和搬运时，必须平稳，并且不得损坏。吊点设置应按照起吊后桩的正、负弯矩基本相等的原则，吊点设置一般如图2-3所示。

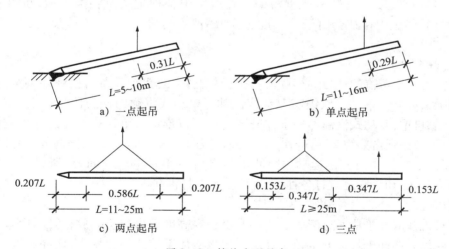

图2-3 桩的合理吊点

（二）预制桩的运输

桩运输时的强度应达到设计强度标准值的100%。桩的运输距离比较短时，可直接用起重机吊运或桩下垫滚筒托运；运输距离比较长时可采用大平板车或轻便轨道平台车运输。

钢桩在运输中对两端应适当保护，防止桩体撞击而造成桩端、桩体损坏。

三、预制桩的堆放

预制桩的堆放场地必须平整、坚实，排水畅通；垫木间距应与吊点位置相同，各层垫木应位于同一垂直线上；在现场桩的堆放层数不宜太多。对混凝土桩，堆放层数不宜超过四层；

对不同规格的桩应分别堆放,便于施工。

四、预制桩沉桩

预制桩常用的沉桩方法有锤击法和静压法。

(一)锤击法

1. 锤击沉桩机

锤击沉桩机由桩锤、桩架及动力装置三部分组成,施工时需选择桩锤与桩架。

(1)桩锤

桩锤有落锤、蒸汽锤、柴油锤、液压锤等。

①落锤

落锤用人力或卷扬机拉起桩锤,然后使其自由下落,利用锤的重力夯击桩顶,使之入土。落锤装置简单,使用方便,费用低,但施工速度慢,效率低,且桩顶易被打坏。落锤适用于施打小直径的钢筋混凝土预制桩,在软土层中应用较多。

②柴油锤

柴油锤是以柴油为燃料,利用设在筒形汽缸内的冲击体的冲击力与燃烧压力,推动锤体跳动夯击桩体。柴油锤体积小、锤击能量大、锤击速度快、施工性能好。柴油锤施工时有振动大、噪声高、废气飞散等严重污染。它适用于各种土层及各类桩型,也可打斜桩。但这种在过软的土中往往会由于贯入度过大,燃油不易爆发,桩锤不能反跳,造成工作循环中断。

③蒸汽锤

蒸汽锤是利用蒸汽的动力进行锤击,它需要配备一套锅炉设备对桩锤外供蒸汽。根据其工作情况又可分为单动式汽锤与双动式汽锤。单动式汽锤的冲击体只在上升时耗用动力,下降依靠自重;双动式汽锤的冲击体升降均由蒸汽推动。单动式汽锤的冲击较大,可以打各种桩,每分钟锤击数为 25 ~ 30 次。常用锤重为 3 ~ 10t。双动式汽锤的外壳是固定在桩头上的,而锤是在外壳内上下运动。因冲击频率高(100 ~ 200 次/min),所以工作效率高。锤重一般为 0.6 ~ 6t。它适宜打各种桩,也可在水下打桩并用于拔桩。

④液压锤

液压打桩锤的冲击块通过液压装置提升至预定高度后再快速释放,后以自由落体方式打击桩体。也有在冲击块提升至预定高度后再以液压系统施加作用力,使冲击块获得加速度,以提高冲击速度和冲击能量,后者亦称为双作用液压锤。液压锤具有很好的工作性能,且无烟气污染,噪声较低,软土中起动性比柴油锤有很大改善,但它结构复杂,维修保养的工作量大,价格高,作业效率比柴油锤低。

选择桩锤时,应根据地质条件、桩的类型、桩身结构强度、桩的长度、桩群密集程度以及施工条件因素来确定,其中尤以地质条件影响最大,宜采用"重锤轻击"方法。桩锤过轻,锤击能很大一部分被桩身吸收,桩头易打碎而桩不易入土。重锤低击时,对桩顶的冲量小动量大,桩顶不易被打碎,大部分能量用于克服桩身摩擦力与桩尖阻力,而且使桩身反弹小,不致使桩身受拉破坏。实践证明:当桩锤重大于桩重的 1.5 ~ 2 倍时,能取得较好的效果。锤重可根据土质、桩的规格等参考表 2 - 1 进行选择,如能进行锤击应力计算则更为科学。

表 2-1　桩锤的类型及选择

锤型	锤击动力	适用性	优缺点	
			优点	缺点
落锤	重力	小型桩工程	构造简单、使用方便	效率低、桩身易损失
柴油锤	燃油爆炸能量	适用面广、可用于大型混凝土桩和钢管桩等	结构简单、使用方便;不需从外部供应能源	过软的土中会使工作循环中断;污染大
蒸汽锤	蒸汽动力	适用面广	冲击力较大;无污染	需配备锅炉设备;
液压锤	液压作用	适合水下打桩	能获得较大的贯入度	构造复杂、造价高

（2）桩架

桩架是悬吊桩锤支持桩身,并为桩锤导向,它还能起吊桩并可在小范围内移动桩位的打桩设备。桩架的形式多种多样,常用的通用桩架有两种基本形式:一种是沿轨道行驶的多功能桩架;另一种是装在履带底盘上的打桩架。

多功能桩架:由立柱、斜撑、回转工作台、底盘及传动机构组成。它的机动性和适应性很大,在水平方向可作 360°回转,立柱可前后倾斜,底盘下装有铁轮,可在轨道上行走。这种桩架可适应各种预制桩及灌注桩施工。缺点是机构较庞大,现场组装和拆迁比较麻烦。桩架高度是选择桩架时需考虑的一个重要问题:桩架高度≥桩长+滑轮组高度+桩锤高度+桩帽高度+起锤移位高度

履带式桩架:以履带式起重机为底盘,增加立柱和斜撑用以打桩。其性能较多功能桩架灵活,移动方便,适用范围较广,可适应各种预制桩及灌注桩施工。

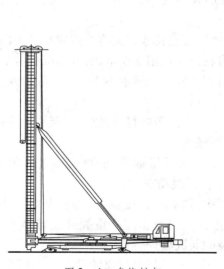

图 2-4　多能桩架

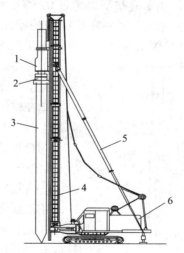

1—桩锤;2—桩帽;3—桩;
4—立柱;5—斜撑;6—车体

图 2-5　履带式桩架

2.打桩施工

（1）打桩前的准备工作

打桩前宜做好以下准备工作:清除妨碍施工的地上和地下的障碍物平整施工场地;定位放线:桩基轴线的定位点及水准点,应设置在不受打桩影响的地点,水准点设置不少于两个。

施工过程中可据此检查桩位的偏差以及桩的入土深度;设置供电、供水系统;安装打桩机。

打桩顺序合理与否,影响打桩速度、打桩质量及周围环境。当桩的中心距小于4倍桩径时,打桩顺序尤为重要。打桩顺序影响挤土方向。打桩向哪个方向推进,则向哪个方向挤土。根据桩群的密集程度,可选用下述打桩顺序:由一侧向单一方向进行[图2-6a)];自中间向两个方向对称进行[图2-6b)];自中间向四周进行[图2-6c)]。第一种打桩顺序,打桩推进方向宜逐排改变,以免土朝一个方向挤压,导致土壤挤压不均匀。对于同一排桩,必要时还可采用间隔跳打的方式。对于大面积的桩群,宜采用后两种打桩顺序,以免土壤受到严重挤压,使桩难以打入,或使先打入的桩受挤压而倾斜。大面积的桩群,宜分成几个区域,由多台打桩机采用合理的顺序同时进行打设。

打桩时要进行试桩,以检验设备和工艺是否符合要求。按照规范的规定,试桩不得少于两根。

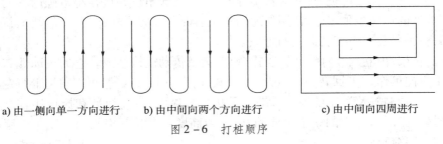

a) 由一侧向单一方向进行　　b) 由中间向两个方向进行　　c) 由中间向四周进行

图2-6　打桩顺序

（2）打桩方法

打桩机就位后,将桩锤和桩帽吊起来,然后吊桩并送至导杆内,垂直对准桩位缓缓送下插入土中,垂直度偏差不得超过0.5%,然后固定桩帽和桩锤,使桩、桩帽、桩锤在同一垂线上,确保桩能垂直下沉。在桩锤和桩帽之间应加弹性衬垫,桩帽和桩顶周围四周应有5~10mm间隙,以防损伤桩顶。具体施工要求如下。

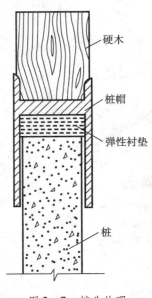

硬木

桩帽

弹性衬垫

桩

图2-7　桩头处理

①打桩时,应用导板夹具或桩箍将桩嵌固在桩架内,经水平和垂直度校正后将桩锤和桩帽压在桩顶,开始沉桩;

②在桩锤和桩帽之间应加弹性衬垫,一般可用硬木、麻袋、草垫等,如图2-7所示。

③打桩开始时,应小落距轻打,待桩入土至一定深度且稳定后,再按规定的落距锤击。

④宜用"重锤低击",落锤或单动汽锤,最大落距不宜大于1m,用柴油锤时,应使锤跳动正常。

⑤在打桩过程中,遇有贯入度剧变、桩身突然发生倾斜、位移或有严重回弹、桩顶或桩身出现严重裂缝或破碎等异常情况时,应暂停打桩,及时研究处理。

⑥做好打桩记录。开始打桩时需统计桩身每沉落1m所需锤击的次数。当桩下沉接近设计标高时,则应实测其最后贯入度。贯入度值,为每十击桩入土深度的平均值。最后贯入度,为最后三阵桩的平均入土深度。

（3）接桩

预制桩施工中,由于受到场地、运输及桩机设备等的限制,而将长桩分为多节进行制作。

目前混凝土桩的接桩可用焊接、法兰接以及硫磺胶泥锚接三种方法,如图 2-8 所示。前两种适用于各类土层,后一种适用于软弱土层。

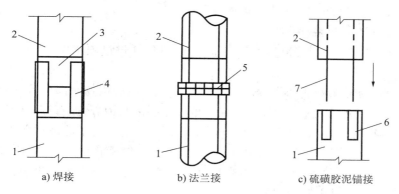

a) 焊接　　　　　　b) 法兰接　　　　　c) 硫磺胶泥锚接

图 2-8　混凝土预制桩的接桩

1—下节桩;2—上节桩;3—桩帽;4—连接角钢;5—连接法兰;

6—预留锚筋孔;7—预埋锚接钢筋

（4）打桩质量控制

打桩的质量视打入后的偏差是否在允许范围之内,最后贯入度与沉桩标高是否满足设计要求,桩顶、桩身是否好坏以及对周围环境有无造成严重危害而定。

桩的垂直偏差应控制在 1% 之内,平面位置的允许偏差,对于建筑物桩基,单排或双排桩的条形桩基,垂直于条形桩基纵轴线方向为 100mm,平行于条形桩基纵轴线方向为 150mm;桩数为 1~3 根桩基中的桩为 100mm;桩数为 4~16 根桩基中的桩为 1/3 桩径或 1/3 边长;桩数大于 16 根桩基中的桩最外边的桩为 1/3 桩径或 1/3 边长,中间桩为 1/2 桩径或边长。

打桩的控制,对于桩尖位于坚硬土层的端承型桩,以贯入度控制为主,桩尖进入持力层深度或桩尖标高可作参考。如贯入度已达到而桩尖标高未达到时,应继续锤击三阵,每阵十击的平均贯入度不应大于规定的数值。桩尖位于软土层的摩擦型桩,应以桩尖设计标高控制为主,贯入度可作参考。如控制指标已符合要求,而其他指标与要求相差较大时,应会同有关单位研究解决。设计与施工中所控制的贯入度是以合格的试桩数据为准,如无试桩资料,可参考类似土的贯入度,由设计规定。测量最后贯入度应在下列正常条件下进行:桩顶没有破坏;锤击没有偏心;锤的落距符合规定;桩帽和弹性垫层正常;汽锤的蒸汽压力符合规定。如果沉桩尚未达到设计标高,而贯入度突然变小,则可能土层中夹有硬土层,或遇到孤石等障碍物,此时切勿盲目施打,应会同设计勘察部门共同研究解决。此外,由于土的固结作用,如果打桩过程中断,会使桩难以打入,因此应保证施打的连续进行。

打桩时,桩顶破碎或桩身严重裂缝,应立即暂停,在采取相应的技术措施后,方可继续施打。

打桩时,除了注意桩顶与桩身由于桩锤冲击破坏外,还应注意桩身受锤击拉应力而导致的水平裂缝,在软土中打桩,在桩顶以下 1/3 桩长范围内常会因反射的张力波使桩身受拉而引起水平裂缝。开裂的地方往往出现在吊点和混凝土缺陷处,这些地方容易形成应力集中。采用重锤低速击桩和较软的桩垫可减少锤击拉应力。

打桩时,引起桩区及附近地区的土体隆起和水平位移虽然不属于打桩本身的质量问题,但由于邻桩相互挤压而导致桩位偏移,会影响整个工程质量。如在已有建筑群中施工,打桩还会引起邻近已有地下管线、地面交通道路和建筑物的损坏和不安全。为此,在邻近建筑物(构筑物)打桩时,应采取适当的措施,如挖防振沟、砂井排水(或塑料排水板排水)、预钻孔取土打桩、采取合理打桩顺序、控制打桩速度等。

(5)施工中常遇到的质量问题

①桩顶、桩身被打坏:与桩顶与桩轴线不垂直、桩尖通过过硬土层、锤的落距过大、桩锤过轻等有关。

②桩位偏斜:当桩顶不平、桩尖偏心、接桩不正、土中有障碍物时都容易发生桩位偏斜;

③桩打不下:与土层中夹有较厚砂层或其他硬土层以及钢渣、孤石等障碍物有关。打桩过程中,如果停歇一段时间后再打,则由于土的固结作用,桩往往不能被顺利地打入土中。

④一桩打下邻桩上升:桩贯入土中,使土体受到急剧挤压和扰动,其靠近地面的部分将在地表隆起和水平移动,当桩较密,打桩顺序又欠合理时,土体被压缩到极限,就会发生一桩打下,周围土体带动邻桩上升的现象。

(二)静力压桩

静力压桩是在均匀软弱土中利用压桩架(型钢制作)的自重和配重,通过卷扬机的牵引传到桩顶,将桩逐节压入土中的一种沉桩方法。这种沉桩方法无振动、无噪音、对周围环境影响小,适合在城市中施工。压桩一般式分节压入,逐段接长,第一节桩压入土中,其上端距地面2m左右时将第二节桩接上,继续压入。压同一根桩,各工序应连续施工。施工中还应满足以下要求。

(1)压桩施工时应随时注意使桩保持轴心受压,接桩时也应保证上下接桩的轴线一致;

(2)接桩时间尽可能的缩短,以避免间歇时间过长会由于压桩阻力过大导致发生压不下去的事故。当桩接近设计标高时,不可过早停压。

(3)压桩过程中,当桩尖碰到夹砂层时,压桩阻力可能突然增大,这时可以最大的压桩力作用在桩顶,采取停车再开、忽停忽开的办法,使桩有可能缓慢下沉穿过砂层。

(4)如果工程中有少量桩确实不能压至设计标高而相差不多时,可以采取截去桩顶的办法。

(三)水冲法沉桩(射水沉桩)

射水沉桩方法往往与锤击(或振动)法同时使用,具体选择应视土质情况:在砂夹卵石层或坚硬土层中,一般以射水为主,以锤击或振动为辅;在粉质黏土或黏土中,为避免降低承载力,一般以锤击或振动为主,以射水为辅,并应适当控制射水时间和水量。下沉空心桩,一般用单管内射水。当下沉较深或土层较密实,可用锤击或振动,配合射水;下沉实心桩,将射水管对称地装在桩的两侧,并能沿着桩身上下自由移动,以便在任何高度上射水冲土。必须注意,不论采取任何射水施工方法,在沉入最后阶段1~1.5m至设计标高时,应停止射水,用锤击或振动沉入至设计深度,以保证桩的承载力。

射水沉桩的设备包括:水泵、水源、输水管路和射水管。射水管内射水的长度(L)应为桩长(L_1)、射水嘴伸出桩尖外的长度(L_2)和射水管高出桩顶以上高度(L_3)之和,即 $L = L_1 + L_2 + L_3$。水压与流量根据地质条件、桩锤或振动机具、沉桩深度和射水管直径、数目等因素确定,通常在沉桩施工前经过试桩选定。

射水沉桩的施工要点是:吊插桩时要注意及时引送输水胶管,防止拉断与脱落;桩插正立稳后,压上桩帽桩锤,开始用较小水压,使桩靠自重下沉。初期控制桩身下沉不应过快,以免阻塞射水管嘴,并注意随时控制和校正桩的垂直度。下沉渐趋缓慢时,可开锤轻击。沉至一定深度(8~10m)已能保持桩身稳定度后,可逐步加大水压和锤的冲击动能。沉桩至距设计标高一定距离(1~1.5m)停止射水,拔出射水管,进行锤击或振动,使桩下沉至设计要求标高。

(四)振动法沉桩

振动法是利用振动锤沉桩,将桩与振动锤连接在一起,振动锤产生的振动力通过桩身带动土体振动,使土体的内摩擦角减小、强度降低而将桩沉入土中。该方法在砂土中施工效率较高。

第四节　灌注桩施工

灌注桩是直接在桩位上就地成孔,然后在孔内安放钢筋笼、灌注混凝土的一种成桩方法。根据成孔工艺不同,可分为钻孔灌注桩、挖孔灌注桩、套管成孔灌注桩和爆扩成孔灌注桩等多种。

与预制桩相比由于避免了锤击应力,桩的混凝土强度及配筋只要满足使用要求就可以,因而具有节约材料、成本低廉、施工不受地层变化的限制、无需接桩及截桩等优点。但也存在着技术间隔时间长,不能立即承受荷载,操作要求严,在软土地基中易缩颈、断裂,在冬季施工较困难等缺点。

一、钻孔灌注桩

钻孔灌注桩是利用钻孔机在桩位成孔,然后在桩孔内放入钢筋骨架再灌混凝土而成的就地灌注桩。能在各种土质条件下施工,具有无振动、对土体无挤压的特点。根据地质条件的不同可分为干作业成孔灌注桩和湿作业成孔灌注桩。

干作业成孔灌注桩是用螺旋钻机在桩位处钻孔,然后在孔内放入钢筋笼,再浇筑混凝土成桩。钻孔机械一般采用螺旋钻机,它由主机、滑轮组、螺旋钻杆、钻头、滑动支架、出土装置等组成。螺旋钻机成孔效率高、无振动、无噪音,宜用于匀质黏土层,亦能穿透砂层,适用于成孔深度内没有地下水的情况,成孔时不必采取护壁措施而直接取土成孔。

螺旋钻机成孔灌注桩是利用动力旋转钻杆,使钻头的螺旋叶片旋转削土,土块沿螺旋叶片上升排出孔外(图2-9)。在软塑土层,含水量大时,可用疏纹叶片钻杆,以便较快地钻进。在可塑或硬塑黏土中,或含水量较小的砂土中应用密纹叶片钻杆,缓慢地均匀地钻进。操作时要求钻杆垂直,钻孔过程中如发现钻杆摇晃或难钻进时,可能是遇

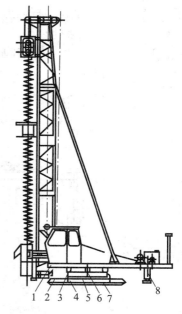

图2-9　步履式螺旋钻机

1—上底盘;2—下底盘;3—回转滚轮;
4—行车滚轮;5—钢丝滑轮;6—回转
轴;7—行车油缸;8—支架

到石块等异物,应立即停机检查。全叶片螺旋钻机成孔直径一般为 300~600mm,钻孔深度为 8~20m。钻进速度应根据电流值变化及时调整。在钻进过程中,应随时清理孔口积土,遇到塌孔、缩孔等异常情况,应及时研究解决。

当螺旋钻机钻至设计标高时,在原位空转清土,停钻后提出钻杆弃土,钻出的土应及时清除,不可堆在孔口。钢筋骨架绑好后,一次整体吊入孔内。如过长亦可分段吊,两段焊接后再徐徐沉放孔内。钢筋笼吊放完毕,再次测量孔内虚土厚度。混凝土应连续浇筑,每次浇筑高度不得大于 1.5m,灌注时应分层捣实。

二、泥浆护壁钻孔灌注桩

泥浆护壁成孔是用泥浆保护孔壁并排出土渣而成孔,不论地下水位高或低的土层皆适用。多用于含水量高的软土地区。泥浆具有保护孔壁、防止塌孔、排出土渣以及冷却与润滑钻头的作用。泥浆一般需专门配制,当在黏土中成孔时,也可用孔内钻渣原土自造泥浆。成孔机械有回转钻机、潜水钻机、冲击钻等,其中以回转钻机应用最多。

(一)回转钻机成孔

回转钻机是由动力装置带动钻机的回转装置转动,并带动带有钻头的钻杆转动,由钻头切削土壤。切削形成的土渣,通过泥浆循环排出桩孔。根据泥浆循环方式的不同,分为正循环和反循环,如图 2-10 所示。正循环回转钻机成孔的工艺如图 2-10a)所示。泥浆由钻杆内部注入,并从钻杆底部喷出,携带钻下的土渣沿孔壁向上流动,由孔口将土渣带出流入沉淀池,经沉淀的泥浆流入泥浆池再注入钻杆,由此进行循环。沉淀的土渣用泥浆车运出排放。反循环回转钻机成孔的工艺如图 2-10b)所示。泥浆由钻杆与孔壁间的环状间隙流入钻孔,然后,由砂石泵在钻杆内形成真空,使钻下的土渣由钻杆内腔吸出至地面而流向沉淀池,沉淀后再流入泥浆池。反循环工艺的泥浆上流的速度较高,排放土渣的能力强。根据桩型、钻孔深度、土层情况、泥浆排放条件、允许沉渣厚度等进行选择,但对孔深大于 30m 的端承型桩,宜采用反循环。

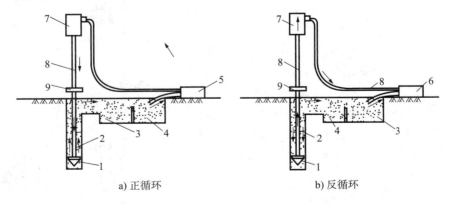

a) 正循环   b) 反循环

图 2-10 泥浆循环成孔工艺

1—钻头;2—泥浆循环方向;3—沉淀池;4—泥浆池;5—泥浆泵;
6—砂石泵;7—水龙头;8—钻杆;9—钻机回转装置

回转钻机成孔灌注桩的施工工艺过程为:测定桩位→埋设护筒→制备泥浆→成孔→清孔→下钢筋笼→水下浇筑混凝土。

1. 埋设护筒

钻孔前,应先在孔口处埋设护筒,护筒的作用是固定桩孔位置、保护孔口、防止塌孔、增加桩孔内水压。护筒由 3~5mm 钢板制成,其内径比钻头直径大 100mm,埋在桩位处,其顶面应高出地面或水面 400~600mm,埋入土中深度通常不宜小于 1.0~1.5m,特殊情况下埋深需要更大,周围用黏土填实。在护筒顶部应开设 1~2 个溢浆口。在钻孔过程中,应保持护筒内泥浆液面高于地下水位。

2. 护壁泥浆

护壁泥浆是由高塑性黏土或膨润土和水拌和的混合物,也可在其中掺入加重剂、分散剂、增粘剂和堵漏剂等掺合剂。

泥浆的制备通常在挖孔前搅拌好,钻孔时输入孔内;有时也采用向孔内输入清水,一边钻孔,一边使清水与钻削下来的泥土拌和形成泥浆。泥浆的性能指标如相对密度、黏度、含砂量、pH、稳定性等要符合规定的要求。泥浆的选料既要考虑护壁效果,又要考虑经济性,尽可能使用当地材料。在黏土中钻孔,可采用自造泥浆护壁;在砂土中钻孔,则应注入制备泥浆。注入的泥浆比重控制在 1.1 左右,排出泥浆的比重宜为 1.2~1.4。钻孔达到要求的深度后,测量沉渣厚度,进行清孔。以原土造浆的钻孔,清孔可用射水法,此时钻具只转不进,待泥浆比重降到 1.1 左右即认为清孔合格;注入制备泥浆的钻孔,可采用换浆法清孔,至换出泥浆的比重小于 1.15 时方为合格,在特殊情况下泥浆比重可以适当放宽。

泥浆的作用是将土中空隙渗填密实,避免孔内漏水,同时泥浆比水重,也加大了护筒内水压,对孔壁起到支撑作用,因而可以防止塌孔。另外,泥浆还能起到携碴、冷却机具和切土润滑等作用。

3. 成孔方法

正循环成孔设备简单,操作方便,工艺成熟,当孔深不太深,孔径小于 800cm 时钻进效率高。当桩径较大时,钻杆与孔壁间的环形断面较大,泥浆循环时返流速度低,排碴能力弱。如使泥浆返流速度增大到 0.20~0.35m/s,则泥浆泵的排量需很大,有时难以达到,此时不得不提高泥浆的相对密度和黏度。但如果泥浆相对密度过大,稠度大,难以排出钻碴,孔壁泥皮厚度大,影响成桩和清孔。

反循环成孔机械由于钻杆内腔断面积比钻杆与孔壁间的环状断面积小得多,因此,泥浆的上返速度大,一般可达 2~3m/s 多,是正循环工艺泥浆上返速度的数十倍,因而可以提高排碴能力,保持孔内清洁,减少钻碴在孔底重复破碎的机会,能大大提高成孔效率。这种成孔工艺是目前大直径成孔施工的一种有效的先进的成孔工艺,因而应用较多。

4. 清孔

钻孔达到要求的深度后为防止灌注桩沉降加大、承载力降低,要清除孔底沉淀物(沉渣等),这个过程称为清孔。

(1)当孔壁土质较好,不易塌孔时,可用空气吸泥机清孔,同时注入清水,清孔后泥浆相对密度应控制在 1.1 左右;

(2)孔壁土质较差时,宜用泥浆循环清孔,清孔后的泥浆相对密度控制在 1.15~1.25 之间。施工及清孔过程中应经常测定泥浆的相对密度。

钻孔灌注桩的桩孔钻成并清孔后,应尽快吊放钢筋骨架并灌注混凝土。在无水或少水的浅桩孔中灌注混凝土时,应分层浇筑振实,每层高度一般 0.5~0.6m,不得大于 1.5m。混凝土坍落度在一般黏性土中宜用 50~70mm;砂类土中用 70~90mm;黄土中用 60~

90mm。水下灌注混凝土时,常用垂直导管灌注法进行水下施工。水下灌注混凝土至桩顶时,应适当超过桩顶设计标高,以保证在凿除含有泥浆的桩段后,桩顶标高和质量能符合设计要求。施工后的灌注桩的平面位置及垂直度都需满足规范的规定。灌注桩在施工前,宜进行试成孔。

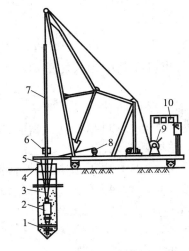

图 2－11　潜水钻机
1—钻头;2—潜水钻机;3—电缆;4—护筒;
5—水管;6—滚轮支点;7—钻杆;
8—电缆盘;9—卷扬机;10—控制箱

(二)潜水钻机成孔

潜水钻机是一种旋转式钻孔机械,其动力、变速机构和钻头连在一起,加以密封,因而可以下放至孔中地下水位以下进行切削土壤成孔(图 2－11)。用正循环工艺输入泥浆,进行护壁和将钻下的土渣排出孔外。潜水钻机成孔,亦需先埋设护筒,其他施工过程皆与回转钻机成孔相似。

(三)冲击钻成孔

冲击钻主要用于在岩土层中成孔,成孔时将冲锥式钻头提升一定高度后以自由下落的冲击力来破碎岩层,然后用掏渣筒来掏取孔内的渣浆(图 2－12)。

还有一种冲抓锥(图 2－13),锥头内有重铁块和活动抓片,下落时松开卷扬机刹车,抓片张开,锥头自由下落冲入土中,然后开动卷扬机拉升锥头,此时抓片闭合抓土,将冲抓锥整体提升至地面卸土,依次循环成孔。

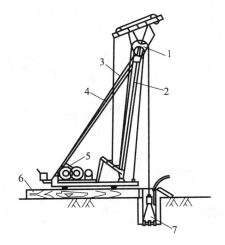

图 2－12　冲击钻机
1—滑轮;2—主杆;3—拉索;4—斜撑;
5—卷扬机;6—垫木;7—钻头

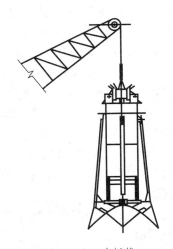

图 2－13　冲抓锥

三、套管成孔灌注桩

套管成孔灌注桩又称为打拔管灌注桩。是利用锤击或振动的方法将带有活瓣桩尖或预制钢筋混凝土桩尖的钢管,沉入土中,然后将钢筋笼放入钢管内,再灌注混凝土,并随灌随将钢管拔出,利用拔管时的振动将混凝土捣实。

锤击沉管灌注桩采用落锤或蒸汽锤将钢管打入土中。振动沉管灌注桩是将钢管上端与振动沉桩机刚性连接,利用振动力将钢管打入土中。

钢管下端有两种构造,一种是开口,在沉管时套以钢筋混凝土预制桩尖,拔管时,桩尖留在桩底土中;另一种是管端带有活瓣桩尖,其构造如2-14所示,沉管时,桩尖活瓣合拢,灌注混凝土及拔管时活瓣打开。沉管灌注桩施工过程如图2-15所示。

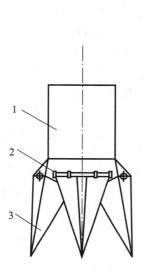

图 2-14 活瓣桩尖
1—桩管;2—锁轴;3—活瓣

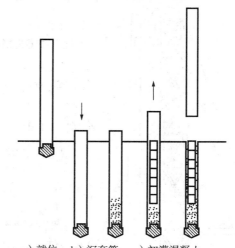

a)就位; b)沉套管; c)初灌混凝土;
d)放置钢筋笼、灌注混凝土; e)拔管成桩

图 2-15 沉管灌注桩施工过程

(一)锤击沉管

锤击灌注桩施工时,用桩架吊起钢套管,关闭活瓣或对准预先设在桩位处的预制混凝土桩靴,套入桩靴。套管与桩靴连接处要垫以麻、草绳,以防止地下水渗入管内。然后缓缓放下套管,压进土中。套管上端扣上桩帽,检查套管与桩锤是否在一垂直线上,套管偏斜不大于0.5%时,即可起锤沉套管。先用低锤轻击,观察后如无偏移,才正常施打,直至符合设计要求的贯入度或沉入标高,并检查管内有无泥浆或水进入,即可灌注混凝土。套管内混凝土应尽量灌满,然后开始拔管。拔管要均匀,不宜拔管过高。拔管时应保持连续密锤低击不停。控制拔出速度,对一般土层,以不大于1m/min为宜。在软弱土层及软硬土层交界处,应控制在0.8m/min以内。桩锤冲击频率,视锤的类型而定。单动汽锤采用倒打拔管,频率不低于70次/min,自由落锤轻击不得少于50次/min。在管底未拔到桩顶设计标高之前,倒打或轻击不得中断。拔管时还要经常探测混凝土落下的扩散情况,注意使管内的混凝土保持略高于地面,这样一直到全管拔出为止。桩的中心距小于5倍桩管外径或小于2m时,均应跳打。中间空出的桩须待邻桩混凝土达到设计强度的50%以后方可施打,以防止因挤土而使前面的桩发生桩身断裂。

为了提高桩的质量和承载能力,常采用复打扩大灌注桩。其施工顺序如下:在第一次灌注桩施工完毕,拔出套管后,清除管外壁上的污泥和桩孔周围地面的浮土,立即在原桩位再埋预制桩靴或合好活瓣第二次复打沉套管,使未凝固的混凝土向四周挤压扩大桩径,然后第二次灌注混凝土。拔管方法与初打时相同。复打施工时要注意:前后两次沉管的轴线应重合;复打施工必须在第一次灌注的混凝土初凝之前进行。复打法第一次灌注混凝土前不能放置钢筋笼,如配有钢筋,应在第二次灌注混凝土前放置。

锤击灌注桩宜用于一般黏性土、淤泥质土、砂土和人工填土地基。

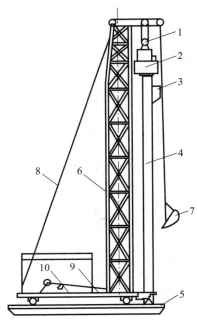

图 2 - 16　沉管灌注桩设备

1—滑轮组;2—振动器;3—漏斗;4—桩管;
5—吊斗;6—枕木;7—机架;8—拉索;
9—架底;10—卷扬机

(二)振动沉管

振动灌注桩采用振动锤或振动冲击锤沉管,其设备见图 2 - 16。施工前,先安装好桩机,将桩管下端活瓣合起来或套入桩靴,对准桩位,徐徐放下套管,压入土中,勿使偏斜,即可开动激振器沉管。桩管受振后与土体之间摩阻力减小,同时利用振动锤自重在套管上加压,套管即能沉入土中。

沉管时,必须严格控制最后的贯入速度,其值按设计要求,或根据试桩和当地的施工经验确定。

振动灌注桩可采用单打法、反插法或复打法施工。

单打施工时,在沉入土中的套管内灌满混凝土,开动激振器,振动 $5 \sim 10s$,开始拔管,边振边拔。每拔 $0.5 \sim 1m$,停拔振动 $5 \sim 10s$,如此反复,直到套管全部拔出。在一般土层内拔管速度宜为 $1.2 \sim 1.5m/min$,在较软弱土层中,不得大于 $0.8m/min$。

反插法施工时,在套管内灌满混凝土后,先振动再开始拔管,每次拔管高度 $0.5 \sim 1.0m$,向下反插深度 $0.3 \sim 0.5m$。如此反复进行并始终保持振动,直至套管全部拔出地面。反插法能使桩的截面增大,从而提高桩的承载能力,宜在较差的软土地基上应用。

复打法要求与锤击灌注桩相同。

振动灌注桩的适用范围除与锤击灌注桩相同外,也适用于稍密及中密的碎石土地基。

(三)常出现的质量问题

1. 灌注桩混凝土中部有空隔层或泥水层、桩身不连续

产生灌注桩混凝土中部有空隔层或泥水层、桩身不连续的主要原因:是由于钢管的管径较小,混凝土骨料粒径过大,和易性差,拔管速度过快造成。预防措施:应严格控制混凝土的坍落度不小于 $5 \sim 7cm$,骨料粒径不超过 $3cm$,拔管速度不大于 $2m/min$,拔管时应密振慢拔。

2. 缩颈

缩颈是指桩身某处桩径缩减,小于设计断面。多数发生在黏性土、土质软弱、含水率高,特别是饱和的淤泥或淤泥质软土层中。产生缩颈的主要原因:产生的原因是在含水率很高的软土层中沉管时,土受挤压产生很高的空隙水压,拔管后挤向新灌的混凝土,造成缩颈。预防措施:施工时应严格控制拔管速度,并使桩管内保持不少于 $2m$ 高的混凝土,以保证有足够的扩散压力,使混凝土出管压力扩散正常。

3. 断桩

断桩一般都发生在地面以下软硬土层的交界处,并多数发生在黏性土中,砂土及松土中则很少出现。产生断桩的主要原因:主要是桩中心距过近,打邻近桩时受挤压;混凝土终凝不久就受振动和外力作用;软硬土层间传递水平力大小不同,对桩产生剪应力等。预防措施:施工时为消除临近沉桩的相互影响,避免引起土体竖向或横向位移,最好控制桩的中心距不小于4倍桩的直径。如不能满足时,则应采用跳打法或相隔一定技术间歇时间后再打邻近的桩。处理方法:经检查有断桩后,应将断桩段拔去,略增大桩的截面面积或加箍筋后,再重新浇筑混凝土。

4. 吊脚桩

吊脚桩是指桩底部混凝土隔空或混进泥砂而形成松软层。其产生的主要原因是:预制钢筋混凝土桩尖承载力或钢活瓣桩尖刚度不够,沉管时被破坏或变形,因而水或泥砂进入桩管;拔管时桩靴未脱出或活瓣张开,混凝土未及时从管内流出等。处理方法:应拔出桩管,填砂后重打;或者可采取密振慢拔,开始拔管时先反插几次再正常拔管等预防措施。

复习思考题

1. 地基处理方法一般有哪几种? 各有什么特点?
2. 试述换土垫层法的适用情况和施工要点。
3. 浅埋式钢筋混凝土基础主要有哪几种?
4. 试述桩基的作用和分类。
5. 钢筋混凝土预制桩的起吊、运输及堆放应注意哪些问题?
6. 预制桩的沉桩方法及原理?
7. 打桩工程质量评定的主要项目有哪些?
8. 打桩顺序一般应如何确定?
9. 桩锤有哪些种类? 各适用于什么范围?
10. 混凝土与钢筋混凝土灌注桩的成孔方法有哪几种? 各适用于什么范围?
11. 试述泥浆护壁成孔灌注桩的施工工艺流程及埋设护筒应注意的事项?
12. 回转钻机泥浆循环方式有哪几种?
13. 试述套管成孔灌注桩的施工工艺?
14. 套管成孔灌注桩施工常见问题及其处理方法?

第三章 砌体工程

第一节 砌筑材料

砌体是由块材和砂浆砌筑而成的整体(例如墙、柱),以满足使用功能和承受结构荷载。块材和砂浆的质量直接影响砌体的质量。

一、块材

砌体工程所用的块材有砖、石和砌块三大类。

(一)砖

砖有实心砖、空心砖和多孔砖,按其生产方式不同有烧结砖和蒸压(蒸养)砖两大类。砖的品种和强度等级应符合要求,无翘曲、断裂现象。用于清水墙、柱表面的砖应边角整齐,色泽均匀。有优等品、一等品、合格品三个质量等级。

1. 烧结砖

烧结砖从构造形式上分为烧结普通砖(为实心砖)、烧结多孔砖和烧结空心砖,它们是以黏土、页岩、煤矸石等为主要原料,经焙烧而成。

烧结普通砖按主要原料分为黏土砖、页岩砖、煤矸石砖和粉煤灰砖。烧结普通砖的外形为直角六面体,规格为 240mm×115mm×53mm(长×宽×高),配砖规格为 175mm×115mm×53mm。根据抗压强度分为 MU30、MU25、MU20、MU15、MU10 五个强度等级。

烧结多孔砖的孔洞率不小于 25%,孔的尺寸小而数量多,外形为矩形体,可以用于承重部位。烧结空心砖的孔洞率大于 35%,主要用于非承重部位,外形为矩形体,在砂浆的接合面上设有增加结合力的深度 1mm 以上的凹线槽。烧结空心砖按抗压强度分为 MU5、MU3 和 MU2 三个强度等级。按密度分为 800、900、1100 三个密度级别,每个密度级分优等品、一等品、合格品三个等级。

2. 蒸压砖

蒸压砖有煤渣砖(为实心砖)和灰砂空心砖。

煤渣砖是以煤渣为主要原料,掺入适量石灰、石膏,经混合、压制成型,蒸养或蒸压而成的实心砖。尺寸规格同烧结普通砖,根据抗压强度和抗折强度分为 MU20、MU15、MU10 和 MU7.5 四个强度等级。

蒸压灰砂空心砖以石灰、砂为主要原料,经胚料制备、压制成型、蒸压养护而制成的孔洞率大于 15% 的空心砖。尺寸:长均为 240mm,宽均为 115mm,高有 53、90、115 和 175 四种。强度等级有 MU25、MU20、MU15、MU10 和 MU7.5 五个等级。

(二)石材

石砌体所用的石材应质地坚实,无风化剥落和裂纹。用于清水墙、柱表面的石材,还应色泽均匀。

砌筑用石有毛石和料石两类。

毛石分为乱毛石和平毛石两种。乱毛石是指形状不规则的石块。平毛石是指形状不规则，但有两个平面大致平行的石块。毛石应呈块状，其中部厚度不宜小于150mm。

料石按其加工面的平整程度分为细料石、粗料石和毛料石三种。料石的宽度、厚度均不宜小于200mm，长度不宜大于厚度的四倍。

石材的强度等级是以70mm边长的立方体试块的抗压强度表示的（取三个试块的平均值）。石材的强度等级有MU100、MU80、MU60、MU50、MU40、MU30、MU20、MU15、MU10。

（三）砌块

砌块代替黏土砖做墙体材料是墙体改革的一个重要途径。目前以工业废料为原料制作的各种中小型砌块用于建筑墙体，提高了劳动生产率。砌块的种类较多，按构造形式分为实心砌块和空心砌块两种，一般常用的有混凝土空心砌块、加气混凝土砌块和粉煤灰砌块。砌块主规格的高度大于115mm又小于380mm称为小型砌块，主规格的高度为380～980mm称为中型砌块。

二、砂浆

砂浆是砌体中块体的胶结材料。它的作用是将块材粘结成整体，并因在砌筑时填平了块材不平的表面而使块材在砌体受压时能比较均匀地受力。砂浆因为填满块材间的缝隙，起到防风、防雨渗透到室内。

砂浆按主要原材料不同分为水泥砂浆、混合砂浆、石灰砂浆、黏土砂浆、石灰黏土砂浆等。水泥砂浆可以用在潮湿环境中的砌体，其他砂浆主要用于干燥环境中的砌体。

（一）原材料要求

水泥的强度等级应根据设计要求进行选择。水泥砂浆采用的水泥，其强度等级不宜大于32.5级；水泥混合砂浆采用的水泥，其强度等级不宜大于42.5级。不同厂家、品种、强度等级的水泥，不得混合使用。

砂宜用中砂，其中毛石砌体宜用粗砂。使用前应过筛，不得含有草根等杂物。其含泥量对水泥砂浆和强度等级不小于M5的水泥混合砂浆不应超过5%，对强度等级小于M5的水泥混合砂浆，不应超过10%。

砂浆中的掺加料可改善砂浆和易性，常用的掺加料有石灰膏、黏土膏、电石膏和粉煤灰等。生石灰熟化成石灰膏时，应用孔径不大于3mm的网过滤，熟化时间不得少于7d；磨细生石灰粉的熟化时间不得小于2d。沉淀池中贮存的石灰膏，应采取防止干燥、冻结和污染的措施。配制水泥石灰砂浆时，不得采用脱水硬化的石灰膏。

凡在砂浆中掺入有机塑化剂、早强剂、缓凝剂、防冻剂等外加剂，应经检验和适配，符合要求后，方可使用。有机塑化剂应有砌体强度的型式检验报告。

（二）砂浆的强度等级

砂浆的强度等级是用边长70.7mm的立方体试块，一组6块，标养至28天，测定其抗压强度平均值。其强度等级有M20、M15、M10、M7.5、M5、M2.5。

砌筑砂浆试块强度验收时其强度合格标准应符合以下规定：

同一验收批砂浆试块抗压强度平均值必须大于或等于设计强度等级所对应的立方体抗压强度，其中强度最小一组的平均值必须大于或等于设计强度等级所对应的立方体抗压强度的0.75倍。

抽检数量为每一检验批且不超过250m³砌体的各种类型及强度等级的砌筑砂浆，每台搅拌机应至少抽检一次。抽检方法是在砂浆搅拌机出料口随机取样制作砂浆试块（同盘砂浆只应制作一组试块），最后检查试块强度试验报告单。

（三）砂浆的制备与使用

砂浆制备应采用经试配调整后确定的配合比，需要注意的是施工过程中如果砂浆的组成材料有变化时，应调整配合比。配料要准确，水泥及外加剂的配料精度应控制在±2%以内，砂、石灰膏等应控制在±5%以内。掺用外加剂时，应先将外加剂按规定浓度溶于水中，在拌合水投入时投入外加剂溶液，不得将外加剂直接投入拌制的砂浆中。

砌筑砂浆应采用砂浆搅拌机进行拌制。搅拌时间要充分，搅拌时间从投料完算起，应符合下列规定：水泥砂浆和水泥混合砂浆，不得少于2min；水泥粉煤灰砂浆和掺用外加剂的砂浆，不得少于3min；掺用有机塑化剂的砂浆，应为3～5min。

除强度外，砂浆还有流动性、保水性等要求。砂浆的流动性也称稠度（指砂浆在外力作用下易于产生流动的性能），以砂浆稠度仪的标准圆锥体沉入砂浆的深度进行测定。在砂浆出料口检查砂浆的稠度，一般用于石砌体的砂浆稠度约为30～50mm，普通混凝土小型空心砌块、加气混凝土砌块砌体宜为50～70mm，轻骨料混凝土小型空心砌块砌体宜为60～90mm。砂浆的保水性指砂浆在运输和使用过程中保持水分不很快流失的能力，以保证砂浆在块材上铺设均匀。砂浆的保水性用分层度表示（由分层度测定仪测定）。在砂浆出料口检查砂浆的分层度，分层度一般不宜大于30mm。砂浆拌成后和使用时，均应盛入贮灰器中。如砂浆出现泌水现象，应在砌筑前再次拌合。

砂浆应随拌随用。水泥砂浆和水泥混合砂浆必须分别在拌成后3h和4h内使用完毕；当施工期间最高气温超过30℃时，必须分别在拌成后2h和3h内使用完毕。对掺用缓凝剂的砂浆，其使用时间可根据具体情况延长。

第二节　砌筑施工工艺

一、砖砌体施工

（一）一般规定

（1）砖和砂浆的强度等级必须符合设计要求。

（2）砖应提前1～2d浇水湿润，普通砖、多孔砖和空心砖的含水率宜为10%～15%，灰砂砖、粉煤灰砖含水率宜为5%～8%（水浸入砖的深度为15～20mm）。

（3）240mm厚承重墙的每层墙的最上一皮，梁垫下一皮砖，砖砌体的阶台水平面上及挑出层，应整砌丁砖。

（4）多孔砖的孔洞应垂直于受压面砌筑，有利于砂浆进入上下砖块的孔洞中产生"销键"作用,提高砌体的抗剪强度和整体性。

(二)砖墙的施工工艺

砖墙的砌筑一般有抄平、放线、立皮数杆、排砖摞底、盘角挂线、砌筑和勾缝等工序。

1. 抄平

砌筑前在基础顶面或楼面上定出各层标高,并用水泥砂浆或 C10 细石混凝土找平。

2. 放线

在底层,从轴线桩或龙门板上轴线位置,弹出墙身轴线和边线,同时弹出门窗洞口位置。二层及以上的轴线可以用经纬仪或线锤将轴线引上,并弹出各墙的轴线、边线和门窗洞口位置线。

3. 立皮数杆

皮数杆是一根木制或钢制方杆,皮数杆上划有每皮砖和砖缝厚度及门窗洞口、过梁、楼板、圈梁等部位的标高,是砌筑时控制砌体竖向尺寸的标志。皮数杆长度有一层楼高,设置时要用水准仪进行抄平,使皮数杆上的楼地面标高位于设计标高位置上。皮数杆一般立于墙的转角处、内外墙交接处、楼梯间以及洞口多的地方,每隔 10～15m 立一根。

4. 排砖摞底(干摆砖)

在弹好线的基础面上,由经验丰富的瓦工,按确定的组砌方式进行摆砖样,调整灰缝宽度,使门窗洞口、窗间墙长度符合砖的模数,减少砍砖,并使灰缝宽度均匀。

根据砖砌体应错缝搭砌和无通缝的要求,常用的组砌方式有:

(1)一顺一丁。由一皮顺砖和一皮丁砖相互间隔砌成,上下皮间的竖缝相互错开 1/4 砖长,如图 3-1 所示。这种砌法砌筑效率较高,适合于砌一砖和一砖以上的墙。

(2)梅花丁。梅花丁又称沙包式、十字式。砌法是每皮中丁砖与顺砖相隔,上皮丁砖坐中于下皮顺砖,上下皮砖的竖缝相互错开 1/4 砖长,如图 3-2 所示。

(3)三顺一丁。由三皮全顺砖和一皮全丁砖间隔砌成,上下皮顺砖间竖缝相互错开 1/2 砖长,上下皮顺砖与丁砖间竖缝错开 1/4 砖长,如图 3-3 所示。这种砌法顺砖多,砌筑效率较高,适合于砌一砖半以上的墙。

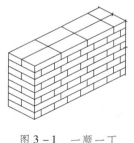

图 3-1 一顺一丁

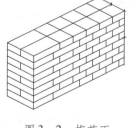

图 3-2 梅花丁

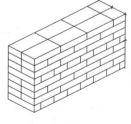

图 3-3 三顺一丁

5. 盘角、挂线

砌墙时先根据皮数杆砌墙角,称为盘角,作为砌筑墙身的基准。每次盘角的高度不超过五皮砖,用线锤吊挂检查角的垂直度。然后根据两头的盘角砖逐皮挂线砌筑直墙。一般砌筑一砖半及以上的墙应双面挂线,一砖及半砖墙单面外侧挂线,为防止因为线太长而出现中间的线下坠,中间应设几个支线点,保证线要拉紧。

6. 砌筑

砌砖宜采用一铲灰、一块砖、一挤揉的"三一"砌砖法,其优点是灰缝容易饱满。竖缝宜采用挤浆或加浆方法,使其砂浆饱满,不得出现透明缝、瞎缝和假缝。砌砖一定要跟线,"上跟线,下跟棱,左右相邻要对平",术语上跟线下跟棱,指的砌筑时使砖的上棱对准挂线,下棱对准墙体的棱线。水平灰缝厚度和竖向灰缝宽度一般为10mm,应控制在8~12mm。为保证墙体的垂直度,砌筑时要做到三皮一吊线,五皮一靠尺,称"三皮一吊,五皮一靠"。

为减少灰缝变形引起砌体沉降,一般每日砌筑高度不超过1.8m。砖墙工作段的分段位置,宜设在变形缝、构造柱或门窗洞口处;相邻工作段的砌筑高度不得超过一个楼层高度,也不宜大于4m。

7. 勾缝

勾缝关系到清水墙面美观和墙体的密闭程度,是清水墙的最后一道工序。勾缝宜用1:1.5的细砂拌制的水泥砂浆,也可用原浆随砌随勾缝。

(三)质量要求

砌筑质量应符合GB50203—2011《砌体结构工程施工质量验收规范》的要求,做到"横平竖直,砂浆饱满,错缝搭接,接槎可靠"。

1. 横平竖直

砖砌体的抗压性能好,而抗剪性能差。为使砖均匀受压,不产生水平剪力,要求砌体的水平灰缝应平直、竖向灰缝应垂直对齐,不得游丁走缝(竖向灰缝对不齐而错位称为游丁走缝)。砖砌体的灰缝应横平竖直,厚薄均匀。水平灰缝厚度宜为10mm,但不应小于8mm,也不应大于12mm。

2. 砂浆饱满

为了保证砖均匀受压,避免出现受弯、受剪和局部受压状态,要求水平灰缝砂浆饱满,水平灰缝的砂浆饱满度不得小于80%(用百格网检查砖底面与砂浆的粘结痕迹面积)。

3. 错缝搭接

为了保证砌体的整体性、稳定性和承载力,砖砌体组砌方法应正确,上、下错缝,内外搭砌,为了避免出现垂直通缝,搭砌长度一般不小于60mm。

4. 接槎可靠

接槎是指墙体临时间断处的接合方式。接槎方式合理与否对砌体的整体性影响很大,在抗震设防区的接槎质量将直接影响建筑物的抗震能力,必须高度重视。砖砌体的转角处和交接处应同时砌筑,严禁无可靠措施的内外墙分砌施工。对不能同时砌筑而又必须留置的临时间断处应砌成斜槎(也叫踏步槎)如图3-4所示,斜槎水平投影长度不应小于高度的2/3。这种留槎方法接槎时砂浆易于饱满,工程质量易于保证。在非抗震设防及抗震设防烈度为6度、7度地区的临时间断处,当留斜槎确有困难时,除转角处外,可留直槎,如图3-5所示,但直槎必须做成凸槎(阳槎),不得留阴槎,留直槎处应加设拉结钢筋,拉结钢筋的数量为每120mm墙厚放置1ϕ6拉结钢筋(120mm厚墙放置2ϕ6拉结钢筋),间距沿墙高不应超过500mm;埋入长度从留槎处算起每边均不应小于500mm,对抗震设防烈度6度、7度的地区,不应小于1000mm;末端应有90°弯钩。墙体接槎时,必须将接槎处的表面清理干净,浇水湿润,并填实砂浆,保持灰缝平直。

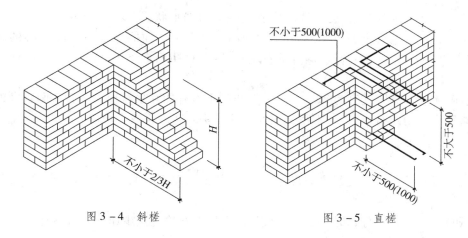

图 3-4　斜槎　　　　　　　　　　　　图 3-5　直槎

砖砌体的位置、垂直度允许偏差和一般尺寸允许偏差,应符合表 3-1 和表 3-2 的规定。

表 3-1　普通砖砌体的位置及垂直度允许偏差

项次	项　目		允许偏差/mm	检验方法
1	轴线位置偏移		10	用经纬仪和尺检查或用其他测量仪器检查
2	垂直度	每　层	5	用 2m 托线板检查
		全高　≤10m	10	用经纬仪、吊线和尺检查,或用其他测量仪器检查
		>10m	20	

表 3-2　普通砖砌体一般尺寸允许偏差

项次	项　目		允许偏差/mm	检验方法	抽检数量
1	基础顶面和楼面标高		±15	水平仪和尺检查	不应少于 5 处
2	表面平整度	清水墙、柱	5	用 2m 靠尺和楔形塞尺检查	有代表性自然间 10%,但不应少于 3 间,每间不应少于 2 处
		混水墙、柱	8		
3	门窗洞口高、宽(后塞口)		±5	用尺检查	检验批洞口的 10%,且不应少于 5 处
4	外墙上下窗口偏移		20	以底层窗口为准,用经纬仪和吊线检查	检验批的 10%,且不应少于 5 处
5	水平灰缝平直度	清水墙	7	拉 10m 线和尺检查	有代表性自然间 10%,但不应少于 3 间,每间不应少于 2 处
		混水墙	10		
6	清水墙游丁走缝		20	吊线和尺检查,以每层第一皮砖为准	有代表性自然间 10%,但不应少于 3 间,每间不应少于 2 处

二、石砌体施工

(一)毛石砌体砌筑要点

毛石砌体应采用铺浆法砌筑。砂浆必须饱满,叠砌面的粘灰面积(即砂浆饱满度)应大于 80%。

毛石砌体宜分皮卧砌,各皮石块间应利用毛石自然形状经敲打修整使能与先砌毛石基本吻合、搭砌紧密;毛石应上下错缝,内外搭砌,不得采用外面侧立毛石中间填心的砌筑方法;中间不得有铲口石(尖石倾斜向外的石块)、斧刃石(尖石向下的石块)和过桥石(仅在两端搭砌的石块)。

毛石砌体的灰缝厚度宜为 20～30mm,石块间不得有相互接触现象。石块间较大的空隙应先填塞砂浆后用碎石块嵌实,不得采用先摆碎石块后塞砂浆或干填碎石块的方法。

(二)毛石基础

砌筑毛石基础的第一皮石块坐浆,并将石块的大面向下。毛石基础的转角处、交接处应用较大的平毛石砌筑。

毛石基础的扩大部分,如做成阶梯形,上级阶梯的石块应至少压砌下级阶梯石块的 1/2,相邻阶梯的毛石应相互错缝搭砌。

毛石基础必须设置拉结石。拉结石应均匀分布。毛石基础同皮内每隔 2m 左右设置一块。拉结石长度:如基础宽度等于或小于 400mm,应与基础宽度相等;如基础宽度大于 400mm,可用两块拉结石内外搭接,搭接长度不应小于 150mm,且其中一块拉结石长度不应小于基础宽度 2/3。

(三)石挡土墙

石挡土墙是用毛石或料石与水泥砂浆砌成。

砌筑毛石挡土墙应符合下列规定:每砌 3～4 皮毛石为一个分层高度,每个分层高度应找平一次;外露面的灰缝厚度不得大于 40mm,两个分层高度间分层处的错缝不得小于 80mm。

料石挡土墙宜采用同皮内丁顺相间的砌筑形式。当中间部分用毛石填砌时,丁砌料石伸入毛石部分的长度不应小于 200mm。

石挡土墙的泄水孔当设计无规定时,应每隔 2m 左右均匀设置一个泄水孔,泄水孔与土体间铺设长宽各为 300mm、厚 200mm 的卵石或碎石作疏水层。

挡土墙内侧回填土必须分层夯填,分层松土厚度应为 300mm。墙顶土面应有适当坡度使流水流向挡土墙外侧面。

(四)石砌体质量

石砌体的轴线位置、垂直度允许偏差见表 3-3,一般尺寸允许偏差见表 3-4。

表 3-3　石砌体的轴线位置及垂直度允许偏差

项次	项目		允许偏差/mm							检验方法
			毛石砌体							
					毛石料		粗料石		细料石	
			基础	墙	基础	墙	基础	墙	墙、柱	
1	轴线位置		20	15	20	15	15	10	10	用经纬仪和尺检查,或用其他测量仪器检查
2	墙面垂直度	每层		20		20		10	7	用经纬仪、吊线和尺检查或用其他测量仪器检查
		全高		30		30		25	20	

表 3-4　石砌体的一般尺寸允许偏差

项次	项目		允许偏差/mm						检验方法
			毛石砌体		料石砌体				
			基础	墙	基础	墙	基础	墙	墙、柱	
1	基础和墙砌体顶面标高		±25	±15	±25	±15	±15	±15	±10	用水准仪和尺检查
2	砌体厚度		+30	+20 −10	+30	+20 −10	+15	+10 −5	+10 −5	用尺检查
3	表面平整度	清水墙、柱		20		20		10	5	细料石用 2m 靠尺和楔形塞尺检查,其他用两直尺垂直于灰缝拉 2m 线和尺检查
		混水墙、柱		20		20		15		
4	清水墙水平灰缝平直度							10	5	拉 10m 线和尺检查

三、砌块施工

为了保护土地资源,节约能源,利用工业废料,国家正在限制并且逐渐淘汰黏土砖,普通混凝土小型空心砌块和以煤渣、陶粒为粗骨料的轻骨料混凝土小型空心砌块是常见的新型墙体材料。主要规格尺寸为 390mm × 190mm × 190mm,有两个方形孔,其强度分为 MU3.5、MU5、MU7.5、MU10、MU15、MU20 六个强度等级。

(一)砌块排列

由于砌块排列直接影响墙体的整体性,因此在施工前必须按以下方法进行砌块排列。

砌块砌体在砌筑前,必须按工程设计施工图绘制砌块平、立面排列图(主要是交接节点处),同时根据砌块尺寸、垂直缝的宽度和水平缝的厚度、门窗洞口尺寸、过梁与圈梁或连系梁的高度、构造柱的位置等进行对孔、错缝搭接排列。

砌块排列时,应根据砌块尺寸和灰缝厚度计算砌块的皮数和排数,并以主规格砌块为主(以提高砌筑日产量),辅以相应的辅助块。

组砌形式应每皮顺砌,砌块应对孔错缝搭砌,上下皮小砌块竖向灰缝相互错开 190mm。个别情况当无法对孔砌筑时,普通混凝土小砌块错缝长度不应小于 90mm,轻骨料混凝土小砌块错缝长度不应小于 120mm;当不能保证此规定时,应在水平灰缝中设置 2φ4 钢筋网片,钢筋网片每端均应超过该垂直灰缝,其长度不得小于 300mm。

外墙转角及纵横墙交接处,应分皮咬槎,交错搭砌;如果不能咬槎时,按设计要求采取构造措施。

砌体的垂直缝应与门窗洞口的侧边线相互错开,不得同缝,错开间距应大于 150mm,且不得采用砖镶砌。

砌体水平灰缝厚度和垂直灰缝宽度一般为 10mm。但不应大于 12mm,也不应小于 8mm。

（二）砌块施工工艺

砌块施工工艺一般有抄平放线、立皮数杆、铺灰与砌筑、勾缝等工序。

1. 抄平放线

将基层清理干净，按设计标高进行找平，并根据施工图和砌体排列图放出墙体的轴线、外边线、洞口位置线等。

2. 立皮数杆

在房屋四角或楼梯间转角处设立皮数杆，皮数杆间距不得超过 15m。皮数杆上应画出各皮小砌块的高度及灰缝厚度。在皮数杆上相对小砌块上边线之间拉准线，小砌块依准线砌筑。

3. 铺砂浆与砌筑

砌筑应从外墙转角处或定位处开始，内外墙同时砌筑，纵横墙交错搭接；砌块应底面朝上，若使用一端有凹槽的砌块时，应将有凹槽的一端接着平头的一端砌筑。

砂浆应随铺随砌，灰缝应横平竖直。水平灰缝宜用坐浆满铺法。竖向灰缝采取满铺端面法，即将小砌块端面朝上铺满砂浆再上墙挤紧，然后加浆插捣密实。也可在砌好的砌块端头刮满砂浆，然后将砌块上墙进行挤压，直至所需尺寸。

砌块砌筑一定要跟线，"上跟线，下跟棱，左右相邻要对平"。同时应随时进行检查，做到随砌随查随纠正。

4. 勾缝

每当砌完一块，应随后用原浆做勾缝处理。宜做成凹缝，凹进墙面 2mm。

（三）一般规定

普通混凝土小砌块砌筑前一般不宜浇水，以免砌筑时灰浆流失，砌体移滑，也可避免砌体上墙干缩，造成砌体裂缝。在天气异常干燥炎热时，可在砌筑前稍喷水湿润。轻骨料小砌块应根据施工时砌块及实际气温等情况而定，必要时提前洒水湿润，但不宜过多。

龄期不足 28d 及潮湿的小砌块不得进行砌筑。

应尽量采用主规格小砌块，小砌块的强度等级应符合设计要求，并应清除小砌块表面污物和芯柱用小砌块孔洞底部的毛边。

外墙转角处应使小砌块隔皮露端面；T 字交接处应使横墙小砌块隔皮露端面，纵墙在交接处改砌两块辅助规格小砌块（尺寸为 290mm × 190mm × 190mm，一头开口），所有露端面用水泥砂浆抹平。

水平灰缝的砂浆饱满度不得低于 90%；竖向灰缝的砂浆饱满度不得低于 80%；砌筑中不得出现瞎缝、透明缝。水平灰缝厚度和竖向灰缝宽度应控制在 8 ~ 12mm。当缺少辅助规格小砌块时，砌体通缝不应超过两皮砌块。

小砌块砌体临时间断处应砌成斜槎，斜槎长度不应小于斜槎高度的 2/3（一般按一步脚手架高度控制）；如留斜槎有困难，除外墙转角处及抗震设防地区，砌体临时间断处不应留直槎外，可从砌体面伸出 200mm 砌成阴阳槎，并沿砌体高每三皮砌块（600mm），设拉结筋或钢筋网片，接槎部位宜延至门窗洞口，如图 3 - 6 所示。

承重砌体严禁使用断裂小砌块或壁肋中有竖向凹形裂缝的小砌块砌筑；也不得采用小砌块与烧结普通砖等其他块体材料混合砌筑。

小砌块砌体内不宜设脚手眼，如必须设置时，可用辅助规格 190mm × 190mm × 190mm 小

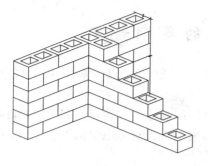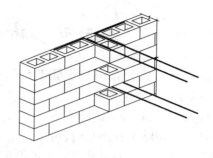

图 3-6 砌块留槎

砌块侧砌,利用其孔洞作脚手眼,砌体完工后用 C15 混凝土填实。但在砌体下列部位不得设置脚手眼:过梁上部,与过梁成 60°角的三角形及过梁跨度 1/2 范围内;宽度不大于 800mm 的窗间墙;梁和梁垫下及左右各 500mm 的范围内;门窗洞口两侧 200mm 内和砌体交接处 400mm 的范围内;设计规定不允许设脚手眼的部位。

小砌块砌体相邻工作段的高度差不得大于一个楼层高度或 4m。

常温条件下,普通混凝土小砌块的日砌筑高度应控制在 1.8m 内;轻骨料混凝土小砌块的日砌筑高度应控制在 2.4m 内。

对砌体表面的平整度和垂直度,灰缝的厚度和砂浆饱满度应随时检查,校正偏差。在砌完每一楼层后,应校核砌体的轴线尺寸和标高,允许范围内的轴线及标高的偏差,可在楼板面上予以校正。

砌体的轴线偏移和垂直度偏差应符合表 3-5 的规定。小砌块砌体的一般尺寸允许偏差应符合表 3-6 的规定。

表 3-5 混凝土小砌块砌的轴线及垂直度允许偏差

项次	项目			允许偏差/mm	检验方法
1	轴线位置偏移			10	用经纬仪和尺检查或用其他测量仪器检查
2	垂直度	每层		5	用 2m 托线板检查
		全高	≤10m	10	用经纬仪、吊线和尺检查,或用其他测量仪器检查
			>10m	20	

表 3-6 小砌块砌体一般尺寸允许偏差

项次	项目		允许偏差/mm	检验方法	抽检数量
1	基础顶面和楼面表面		±15	用水平仪和尺检查	不应小于 5 处
2	表面平整度	清水墙、柱	5	用 2m 靠尺和楔形塞尺检查	有代表性自然间 10%,但不应少于 3 间,每间不应少于 2 处
		混水墙、柱	8		
3	门窗洞口高、宽(后塞口)		±5	用尺检查	检验批洞口的 10%,且不应少于 5 处
4	外墙上下窗口偏移		20	以低层窗口为准,用经纬仪吊线检查	检验批洞口的 10%,且不应少于 5 处
5	水平灰缝平直度	清水墙	7	拉 10m 线和尺检查	有代表性自然间 10%,但不应少于 3 间,每间不应少于 2 处
		混水墙	10		

第三节 砌体的冬期施工

当室外日平气温连续5d稳定低于5℃,或当日最低气温低于0℃,砌体工程应采取冬期施工措施,确保工程质量。

砌筑前所用砖、石等应清除霜雪、冰碴,不得使用受冻的砌块;不可以浇水润湿砌块,在负温度条件下砌砖浇水有困难时,可适当增大砂浆稠度,以保证砌体的砖和砂浆可靠结合,避免砖过多吸收砂浆中的水而影响水泥的正常硬化。

砂浆宜采用普通硅酸盐水泥拌制,充分发挥其早强、水化热较高和耐冻性较好的特点,不得使用无水泥配制的砂浆;石灰膏等掺合料应做保温以防受冻,如遭冻结,应经融化后使用;砂不得含有冰块和直径大于10mm的冻结块,以免影响砂浆的匀质性和水泥的正常硬化;为使砂浆有一定的正温度,拌合前水和砂可预先加热,但砂的温度不得超过40℃,以免造成砂粒表面因温差过大而产生微裂,水的温度不得超过80℃,避免热水与水泥接触产生假凝现象,从而影响水泥的正常水化过程。每天砌筑后应在砌体表面覆盖保温材料,避免受冻。冬期施工的常用方法有掺盐砂浆法和冻结法。

一、掺盐砂浆法

掺盐砂浆法是在砂浆中掺入一定数量的氯盐,使砂浆在负温的环境中的强度继续缓慢增长,并与块材有一定的粘结力,或使砂浆在冻结前能达到一定的强度(一般应为设计强度的20%以上),保证砂浆解冻后强度继续增长。

氯盐是抗冻剂,能降低砂浆中水的冰点,同时氯盐又是早强剂,能提高水泥硬化的早期强度。这种方法施工简便、经济,强度损失较少,是冬期施工广泛采用的方法。

掺盐砂浆用盐以氯化钠为主。当气温在－15℃以下时可掺用双盐(氯化钠和氯化钙)。氯盐掺量应适量,不能过少,过少不能达到降低冰点和提高砂浆早期强度的目的。也不宜过多,超过10%时有严重的析盐现象,若超过20%则砂浆强度显著降低。砂浆的掺盐量应符合表3－7的规定。

表3－7　掺盐砂浆的掺盐量(占用水量的百分比)

项次	日最低气温			等于和高于－10℃	－11℃～－15℃	－16℃～－20℃	低于－20℃
1	单盐	氯化钠	砌砖 砌石	3 4	5 7	7 10	7 3
2	双盐	氯化钠 氯化钙	砌砖			5 2	

掺盐砂浆使用时的温度不应低于5℃,如日最低气温等于或低于－15℃时,在设计无具体要求的情况下,一般将砌筑承重砌体的砂浆等级比常温施工提高一级,以保证承重砌体的强度。

在氯盐砂浆中掺加微沫剂时,应先加氯盐溶液后加微沫剂溶液。并且应先配制成规定浓度溶液置于专用容器中,然后再按规定加入搅拌机中拌制成所需砂浆。

当气温较低时,拌制砂浆时可以采用热拌的办法,用以保证砂浆的早期强度和砌筑的质量,砂浆的原材料加热要求,应符合前述的有关规定。

氯盐对钢筋有一定的腐蚀作用,配筋砌体的钢筋应进行防腐处理。氯盐的水溶液是电的导体,所以在绝缘方面有特殊要求的发电站、变电所等工程,不得采用掺盐砂浆。氯盐砂浆砌筑的砌体吸湿性较大,在装饰要求高的工程,以及房屋使用时的湿度大于60％的工程不得采用氯盐砂浆。

二、冻结法

冻结法是指采用不掺外加剂的普通砂浆砌筑砌体,允许砂浆遭受冻结。其特点是砌筑后砂浆在负温度下迅速冻结,并因结冰而具有一定的坚硬度,但是砂浆内的水泥的水化作用极其缓慢,待气温回升至0℃以上后,砂浆继续硬化,但是砂浆经过冻结、融化、再硬化后,其强度及与砌块的粘结力都有不同程度的下降,并且受冻的砌体解冻时,砂浆的压缩量会增大,从而引起砌体沉降变形大。空斗墙、承受侧压力的砌体或在解冻期可能受到振动的砌体,以及不允许发生沉降的砌体、混凝土小型空心砌块砌体均不得采用冻结法施工。

采用冻结法施工时应注意的以下几个问题:

砂浆的使用温度不应低于10℃,以保证砌筑操作的正常进行;如设计无要求,当日最低气温≥－25℃时,砌筑承重砌体的砂浆等级应按常温施工提高1级;当日最低气温低于－25℃时,则应提高2级。

为保证砌体在解冻时的正常沉降,应符合下列规定:每日的砌筑高度及临时中断处的高度差,均不得超过1.2m;在门窗框上部应留出不小于5mm缝隙;砖砌体的水平灰缝厚度不宜大于10mm;砌体中留置洞口和沟槽时,应在解冻前填砌完毕;解冻前应清除房间内施工时剩余的建筑材料等临时荷载。

在砌体解冻期间,应经常对砌体进行观测和检查,如发现裂缝与不均匀下沉等情况,应及时分析原因并立即采取加固措施。

复习思考题

1. 皮数杆的作用是什么? 皮数杆如何设置?
2. 砖砌体的质量要求是什么?
3. 砌块脚手眼留置有哪些规定?
4. 简述砌块砌筑前绘制砌块排列图的绘制方法。
5. 在什么条件下,砌体施工必须采取冬期施工措施?

第四章 钢筋混凝结构工程

混凝土结构工程施工在土木工程施工中处于主导地位,它对工程的人力、物力消耗以及对工期均有很大的影响。混凝土结构工程从施工工艺的角度可以划分为现浇混凝土结构施工、采用装配式预制混凝土构件的工厂化施工和预应力混凝土施工等几个方面。

混凝土结构工程主要由钢筋、模板、混凝土等多个专业化的分项工程组成,由于施工过程多、工艺复杂、周期长以及建筑行业迅速发展而导致的对混凝土施工的不同要求,因而要加强混凝土的施工管理,统筹安排,合理组织,以达到保证质量,提高效率和降低造价的目的。

第一节 模板工程

模板工程是混凝土工程的重要分项工程之一,是混凝土结构施工中重要的施工材料和机具,对混凝土结构施工的质量、安全、进度、费用具有十分重要的影响。所以,在混凝土结构施工中应根据具体的结构情况和施工条件,选用合理的模板形式、模板结构以及施工方法,从而达到良好的组织效果。

近年来,模板工程无论是其构成材料、施工工艺、以及机具化程度都取得了极大的进步,适用范围越来越广泛。作为新浇筑混凝土的塑型材料或机具,其组成系统主要包括模板和支架两大部分。模板板块主要由面板、次肋、主肋等组成。支架则包括支撑、桁架、系杆、对拉螺栓等不同的形式。模板的构成材料很多,木材、竹材、钢材、合金、塑料、合成材料等,甚至有时可以就地取材,包括砖砌体、混凝土结构本身等。

一、模板的形式与构造

(一)木模板

木模板、胶合板模板在一些工程上广泛应用。这类模板一般为散装散拆式模板,也有的加工成基本元件(拼板),在现场进行拼装,拆除后亦可周转使用。

拼板由一些板条用拼条钉拼而成(胶合板模板则用整块胶合板进行加工制作成需要的形状),板厚度一般为 $25 \sim 50mm$,板宽度不宜超过 $200mm$,以保证干缩时缝隙均匀,浇水后易于弥缝。但不限制梁底板的板条宽度,以减少漏浆。拼板的拼条(次肋)间距取决于新浇混凝土的侧压力和板条的厚度,多为 $400 \sim 500mm$。

土木工程施工常用的木模板,其构造及支撑方法结合不同的结构构件简单介绍如下:

1. 基础模板

基础模板安装时,要保证上、下模板不发生相对位移(如图 4-1 所示)。如有杯口,还要在其中放入杯口模板。

2. 柱子模板

柱模的拼板用拼条连接,两两相对组成矩形。为承受混凝土侧压力,拼板外要设柱箍,其间距与混凝土侧压力、拼板厚度有关,因而柱模板下部柱箍较密。

柱模板底部开有清理孔,沿高度每隔约2m开有浇筑孔。柱底的混凝土上一般设有木框,用以固定柱模板的位置。柱模板顶部根据需要可开有与梁模板连接的缺口(如图4－2所示)。

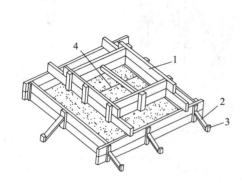

图4－1　阶梯形基础模板

1—拼板;2—斜撑;3—木桩;4—铁丝

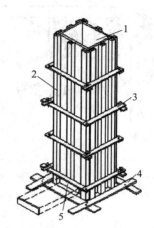

图4－2　柱子模板

1—内拼板;2—外拼板;3—柱箍;

4—梁缺口;5—清理孔

3. 梁、楼板模板

梁模板由底模板和侧模板组成。底模板承受垂直荷载,一般较厚,下面有支撑(或桁架)承托。支撑多为伸缩式,可调整高度,底部应支承在坚实地面或楼面上,下垫木楔。如地面松软,则底部应垫以木板。在多层建筑施工中,应使上、下层的支承在同一条竖向直线上,否则,要采取措施保证上层支撑的荷载能传到下层支撑上。支撑间应用水平和斜向拉杆拉牢,以增强整体稳定性。当层间高度大于5m时,宜用桁架支模或多层支架支模。

梁跨度在4m或4m以上时,底模板应起拱,如设计无具体规定,一般可取结构跨度的1/1000～3/1000,木模板可取偏大值,钢模板可取偏小值。

梁侧模板承受混凝土侧压力,底部用钉在支撑顶部的夹条夹住,顶部可由支承楼板模板的格栅顶住,或用斜撑顶住。

楼板模板多用定型模板或胶合板,它放置在格栅上,格栅支承在梁侧模板外的横楞上(如图4－3所示)。

桥梁墩台木模板如图4－4所示。墩台一般向上收小,其模板为斜面和斜圆锥面,由面板、楞木、立柱、支撑、拉杆等组成。立柱安放在基础枕梁上,两端用钢拉杆拉紧,以保证模板刚度和不产生位移,楞木(直线形和拱形)固定在立柱上,木面板则竖向布置在楞木上。如桥墩较高,要加设斜撑、横撑木和拉索(如图4－5所示)。

(二)组合模板

组合模板是一种工具式模板,是工程施工用得最多的一种模板。它由具有一定模数的

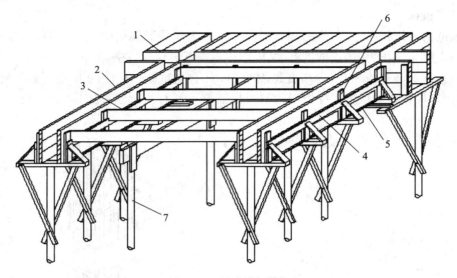

图 4 - 3　梁及楼板模板
1—楼板模板;2—梁侧模板;3—格栅;4—横楞;5—夹条;6—小肋;7—支撑楼面模板铺设

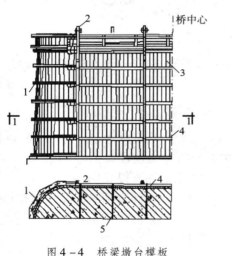

图 4 - 4　桥梁墩台模板
1—拱形肋木;2—立柱;3—面板;
4—水平楞木;5—拉杆

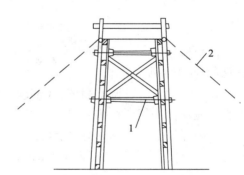

图 4 - 5　稳定桥墩模板的措施
1—临时撑木;2—拉索

若干类型的板块、角模、支撑和连接件组成(如图 4 - 6),用它可以拼出多种尺寸和几何形状,以适应多种类型建筑物的梁、柱、板、墙、基础和设备基础等施工的需要,也可用它拼成大模板、隧道模和台模等。施工时可以在现场直接组装,亦可以预拼装成大块模板或构件模板用起重机吊运安装。组合模板的板块有钢的,亦有钢框木(竹)胶合板的。组合模板不但用于建筑工程,在桥梁工程、地下工程中也被广泛应用。

1. 板块与角模

板块是定型组合模板的主要组成构件,它由边框、面板和纵横肋构成。我国所用钢模板多以 2.75 ~ 3.0mm 厚的钢板为面板,55mm 或 70mm 高、3mm 厚的扁钢为纵横肋,边框高度与纵横肋相同。钢框木(竹)胶合模板(如图 4 - 7 所示)的板块,由钢边框内镶可更换的木

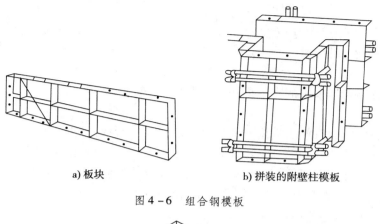

a) 板块   b) 拼装的附壁柱模板

图4－6 组合钢模板

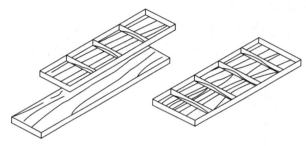

图4－7 钢框木(竹)胶合板模板

胶合板或竹胶合板组成。胶合板两面涂塑,经树脂覆膜处理,所有边缘和孔洞均经有效的密封材料处理,以防吸水受潮变形。

为了和组合钢模板形成相同系列,以达到可以同时使用的目的,钢框木(竹)胶合板模板的型号尺寸基本与组合钢模板相同,只是由于钢框木(竹)胶合板模板的自重轻,其平面模板的长度最大可达2400mm,宽度最大可达1200mm。由于板块尺寸大,模板拼缝少,所以拼装和拆除效率高,浇出的混凝土表面平整光滑。钢框木(竹)胶合板的转角模板和异形模板由钢材压制成形。其配件与组合钢模板相同。

板块的模数尺寸关系到模板的使用范围,是设计定型组合模板的基本问题之一。确定时应以数理统计方法确定结构各种尺寸使用的频率,充分考虑我国的模数制,并使最大尺寸板块的重量应便于工人安装。目前我国应用的组合钢模板板块长度为1500mm,1200mm,900mm等。板块的宽度为600mm,300mm,250mm,200mm,150mm,100mm等。各种型号的模板有所不同。进行配板设计时,如出现不足50mm的空缺,则用木方补缺,用钉子或螺栓将木方与板块边框上的孔洞连接。

组合钢模板的面板由于和肋是焊接的,计算时,一般按四面支承板计算;纵横肋视其与面板的焊接情况,确定是否考虑其与面板共同工作;如果边框与面板一次轧成,则边框可按与面板共同工作进行计算。

为便于板块之间的连接,边框上有连接孔,边框不论长向和短向其孔距都为150mm,以便横竖都能拼接。孔形取决于连接件。板块的连接件有钩头螺栓、U形卡、L形插销、紧固螺栓(拉杆)。

角模有阴、阳角模和连接角模之分,用来成型混凝土结构的阴阳角,也是两个板块拼装成90°角的连接件。

定型组合模板虽然具有较大灵活性,但并不能适应一切情况。为此,对特殊部位仍需在现场配制少量木板填补。

2. 支承件

支承件包括支承墙模板的支承梁(多用钢管和冷弯薄壁型钢)和斜撑;支承梁、板模板的支撑桁架和顶撑等。

梁、板的支撑有梁托架、支撑桁架和顶撑(如图4-8所示),还可用多功能门架式脚手架来支撑。桥梁工程中由于高度大,多用工具式支撑架支撑。梁托架可用钢管或角钢制作。支撑桁架的种类很多,一般用由角钢、扁铁和钢管焊成的整榀式桁架或由两个半榀桁架组成的拼装式桁架,还有可调节跨度的伸缩式桁架,使用更加方便。

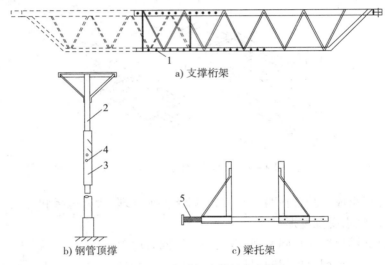

a) 支撑桁架

b) 钢管顶撑　　　　c) 梁托架

图4-8　定型组合模板的支撑

1—桁架伸缩销孔;2—内套钢管;3—外套钢管;4—插销孔;5—调节螺栓

顶撑皆采用不同直径的钢套管,通过套管的抽拉可以调整到各种高度。近年来发展了模板快拆体系,在顶撑顶部设置早拆柱头(如图4-9所示),可以使楼板混凝土浇筑后模板下落提早拆除,而顶撑仍撑在楼板底面。

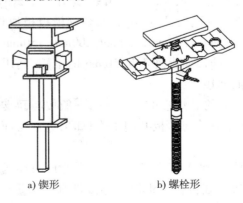

a) 锲形　　　　b) 螺栓形

图4-9　早拆柱头

对整体式多层房屋,分层支模时,上层支撑应对准下层支撑,并铺设垫板。

3. 配板设计

采用定型组合模板时需进行配板设计。由于同一面积的模板可以用不同规格的板块和角模组成各种配板方案,配板设计就是从中找出最佳组配方案。进行配板设计之前,先绘制结构构件的展开图,据此作构件的配板图。在配板图上要表明所配板块和角模的规格、位置和数量。

（三）大模板

大模板在建筑、桥梁及地下工程中广泛应用,它是一大尺寸的工具式模板,如建筑工程中一块墙面用一块大模板。因为其重量大,装拆皆需起重机械吊装,可提高机械化程度,减少用工量和缩短工期。大模板是目前我国剪力墙和筒体体系的高层建筑、桥墩、筒仓等施工中用得较多的一种模板,已形成工业化模板体系。

一块大模板由面板、次肋、主肋、支撑桁架、稳定机构及附件组成(如图4-10所示)。

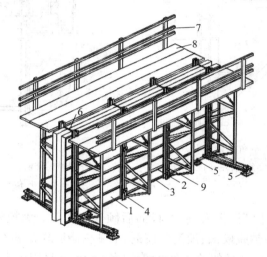

图4-10 大模板构造

1—面板;2—次肋;3—支撑桁架;4—主肋;5—调整螺旋;
6—卡具;7—栏杆;8—脚手板;9—对销螺栓

面板要求平整、刚度好,可用钢板或胶合板制作。钢面板厚度根据次肋的布置而不同,一般为3~5mm,可重复使用200次以上。胶合板面板常用7层或9层胶合板,板面用树脂处理,可重复使用50次以上。面板设计一般由刚度控制,按照加劲肋布置的方式,分单向板和双向板。图4-10所示的为单向板面板,它加工容易,但刚度小,耗钢量大;双向板面板刚度大,结构合理,但加工复杂、焊缝多易变形。单向板面板的大模板,计算面板时,取1m宽的板条为计算单元,次肋视作支承,按连续板计算,强度和挠度都要满足要求。双向板面板的大模板,计算面板时,取一个区格作为计算单元,其四边支承情况取决于混凝土浇筑情况,在实际施工中,可取三边固定、一边简支的情况进行计算。

次肋的作用是固定面板,把混凝土侧压力传递给主肋。面板若按双向板计算,则不分主次肋。单向板的次肋一般用∟65角钢或[65槽钢。间距一般为300~500mm。次肋受面板传来的荷载,主肋为其支承,按连续梁计算。为降低耗钢量,设计时应考虑使之与面板共同作用,按组合截面计算截面抵抗矩,验算强度和挠度。

主肋承受的荷载由次肋传来,由于次肋布置一般较密,可视为均布荷载以简化计算,主肋的支承为对拉螺栓。主肋也按连续梁计算,一般用相对的两根[65 或[80 槽钢,间距约为1~1.2m。

亦可用组合模板拼装成大模板,用后拆卸仍可用于其他构件,虽然重量较大但机动灵活,目前应用较多。大模板的转角处多用小角模方案(如图 4-11 所示)。

大模板之间的固定,相对的两块平模是用对拉螺栓连接,顶部的对拉螺栓亦可用卡具代替。建筑物外墙及桥墩等单侧大模板通常是将大模板支承在附壁式支承架上(如图 4-12 所示)。

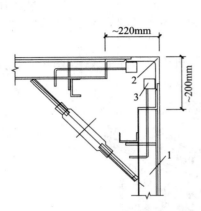

图 4-11 小角模的连接
1—大模板;2—小角模;3—偏心压杆

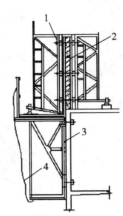

图 4-12 外大模安装
1—外墙的外模;2—外墙的内模;
3—附墙支承架;4—安全网

大模板堆放时要防止倾倒伤人,应将板面后倾一定角度。大模板板面需喷涂脱模剂以利脱模,常用的有海藻酸钠脱模剂、油类脱模剂、甲基树脂脱模剂和石蜡乳液脱模剂等。

此外,对于电梯井、小直径的筒体结构等的浇筑,有时利用由大模板组成的筒模(如图 4-13 所示),即四面模板用铰链连接,可整体安装和脱模,脱模时旋转花篮螺丝脱模器,拉动相对两片大模板向内移动,使单轴铰链折叠收缩,模板脱离墙体。支模时,反转花篮螺丝脱模器,使相对两片大模板向外推移,单轴铰链伸张,达到支模的目的。

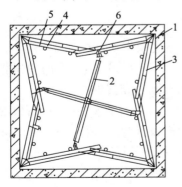

图 4-13 筒模
1—单轴铰链;2—花篮螺丝脱模器;
3—平面大模板;4—主肋;
5—次肋;6—连接板

(四)滑升模板

滑升模板是一种工业化模板,用于现场浇筑高耸构筑物和建筑物等的竖向结构,如烟囱、筒仓、高桥墩、电视塔、竖井、沉井、双曲线冷却塔和高层建筑等。

滑升模板的施工特点,是在构筑物或建筑物底部,沿其墙、柱、梁等构件的周边组装高 1.2m 左右的滑升模板,随着向模板内不断地分层浇筑混凝土,用液压提升设备使模板不断地沿埋在混凝土中的支承杆向上滑升,直到需要浇筑的高度为止。用滑升模板施工,可以节约模板和支撑材料,加快施工速度和保证结构的整体性。但模板一次性投资多、耗钢量大,对立面造型和构件断面变化有一定的限制。施工时宜连续作业,施工组织要求较严。

1. 滑膜的组成

滑升模板(如图 4-14 所示)由模板系统、操作平台系统和液压系统三部分组成。

(1)模板系统

模板系统包括模板、围圈和提升架等。模板用于成型混凝土,承受新浇混凝土的侧压力,多用钢模或钢木组合模板。模板的高度取决于滑升速度和混凝土达到出模强度($0.2 \sim 0.4 \mathrm{N/mm^2}$)所需的时间,一般高 $1.0 \sim 1.2 \mathrm{m}$,模板呈上口小、下口大的锥形,单面锥度约 $0.2\% \sim 0.5\%$,以模板上口以下 2/3 模板高度处的净间距为结构断面的厚度。围圈用于支承和固定模板,一般情况下,模板上下各布置一道,它承受模板传来的水平侧压力(混凝土的侧压力和浇筑混凝土时的水平冲击力)和由摩阻力、模板与围圈自重(如操作平台支承在围圈上,还包括平台自重和施工荷载)等产生的竖向力。围圈可视为以提升架为支承的双向弯曲的多跨连续梁,材料多用角钢或槽钢,以其受力最不利的情况计算确定其截面。提升架的作用是固定围圈,把模板系统和操作平台系统连成整体,承受整个模板系统和操作平台系统的全部荷载并将其传递给液压千斤顶。提升架分单横梁式与双横梁式两种,多用型钢制作,其截面按框架计算确定。

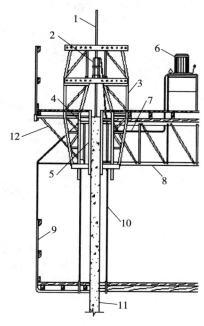

图 4-14　滑升模板
1—支承杆;2—液压千斤顶;3—提升架;
4—围圈;5—模板;6—高压油泵;7—油管;
8—操作平台桁架;9—外吊脚手架;
10—内脚手架吊杆;11—混凝土墙体;
12—外挑脚手架

(2)操作平台系统

操作平台系统包括操作平台、内外吊脚手架和外挑脚手架,是施工操作的场所。其承重构件(平台桁架、钢梁、铺板、吊杆等)根据其受力情况按一般的钢结构进行计算。

(3)液压系统

液压系统包括支承杆、液压千斤顶和操纵装置等,是使滑升模板向上滑升的动力装置。支承杆既是液压千斤顶向上爬升的轨道,又是滑升模板的承重支柱,它承受施工过程中的全部荷载。其规格要与选用的千斤顶相适应,用钢珠作卡头的千斤顶,支承杆需用Ⅰ级圆钢筋;用楔块作卡头的千斤顶,用Ⅰ～Ⅳ级钢筋皆可,如用体外滑模(支承杆在浇筑墙体的外面,不埋在混凝土内),支承杆多用钢管。

2. 滑模的滑升原理

目前滑升模板所用之液压千斤顶,有以钢珠作卡头的 GYD-35 型和以楔块作卡头的 QYD-35 型等起重力为 35kN 的小型液压千斤顶,还有起重力为 60kN 及 100kN 的中型液压千斤顶 YL50-10 型等。GYD-35 型(如图 4-15 所示)目前仍应用较多。施工时,将液压千斤顶安装在提升架横梁上与之联成一体,支承杆穿入千斤顶的中心孔内。当高压油压入活塞与缸盖之间[如图 4-16a 所示],在高压油作用下,由于上卡头(与活塞相联)内的小钢珠与支承杆产生自锁作用,使上卡头与支承杆锁紧,因而,活塞不能下行。于是在油压作用

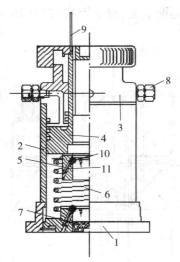

图 4 - 15　液压千斤顶
1—底座;2—缸体;3—缸盖;4—活塞;
5—上卡头;6—排油弹簧;7—下卡头;
8—油嘴;9—行程指示杆;
10—钢珠;11—卡头小弹簧

下,迫使缸体连带底座和下卡头一起向上升起,由此带动提升架等整个滑升模板上升。当上升到下卡头紧碰着上卡头时,即完成一个工作进程[如图4-16b所示]。此时排油弹簧处于压缩状态,上卡头承受滑升模板的全部荷载。当回油时,油压力消失,在排油弹簧的弹力作用下,把活塞与上卡头一起推向上,油即从进油口排出。在排油开始的瞬间,下卡头又由于其小钢珠与支承杆间的自锁作用,与支承杆锁紧,使缸筒和底座不能下降,接替上卡头所承受的荷载[如图4-16c所示]。当活塞上升到极限后,排油工作完毕,千斤顶便完成了一个上升的工作循环。一次上升的行程为20~30mm。排油时,千斤顶保持不动。如此不断循环,千斤顶就沿着支承杆不断上升,模板也就被带着不断向上滑升。

采用钢珠式的上、下卡头,其优点是体积小,结构紧凑,动作灵活,但钢珠对支承杆的压痕较深,这样不仅不利于支承杆拔出重复使用,而且会出现千斤顶上升后的"回缩"下降现象,此外,钢珠还有可能被杂质卡死在斜孔内,导致卡头失效。楔块式卡头则利用四瓣楔块锁固支承杆,具有加工简单、起重量大、卡头下滑量小、锁紧能力强、压痕小等优点,它不仅适用于光圆钢筋支承杆,亦可用于螺纹钢筋支承杆。

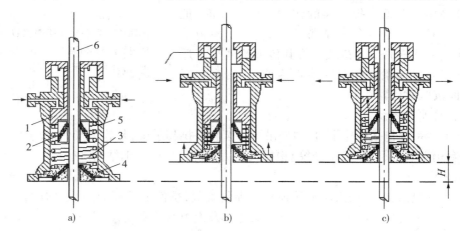

图 4 - 16　液压千斤顶工作原理
1—活塞;2—上卡头;3—排油弹簧;4—下卡头;5—缸体;6—支承杆

（五）爬升模板

爬升模板简称爬模,是施工剪力墙和筒体结构的混凝土结构高层建筑和桥墩、桥塔等的一种有效的模板体系,我国已推广应用。由于模板能自爬,不需起重运输机械吊运,减少了施工中的起重运输机械的工作量,能避免大模板受大风的影响。由于自爬的模板上还可悬挂脚手架,所以可省去结构施工阶段的外脚手架,因此其经济效益较好。

爬模分有爬架爬模和无爬架爬模两类。

爬架爬模由爬升模板、爬架和爬升设备三部分组成(如图4-17所示)。

爬架是一格构式钢架,用来提升外爬模,由下部附墙架和上部支承架两部分组成,高度应大于每次爬升高度的3倍。附墙架用螺栓固定在下层墙壁上;支承架高度大于两层模板的高度,座落在附墙架上,与之成为整体。支承架上端有挑横梁,用以悬吊提升爬升模板用的葫芦。通过葫芦起动模板提升。

模板顶端装有提升外爬架用的葫芦。在模板固定后,通过它提升爬架。由此,爬架与模板相互提升,向上施工。爬升模板的背面还可悬挂外脚手架。

爬升设备可为手拉葫芦、电动葫芦或液压千斤顶和电动千斤顶。手拉葫芦简单易行,由人力操纵。如用液压千斤顶,则爬架、爬升模板各用一台油泵供油。爬杆用 $\phi25$ 圆钢,用螺帽和垫板固定在模板或爬架的挑横梁上。

桥墩和桥塔混凝土浇筑用的模板,也可用有爬架的爬模,如桥墩和桥塔为斜向的,则爬架与爬升模板也应斜向布置,进行斜向爬升以适应桥墩和桥塔的倾斜及截面变化的需要。

无爬架爬模取消了爬架,模板由甲、乙两类模板组成,爬升时两类模板间隔布置、互为依托,通过提升设备使两类相邻模板交替爬升。

甲、乙两类模板中甲型模板为窄板,高度大于两个提升高度;乙型模板按混凝土浇筑高度配置,与下层墙体应有搭接,以免漏浆。两类模板交替布置,甲型模板布置在转角处,或较长的墙中部。内、外模板用对销螺栓拉结固定。

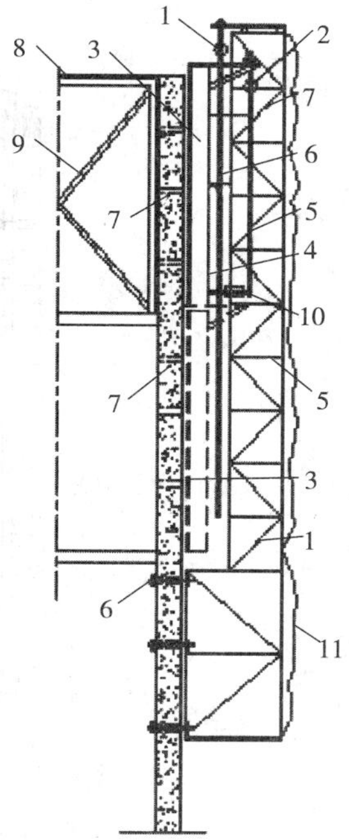

爬升装置由三角爬架、爬杆和液压千斤顶组成。三角爬架插在模板上口两端的套筒内,套筒与背楞连接,三角爬架可自由回转,用以支承爬杆。爬杆为 $\phi25$ 的圆钢,上端固定在三角爬架上。每块模板上装有两台液压千斤顶,乙型模板装在模板上口两端,甲型模板安装在模板中间偏上处。

爬升时,先放松穿墙螺栓,并使墙外侧的甲型模板与混凝土脱离。调整乙型模板上三角爬架的角度,装上爬杆,爬杆下端穿入甲型模板中间的液压千斤顶中,然后拆除甲型模板的穿墙螺栓,起动千斤顶将甲型模板爬升至预定高度,待甲型模板爬升结束并固定后,再用甲型模板爬升乙型模板(如图4-18所示)。

(六)台模(飞模、桌模)

台模是一种大型工具式模板,主要用于浇筑平板式或带边梁的水平结构,如用于建筑施工的楼面模板,它是一个房间用一块台模,有时甚至更大。按台模的支承形式分为支腿式(如图4-19所示)和无支腿式两类。前者又有伸缩式支腿和折叠式支腿之分;后者是悬架于墙上或柱顶,故也称悬架式。支腿式台模由面板(胶合板或钢板)、支撑框架、檩条等组成。支撑框架的支腿底部一般带有轮子,以便移动。浇筑后待混凝土达到规定强度,落下台面,将台模推出墙面放在临时挑台上,再用起重机整体吊运至上层或其他施工段。亦可不用挑台,推出墙面后直接吊运。

图4-17 爬升模板

1—提升外模板的葫芦;
2—提升外爬架的葫芦;
3—外爬升模板;4—预留孔;
5—外爬架(包括支承架和附墙架);
6—螺栓;7—外墙;8—楼板模板;
9—楼板模板支承;10—脱模千斤顶;
11—固定平台

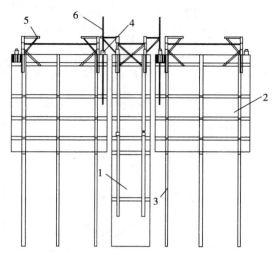

图 4 - 18　无爬架爬模的构造

1—甲型模板;2—乙型模板;3—背楞;4—液压千斤顶;5—三角爬架;6—爬杆

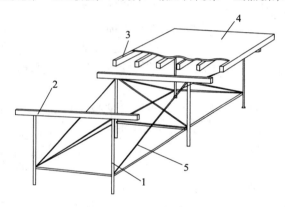

图 4 - 19　台模

1—支腿;2—可伸缩的横梁;3—檩条;4—面板;5—斜撑

(七)隧道模

隧道模是用于同时整体浇筑竖向和水平结构的大型工具式模板,用于建筑物墙与楼板的同步施工,它能将各开间沿水平方向逐段整体浇筑,故施工的结构整体性好、抗震性能好、施工速度快,但模板的一次性投资大,模板起吊和转运需较大的起重机。

隧道模有全隧道模(整体式隧道模)和双拼式隧道模(图 4 - 20 所示)两种。前者自重大,推移时多需铺设轨道,目前逐渐少用。后者由两个半隧道模对拼而成,两个半隧道模的宽度可以不同,再增加一块插板,即可以组合成各种开间需要的宽度。

混凝土浇筑后强度达到 $7N/mm^2$ 左右,即可先拆除半边的隧道模,推出墙面放在临时挑台上,再用起重机转运至上层或其他施工段。拆除模板

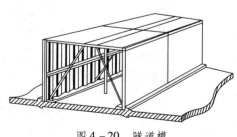

图 4 - 20　隧道模

处的楼板临时用竖撑加以支撑,再养护一段时间(视气温和养护条件而定),待混凝土强度约达到20N/mm² 以上时,再拆除另一半边的隧道模,但保留中间的竖撑,以减小施工期间楼板的弯矩。

(八)其他常用模板

近年来,随着各种土木工程和施工机械化的发展,新型模板不断出现,除上述者外,国内外目前常用的还有下述几种。

1. 永久式模板

这是一些施工时起模板作用而浇筑混凝土后又是结构本身组成部分之一的预制模板,目前国内外常用的有异形(波形、密肋形等)金属薄板(亦称压形钢板)、预应力混凝土薄板、玻璃纤维水泥模板、小梁填块(小梁为倒 T 形,填块放在梁底凸缘上,再浇混凝土)、钢桁架型混凝土板等。预应力混凝土薄板已在我国一些高层建筑中应用,铺设后稍加支撑,然后在其上铺放钢筋浇筑混凝土形成楼板,施工简便,效果较好。压形金属薄板我国土木工程施工中亦有应用,施工简便,速度快,但耗钢量较大。

模板是混凝土工程中的一个重要组成部分,国内外都十分重视,新型模板亦不断出现。除上述各种类型模板外,还有各种玻璃钢模板、塑料模板、提模、艺术模板和专门用途的模板等。

(1)压型钢板模板

压型钢板模板,是采用镀锌或经防腐处理的薄钢板,经成型机冷轧成具有梯波形截面的槽型钢板或开口式方盒状钢壳的一种工程模板材料。

压型钢板模板具有加工容易,重量轻,安装速度快,操作简便和取消支、拆模板的繁琐工序等优点。

(2)压型钢板模板的种类及适用范围

压型钢板模板,主要从其结构功能分为组合板的压型钢板和非组合板的压型钢板,如图4 – 21 所示。

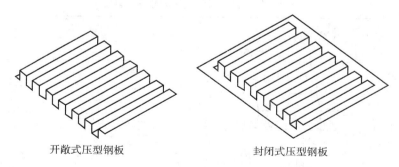

开敞式压型钢板　　　　　　　　封闭式压型钢板

图 4 – 21　压型钢板

①组合板的压型钢板

既是模板又是用作现浇楼板底面受拉钢筋。压型钢板,不但在施工阶段承受施工荷载和现浇层钢筋及混凝土的自重,而且在楼板使用阶段还承受使用荷载,从而构成楼板结构受力的组成部分。

此种压型钢板,主要用在钢结构房屋的现浇钢筋混凝土有梁式密肋楼板工程。

②非组合板的压型钢板

只作模板使用。即压型钢板在施工阶段,只承受施工荷载和现浇层的钢筋混凝土自重,而在楼板使用阶段不承受使用荷载,只构成楼板结构非受力的组成部分。

此种模板,一般用在钢结构或钢筋混凝土结构房屋的有梁式或无梁式的现浇密肋楼板工程。

(3)压型钢模板的材料与规格

①压型钢板材料

a)压型钢板一般采用 0.75～1.6mm 厚的 Q235 薄钢板冷轧制而成。用于组合板的压型钢板,其净厚度(不包括镀锌层或饰面层的厚度)不小于 0.75mm。

b)用于组合板和非组合板的压型钢板,均应采用镀锌钢板。用作组合板的压型钢板,其镀锌厚度尚应满足在使用期间不致锈蚀的要求。

c)压型钢板与钢梁采用栓钉连接的栓钉钢材,一般与其连接的钢梁材质相同。

②压型钢板规格

a)楼板底板压型钢板

单向受力压型钢板,其截面一般为梯波形,其规格一般为:板厚 0.75～1.6mm,最厚达 3.2mm;板宽 610～760mm,最宽达 1200mm;板肋高 35～120mm,最高达 160mm,肋宽 52～100mm;板的跨度从 1500～4000mm,最经济的跨度为 200～3000mm,最大跨度达 12000mm。板的质量 9.6～38kg/m²。

双向受力压型钢模壳(如图 4－22 所示),一般由 0.75～1.0mm Q235 薄钢板冷轧制成方盒状的壳体,其规格根据楼板结构设计确定。

用于组合板的压型钢板,浇筑混凝土的槽(肋)平均宽度不应小于 50mm。当在槽内设置栓钉时,压型钢板的总高度不应超过 80mm。

压型钢板的截面和跨度尺寸,要根据楼板结构设计确定,目前常用的压型钢板截面和参数见表 4－1。

表 4－1 常用的压型钢板截面和参数

型 号	截 面 简 图	板 厚	质 量	
		mm	kg/m	kg/m²
M 型 270×50	81 100 51 40 100 80 51	1.2 1.6	3.8 5.06	14.0 18.7
N 型 640×51	51 35 166.5 35 35 640	0.9 0.7	6.71 4.75	10.5 7.4
V 型 620×110	90 220 110 30 251 60 250 30	0.75 1	6.3 8.3	10.2 13.4

续表

型　号	截　面　简　图	板　厚 mm	质　量 kg/m	kg/m²
V 型 670×43	41 81 43 41 40 80 670	0.8	7.2	10.7
V 型 600×60	111 110 61 120 81 600	1.2 1.6	8.77 11.6	14.6 19.3
U 型 600×75	135 65 75 58 142 58 601	1.2 1.6	9.88 13.0	16.5 21.7
U 型 690×75	135 95 75 142 88 690	1.2 1.6	10.8 14.2	15.7 20.6
W 型 300×120	61 91 120 52 98 300	1.6 2.3 3.2	9.39 13.5 18.8	31.3 45.1 62.7

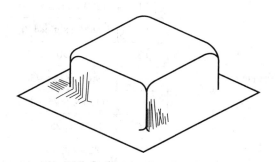

图 4－22　开敞式压型钢板

2. 密肋楼板模壳

模壳是进行现浇密肋楼板施工的一种工业化模板。目前,模壳由两种材料制成即玻璃纤维增强塑料和聚丙烯塑料,以下简称玻璃钢模壳和塑料模壳。它的支撑系统主要由钢支柱(或门架)、钢(或木)龙骨、角钢(或木支撑)三部分组成。

（1）塑料模壳

塑料模壳是以改性聚丙烯塑料为基材,采用模压注塑成型工艺制成。由于受注塑机容量的限制,采取多块(四块)组装成钢塑结合的整体大型模壳(如图4-23所示),其规格见表4-2。

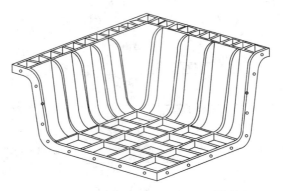

图4-23 四分之一聚丙烯塑料模壳

表4-2 塑料模壳

系 列		序 号	规格(外形尺寸) 长×宽×高/mm	生 产 厂 家
300mm 肋高现浇密肋型塑料模壳	双向	T1	1200×1125×330	某塑料厂
		T2	1200×825×330	
		T3	1125×9000×330	
		T4	900×825×330	
	单向	T5	1125×1125×330	
		T6	1125×825×330	
		T7	825×825×330	
400mm 肋高现浇密肋型塑料模壳	双向	F1	1200×1125×430	
		F2	1200×825×430	
		F3	1125×900×430	
		F4	900×825×430	
	单向	F5	1125×1125×430	
		F6	1125×825×430	
		F7	825×825×430	

（2）玻璃钢模壳

玻璃钢模壳是中间方格玻璃丝布作增强材料,不饱和聚酯树脂作粘结材料,手糊阴模成形,采用薄壁加肋构造形式,制成按设计要求尺寸的整体大型模壳。M型玻璃钢模壳规格见表4-3。

表 4 - 3　玻璃钢模壳规格表

图　例	小肋间距/mm	a/mm	b/mm	c/mm	d/mm	h/mm
模壳规格 密肋楼盖	1500×1500	1400	1400	40~50	50	300~500
	1200×1200	1100	1100	40~50	50	300~500
	1100×1100	1000	1000	40~50	50	300~500
	1000×1000	900	900	40~50	50	300~500
	900×900	800	800	40~50	50	300~500
	800×800	700	700	40~50	50	300~500
	600×600	500	500	40~50	50	300~500

二、模板设计

模板和支架的设计,包括选型、选材、荷载计算、结构计算、拟定制作安装和拆除方案、绘制模板图。

一般模板都由面板、次肋、主肋、对拉螺栓、支撑系统等几部分组成,作用于模板的荷载传递路线一般为面板—次肋—主肋—对拉螺栓(支撑系统)。设计时可根据荷载作用状况及各部分构件的结构特点进行计算

(一)模板设计荷载及其组合

以下介绍 GB 50204—2011《混凝土结构工程施工质量验收规范》中有关模板设计的荷载及有关规定,它适用于工业与民用房屋和一般构筑物的混凝土工程,但不适用于特殊混凝土或有特殊要求的混凝土结构工程。

1. 模板及支架自重

模板及支架的自重,可按图纸或实物计算确定,或参考表 4 - 4。

表 4 - 4　楼板模板自重标准值

模　板　构　件	木模板/(kN/m²)	定型组合钢模板/(kN/m²)
平板模板及小楞自重	0.3	0.5
楼板模板自重(包括梁模板)	0.5	0.75
楼板模板及支架自重(楼层高度4m以下)	0.75	1.0

2. 新浇筑混凝土的自重标准值

普通混凝土用 24kN/m³,其他混凝土根据实际重力密度确定。

3. 钢筋自重标准值

根据设计图纸确定。一般梁板结构每立方米混凝土结构的钢筋自重标准值为:楼板 1.1kN;梁 1.5kN。

4. 施工人员及设备荷载标准值

计算模板及直接支承模板的小楞时取：均布活荷载 $2.5kN/m^2$，另以集中荷载 $2.5kN$ 进行验算，取两者中较大的弯矩值。

计算支承小楞的构件时：均布活荷载 $1.5kN/m^2$。

计算支架立柱及其他支承结构构件时：均布活荷载 $1.0kN/m^2$。

对大型浇筑设备（上料平台等）、混凝土泵等按实际情况计算。木模板板条宽度小于 $150mm$ 时，集中荷载可以考虑由相邻两块板共同承受。如混凝土堆积料的高度超过 $100mm$ 时，则按实际情况计算。

5. 振捣混凝土时产生的荷载标准值

水平面模板 $2.0kN/m^2$；垂直面模板 $4.0kN/m^2$（作用范围在有效压头高度之内）。

6. 新浇筑混凝土对模板侧面的压力标准值

影响混凝土侧压力的因素很多，如与混凝土组成有关的骨料种类、配筋数量、水泥用量、外加剂、坍落度等都有影响。此外还有外界影响，如混凝土的浇筑速度、混凝土的温度、振捣方式、模板情况、构件厚度等。

混凝土的浇筑速度是一个重要影响因素，最大侧压力一般与其成正比。但当其达到一定速度后，再提高浇筑速度，则对最大侧压力的影响就不明显。混凝土的温度影响混凝土的凝结速度，温度低、凝结慢，混凝土侧压力的有效压头高，最大侧压力就大；反之，最大侧压力就小。模板情况和构件厚度影响拱作用的发挥，因之对侧压力也有影响。

由于影响混凝土侧压力的因素很多，想用一个计算公式全面加以反映是有一定困难的。国内外研究混凝土侧压力，都是抓住几个主要影响因素，通过典型试验或现场实测取得数据，再用数学方法分析归纳后提出公式。

我国目前采用的计算公式，当采用内部振动器时，新浇筑的混凝土作用于模板的最大侧压力，按式（4－1）、式（4－2）计算，并取两式中的较小值（如图 4－24 所示）：

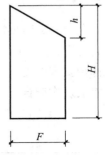

$$F = 0.22\gamma_c t_0\beta_1\beta_2 V^{1/2} \qquad (4-1)$$

$$F = \gamma_c H \qquad (4-2)$$

式中：F——新浇混凝土对模板的最大侧压力，kN/m^2；

γ_c——混凝土的重力密度，kN/m^3；

t_0——新浇混凝土的初凝时间，h，可按实测确定；

当缺乏试验资料时，可采用 $t_0 = 200/(t + 15)$ 计算（t 为混凝土的温度，℃）；

V——混凝土的浇筑速度，m/h；

H——混凝土的侧压力计算位置处至新浇混凝土顶面的总高度，m；

β_1——外加剂影响修正系数，不掺外加剂时取 1.0，掺具有缓凝作用的外加剂时 1.2；

β_2——混凝土坍落度影响修正系数，当坍落度小于 $30mm$ 时，取 0.85；当坍落度为 $50 \sim 90mm$ 时，取 1.0；当坍落度为 $110 \sim 150mm$ 时，取 1.15。

图 4－24　混凝土侧压力
计算分布图

h—有效压头高度（m），$h = F/\gamma_0$

7. 倾倒混凝土时产生的荷载标准值

倾倒混凝土时对垂直面模板产生的水平荷载标准值，见表 4－5。

表4－5 向模板中倾倒混凝土时产生的水平荷载标准值

项 次	向模板中供料方法	水平荷载标准/(kN/m^2)
1	用溜槽、串筒或由导管输出	2
2	用容量为 $<0.2m^3$ 的运输器具倾倒	2
3	用容量为 $0.2\sim0.8m^3$ 的运输器具倾倒	4
4	用容量为 $>0.8m^3$ 的运输器具倾倒	6

注:作用范围在有效压头高度以内。

计算模板及其支架时的荷载设计值,应采用荷载标准值乘以相应的荷载分项系数求得,荷载分项系数见表4－6。

表4－6 荷载分项系数

项 次	荷 载 类 别	γ_i
1	模板及支架自重	
2	新浇筑混凝土自重	1.2
3	钢筋自重	
4	施工人员及施工设备荷载	
5	振捣混凝土时产生的荷载	1.4
6	新浇筑混凝土对模板侧面的压力	1.2
7	倾倒混凝土时产生的荷载	1.4

8. 荷载组合

参与模板及其支架荷载效应组合的各项荷载,应符合表4－7的规定。

表4－7 参与模板及其支架荷载效应组合的各项荷载

模 板 类 别	参与组合的荷载项	
	计算承载能力	验算刚度
平板和薄壳的模板及支架	1,2,3,4	1,2,3
梁和拱模板的底板及支架	1,2,3,5	1,2,3
梁、拱、柱(边长≤300mm)、墙(厚≤100mm)的侧面模板	5,6	6
大体积结构、柱(边长>100mm)、墙(厚>100mm)的侧面模板	6,7	6

(二)模板设计的有关计算规定

计算钢模板、木模板及支架时都要遵守相应的设计规范。

验算模板及其支架的刚度时,其最大变形值不得超过下列允许值:

——对结构表面外露的模板,为模板构件计算跨度的1/400;

——对结构表面隐蔽的模板,为模板构件计算跨度的1/250;

——对支架的压缩变形值或弹性挠度,为相应的结构计算跨度的1/1000。

支架的立柱或桁架应保持稳定,并用撑拉杆件固定。验算模板及其支架在自重和风荷载作用下的抗倾倒稳定性时,应符合有关的专门规定。

三、模板的安装与拆除

模板安装应按照流水施工原理分层分段组织流水作业,协调横向和垂直方向的施工,确定安装顺序,以便模板拆除。

竖向模板和支架的支承部分当安装在基土上时应加设垫板,且基土必须坚实并有排水措施,对湿陷性黄土必须有防水措施,对冻胀性土必须有防冻融措施。模板及其支架在安装过程中必须设置防倾覆的临时固定设施。

现浇钢筋混凝土梁板当跨度等于或大于 4m 时,模板应起拱当设计无具体要求时起拱高度宜为全跨长度的 1/1000 ~ 3/1000。

对于大模板、滑膜、爬模等工业模板体系,施工安装应严格按照安装顺序与操作规程进行。

现场拆除模板时应遵守下列规则:

拆模前应制定拆模顺序、方法以及安全措施;先拆除侧面模板,再拆除承重模板;大型模板宜整体拆除,并应采用机械化施工;支撑件和连接件应逐件拆除,模板应逐块拆卸传递,侧模拆除时的混凝土强度应能保证其表面及棱角不受损伤;拆除时,不应对楼地面造成冲击荷载;拆除下来的模板应分类堆放、及时清运;模板及其支架拆除时混凝土强度应符合设计要求;设计无具体要求时可参照现行的混凝土结构工程施工及验收规范执行。

第二节　钢筋工程

土木工程混凝土结构以及预应力混凝土结构施工中常用的钢材有钢筋、钢丝和钢绞线三类。钢筋按其化学成分,分为碳素钢钢筋(低碳钢钢筋、中碳钢钢筋、高碳钢钢筋)和普通低合金钢钢筋(在碳素钢成分中加入锰、钛、钒等合金元素以改善性能)。按生产加工工艺可分为热轧钢筋、冷拉钢筋、冷拔低碳钢丝、热处理钢筋、冷轧扭钢筋、精轧螺旋钢筋、刻痕钢丝及钢铰线等。其中热轧钢筋按强度分为 HPB235、HPR335、HPR400、RRB400 四个级别,热处理钢筋分为 $40Si_2Mn$、$48Si_2Mn$、$45Si_2Cr$ 三个级别,钢筋的强度和硬度逐级升高,但塑性则逐级降低。

钢筋按轧制外形可分为光面钢筋、变形钢筋(螺纹、人字纹及月牙纹)。HPB235 级钢筋的表面为光圆,HRB335、HRB400 级钢筋表面为人字纹、月牙形纹或螺纹,Ⅳ级钢筋表面则有光圆与螺纹两种。对于钢筋混凝土结构中的钢筋以及预应力钢筋混凝土中的非预应力钢筋宜采用 HRB335 和 HRB400 级钢筋,也可采用 HPB235 和 RRB400 级钢筋,其拉力和抗压强度设计值为 $210 \sim 360N/mm^2$。对预应力钢筋宜采用预应力钢绞线、钢丝、也可采用热处理钢筋,常用的预应力钢绞线种类有 1 × 3 直径为 8.6mm,10.8mm,12.9mm 以及 1 × 7 直径为 9.5mm,11.1mm,12.7mm,15.2mm 等,预应力钢丝有光面螺旋肋和三面刻痕的消除应力的钢丝,热处理钢筋的直径为 6mm,8.2mm,10mm,预应力钢绞线、钢丝、热处理钢筋的抗拉强度设计值为 $1110 \sim 1320N/mm^2$,抗压强度设计值为 $390 \sim 410N/mm^2$,钢筋也可以按直径大小又分为钢丝(直径 3 ~ 5mm)、细钢筋(直径 6 ~ 10mm)、中粗钢筋(直径 12 ~ 20mm)和粗钢筋(直径大于 20mm)。为便于运输,$\phi6 \sim \phi9$ 的钢筋常卷成圆盘,大于 $\phi12$ 的钢筋则轧成 (6 ~ 12)m 长一根。常有的钢丝有刻痕钢丝、碳素钢丝和冷拔低碳钢丝三类,而冷拔低碳钢丝又分为甲级和乙级,一般皆卷成圆盘。

钢绞线一般由 7 根圆钢丝捻成,钢丝为高强钢丝。

目前我国重点发展屈服强度标准值为 400MPa 的新Ⅵ级钢的钢筋和屈服强度为 1720 ~ 1860MPa 的低松弛、高强度钢丝的钢绞线,同时辅以小直径($\phi 4 \sim \phi 12$)的冷轧带肋螺纹钢筋。同时,我国还大力推广焊接钢筋网和以普通低碳钢热轧盘条经冷轧扭工艺制成的冷轧扭钢筋。

此外,按钢筋在结构中的作用不同可分为受力钢筋、架立钢筋和分布钢筋。

钢筋进场时,应按照国家现行标准的规定抽取试件作力学性能检验,其质量必须符合有关标准规定。当发现钢筋有脆断、焊接性能不良或力学性能显现不正常现象时,应该对该批钢筋进行化学成分检验和专项检验。

钢筋一般在钢筋车间或工地的钢筋加工棚加工,然后运至现场安装或绑扎。钢筋加工过程取决于成品种类,一般加工过程有冷拉、冷拔、调直、剪切、镦头、弯曲、焊接、绑扎等。

钢筋的连接是钢筋工程施工中的十分关键的工序,包括绑扎、焊接以及机械连接等方式。对钢筋绑扎的质量验收通常是通过尺量、观察等现场评定的方式进行;对于焊接和机械连接则应该按照国家现行标准的规定抽取钢筋机械连接接头、焊接接头试件作力学性能检验,保证钢筋的连接质量要求。

一、钢筋冷加工

钢筋冷拉是在常温下对热轧钢筋进行强力拉伸。拉应力超过钢筋的屈服强度,使钢筋产生塑性变形,以达到调直钢筋、提高强度、节约钢材的目的,对焊接接长的钢筋亦检验了焊接接头的质量。冷拉 HPB235 级钢筋多用于结构中的受拉钢筋,冷拉 HRB335,HRB400,RRB400 级钢筋多用作预应力构件中的预应力筋。

由于钢材在加工时产生塑性变形,当晶体在外力作用下,在弹性阶段金属原子偏离平衡位置产生的变形,在外力去除后可以恢复弹性变形;当外力继续增大,使晶格的歪曲程度超过弹性变形之后,晶格产生滑移,造成永久性变形。由于晶粒表面的畸变及滑动平面的细小碎屑,使晶体在该平面上继续滑动产生困难,抵抗变形的能力增大,屈服极限及硬度提高。

由于塑性变形后钢材可能产生滑移的区域几乎均已滑动,因此塑性降低。由于塑性变形中产生了内应力,故钢材的弹性模量降低。

将经过冷拉的钢筋于常温下存放 15 ~ 20d 或加热到 100 ~ 200℃ 并保持一定时间,这个过程称为时效处理,前者称为自然时效,后者称为人工时效。

在高温下固溶在 $\alpha - Fe$ 中的氮和氧的原子,在温度降低后溶解度下降,但未完全析出,在存放过程中逐渐析出并扩散到晶粒缺陷处,形成固体微粒,阻碍晶粒发生滑移,而提高了对塑性变形的抵抗能力。

冷拉以后再经过时效处理的钢筋,其屈服点进一步提高,抗拉极限强度也有所增长,塑性继续降低。由于时效强化处理过程中内应力的消减,弹性模量可基本恢复。工地或预制构件厂常利用这一原则对钢筋或低碳钢盘条按一定程度进行冷拉或冷拔加工,以提高屈服强度,节约钢材。

(一)冷拉工艺

钢筋冷拉的主要工序包括钢筋上盘、放圈、切断、夹紧夹具、冷拉开始、观察控制值、停止冷拉、放松夹具、捆扎堆放。

钢筋冷拉工艺有两种：一种是采用卷扬机带动滑轮组作为冷拉动力的机械式冷拉工艺；另一种是采用长行程（1500mm 以上）的专用液压千斤顶（如 YPD-60S 型液压千斤顶）和高压油泵的液压冷拉工艺。目前我国仍以前者为主，但后者更有发展前途。

机械式冷拉工艺的冷拉设备，主要由拉力设备、承力结构、回程装置、测量设备和钢筋夹具组成。拉力设备为卷扬机和滑轮组，多用 30~50kN 的慢速卷扬机，通过滑轮组增大牵引力。冷拉长度测量可用标尺，测力计可用电子秤、附有油表的液压千斤顶或弹簧测力计，承力结构可采用钢筋混凝土压杆，或当拉力较小、临时工程时，可采用地锚。

设备冷拉能力要大于所需最大拉力，所需最大拉力等于进行冷拉的最大拉力，同时还要考虑滑轮与地面摩擦阻力及回程装置的阻力。设备冷拉能力可以按式（4-3）、式（4-4）进行计算：

$$Q = S/K' - F \tag{4-3}$$
$$K' = f^{n-1}(f-1)/f \tag{4-4}$$

式中：Q——设备冷拉能力（kN）；

  S——卷扬机拉力（kN）；

  F——设备阻力（kN），包括冷拉小车与地面的摩阻力和回程装置的阻力等，可实测确定；

  K'——滑轮组的省力系数；

  f——单个滑轮的阻力系数；

  n——滑轮组的工作绳数。

承力结构可采用地锚，冷拉力大时宜采用钢筋混凝土冷拉槽（图 4-25 所示）。回程装置可用荷重架回程或卷扬机滑轮组回程。测力设备常用液压千斤顶或用装传感器和示力仪的电子秤。

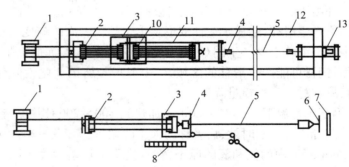

图 4-25　冷拉设备

1—卷扬机；2—滑轮组；3—冷拉小车；4—夹具；5—被冷拉的钢筋；6—地锚；7—防护壁；
8—标尺；9—回程荷重架；10—回程滑轮组；11—传力架；12—冷拉槽；13—液压千斤顶

如在负温下进行冷拉，温度不宜低于 -20℃。如用冷拉应力控制时，由于钢筋的屈服强度随温度降低而提高，冷拉控制应力应较常温时提高 $30N/mm^2$。如用冷拉率控制则与常温相同。

为安全起见，冷拉时钢筋应缓缓拉伸，缓缓放松，并应防止斜拉，正对钢筋两端不允许站人，冷拉时人员不得跨越钢筋。

（二）冷拉控制

钢筋冷拉,可利用冷拉应力控制法或冷拉率控制法。对不能分清炉批号的热轧钢筋,不应采取冷拉率控制。

钢筋的冷拉应力和冷拉率是影响钢筋冷拉质量的两个主要参数。钢筋的冷拉率就是钢筋冷拉时包括其弹性和塑性变形的总伸长值与钢筋原长的比值(%)。在一定限度范围内,冷拉应力与冷拉率越大,则屈服强度提高越大,而塑性也越降低。但钢筋冷拉后仍有一定的塑性,其屈服强度和抗拉强度之比值(屈服比)不宜太大,以使钢筋冷拉后仍有一定的强度储备。

其中:冷拉应力 = 冷拉力/钢筋公称面积;冷拉率 = 钢筋冷拉伸长值/钢筋原有长度;钢筋冷拉伸长值则为钢筋冷拉后长度与钢筋原有长度之差。

1. 冷拉应力控制法

采用控制应力的方法控制冷拉钢筋时,其钢筋冷拉的控制应力和最大冷拉率应符合表4-8的规定。对抗拉强度较低的热轧钢筋,如拉到符合标准的冷拉应力时,其冷拉率已超过限值,将对结构使用非常不利,故规定最大冷拉率限值。加工时按冷拉控制应力进行冷拉,冷拉后检查钢筋的冷拉率,如小于表中规定数值时,则为合格;如超过表中规定的数值,则应进行力学性能试验。

表4-8　钢筋冷拉的冷拉控制应力和最大冷拉率

钢筋级别	钢筋直径/mm	冷拉控制应力/MPa
HPB235	≤12	280
HRB335	≤25	450
	28~40	430
HRB400	8~40	500

2. 冷拉率控制法

钢筋冷拉以冷拉率控制时,其控制值由试验确定。对同炉批钢筋,测定的试件不宜少于4个,每个试件都按表4-9规定的冷拉应力值在万能试验机上测定相应的冷拉率,取其平均值作为该炉批钢筋的实际冷拉率。如钢筋强度偏高,平均冷拉率低于1%时,仍按1%进行冷拉。

表4-9　测定冷拉率时钢筋的冷拉应力

钢筋级别	钢筋直径/mm	冷拉应力/MPa
HPB235	≤12	310
HRB335	≤25	480
	28~40	460
HRB400	8~40	530

由于控制冷拉率为间接控制法,试验统计资料表明,同炉批钢筋按平均冷拉率冷拉后的抗拉强度的标准离差 σ 约为 $15\sim20\text{N/mm}^2$,为满足95%的保证率,应按冷拉控制应力增加

1.645σ,约 $30N/mm^2$。因此,用冷拉率控制方法冷拉钢筋时,钢筋的冷拉应力比冷拉应力控制法高。

不同炉批的钢筋,不宜用控制冷拉率的方法进行钢筋冷拉。多根连接的钢筋,用控制应力的方法进行冷拉时,其控制应力和每根的冷拉率均应符合表 4-8 的规定;当用控制冷拉率的方法进行冷拉时,冷拉率可按总长计,但冷拉后每根钢筋的冷拉率不得超过表 4-9 的规定。钢筋的冷拉速度不宜过快。

（三）钢筋冷拉速度的控制

钢筋的冷拉速度要适宜,其可按式(4-5)计算:

$$V = \frac{\pi Dm}{n} \qquad (4-5)$$

式中:V——冷拉速度,m/min;

$\quad D$——卷扬机卷筒直径,m;

$\quad m$——卷扬机卷筒转速,r/min;

$\quad n$——滑轮组的工作线数。

（四）钢筋冷拉的质量

冷拉适用于Ⅰ~Ⅳ级热轧钢筋。冷拉钢筋主要用作受拉钢筋,如冷拉Ⅱ~Ⅳ级钢筋通常用作预应力筋,冷拉Ⅰ级钢筋用作非预应力的受拉钢筋。冷拉钢筋一般不用作受压钢筋,即使用作受压钢筋,也不利用冷拉后提高的强度。在冲击荷载的动力设备基础、吊环及负温度条件下,不得使用冷拉钢筋。

冷拉后,钢筋表面不应发生裂纹或局部颈缩现象,并按施工规范要求每批冷拉钢筋(钢筋直径小于 12mm 的同钢号和同直径每 10t 为一批,大于 14mm 的每 20t 为一批)中,任意两根钢筋上各取两个试件分别进行拉伸试验和冷弯试验,其质量应符合表 4-10 的规定。冷弯试验时不得有裂纹、鳞落和断裂现象,如有一项达不到规定的指标值,则要加倍取样试验,如果仍有一项指标达不到规定值,则判定该批冷拉钢筋为不合格品。

表 4-10　冷拉钢筋的力学性能

项次	钢筋级别	钢筋直径/mm	屈服强度/MPa	抗拉强度/MPa	伸长率 δ_{10}/%	冷弯	
			不小于			弯曲角度	弯曲直径
1	HPB235	≤12	280	370	11	180°	3d
2	HRB335	≤25	450	510	10	90°	3d
		28-40	430	490	10	90°	4d
3	HRB400	8-40	500	570	8	90°	5d

当冷拉钢筋是多根焊接时,宜分别测定每根钢筋的分段冷拉率不应超过规定的限值。冷拉后的钢筋应放置一段时间(至少 24h),使提高的屈服点稳定后再使用。

（五）钢筋冷拔

冷拔是使直径 6~8mm 的 HPB235 钢筋在常温下强力通过特制的直径逐渐减小的钨,合金的拔丝模进行强力冷拔。钢筋通过拔丝模时,受到轴向拉伸与径向压缩的作用,使钢筋内部晶格变形而产生塑性变形,以改变其物理力学性能。钢筋冷拔后,横向压缩纵向拉伸,内部晶格产生位移,因而抗拉强度提高[可提高 $40\% \sim 90\%$];塑性降低,硬度提高。这种经冷拔加工的光圆钢筋称"冷拔低碳钢丝"。

与冷拉相比,冷拔是纯拉伸应力,而冷拔既有拉伸应力,又有压缩应力。冷拔后冷拔低碳钢丝没有明显的屈服现象,按照材质特性分为甲、乙两级。甲级钢丝适用于做预应力筋,乙级钢丝适用于做焊接网、焊接骨架、箍筋和构造钢筋。

钢筋冷拔的工艺过程是:轧头—剥壳—通过润滑剂进入拔丝模冷拔。

钢筋表面常有一硬渣层,易损坏拔丝模,并使钢筋表面产生沟纹,因而冷拔前要进行剥壳,方法是使钢筋通过 $3 \sim 6$ 个上下排列的辊子以剥除渣壳。润滑剂常用石灰、动植物油、肥皂、白蜡和水按一定配比制成。

冷拔用的拔丝机有立式(见图 4 - 26 所示)和卧式两种。其鼓筒直径一般为 500mm。冷拔速度约为 $0.2 \sim 0.3 \mathrm{m/s}$,速度过大易断丝。

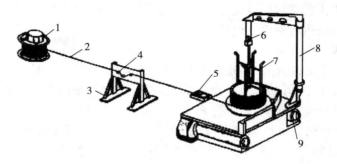

图 4 - 26　立式单鼓筒冷拔机
1—盘圆架;2—钢筋;3—剥壳装置;4—槽轮;5—拔丝模;
6—滑轮;7—绕丝筒;8—支架;9—电动机

影响冷拔低碳钢丝质量的主要因素,是原材料的质量和冷拔总压缩率。

冷拔低碳钢丝都用普通低碳热轧光圆钢筋拔制的,按国家标准 GB 701—2008《低碳钢热轧圆盘条》的规定,光圆钢筋都是用 $1 \sim 3$ 号乙类钢轧制的,因而强度变化较大,直接影响冷拔低碳钢丝的质量。为此应严格控制原材料。冷拔低碳钢丝分甲、乙两级。对主要用作预应力筋的甲级冷拔低碳钢丝,宜用符合 I 级钢标准的 3 号钢圆盘条进行拔制。

冷拔总压缩率(β)是光圆钢筋拔成钢丝时的横截面缩减率。若原材料光圆钢筋直径为 d_0 ,冷拔后成品钢丝直径为 d ,则总压缩率可按照式(4 - 6)计算:

$$\beta = \frac{d_0^2 - d^2}{d_0^2} \tag{4 - 6}$$

总压缩率越大,则抗拉强度提高越多,而塑性下降越多,故 β 不宜过大。直径 5mm 的冷拔低碳钢丝,宜用直径 8mm 的圆盘条拔制;直径 4mm 和小于 4mm 者,宜用直径 6.5mm 的圆盘条拔制。

冷拔低碳钢丝有时是经过多次冷拔而成,一般不是一次冷拔就达到总压缩率。每次冷拔的压缩率也不宜太大,否则拔丝机的功率要大,拔丝模易损耗,且易断丝。一般前道钢丝和后道钢丝的直径之比以 1:0.87 为宜。冷拔次数亦不宜过多,否则易使钢丝变脆。

冷拔低碳钢丝经调直机调直后,抗拉强度约降低 8% ~ 10%,塑性有所改善,使用时应注意。

二、钢筋的焊接

钢筋焊接分为压焊和熔焊两种形式。压焊包括闪光对焊、电阻点焊和气压焊;熔焊包括电弧焊和电渣压力焊。此外,钢筋与预埋件 T 形接头的焊接应采用埋弧压力焊,也可用电弧焊或穿孔塞焊,但焊接电流不宜大,以防烧伤钢筋。

(一)闪光对焊

闪光对焊广泛用于钢筋连接及预应力钢筋与螺丝端杆的焊接。热轧钢筋的焊接宜优先用闪光对焊。

钢筋闪光对焊是利用对焊机使两段钢筋接触,通过低电压的强电流,待钢筋被加热到一定温度变软后,进行轴向加压顶锻,形成对焊接头。

钢筋闪光对焊工艺常用的有连续闪光焊、预热闪光焊和闪光—预热—闪光焊。对 IV 级钢筋有时在焊接后还进行通电热处理。

1. 连续闪光焊

这种焊接的工艺过程是待钢筋夹紧在电极钳口上后,闭合电源,使两钢筋端面轻微接触。由于钢筋端部不平,开始只有一点或数点接触,接触面小而电流密度和接触电阻很大,接触点很快熔化并产生金属蒸气飞溅,形成闪光现象。闪光一开始就徐徐移动钢筋,形成连续闪光过程,同时接头也被加热。待接头烧平、闪去杂质和氧化膜、白热熔化时,随即施加轴向压力迅速进行顶锻,使两根钢筋焊牢,连续闪光焊宜用于焊接直径 25mm 以下的 HPB235 ~ HRB400 级钢筋。焊接直径较小的钢筋最适宜。

连续闪光焊的工艺参数有调伸长度、烧化留量、顶锻留量及变压器级数等。

2. 预热闪光焊

钢筋直径较大,端面比较平整时宜用预热闪光焊。与连续闪光焊不同之处,在于前面增加一个预热时间,先使大直径钢筋预热后再连续闪光烧化进行加压顶锻。

3. 闪光—预热—闪光焊

端面不平整的大直径钢筋连接采用半自动或自动对焊机,焊接大直径钢筋宜采用闪光－预热－闪光焊。这种焊接的工艺过程是进行连续闪光,使钢筋端部烧化平整;再使接头处作周期性闭合和断开,形成断续闪光使钢筋加热;接着连续闪光,最后进行加压顶锻。

闪光—预热—闪光焊的工艺参数有调伸长度、一次烧化留量、预热留量和预热时间、二次烧化留量、顶锻留量及变压器级数等。

钢筋闪光对焊后,除对接头进行外观检查,对焊后钢筋应无裂纹和烧伤、接头弯折不大于 4°,接头轴线偏移不大于 $0.1d$(d 为钢筋直径),也不大于 2mm,此外,还应按规定进行抗拉试验和冷弯试验

(二)电弧焊

电弧焊是利用弧焊机使焊条与焊件之间产生高温,电弧使焊条和电弧燃烧范围内的焊件熔化,待其凝固便形成焊缝或接头,电弧焊广泛用于钢筋接头、钢筋骨架焊接、装配式结构接头的焊接、钢筋与钢板的焊接及各种钢结构焊接。

钢筋电弧焊的接头形式有:搭接焊接头(单面焊缝或双面焊缝)、帮条焊接头(单面焊缝或双面焊缝)、剖口焊接头(平焊或立焊)和熔槽帮条焊接头(见图4-27所示)。

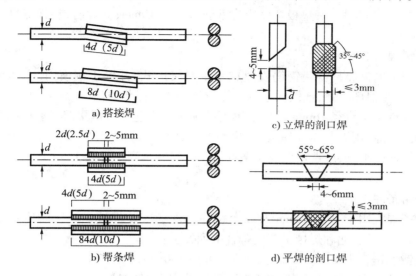

图4-27　钢筋电弧焊的接头形式

焊接接头质量检查除外观外,亦需抽样作拉伸试验。如对焊接质量有怀疑或发现异常情况,还可进行非破损检验(X射线、γ射线、超声波探伤等)。

1. 帮条焊

帮条焊宜采用双面焊,当不能进行双面焊时,可采用单面焊。帮条长度 L 应符合表4-11的规定。帮条钢筋级别与主筋相同时,帮条直径可与主筋相同或小一个规格;当帮条直径与主筋相同时,帮条钢筋级别可与主筋相同或低一个级别。

表4-11　钢筋帮条长度

钢筋种类	焊缝形式	帮条长度 L
HPB235	单面焊	$\geqslant 8d$
	双面焊	$\geqslant 4d$
HRB335 及 HRB400	单面焊	$\geqslant 10d$
	双面焊	$\geqslant 5d$

帮条焊接头的焊缝厚度,不应小于主筋直径的 0.3 倍;焊缝宽度 b 不应小于主筋直径的 0.7 倍。帮条焊时,两主筋端面的间隙应为 2~5mm。

2. 搭接焊

搭接焊可用于 HPB235、HRB335 及 HRB400 钢筋,焊接时宜采用双面焊。当不能进行双面焊时,可采用单面焊。搭接长度、焊缝厚度均与帮条长度相同。搭接焊时,焊接端钢筋应预弯,并应使两钢筋的轴线在一直线上。

3. 坡口焊

坡口焊施工前在焊接钢筋端部切口形成坡口。坡口面应平顺,切口边缘不得有裂纹、钝边和缺棱。坡口平焊时,坡口角度宜为 55°~65°;坡口立焊时,坡口角度宜为 40°~55°,其中,下钢筋宜为 $0° \sim 10°$,上钢筋宜为 $35° \sim 45°$。钢筋根部间隙,坡口平焊时宜为 $4 \sim 6mm$;立焊时,宜为 $3 \sim 5mm$。其最大间隙均不宜超过 $10mm$。钢垫板厚度宜为 $4 \sim 6mm$,长度宜为 $40 \sim 60mm$。坡口平焊时,垫板宽度应为钢筋直径加 $10mm$;立焊时,垫板宽度宜等于钢筋直径。

4. 窄间隙焊

钢筋窄间隙电弧焊是将两钢筋安放成水平对接形式,并置于铜模内,中间留有少量间隙,用焊条从接头根部引弧,连续向上焊接完成的一种电弧焊方法。

窄间隙焊宜用于直径 $16mm$ 及以上钢筋的现场水平连接。焊接时,钢筋应置于铜模中,并应留出一定间隙,用焊条连续焊接,熔化钢筋端面和使熔敷金属填充间隙,形成接头。其焊接时钢筋端面应平整,应选用低氢型碱性焊条。焊缝余高不得大于 $3mm$,且应平缓过渡至钢筋表面。

5. 熔槽帮条焊

熔槽帮条焊宜用于直径 $20mm$ 及以上钢筋的现场安装焊接。焊接时应加角钢作垫板模。接头形式、角钢尺寸和焊接工艺应符合下列要求:

——角钢边长宜为 $40 \sim 60mm$,长度宜为 $80 \sim 100mm$;

——钢筋端头应加工平整;两钢筋端面的间隙应为 $10 \sim 16mm$;

——从接缝处垫板引弧后应连续施焊,并应使钢筋端部熔合,防止未焊透、气孔或夹渣;

——焊接过程中应停焊清渣一次。焊平后,再进行焊缝余高的焊接,其高度不得大于 $3mm$;

——钢筋与角钢垫板之间,应加焊侧面焊缝 $1 \sim 3$ 层,焊缝应饱满,表面应平整。

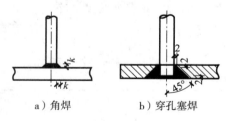

a)角焊   b)穿孔塞焊

图 4 - 28 预埋件钢筋电弧辑 T 型接头

6. 预埋件钢筋电弧焊

预埋件钢筋电弧焊 T 型接头可分为角焊和穿孔塞焊两种(图 4 - 28 所示)。一般钢板厚度 δ 不宜小于钢筋直径的 0.6 倍,且不应小于 $6mm$。钢筋应采用 HPB235 或 HRB335;受力锚固钢筋的直径不宜小于 $8mm$;构造锚固钢筋的直径不宜小于 $6mm$;当采用 HPB235 钢筋时,角焊缝焊脚 k 不得小于钢筋直径的 0.5 倍;采用 HRB335 级钢筋时,焊脚 k 不得小于钢筋直径的 0.6 倍。

(三)电渣压力焊

电渣压力焊在施工中多用于现浇混凝土结构构件内竖向或斜向(倾斜度在 4:1 的范围内)钢筋的焊接接长。电渣压力焊有自动和手工电渣压力焊两类。与电弧焊比较,它工效高、成本低,可进行竖向连接,故在工程中应用较普遍。

进行电渣压力焊宜用合适焊接变压器。夹具(如图 4 - 29 所示)需灵巧,上下钳口同心,保证上下钢筋的轴线最大偏移不得大于 $0.1d$,同时也不得大于 $2mm$。

焊接时,先将钢筋端部约 $120mm$ 范围内的铁锈除尽,将夹具夹牢在下部钢筋上,并将上部钢筋扶直夹牢于活动电极中。自动电渣压力焊时还在上下钢筋间放置引弧用的钢丝圈等。再装上药盒,装满焊药,接通电路,用手柄使电弧引燃(引弧)。然后稳定一定时间,使之形成渣池并使钢筋熔化(稳弧),随着钢筋的熔化,用手柄使上部钢筋缓缓下送。当稳弧达到规定时间后,在断电同时用手柄进行加压顶锻(顶锻),以排除夹渣和气泡,形成接头。待冷却一定时间后,即拆除药盒、回收焊药、拆除夹具和清除焊渣。引弧、稳弧、顶锻三个过程连续进行。

(四)电阻点焊

电阻点焊主要用于小直径钢筋的交叉连接,如用来焊接近年来推广应用的钢筋网片、钢筋骨架等。它的生产效率高、节约材料,应用广泛。

电阻点焊的工作原理是,当钢筋交叉点焊时,接触点只有一点,且接触电阻较大,在接触的瞬间,电流产生的全部热量都集中在一点上,因而使金属受热而熔化,同时在电极加压下使焊点金属得到焊合,原理如图4-30所示。

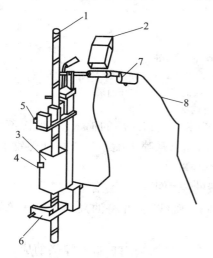

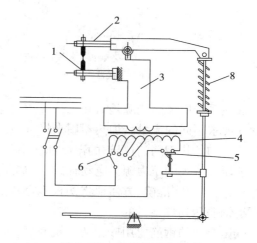

图4-29　电渣压力焊构造原理图
1—钢筋;2—监控仪表;3—焊剂盒;
4—焊剂盒扣环;5—活动夹具;6—固定夹具;7—操作手柄;8—控制电缆

图4-30　点焊机工作原理
1—电极;2—电极臂;3—变压器的次级线圈;
4—变压器的初级线圈;5—断路器;6—变压器的调节开关;7—踏板;8—压紧机构

电阻点焊不同直径钢筋时,如较小钢筋的直径小于10mm,大小钢筋直径之比不宜大于3;如较小钢筋的直径为12mm或14mm时,大小钢筋直径之比则不宜大于2。应根据较小直径的钢筋选择焊接工艺参数。

焊点应进行外观检查和强度试验。热轧钢筋的焊点应进行抗剪试验。冷加工钢筋的焊点除进行抗剪试验外,还应进行拉伸试验。

(五)气压焊

气压焊接钢筋是利用乙炔、氧混合气体燃烧的高温火焰对已有初始压力的两根钢筋端面接合处加热,使钢筋端部产生塑性变形,并促使钢筋端面的金属原子互相扩散,当钢筋加热到1250~1350℃(相当于钢材熔点的0.80~0.90倍)时进行加压顶锻,使钢筋焊接在一起。

钢筋气压焊接属于热压焊。在焊接加热过程中,加热温度只为钢材熔点的0.8~0.9倍,且加热时间较短,所以不会出现钢筋材质劣化倾向。另外,它设备轻巧、使用灵活、效率高、节省电能、焊接成本低,可进行全方位(竖向、水平和斜向)焊接。所以在我国逐步得到推广。

气压焊接设备(如图4-31所示)主要包括加热系统与加压系统两部分。

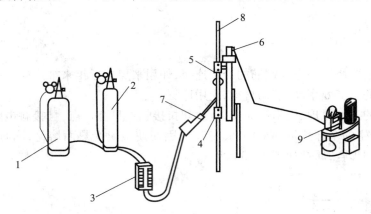

图4-31　气压焊接设备示意图

1—乙炔;2—氧气;3—流量计;4—固定卡具;5—活动卡具;
6—压接器;7—加热器与焊炬;8—被焊接的钢筋;9—加压油泵

加热系统中加热能源是氧和乙炔。用流量计来控制氧和乙炔的输入量,焊接不同直径的钢筋要求不同的流量。加热器用来将氧和乙炔混合后,从喷火嘴喷出火焰加热钢筋,要求火焰能均匀加热钢筋,有足够的温度和功率并安全可靠。

加压系统中的压力源为电动油泵,使加压顶锻的压力平稳。压接器是气压焊的主要设备之一,要求它能准确、方便地将两根钢筋固定在同一轴线上,并将油泵产生的压力均匀地传递给钢筋达到焊接目的。

气压焊的钢筋要用砂轮切割机断料,要求端面与钢筋轴线垂直。焊接前应打磨钢筋端面,清除氧化层和污物,使之现出金属光泽,并立即喷涂一薄层焊接活化剂保护端面不再氧化。

三、钢筋的机械连接

钢筋机械连接技术是一项新型钢筋连接工艺,被称为继绑扎、电焊之后的"第三代钢筋接头",具有接头强度高于钢筋母材、速度比电焊快五倍、无污染、节省钢材20%等优点。钢筋机械连接包括挤压连接、螺纹套管连接、熔融金属充填套管接头、水泥灌浆充填套管接头以及受压钢筋面平接头等。其中挤压连接、螺纹套管连接是近年来大直径钢筋现场连接的主要方法。

(一)钢筋挤压连接

钢筋挤压连接亦称钢筋套筒冷压连接。套筒挤压连接接头是通过挤压力使连接件钢套筒塑性变形与带肋钢筋紧密咬合形成的接头。有两种形式,径向挤压连接和轴向挤压连接。由于轴向挤压连接现场施工不方便及接头质量不够稳定,没有得到推广;而径向挤压连接技术连接接头得到了大面积推广使用。现在工程中使用的套筒挤压连接接头,都是径向挤压连接。由于其优良的质量,套筒挤压连接接头在我国从20世纪90年代初至今被广泛应用于建筑工程中。

　　它适用于竖向、横向及其他方向的较大直径变形钢筋的连接。与焊接相比,它具有节省电能、不受钢筋可焊性好坏影响、不受气候影响、无明火、施工简便和接头可靠度高等特点。连接时将需变形钢筋插入特制钢套筒内,利用液压驱动的挤压机进行径向或轴向挤压,使钢套筒产生塑性变形,紧紧咬住变形钢筋实现连接(如图4-32所示)。

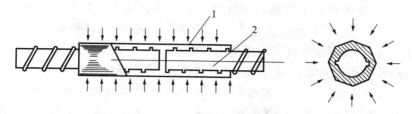

图4-32　钢筋径向挤压连接
1—钢套筒;2—被连接的钢筋

　　钢筋挤压连接的工艺参数,主要是压接顺序、压接力和压接道数。压接顺序应从中间逐道向两端压接。压接力要能保证套筒与钢筋紧密咬合,压接力和压接道数取决于钢筋直径、套筒型号和挤压机型号。

　　(二)钢筋螺纹套管连接

　　螺纹套管连接分锥螺纹连接与直螺纹连接两种。用于这种连接的钢套管内壁,用专用机床加工有锥螺纹或直螺纹,钢筋的对接端头亦在套丝机上加工有与套管匹配的螺纹。连接时,经过螺纹检查无油污和损伤后,先用手旋入钢筋,然后用扭矩扳手紧固至规定的扭矩即完成连接(如图4-33所示)。它施工速度快,不受气候影响,质量稳定,易对中,已在我国广泛应用。

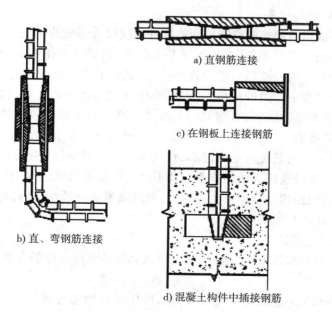

a) 直钢筋连接

c) 在钢板上连接钢筋

b) 直、弯钢筋连接

d) 混凝土构件中插接钢筋

图4-33　钢筋螺纹套管连接

　　由于钢筋的端头在套丝机上加工有螺纹,截面有所削弱,为达到连接接头与钢筋等强,目前有两种方法,一种是将钢筋端头先镦粗后再套丝,使连接接头处截面不削弱;另一种采用冷轧的方法轧制螺纹,接头处经冷轧后强度有所提高,亦可达到等强的目的。

1. 钢筋锥螺纹连接

锥螺纹连接接头是通过钢筋端头特制的锥形螺纹和连接件锥形螺纹咬合形成的接头。锥螺纹连接技术的诞生克服了套筒挤压连接技术存在的不足。锥螺纹丝头完全是提前预制,现场连接,占用工期短,现场只需用力矩扳手操作,不需搬动设备和拉扯电线,深受各施工单位的好评。但是锥螺纹连接接头质量不够稳定。由于加工螺纹的小径削弱了母材的横截面积,从而降低了接头强度,一般只能达到母材实际抗拉强度的85%~95%。我国的锥螺纹连接技术和国外相比还存在一定差距,最突出的一个问题就是螺距单一,从直径16~40mm钢筋采用螺距都为2.5mm,而2.5mm螺距最适合于直径22mm钢筋的连接,太粗或太细钢筋连接的强度都不理想,尤其是直径为36mm、40mm钢筋的锥螺纹连接,很难达到母材实际抗拉强度的0.9倍。许多生产单位自称达到钢筋母材标准强度,是利用了钢筋母材超强的性能,即钢筋实际抗拉强度大于钢筋抗拉强度的标准值。由于锥螺纹连接技术具有施工速度快、接头成本低的特点,自20世纪90年代初推广以来得到了较大范围的推广使用,但由于存在的缺陷较大,逐渐被直螺纹连接接头所代替。

2. 钢筋直螺纹连接

等强度直螺纹连接接头是20世纪90年代钢筋连接的国际最新潮流,接头质量稳定可靠,连接强度高,可与套筒挤压连接接头相媲美,而且又具有锥螺纹接头施工方便、速度快的特点,因此直螺纹技术的出现给钢筋连接技术带来了质的飞跃。目前我国直螺纹连接技术呈现出百花齐放的景象,出现了多种直螺纹连接形式。

直螺纹连接接头主要有镦粗直螺纹连接接头和滚压直螺纹连接接头。这两种工艺采用不同的加工方式,增强钢筋端头螺纹的承载能力,达到接头与钢筋母材等强的目的。

(1)镦粗直螺纹连接接头

通过钢筋端头镦粗后制作的直螺纹和连接件螺纹咬合形成的接头。其工艺是:

先将钢筋端头通过镦粗设备镦粗,再加工出螺纹,其螺纹小径不小于钢筋母材直径,使接头与母材达到等强。国外镦粗直螺纹连接接头,其钢筋端头有热镦粗又有冷镦粗。热镦粗主要是消除镦粗过程中产生的内应力,但加热设备投入费用高。我国的镦粗直螺纹连接接头,其钢筋端头主要是冷镦粗,对钢筋的延性要求高。对于延性较低的钢筋,镦粗质量较难控制,易产生脆断现象。

镦粗直螺纹连接接头其优点是强度高,现场施工速度快,工人劳动强度低,钢筋直螺纹丝头全部提前预制,现场连接为装配作业。其不足之处在于镦粗过程中易出现镦偏现象,一旦镦偏必须切掉重镦;镦粗过程中产生内应力,钢筋镦粗部分延性降低,易产生脆断现象,螺纹加工需要两道工序两套设备完成。

(2)滚压直螺纹连接接头

通过钢筋端头直接滚压或挤(碾)压肋滚压或剥肋后滚压制作的直螺纹和连接件螺纹咬合形成的接头。

其基本原理是利用了金属材料塑性变形后冷作硬化增强金属材料强度的特性,而仅在金属表层发生塑变、冷作硬化,金属内部仍保持原金属的性能,因而使钢筋接头与母材达到等强。

目前,国内常见的滚压直螺纹连接接头有三种类型:直接滚压螺纹、挤(碾)压肋滚压螺纹、剥肋滚压螺纹。这三种形式连接接头获得的螺纹精度及尺寸不同,接头质量也存在一定差异。

①直接滚压直螺纹连接接头

其优点是:螺纹加工简单,设备投入少,不足之处在于螺纹精度差,存在虚假螺纹现象。由于钢筋粗细不均,公差大,加工的螺纹直径大小不一致,给现场施工造成困难,使套筒与丝头配合松紧不一致,有个别接头出现拉脱现象。由于钢筋直径变化及横纵肋的影响,使滚丝轮寿命降低,增加接头的附加成本,现场施工易损件更换频繁。

②挤(碾)压肋滚压直螺纹连接接头

这种连接接头是用专用挤压设备先将钢筋的横肋和纵肋进行预压平处理,然后再滚压螺纹,目的是减轻钢筋肋对成型螺纹精度的影响。

其特点是:成型螺纹精度相对直接滚压有一定提高,但仍不能从根本上解决钢筋直径大小不一致对成型螺纹精度的影响,而且螺纹加工需要两道工序,两套设备完成。

③剥肋滚压直螺纹连接接头

其工艺是先将钢筋端部的横肋和纵肋进行剥切处理后,使钢筋滚丝前的柱体直径达到同一尺寸,然后再进行螺纹滚压成型。

剥肋滚压直螺纹连接技术是由中国建筑科学研究院建筑机械化研究分院研制开发的钢筋等强度直螺纹连接接头的一种新型式,为国内外首创。通过对现有 HRB335、HRB400 钢筋进行的型式试验、疲劳试验、耐低温试验以及大量的工程应用,证明接头性能不仅达到了 JGJ107—2003《钢筋机械连接通用技术规程》中 I 级接头性能要求,实现了等强度连接,而且接头还具有优良的抗疲劳性能和抗低温性能。接头通过 200 万次疲劳强度试验,接头处无破坏,在 -40℃低温下试验,接头仍能达到与母材等强连接。剥肋滚压直螺纹连接技术不仅适用于直径为 16 ~ 40mm(近期又扩展到直径 12 ~ 50mm) HRB335、HRB400 级钢筋在任意方向和位置的同、异径连接,而且还可应用于要求充分发挥钢筋强度和对接头延性要求高的混凝土结构以及对疲劳性能要求高的混凝土结构中,如机场、桥梁、隧道、电视塔、核电站、水电站等。

剥肋滚压直螺纹连接接头与其他滚压直螺纹连接接头相比具有如下特点:

螺纹牙型好,精度高,牙齿表面光滑;螺纹直径大小一致性好,容易装配,连接质量稳定可靠;滚丝轮寿命长,接头附加成本低。滚丝轮可加工 5000 ~ 8000 个丝头,比直接滚压寿命提高了 3 ~ 5 倍;接头通过 200 万次疲劳强度试验,接头处无破坏;在 -40℃低温下试验,其接头仍能达到与母材等强,抗低温性能好。

四、钢筋接头质量检验

为确保钢筋连接质量,钢筋接头应按有关规程规定进行质量检查与评定验收。

采用焊接连接的接头,评定验收其质量时,除按 JGJ18 - 1984《钢筋焊接及验收规程》中规定的方法检查其外观质量外,还必须进行拉伸或弯曲试验。

对闪光对焊接头,要求从同批成品中切取六个试件,三个进行拉伸试验,三个进行弯曲试验。做拉伸试验的试件,其抗拉强度均不得低于该级别钢筋规定的抗拉强度值,或至少有两个试件断于焊缝之外,呈延性断裂。做弯曲试验的试件,在规定的弯心直径下,弯曲至 90° 时,不得在焊缝或热影响区发生破断。

对电弧焊接头,要求从成品中每批(现场安装条件下,每一楼层中以 300 个同类型接头为一批)切取三个试件,做拉伸试验,其试验结果要求同闪光对焊。

对电渣压力焊接头,要求从每批成品(在现浇混凝土框架结构中,每一楼层中以300个同类型接头为一批;不足300个时,仍作为一批)中,切取三个试件进行拉伸试验,其试验结果均不得低于该级别钢筋规定的抗拉强度值。

对套筒冷压接头,要求从每批成品(每500个相同规格、相同制作条件的接头为一批,不足500个仍为一批)中,切取三个试件做拉伸试验,每个试件实测的抗拉强度值均为不应小于该级别钢筋的抗拉强度标准值的1.05倍或该试件钢筋母材的抗拉强度。

对锥形螺纹钢筋接头,要求从每批成品(每300个相同规格接头为一批,不足300个仍为一批)中,取三个试件做拉伸试验,每个试件的屈服强度实测不小于钢筋的屈服强度标准值,并且抗拉强度实测值与钢筋屈服强度标准值的比值不小于1.35倍。

五、钢筋配料及加工

(一)钢筋的配料

钢筋配料是根据构件的配筋图计算构件各钢筋的直线下料长度、根数及重量,然后编制钢筋配料单,作为钢筋备料加工的依据。

构件配筋图中注明的尺寸一般是钢筋外轮廓尺寸(即从钢筋外皮到外皮量得的尺寸),称为外包尺寸。在钢筋加工时,一般也按外包尺寸进行验收。钢筋加工前直线下料。如果下料长度按钢筋外包尺寸的总和来计算,则加工后的钢筋尺寸将大于设计要求的外包尺寸或者弯钩平直段太长造成材料的浪费。这是由于钢筋弯曲时中轴线长度不变,外皮伸长,内皮缩短。只有按钢筋轴线长度尺寸下料加工,才能使加工后的钢筋形状、尺寸符合设计要求。

钢筋外包尺寸和轴线长度之间存在的差值称为"量度差值"。钢筋的直线段外包尺寸等于轴线长度,二者无量度差值;而钢筋弯曲段,外包尺寸大于轴线长度,二者间存在量度差值。因此,钢筋下料是指其下料长度应为各段外包尺寸之和减去弯曲处的量度差值,再加上两端弯钩的增长值,即:

$$钢筋下料长度 = \Sigma 外包尺寸 - \Sigma 量度差值 + \Sigma 弯钩增长值$$

1. 钢筋中部弯曲处的量度差值

钢筋中部弯曲处的量度差值与钢筋弯心直径 D 及弯曲角度 α 有关,按下图进行计算。从图中可以看出,在弯曲处有:

图4-34 中部弯曲量度差与弯心直径及弯曲角度的关系

$$量度差值 = 外包尺寸 - 轴线尺寸 = (A'B' + B'C') - ABC$$
$$= 2A'B' - ABC = 2(D/2 + d)\tan\alpha/2 - \pi(D + d)\alpha/360$$

根据规范规定,钢筋作不大于90°的弯折,弯折处的弯弧内直径 D 不应小于钢筋直径 d

的 5 倍,则可以计算出量度差值的理论值,考虑到实际和理论的差异,可采用经验数据,对于分别为 30°、45°、60°、90°的钢筋弯曲角度,分别取 $0.35d$、$0.5d$、$0.85d$、$2d$ 钢筋弯曲调整值。

2. 钢筋末端弯钩时下料长度的增长值

（1）HPB235 级钢筋末端作 180°弯钩时下料长度的增长值

HPB235 级钢筋末端作 180°弯钩,其弯弧内直径不应小于钢筋直径 d 的 2.5 倍,弯钩的弯后平直部分长度不应小于钢筋直径 d 的三倍。当弯曲直径 $D = 2.5d$ 时,可以算出,对于每一个 180°弯钩,钢筋下料长度的增长值为 $6.25d$（包括量度差值和平直部分长度）。

（2）钢筋末端作 135°弯钩时下料长度的增长值

当钢筋末端作 135°弯钩时,HPB235 级、HRB400 级钢筋弯弧内直径不应小于钢筋直径 d 的 4 倍,弯钩的弯后平直部分长度应符合设计要求。当弯曲直径 $D = 4d$ 时,可以算出,对于每一个 135°弯钩,钢筋下料长度的理论增长值（不包括弯钩的弯后平直部分长度）,实际根据经验近似取 $2.5d$。

（3）箍筋调整

箍筋的末端应做成弯钩,箍筋弯钩的形式应符合设计要求,如设计无要求时,弯折角度要求不小于 90°;对有抗震设防要求的结构,应为 135°。要求箍筋弯钩的弯弧内直径不小于受力钢筋直径;且弯折角度 135°时对 HRB335 级、HRB400 级钢筋,应不小于直径的四倍。箍筋弯后平直部分的长度,对有抗震要求的结构,不小于箍筋直径的十倍;对一般结构,不小于箍筋直径的五倍。

箍筋的下料长度应根据现场钢筋的实际性能（确定弯曲半径）、箍筋弯后平直部分的长度的要求确定。

（二）钢筋加工

钢筋的表面应洁净、无损伤,油污和铁锈等在使用前清洗干净。带有颗粒状或片状老锈的钢筋不得使用。

在施工中,钢筋的品种、级别和规格应按设计要求采用。如遇有钢筋的品种、级别和规格与设计要求不符而需要更换时,应办理设计变更文件,按变更后的要求加工安装。

为确保钢筋加工的形状、尺寸符合设计要求,在加工之前必须根据结构施工图,做好钢筋节点放样,明确墙、柱、梁、板钢筋的连接方式、位置、连接和锚固构造,确定梁柱节点、梁梁节点、梁与板之间钢筋的穿插顺序。根据配筋图和节点大样图,绘制各部分构件单根钢筋简图并加以编号,计算下料长度和根数,填写配料单,已备加工。

加工后的半成品钢筋要分部位、分层、分段和构件名称分类堆放,并挂牌标示。

钢筋的加工包括调直、除锈、剪切、弯曲等。

钢筋的调直宜采用机械方法,也可采用冷拉方法。直径（4～14）mm 的钢筋可采用钢筋调直机进行调直,它具有钢筋除锈、调直和切断三项功能。粗钢筋还可以采用锤直和扳直的方法调直。当采用冷拉方法调直钢筋时,HPB235 级钢筋的冷拉率不宜大于 4%;HRB335 级、HRB400 级和 RRB400 级钢筋的冷拉率不宜大于 1%。钢筋除锈可用钢丝刷、砂盘、和酸洗等方法,目前常用电动除锈机除锈或喷砂除锈。经机械或冷拉调直的钢筋,一般不必再除锈,如保管不良,产生鳞片状锈蚀时,仍应进行除锈。

钢筋下料时须按下料长度进行剪切。钢筋断料时应注意长短搭配,尽量减少剩余废钢筋头,降低损耗。钢筋剪切可采用钢筋切断机和电动机切割。直径大于 40mm 的钢筋需用氧气乙炔火焰或电弧切割。

钢筋弯曲时,应按弯曲设备的特点及工地习惯进行划线,以便弯曲成所规定的(外包)尺寸。当弯曲形状比较复杂的钢筋时,可先放出实样,再进行弯曲。钢筋弯曲可采用钢筋弯曲机、钢筋箍筋弯曲机、成型机进行。当直径小于25mm时现场也可采用板钩弯曲。

钢筋加工误差应符合规范允许,受力钢筋顺长度方向全场的净尺寸加工允许偏差±10mm;弯起钢筋的弯折位置加工的允许偏差±20mm;箍筋内净尺寸加工的允许偏差±5mm。

钢筋加工成型后应按指定位置堆放,下设垫木,堆放高度不宜过高,以防钢筋被压弯变形。

(三)钢筋的绑扎与安装

绑扎目前仍为钢筋连接的主要手段之一。其工艺过程所采用的主要材料机具包括铁丝、垫块以及主要机具等。垫块用水泥砂浆制成,50mm 见方,厚度同保护层,垫块内预埋20～22 号火烧丝,或用塑料卡、拉筋、支撑筋等。铁丝可采用20～22 号铁丝(火烧丝)或镀锌铁丝(铅丝),其切段长度要求满足使用要求。主要机具包括钢筋钩子、撬棍、板子、绑扎架、钢丝刷子、手推车、粉笔、尺子等。

钢筋绑扎前,应检查有无锈蚀,除锈后再运至绑扎位置;熟悉图纸,按照设计要求检查已加工好的钢筋规格、形状、数量是否正确。钢筋绑扎时,钢筋交叉点用铁丝扎牢;板和墙的钢筋网,除外围两行钢筋的相交点全部扎牢外,中间部分交叉点可相隔交错扎牢,保证受力钢筋位置不产生偏移;梁和柱的箍筋应与受力钢筋垂直设置,弯钩叠合处应沿受力钢筋方向错开设置。受拉钢筋和受压钢筋接头的搭接长度及接头位置符合施工及验收规范的规定。

钢筋安装或现场绑扎应与模板安装配合。柱钢筋现场绑扎时,一般在模板安装前进行;柱钢筋采用预制时,可先安装钢筋骨架,然后安柱模,或先安三面模板,待钢筋骨架安装后再钉第四面模板。梁的钢筋一般在梁模安装好后再安装或绑扎,梁断面高度较大或跨度较大、钢筋较密的大梁,可留一面侧模,待钢筋绑扎或安装后再钉;楼板钢筋绑扎应在楼板模板安装后进行,并应按设计先划线,然后摆料、绑扎。

钢筋在混凝土中应有一定厚度的保护层(一般指在主筋外表面到构件外表面的厚度)。

第三节 混凝土工程

混凝土工程质量的形成、质量的保证在于其工艺流程的控制,包括混凝土组成材料的计量、混凝土拌合物的制备、运输、浇筑捣实和养护等施工过程的控制,各个施工过程相互联系和影响,任一施工过程处理不当都会影响混凝土工程的最终质量。

一、混凝土质量的初步控制

(一)原材料的质量控制

水泥、砂石料、掺合料、外加剂及拌和水等混凝土组成材料的质量均应符合现行国家标准的规定。在材料进入施工现场后必须进行检查及材料性能的复查。水泥进场时应对其强度、安定性及其他必要的性能指标进行复验。当在使用中对水泥质量有怀疑或水泥出厂超过三个月(快硬硅酸盐水泥超过一个月)时,应进行复验,并按复验结果使用。骨料应根据需要按批检验其颗粒级配、含泥量及粗骨料的针片状颗粒含量,对海砂还按批检验其氯盐含量。混凝土用的粗骨料,其最大颗粒粒径不得超过构件截面最小尺寸的 1/4,且不得超过钢筋最小净间距的 3/4。对混凝土实心板,骨料的最大粒径不宜超过板厚的 1/3,且不得超过40mm。拌制混凝土宜采用饮用水,当采用其他水源时,水质应符合国家现行标准。不得使用海水拌制钢筋混凝土和预应力混凝土。不宜用海水拌制有饰面要求的素混凝土。

在混凝土结构、预应力混凝土结构中,严禁使用含氯化物的水泥。在预应力混凝土结构中严禁使用含氯化物的外加剂。混凝土中氯化物和碱的总含量应根据环境情况予以具体控制,对于设计合理使用年限 50 年的结构,可参照规范标准执行。

(二)混凝土的和易性及强度

混凝土的和易性及强度是衡量混凝土质量的两个主要指标。

1. 混凝土的和易性

和易性是指新拌水泥混凝土易于各工序施工操作(搅拌、运输、浇灌、捣实等)并能获得质量均匀、成型密实的性能。

和易性是一项综合的技术性质,它与施工工艺密切相关,通常包括有流动性、保水性和黏聚性三方面的含义。流动性是指新拌混凝土在自重或机械振捣的作用下,能产生流动并均匀密实地填满模板的性能。黏聚性是指新拌混凝土的组成材料之间有一定的粘聚力,在施工过程中,不致发生分层和离析现象的性能。保水性是指在新拌混凝土具有一定的保水能力,在施工过程中,不致产生严重泌水现象的性能。

新拌混凝土的和易性是流动性、黏聚性和保水性的综合体现,新拌混凝土的流动性、黏聚性和保水性之间既互相联系,又常存在矛盾。因此,在一定施工工艺的条件下,新拌混凝土的和易性是指以上三方面性质的矛盾统一。

目前,关于混凝土和易指标性的测定还没有能够全面反映混凝土拌和物和易性的简单测定方法。通常,通过实验测定流动性,以目测和经验评定粘聚度和保水度。混凝土的流动性用稠度表示,其测定方法有坍落度与坍落扩展法和维勃稠度法两种。

影响混凝土和易性的主要因素包括水泥浆的数量与稠度、砂率、水泥品种和骨料性质、外加剂、时间和温度等。

2. 混凝土的强度

混凝土具有较高的抗压强度,其抗拉、抗弯、抗剪强度均较小,故以抗压强度作为控制和评定混凝土质量的主要指标。

混凝土抗压强度是按照标准试验方法,用边长为 150mm 的立方体试件,在标准条件养护 28d 后作抗压试验测得的抗压强度。混凝土按照立方体抗压强度标准值(N/mm^2)划分为 C7.5、C10、C15、C20、C25、C30、C35、C40、C45、C50、C55、C60 等 12 个强度等级。混凝土拌合物根据其坍落度大小,可以分为四级(见表 4-12 混凝土坍落度分级)。根据混凝土的试件在抗渗试验所能承受的最大水压力,混凝土的抗渗性能可划分为 S4、S6、S8、S10、S12 等五个等级。

影响混凝土强度的因素较多,但主要是混凝土的构成材料,施工中振捣密实强度及混凝土强度增长过程中的养护条件。混凝土的组成材料包括水泥、集料(粗、细骨料)、水,分析如下:

（1）水灰比是决定混凝土强度的关键

混凝土水灰比越大,孔隙率越大,强度越低;反之,水灰比越小,孔隙率越小,强度越高。

（2）水泥对混凝土强度的影响

水泥标号对混凝土强度的作用是众所周知的,同样配合比,水泥标号愈高,混凝土强度愈高,水泥标号愈低,混凝土强度愈低。

表4-12 混凝土坍落度分级

级别	名称	塌落度/mm
T1	低塑性混凝土	10 ~ 40
T2	塑性混凝土	50 ~ 90
T3	流动性混凝土	100 ~ 150
T4	大流动性混凝土	≥160

（3）集料对混凝土强度的作用

集料本身强度一般都高于混凝土强度,所以集料强度对混凝土强度无不利影响。但是集料的一些物理性质,特别是集料的表面情况,颗粒形状（针片状）等对混凝土强度有较大的影响,相对来讲,对混凝土的抗拉强度影响更大一些。集料中所含的有害物质,如泥土、粉尘、有机物、硫酸盐等,对混凝土强度都是有害的,所以应尽量减少集料中的有害物质。

（4）振捣密实对混凝土强度的影响

振捣是配制混凝土的一个重要的工艺过程。振捣的目的是施加某种外力,抵消混凝土混合物的内聚力,强制各种材料互相贴近渗透,排除空气,使之形成均匀密实的混凝土构件或构筑物,以期达到最高的强度。

为获得密实的混凝土,所使用的捣实方法有人工捣实和机械振实两种。由于人工捣实弊端很多,一般很少应用,主要是机械振实。

现在使用的振动器的振速、振幅、振频等参数往往都是固定的,所以应按照具有不同参数的振动器和混凝土混合物的流动性及结构特性,决定振动时间,如果振动时间太少,则密实效果不会好,相反,振动时间过长,会使颗粒大的石子沉底,上部多是水泥砂浆或水泥浆及浮水,形成离析现象,造成上下不均匀,降低混凝土强度。

由此可见,只要振幅保持在一个适当的范围之内,振频对混凝土的密实起主要作用。

（5）养护的种类

所谓混凝土养护,就是使混凝土在一定的温度、湿度条件下,保证凝结硬化的正常进行。有自然养护,湿热养护,干湿热养护,电热养护和红外线养护等,养护经历的时间称为养护周期。

此外,温度、湿度、养护龄期、施工过程控制等均会对混凝土的质量造成一定的影响。

另外,可以通过采用高强度等级水泥、采用干硬性混凝土拌合物、采用湿热处理（蒸汽养护和蒸压养护）、改进施工工艺、加强搅拌和振捣（采用混凝土拌合用水磁化、混凝土裹石搅拌法等新技术）、加入外加剂（如加入减水剂和早强剂等）等措施提高混凝土的强度。

（三）混凝土的施工配制

1. 混凝土配料的一般规定

混凝土应根据混凝土设计强度等级、耐久性和工作性要求进行配合比设计。对于具有特殊要求混凝土,其配合比设计应符合专门的规定。

混凝土的施工配合比,应保证结构设计对混凝土强度等级及施工对混凝土和易性的要求,并应符合合理使用材料、节约水泥的原则。必要时,还应符合抗冻性、抗渗性等要求。

混凝土制备之前按式(4 - 7)确定混凝土的施工配制强度,以达到95%的保证率:

$$f_{cu,0} = f_{cu,k} + 1.645\sigma \qquad (4 - 7)$$

式中:$f_{cu,0}$——混凝土的施工配制强度,N/mm^2;

　　　$f_{cu,k}$——设计的混凝土强度标准值,N/mm^2;

　　　σ——施工单位的混凝土强度标准差,N/mm^2。

当施工单位有近期的同一品种混凝土强度的统计资料时,σ 可按式(4 - 8)计算:

$$\sigma = \sqrt{\frac{\sum f_{cu,i}^2 - N\mu_{f_{cu}}^2}{N - 1}} \qquad (4 - 8)$$

式中:$f_{cu,i}$——统计周期内同一品种混凝土第 i 组试件强度,N/mm^2;

　　　$\mu_{f_{cu}}$——统计周期内同一品种混凝土 N 组强度的平均值,N/mm^2;

　　　N——统计周期内相同混凝土强度等级的试件组数,$N \geq 25$。

当混凝土强度等级为 C20 或 C25 时,如计算得到的 $\sigma < 2.5N/mm^2$,取 $\sigma = 2.5N/mm^2$;当混凝土强度等级高于 C25 时,如计算得到的 $\sigma < 3.0N/mm^2$,取 $\sigma = 3.0N/mm^2$。

对预拌混凝土厂和预制混凝土的构件厂,其统计周期可取为 1 个月;对现场拌制混凝土的施工单位,其统计周期可根据实际情况确定,但不宜超过 3 个月。

施工单位如无近期同一品种混凝土强度统计资料时,σ 可按表 4 - 13 取值。表中 σ 值,反映我国混凝土施工技术和管理的平均水平,采用时可根据本单位情况作适当调整。

表 4 - 13　混凝土强度标准值 σ

混凝土强度等级(N/mm^2)	低于 C20	C25 ~ C35	高于 C35
σ	4.0	5.0	6.0

2. 混凝土施工配料以及配合比的换算

混凝土施工配料必须加以严格控制,混凝土所用原材料的计量必须准确,才能保证所拌制的混凝土满足设计和施工提出的要求,确保混凝土的质量。

各种原材料称量的偏差不得超过规范规定:水泥、混合材料称量的允许偏差为 $\pm 2\%$;粗、细骨料称量的允许偏差为 $\pm 3\%$;水、外加剂称量的允许偏差为 $\pm 2\%$。

混凝土强度值对水灰比的变化十分敏感。由于试验室在试配混凝土时的砂、石是干燥的,而施工现场的砂、石均有一定的含水率,其含水量的大小随当时当地气候而异。为保证现场混凝土准确的水灰比,应按现场砂、石实际含水率对用水量予以调整。

设实验室的配合比为:水泥:砂:石子 $= 1 : X : Y$,水灰比为 W/C。

现场测得的砂、石含水率分别为:W_x,W_y。

则施工配合比为:水泥:砂:石 $= 1 : X(1 + W_x) : Y(1 + W_y)$。

水灰比保持不变,则必须扣除砂、石中的含水量,即实际用水量 $= W$(原用水量)$- XW_x - YW_y$。

二、混凝土施工

（一）混凝土制备

1. 基本要求

混凝土制备是指将各种组成材料拌制成质地均匀、颜色一致、具备一定流动性的混凝土拌合物。由于混凝土配合比是按照细骨料恰好填满粗骨料的间隙，而水泥浆又均匀地分布在粗细骨料表面的原理设计的。如混凝土制备得不均匀就不能获得密实的混凝土，影响混凝土的质量，所以制备是混凝土施工工艺过程中很重要的一道工序。

2. 搅拌机械

混凝土制备的方法，除工程量很小且分散的场合用人工拌制外，皆应采用机械搅拌。混凝土搅拌机按其搅拌原理分为自落式和强制式两类（如图 4-35 所示）。自落式搅拌机的搅拌筒内壁焊有弧形叶片，当搅拌筒绕水平轴旋转时，弧形叶片不断将物料提高一定高度，然后自由落下而互相混合。因此，自落式搅拌机主要是以重力机理设计的。在这种搅拌机中，物料的运动轨迹是：未处于叶片带动范围内的物料，在重力作用下沿拌合料的倾斜表面自动滚下；处于叶片带动范围内的物料，在被提升到一定高度后，先自由落下再沿倾斜表面下滚。由于下落时间、落点和滚动距离不同，使物料颗粒相互穿插、翻拌、混合而达到均匀。自落式搅拌机宜用于搅拌塑性混凝土。

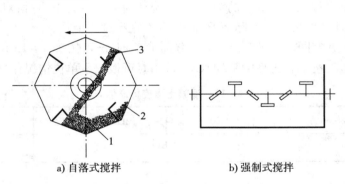

a) 自落式搅拌   b) 强制式搅拌

图 4-35 混凝土搅拌原理
1—混凝土拌合物；2—搅拌筒；3—叶片

双锥反转出料式搅拌机（如图 4-36 所示）是自落式搅拌机中较好的一种，宜用于搅拌塑性混凝土。双锥反转出料式搅拌机的搅拌筒由两个截头圆锥组成，搅拌筒每转一周，物料在筒中的循环次数多，效率较高而且叶片布置较好，物料一方面被提升后靠自落进行拌合，另一方面又迫使物料沿轴向左右窜动，搅拌作用强烈。它正转搅拌，反转出料，构造简易，制造容易。

双锥倾翻出料式搅拌机适合于大容量、大骨料、大坍落度混凝土搅拌，在我国多用于水电工程、桥梁工程和道路工程。

强制式搅拌机（图 4-37 所示）主要是根据剪切机理设计的。在这种搅拌机中有转动的叶片，这些不同角度和位置的叶片转动时通过物料，克服了物料的惯性、摩擦力和粘滞力，强制其产生环向、径向、竖向运动。这种由叶片强制物料产生剪切位移而达到均匀混合的机理,称为剪切搅拌机理。

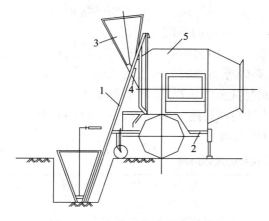
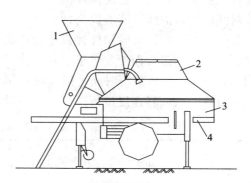

图 4-36　双锥反转出料式搅拌机　　　　　图 4-37　强制式搅拌机
1—上料架;2—底盘;3—料斗;　　　　　　1—进料口;2—拌筒罩;
4—下料口;5—锥形搅拌筒　　　　　　　　3—搅拌筒;4—出料口

强制式搅拌机的搅拌作用比自落式搅拌机强烈,宜于搅拌干硬性混凝土和轻骨料混凝土。但强制式搅拌机的转速比自落式搅拌机高,动力消耗大,叶片、衬板等磨损也大。

强制式搅拌机分为立轴式与卧轴式,卧轴式有单轴、双轴之分,而立轴式又分为涡浆式和行星式(如表 4-14 所示)。

立轴式搅拌机是通过盘底部的卸料口卸料,卸料迅速。但如卸料口密封不好,水泥浆易漏掉,所以立轴式搅拌机不宜用于搅拌流动性大的混凝土。卧轴式搅拌机具有适用范围广、搅拌时间短、搅拌质量好等优点,是目前国内外在大力发展的机型。

选择搅拌机时,要根据工程量大小、混凝土的坍落度、骨料尺寸等而定。既要满足技术上的要求,亦要考虑经济效益和节约能源。

我国规定混凝土搅拌机以其出料容量(m^3)×1000 为标定规格,故我国混凝土搅拌机的系列为:50,150,250,350,500,750,1000,1500 和 3000。

表 4-14　混凝土搅拌机类型

双　锥　自　落　式		强　制　式			
		立　轴　式			卧轴式 (单轴、双轴)
		涡浆式	行星式		
反转出料	倾翻出料		定盘式	盘转式	

3. 搅拌制度

为了获得质量优良的混凝土拌合物,除正确选择搅拌机外,还必须正确制定搅拌制度,即搅拌时间、投料顺序和进料容量等。

（1）混凝土搅拌时间

搅拌时间是指从原材料全部投入搅拌筒时起，到开始卸料时为止所经历的时间。它与搅拌质量密切有关。它随搅拌机类型和混凝土的和易性的不同而变化。在一定范围内随搅拌时间的延长而强度有所提高，但过长时间的搅拌既不经济也不合理。因为搅拌时间过长，不坚硬的粗骨料在大容量搅拌机中会因脱角、破碎等而影响混凝土的质量。加气混凝土也会因搅拌时间过长而使含气量下降。为了保证混凝土的质量，应控制混凝土搅拌的最短时间（表4-15）。该最短时间是按一般常用搅拌机的回转速度确定的，不允许用超过混凝土搅拌机规定的回转速度进行搅拌以缩短搅拌延续时间。

表4-15   混凝土搅拌的最短时间

混凝土坍落度/mm	搅拌机机型	搅拌机出料量/L		
		< 250	250 ~ 500	> 500
≤30	强制式	60s	90s	120s
	自落式	90s	120s	150s
>30	强制式	60s	60s	90s
	自落式	90s	90s	120s

注1：当掺有外加剂时，搅拌时间应适当延长。

注2：全轻混凝土、砂轻混凝土搅拌时间应延长（60~90）s。

（2）投料顺序

投料顺序应从提高搅拌质量、减少叶片和衬板的磨损、减少拌合物与搅拌筒的粘结、减少水泥飞扬、改善工作环境等方面综合考虑确定。常用的有一次投料法和两次投料法。一次投料法是在上料斗中先装石子、再加水泥和砂，然后一次投入搅拌机。对自落式搅拌机要在搅拌筒内先加部分水，投料时石子盖住水泥，水泥不致飞扬，且水泥和砂先进入搅拌筒形成水泥砂浆，可缩短包裹石子的时间。对立轴强制式搅拌机，因出料口在下部，不能先加水，应在投入原料的同时，缓慢均匀分散地加水。

两次投料法经过我国的研究和实践形成了"裹砂石法混凝土搅拌工艺"，它是在日本研究的造壳混凝土（简称SEC混凝土）的基础上结合我国的国情研究成功的，分为两次加水，两次搅拌。用这种工艺搅拌时，先将全部的石子、砂和70%的拌合水倒入搅拌机，拌合15s使骨料湿润，再倒入全部水泥进行造壳搅拌30s左右，然后加入30%的拌合水再进行糊化搅拌60s左右即完成。与普通搅拌工艺相比，用裹砂石法搅拌工艺可使混凝土强度提高10%~20%，或节约水泥5%~10%。在我国推广这种新工艺，有巨大的经济效益。此外，我国还对净浆法、净浆裹石法、裹砂法、先拌砂浆法等各种两次投料法进行了试验和研究。

（3）进料容量

进料容量是将搅拌前各种材料的体积累积起来的容量，又称干料容量。进料容量 V_j 与搅拌机搅拌筒的几何容量 V_g 有一定的比例关系，一般情况下 $V_j/V_g = 0.22 ~ 0.40$。如任意超载（进料容量超过10%以上），就会使材料在搅拌筒内无充分的空间进行掺合，影响混凝土拌合物的均匀性。反之，如装料过少，则又不能充分发挥搅拌机的效能。

对拌制好的混凝土，应经常检查其均匀性与和易性，如有异常情况，应检查其配合比和搅拌情况，及时加以纠正。

预拌(商品)混凝土能保证混凝土的质量,节约材料,减少施工临时用地,实现文明施工,是今后的发展方向,国内一些大中城市已推广应用,不少城市已有相当的规模,有的城市已规定在一定范围内必须采用商品混凝土,不得现场拌制。

(二)混凝土的运输

1.基本要求

对混凝土拌合物运输的基本要求是:不产生离析现象、保证浇筑时规定的坍落度和在混凝土初凝之前能有充分时间进行浇筑和捣实。

此外,运输混凝土的工具要不吸水、不漏浆,且运输时间有一定限制。普通混凝土从搅拌机中卸出后到浇筑完毕的延续时间不宜超过表 4 - 16 的规定。

表 4 - 16　混凝土从搅拌机中卸出到浇筑完毕的延续时间

混凝土强度等级	气　温	
	≤25℃	>25℃
≤C30	120min	90min
>C30	90min	60min

2.机械运输

混凝土运输分为地面水平运输、垂直运输和高空水平运输三种情况。

混凝土地面水平运输,如采用预拌(商品)混凝土且运输距离较远时,多用混凝土搅拌运输车。混凝土如来自工地搅拌站,则多用小型翻斗车,有时还用皮带运输机和窄轨翻斗车,近距离亦可用双轮手推车。

混凝土垂直运输多采用塔式起重机、混凝土泵、快速提升斗和井架。用塔式起重机时,混凝土多放在吊斗中,这样可直接进行浇筑。

混凝土高空水平运输,如垂直运输采用塔式起重机,一般可将料斗中混凝土直接卸在浇筑点;如用混凝土泵则用布料机布料;如用井架等,则以双轮手推车为主。

混凝土搅拌运输车(如图 4 - 38 所示)为长距离运输混凝土的有效工具,它有一搅拌筒斜放在汽车底盘上。在混凝土搅拌站装入混凝土后,由于搅拌筒内有两条螺旋状叶片,在运输过程中搅拌筒可进行慢速转动进行拌合,以防止混凝土离析,运至浇筑地点,搅拌筒反转即可迅速卸出混凝土。搅拌筒的容量一般为 $2 \sim 10 m^3$。

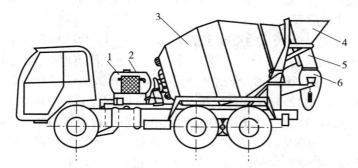

图 4 - 38　混凝土搅拌运输车
1—水箱;2—外加剂箱;3—搅拌筒;4—进料斗;5—固定卸料溜槽;6—活动卸料溜槽

混凝土泵是一种有效的混凝土运输和浇筑工具,它以泵为动力,沿管道输送混凝土,可以一次完成水平及垂直运输,将混凝土直接输送到浇筑地点,是一种高效的混凝土运输方法。道路工程、桥梁工程、地下工程、工业与民用建筑施工皆可应用。在我国正被大力推广,上海目前商品混凝土90%以上是泵送的,已取得较好的效果。

我国目前主要采用活塞泵,活塞泵多用液压驱动,它主要由料斗、液压缸和活塞、混凝土缸、分配阀、Y形输送管、冲洗设备、液压系统和动力系统等组成(如图4-39所示)。活塞泵工作时,搅拌机卸出的或由混凝土搅拌运输车卸出的混凝土倒入料斗4,分配阀5开启、分配阀6关闭,在液压作用下通过活塞杆带动活塞2后移,料斗内的混凝土在重力和吸力作用下进入混凝土缸1。然后,液压系统中压力油的进出反向,活塞2向前推压,同时分配阀5关闭,而分配阀6开启,混凝土缸中的混凝土拌合物就通过"Y"形输送管压入输送管。由于有两个缸体交替进料和出料,因而能连续稳定的排料。不同型号的混凝土泵,其排量不同,水平运距和垂直运距亦不同。常用的混凝土泵,混凝土排量 $30 \sim 90 m^3/h$,水平运距 $200 \sim 900m$,垂直运距 $50 \sim 300m$。目前我国已能一次垂直泵送达400m。如一次泵送困难时可用接力泵送。

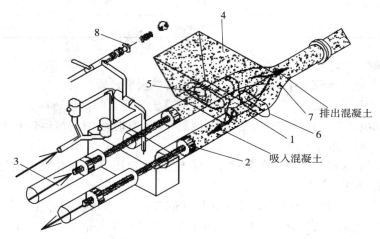

图4-39 液压活塞式混凝土泵工作原理图
1—混凝土缸;2—活塞;3—液压缸;4—料斗;5—控制吸入的水平分配阀;
6—控制排出的竖向分配阀;7—Y形输送管;8—冲洗系统

常用的混凝土输送管为钢管、橡胶和塑料软管。直径为 $75 \sim 200mm$、每段长约3m,还配有45°,90°等弯管和锥形管。

将混凝土泵装在汽车上便成为混凝土泵车(如图4-40所示),在车上还装有可以伸缩或屈折的"布料杆",其末端是一软管,可将混凝土直接送至浇筑地点,使用十分方便。

泵送混凝土工艺对混凝土的配合比提出了要求:碎石最大粒径与输送管内径之比一般不宜大于1:3,卵石可为1:2.5,泵送高度在 $50 \sim 100m$ 时宜为 $1:3 \sim 1:4$,泵送高度在100m以上时宜为 $1:4 \sim 1:5$,以免堵塞。如用轻骨料则以吸水率小者为宜,并宜用水预湿,以免在压力作用下强烈吸水,使坍落度降低而在管道中形成阻塞。砂宜用中砂,通过0.315mm筛孔的砂应不少于15%。砂率宜控制在38%~45%,如粗骨料为轻骨料还可适当提高。水泥用量不宜过少,否则泵送阻力增大,最小水泥用量为 $300kg/m^3$。水灰比宜为 $0.4 \sim 0.6$。泵送混凝土坍落度根据不同泵送高度可参考表4-17。

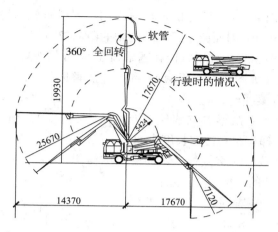

图 4-40　带布料杆的混凝土泵车

表 4-17　不同泵送高度入泵时混凝土坍落度选用值

泵送高度/m	30 以下	30 ~ 60	60 ~ 100	100 以上
坍落度/mm	100 ~ 140	140 ~ 160	160 ~ 180	180 ~ 200

混凝土泵宜与混凝土搅拌运输车配套使用,且应使混凝土搅拌站的供应能力和混凝土搅拌运输车的运输能力大于混凝土泵的泵送能力,以保证混凝土泵能连续工作,保证不堵塞。进行输送管线布置时,应尽可能直,转弯要缓,管段接头要严,少用锥形管,以减少压力损失。如输送管向下倾斜,要防止因自重流动使管内混凝土中断、混入空气而引起混凝土离析,产生阻塞。为减小泵送阻力,用前先泵送适量的水和水泥浆或水泥砂浆以润滑输送管内壁,然后进行正常的泵送。在泵送过程中,泵的受料斗内应充满混凝土,防止吸入空气形成阻塞。混凝土泵排量大,在浇筑大面积混凝土时,最好用布料机进行布料,泵送结束要及时清洗泵体和管道。

(三)混凝土的浇捣

混凝土浇筑要保证混凝土的均匀性和密实性,要保证结构的整体性、尺寸准确和钢筋、预埋件的位置正确,拆模后混凝土表面要平整、光洁。

浇筑前应检查模板、支架、钢筋和预埋件的正确性,并进行验收。由于混凝土工程属于隐蔽工程,因而对混凝土需求量大的工程、重要工程或重点部位的浇筑,以及其他施工中的重大问题,均应随时填写施工记录。

1. 混凝土浇筑应注意的问题

(1)防止离析

浇筑混凝土时,混凝土拌和物由料斗、漏斗、混凝土输送管、运输车内卸出时,如自由倾落高度过大,由于粗骨料在重力作用下,克服粘着力后的下落动能大,下落速度较砂浆快,因而可能形成混凝土离析。为此,混凝土自高处倾落的自由高度不应超过 2m,在竖向结构中限制自由倾落高度不宜超过 3m,否则应沿串筒、斜槽、或振动溜管等下料。

(2)正确留置施工缝

混凝土结构多要求整体浇筑,如因技术或组织上的原因不能连续浇筑时,且停顿时间有可能超过混凝土的初凝时间,则应事先确定在适当的位置设置施工缝。由于混凝土的抗拉强度约为其抗压强度的1/10,因而施工缝是结构中的薄弱环节,宜留在结构剪力较小而且施工方便的部位。例如建筑工程的柱子宜留在基础顶面、梁或吊车梁牛腿的下面、吊车梁的上面、无梁楼盖柱帽的下面(如图4-41所示)。和板连成整体的大截面梁应留在板底面以上20~30mm处,当板下有梁托时,留置在梁托下部。单向板应留在平行于板短边的任何位置。有主次梁的楼盖宜顺着次梁方向浇筑,应留在次梁跨度的中间1/3梁跨长度范围内(如图4-42所示)。楼梯应留在楼梯长度中间1/3长度范围内。墙可留在门洞口过梁跨中1/3范围内,也可留在纵横墙的交接处。双向受力的楼板、大体积混凝土结构、拱、薄壳、多层框架等及其他结构复杂的结构,应按设计要求留置施工缝。

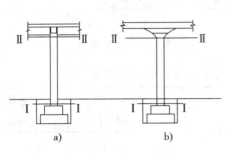

图4-41 柱子施工缝位置

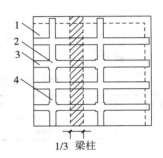

图4-42 肋形楼盖施工缝位置
1—楼板;2—主梁;3—次梁;4—柱

在施工缝处继续浇筑混凝土时,应除掉水泥薄层和松动石子,表面加以湿润并冲洗干净。先铺水泥浆或与混凝土砂浆成分相同的砂浆一层,待已浇筑的混凝土强度不低于$1.2N/mm^2$时才允许继续浇筑。

2. 特殊混凝土结构浇筑

(1)大体积混凝土的浇筑

大体积混凝土结构在土木工程中较常见,如工业建筑中的设备基础;在高层建筑中地下室底板、结构转换层;各类结构的厚大桩基承台或基础底板以及桥梁的墩台等。其上有巨大的荷载,整体性要求高,往往不允许留施工缝,要求一次连续浇筑完毕。另外,大体积混凝土结构浇筑后水泥的水化热量大,由于体积大,水化热聚积在内部不易散发,浇筑初期混凝土内部温度显著升高,而表面散热较快,这样形成较大的内外温差,混凝土内部产生压应力,而表面产生拉应力,如温差过大则易于在混凝土表面产生裂纹。浇筑后期混凝土内部逐渐散热冷却产生收缩时,由于受到基底或已浇筑的混凝土的约束,接触处将产生很大的剪应力,在混凝土正截面形成拉应力。当拉应力超过混凝土当时龄期的极限抗拉强度时,便会产生裂缝,甚至会贯穿整个混凝土断面,由此带来严重的危害。大体积混凝土结构的浇筑,上述两种裂缝(尤其是后一种裂缝)都应设法防止。

要防止大体积混凝土结构浇筑后产生裂缝,就要降低混凝土的温度应力,这就必须减少浇筑后混凝土的内外温差。为此应优先选用水化热低的水泥,降低水泥用量,掺入适量的粉煤灰,降低浇筑速度和减小浇筑层厚度,浇筑后宜进行测温,采取蓄水法或覆盖法进行降温或进行人工降温措施。控制内外温差不超过25℃,必要时经过计算和取得设计单位同意后,可留施工缝分段分层浇筑。

如要保证混凝土的整体性,则要求保证使每一浇筑层在初凝前就被上一层混凝土覆盖并捣实成为整体。为此要求混凝土按不小于下述的浇筑强度(单位时间的浇筑量)进行浇筑,见式(4−9):

$$Q = \frac{FH}{T} \qquad\qquad (4-9)$$

式中:Q——混凝土单位时间最小浇筑量,m^3/h;

$\quad\quad F$——混凝土浇筑区的面积,m^2;

$\quad\quad H$——浇筑层厚度(m),取决于混凝土捣实方法;

$\quad\quad T$——下层混凝土从开始浇筑到初凝为止所容许的时间间隔,h。一般等于混凝土初凝时间减去运输时间。

大体积混凝土结构的浇筑方案,可分为全面分层、分段分层和斜面分层三种(如图4−43所示)。全面分层法要求的混凝土浇筑强度较大,斜面分层法混凝土浇筑强度较小。工程中可根据结构物的具体尺寸、捣实方法和混凝土供应能力,通过计算选择浇筑方案。目前应用较多的是斜面分层法。

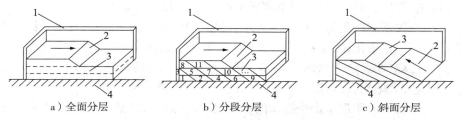

a)全面分层　　　　　b)分段分层　　　　　c)斜面分层

图4−43　大体积混凝土浇筑方案
1—模板;2—新浇筑的混凝土;3—已浇筑的混凝土

(2)水下浇筑混凝土

深基础、沉井与沉箱的封底等,常需要进行水下浇筑混凝土,地下连续墙及钻孔灌注桩则是在泥浆中浇筑混凝土。水下或泥浆中浇筑混凝土,目前多用导管法(图4−44所示)。

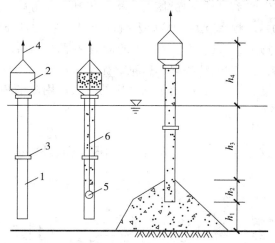

图4−44　导管法水下浇筑混凝土
1—钢导管;2—漏斗;3—接头;4—吊索;5—隔水塞;6—铁丝

导管直径约250~300mm(不小于最大骨料粒径的8倍),每节长3m,用快速接头连接,顶部装有漏斗。导管用起重设备吊住,可以升降。浇筑前,导管下口先用隔水塞(混凝土、木等制成)堵塞,隔水塞用铁丝吊住。然后在导管内浇筑一定量的混凝土,保证开管前漏斗及管内的混凝土量要使混凝土冲出后足以封住并高出管口。将导管插入水下,使其下口距底面的距离 h_1 约300mm时进行浇筑,距离太小易堵管,太大则要求漏斗及管内混凝土量较多。当导管内混凝土的体积及高度满足上述要求后,剪断吊住隔水塞的铁丝进行开管,使混凝土在自重作用下迅速推出隔水塞进入水中。以后一边均衡地浇筑混凝土,一边慢慢提起导管,导管下口必须始终保持在混凝土表面之下不小于 1~1.5m。下口埋得越深,则混凝土顶面越平、质量越好,但混凝土浇筑也越难。

在整个浇筑过程中,一般应避免在水平方向移动导管,直到混凝土顶面接近设计标高时,才可将导管提起,换插到另一浇筑点。一旦发生堵管,如半小时内不能排除,应立即换插备用导管。待混凝土浇筑完毕,应清除顶面与水或泥浆接触的一层松软部分。

3. 混凝土密实成型

混凝土拌合物浇筑之后,需经密实成型才能赋予混凝土结构一定的外形和内部结构。强度、抗冻性、抗渗性、耐久性等皆与密实成型的好坏有关。

混凝土拌合物密实成型的途径有三:一是借助于机械外力(如机械振动)来克服拌合物内部的切应力而使之液化;二是在拌合物中适当多加水以提高其流动性,使之便于成型,成型后用分离法、真空作业法等将多余的水分和空气排出;三是在拌合物中掺入高效能减水剂,使其坍落度大大增加,可自流浇筑成型。此处仅讨论第一种方法。

混凝土振动密实的原理是产生振动的机械将振动能量通过某种方式传递给混凝土拌合物时,受振混凝土拌合物中所有的骨料颗粒都受到强迫振动,它们之间原来赖以保持平衡并使混凝土拌合物保持一定塑性状态的粘着力和内摩擦力随之大大降低,受振混凝土拌合物呈现出所谓的"重质液体状态",因而混凝土拌合物中的骨料犹如悬浮在液体中,在其自重作用下向新的稳定位置沉落,排除存在于混凝土拌合物中的气体,消除孔隙,使骨料和水泥浆在模板中得到致密的排列。

振动密实的效果和生产率,与振动机械的结构形式和工作方式(插入振动或表面振动)、振动机械的振动参数(振幅、频率、激振力)以及混凝土拌合物的性质(骨料粒径、坍落度等)密切有关。混凝土拌合物的性质影响着混凝土的固有频率,它对各种振动的传播呈现出不同的阻尼和衰减,有着适应它的最佳频率和振幅。振动机械的结构形式和工作方式,决定了它对混凝土传递振动能量的能力,也决定了它适用的有效作用范围和生产率。

4. 混凝土振捣

振动机械的选择:

振动机械按其工作方式分为:内部振动器、表面振动器、外部振动器和振动台(如图4 - 45 所示)。

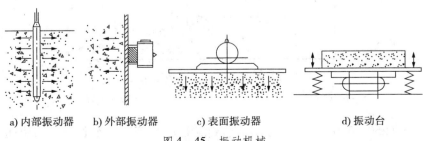

a) 内部振动器   b) 外部振动器   c) 表面振动器   d) 振动台

图 4 - 45   振动机械

内部振动器又称插入式振动器(如图4-46所示),其工作部分是一棒状空心圆柱体,内部装有偏心振子,在电动机带动下高速转动而产生高频微幅的振动。多用于振实梁、柱、墙、厚板和大体积混凝土结构等。

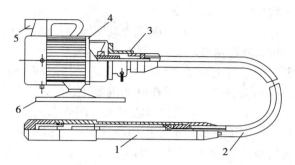

图4-46 电动软轴行星式内部振动器
1—振动棒;2—软轴;3—防逆装置;4—电动机;5—电器开关;6—支座

用内部振动器振捣混凝土时,应垂直插入,并插入下层尚未初凝的混凝土中50~100mm,以促使上下层结合。插点的分布有行列式和交错式两种(如图4-47所示)。对普通混凝土插点间距不大于1.5R(R为振动器作用半径),对轻骨料混凝土,则不大于1.0R。

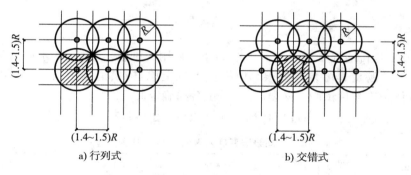

a) 行列式   b) 交错式

图4-47 插点的分布

表面振动器又称平板振动器,它由带偏心块的电动机和平板(木板或钢板)等组成。其作用深度较小,多用在混凝土表面进行振捣,适用于楼板、地面、道路、桥面等薄型水平构件。

外部振动器又称附着式振动器,它通过螺栓或夹钳等固定在模板外部,通过模板将振动传给混凝土拌合物,因而模板应有足够的刚度。它适用于振捣断面小且钢筋密的构件,如薄腹梁、箱型桥面梁等以及地下密封的结构,无法采用插入式振捣器的场合。其有效作用范围可通过实测确定。

(四)混凝土养护

混凝土养护包括人工养护和自然养护,现场施工多采用自然养护。混凝土浇捣后所以能逐渐硬化,主要是因为水泥水化作用的结果,而水化作用则需要适当的温度和湿度条件。所谓混凝土的自然养护,即在平均气温高于+5℃的条件下于一定时间内使混凝土保持湿润状态。

混凝土浇筑后,如天气炎热、空气干燥,不及时进行养护,混凝土中的水分会蒸发过快,出现脱水现象,使已形成凝胶体的水泥颗粒不能充分水化,不能转化为稳定的结晶,缺乏足够的粘结力,从而会在混凝土表面出现片状或粉状剥落,影响混凝土的强度。此外,在混凝土尚未具备足够的强度时,其中水分过早的蒸发还会产生较大的收缩变形,出现干缩裂纹,影响混凝土的整体性和耐久性。所以混凝土浇筑后初期阶段的养护非常重要。混凝土浇筑完毕 12h 以内就应开始养护,干硬性混凝土应于浇筑完毕后立即进行养护。

自然养护分洒水养护和喷涂薄膜养生液养护两种。

洒水养护即用草帘等将混凝土覆盖,经常洒水使其保持湿润。养护时间长短取决于水泥品种,普通硅酸盐水泥和矿渣硅酸盐水泥拌制的混凝土,不少于 7d;掺有缓凝型外加剂或有抗渗要求的混凝土不少于 14d。洒水次数以能保证湿润状态为宜。

喷涂薄膜养生液养护适用于不易洒水养护的高耸构筑物和大面积混凝土结构。它是将过氯乙烯树脂塑料溶液用喷枪喷涂在混凝土表面上,溶液挥发后在混凝土表面形成一层塑料薄膜,将混凝土与空气隔绝,阻止其中水分的蒸发以保证水化作用的正常进行。有的薄膜在养护完成后能自行老化脱落,否则,不宜于喷洒在以后要做粉刷的混凝土表面上。在夏季,薄膜成型后要防晒,否则易产生裂纹。

地下建筑或基础,可在其表面涂刷沥青乳液以防止混凝土内水分蒸发。

混凝土必须养护至其强度达到 $1.2N/mm^2$ 以上,才开始允许在其上行人或安装模板和支架。

(五)泵送混凝土施工

泵送混凝土是目前混凝土结构工程施工经常采用一种技术手段,要求必须满足混凝土的设计强度,还要满足其可泵性要求。应根据混凝土原材料、运输距离、泵与输送管径、距离、气温等具体施工条件试配。必要时,通过试泵送确定其配合比。

泵送混凝土入泵时的坍落度应根据不同泵送高度予以选择,可依据表 4 - 18 选用。

表 4 - 18 不同泵送高度入泵时混凝土坍落度选用值

泵送高度/m	30 以下	30 ~ 60	60 ~ 100	100 以上
坍落度/m	100 ~ 140	140 ~ 160	160 ~ 180	180 ~ 200

泵送混凝土宜采用预搅拌混凝土,宜与混凝土搅拌运输车配套使用,并保证混凝土搅拌站的供应能力和混凝土搅拌运输车的输送能力大于混凝土泵送能力,以便混凝土泵连续工作,防止堵塞。

混凝土泵启动后,应先泵送适量水以湿润混凝土泵的料斗、活塞及输送管的内壁等直接与混凝土运输车接触的部位。经泵送水检查后,确认混凝土泵和输送管中无异物后,应采用水泥浆或 1:2 水泥砂浆、或与混凝土内粗骨料以外的其他成分相同配合比的水泥砂浆润滑混凝土泵和输送管内壁。润滑用的水泥浆或水泥砂浆应分散布料,不得集中浇筑在一处。

混凝土泵送应连续进行,受料斗内应有足够的混凝土。如必须中断时,其中断时间不得超过混凝土从搅拌至浇筑完毕所允许的延续时间。

泵送混凝土应按照施工技术方案要求进行,保证混凝土质量。

(六)大体积混凝土养护时的温度控制

大体积混凝土的养护,不仅要满足强度增长的需要,还应通过人工的温度控制,防止因温度变形引起结构物的开裂。

在混凝土养护阶段的温度控制应遵循以下几点：

（1）混凝土的中心温度与表面温度之间的差值，以及混凝土表面温度与室外最低气温之间的差值，均应小于20℃，经过计算确认结构物混凝土具有足够的抗裂能力时，允许不大于25～30℃。

（2）混凝土的拆模时间应考虑气温环境等情况，必须有利于强度的正常增长，即拆模时混凝土的温差不超过20℃，其温差应包括表面温度、中心温度和外界气温之间的温差，以及收缩当量温差三者的总和。

（3）大体积混凝土应在浇筑完毕后，及早洒水养护，混凝土表面应用草袋等覆盖，以保持混凝土表面经常湿润。模板上亦应经常洒水。混凝土养护时间应不少于21d；在干燥、炎热气候条件下，养护时间应不少于28d；对裂缝有严格要求时应再适当延长。

混凝土养护时的温度控制方法，可分为降温法和保温法两类。

降温法是在混凝土内部预埋水管，通入冷却水，降低混凝土内部最高温度冷。在混凝土刚浇筑完时就开始进行，可以有效地控制因混凝土内外温差而引起的结构物开裂。冷却水管可采用直径25mm或19mm的钢管或铝管，按蛇形排列，水平管距为1.5～3.0m，垂直管距亦为1.5～3.0m，并通过立管相连接。通水流量一般为14～20L/min，为了保证水管降温效果，可将进、出水管的直径加大到50mm，如图4－48所示。

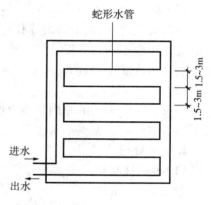

图4－48　冷却水管布置

保温法是在结构物外露的混凝土表面以及模板外侧覆盖保温材料（如草袋、锯末、湿砂等），利用混凝土的初始温度加上水泥水化热的温升，在缓慢的散热过程中，使混凝土获得必要的强度，以控制混凝土的内外温差小于20℃。

除了上述采用降温法和保温法控制混凝土温度外，还可以采用蓄水法和水浴法。

（七）混凝土质量缺陷的防治

1. 缺陷分类及其产生原因

（1）麻面

麻面是结构构件表面呈现无数的小凹点，而尚无钢筋暴露的现象。它是由于模板内表面粗糙、未清理干净、润湿不足；模板拼缝不严密而漏浆；混凝土振捣不密实，气泡未排出以及养护不好所致。

（2）露筋

露筋即钢筋没有被混凝土包裹而外露。主要是由于绑扎钢筋或安装钢筋骨架时未放垫块或垫块位移、钢筋位移、结构断面较小、钢筋过密等使钢筋紧贴模板，以致混凝土保护层厚度不够所致。有时也因混凝土结构物缺边、掉角而露筋。

（3）蜂窝

蜂窝是混凝土表面无水泥砂浆，露出石子的深度大于5mm，且小于保护层厚度的蜂窝状缺陷。它主要是由于混凝土配合比不准确（浆少石多），或搅拌不匀、浇筑方法不当、振捣不合理,造成砂浆与石子分离;模板严重漏浆等原因而产生。

（4）孔洞

孔洞是指混凝土结构存在着较大的孔隙,局部或全部无混凝土。它是由于骨料粒径过大、钢筋配置过密导致混凝土下料中被钢筋挡住;或混凝土流动性差,混凝土分层离析,混凝土振捣不实;或混凝土受冻、混凝土中混入泥块杂物等所致。

（5）缝隙及夹层

缝隙及夹层是施工缝处有缝隙或夹有杂物。它是因施工缝处理不当以及混凝土中含有垃圾杂物所致。

（6）缺棱、掉角

缺棱、掉角是指梁、柱、板、墙以及洞口的直角边上的混凝土局部残损掉落。产生的主要原因是混凝土浇筑前模板未充分润湿,使棱角处混凝土中水分被模板吸去而水化不充分,引起强度降低,拆模时则棱角损坏;另外,拆模过早或拆模后保护不善,也会造成棱角损坏。

（7）裂缝

裂缝有温度裂缝、干缩裂缝和外力引起的裂缝三种。其产生的原因主要是:结构和构件下的地基产生不均匀沉降;模板、支撑没有固定牢固;拆模时混凝土受到剧烈振动;环境或混凝土表面与内部温差过大;混凝土养护不良及其中水分蒸发过快等。

（8）强度不足

混凝土强度不足的原因是多方面的,主要有原材料不符合规定的技术要求,混凝土配合比不准、搅拌不匀、振捣不密实及养护不良等。

2. 缺陷处理

（1）表面抹浆修补

对数量不多的小蜂窝、麻面、露筋、露石的混凝土表面,可用钢丝刷或加压水洗刷基层,再用 1:2 ~ 1:2.5 的水泥砂浆填满抹平,抹浆初凝后要加强养护。

当表面裂缝较细,数量不多时,可将裂缝用水冲洗并用水泥浆抹补;对宽度和深度较大的裂缝,应将裂缝附近的混凝土表面凿毛或沿裂缝方向凿成深为 15 ~ 20mm、宽为 100 ~ 200mm 的 V 形凹槽,扫净并洒水润湿,先刷水泥浆一层,然后用 1:2 ~ 1:2.5 的水泥砂浆涂抹 2 ~ 3 层,总厚度控制在 10 ~ 20mm 左右,并压实抹光。

（2）细石混凝土填补

当蜂窝比较严重或露筋较深时,应按其全部深度凿去薄弱的混凝土和个别突出的骨料颗粒,然后用钢丝刷或加压水洗刷表面,再用比原混凝土强度等级提高一级的细石混凝土填补并仔细捣实。

对于孔洞,可在混凝土表面采用施工缝的处理方法:将孔洞处不密实的混凝土和突出的石子剔除,并将洞边凿成斜面,以避免死角,然后用水冲洗或用钢丝刷刷清,充分润湿 72h 后,浇筑比原混凝土强度等级高一级的细石混凝土。细石混凝土的水灰比宜在 0.5 以内,并掺入水泥用量万分之一的铝粉(膨胀剂),用小振捣棒分层捣实,然后进行养护。

（3）化学注浆修补

当裂缝宽度在 0.1mm 以上时,可用环氧树脂注浆修补。修补时先用钢丝刷清除混凝土表面的灰尘、浮渣及散层,使裂缝处保持干净,然后把裂缝用环氧砂浆密封表面,做出一个密闭空腔,有控制的留置注浆口及排口,借助压缩空气把浆液压入缝隙,使之充满整个裂缝。压注浆液与混凝土有很佳的粘结作用,使修补处具有很好的强度和耐久性,对 0.05mm 以上的细微裂缝,可用甲凝修补。

作为防渗堵漏用的注浆材料,常用的有丙凝(能压注入 0.01mm 以上的裂缝)和聚氨脂(能压注入 0.015mm 以上的裂缝)等。

对混凝土强度严重不足的承重构件必须拆除返工。对强度不足、但经设计单位验算同意,可不拆除,或根据混凝土实际强度提出加固处理方案,但其所在的分部分项工程验收不得评为优良,只能评为合格。

三、高性能混凝土(High Performance Concrete,缩写为 HPC)

高性能混凝土是一种新型高技术混凝土,是在大幅度提高普通混凝土性能的基础上采用现代混凝土技术制作的混凝土。它以耐久性作为设计的主要指标,针对不同用途要求,对下列性能重点予以保证:耐久性、工作性、适用性、强度、体积稳定性和经济性。为此,高性能混凝土在配制上的特点是采用低水胶比,选用优质原材料,且必须掺加足够数量的矿物细掺料和高效外加剂。高性能混凝土具备如下优点:

(1)高性能混凝土具有一定的强度和高抗渗能力,但不一定具有高强度,中、低强度亦可。

(2)高性能混凝土具有良好的工作性,混凝土拌和物应具有较高的流动性,混凝土在成型过程中不分层、不离析,易充满模型;泵送混凝土、自密实混凝土还具有良好的可泵性、自密实性能。

(3)高性能混凝土的使用寿命长,对于一些特护工程的特殊部位,控制结构设计的不是混凝土的强度,而是耐久性。能够使混凝土结构安全可靠地工作 50～100 年以上,是高性能混凝土应用的主要目的。

(4)高性能混凝土具有较高的体积稳定性,即混凝土在硬化早期应具有较低的水化热,硬化后期具有较小的收缩变形。

概括起来说,高性能混凝土就是能更好地满足结构功能要求和施工工艺要求的混凝土,能最大限度地延长混凝土结构的使用年限,降低工程造价。

(一)质量要求

由于混凝土是一种非均质的材料,其组成质量变化较大,因此全过程质量控制对混凝土的使用性能至关重要。混凝土质量控制的最终目标是得到质量均匀的、体积稳定的、耐久的、满足设计强度而且经济的混凝土。

要得到这样的优质混凝土,必须使拌和物有良好的工作性能,便于搅拌、运输、浇筑、振捣密实、充满模型,并且始终均匀。因此,拌和物质量控制的目标是具有施工条件要求的足够流动性、体积稳定性以及尽可能低的温度应力。

对于高性能混凝土拌和物的要求:

流动性——坍落度在 170mm 以上,坍落流动度在 430mm 以上[不振捣的拌和物坍落度为 240～270mm,坍落流动度为 550～700mm];

体积稳定性——不离析、不泌水,有稳定的表观密度;

温度应力——浇筑的混凝土内外温度差不高于 25℃,浇筑时拌和物温度夏季不高于35℃,冬季不低于 12℃。

与普通混凝土相比,高性能混凝土的生产和施工并不需要特殊的工艺,但是在工艺各环节中普通混凝土不敏感的因素,高性能混凝土却会很敏感,因而需要严格控制和管理。尤其是在工地现场施工时,包括试配、原材料管理、搅拌、浇筑、振捣成型、拆模养护等问题,需要做特别强调。

（二）高性能混凝土施工

1. 原材料的计量

高性能混凝土由于其性能的要求,在配制时对原材料的称量精度也比普通混凝土有更高的要求。配料是关系到拌合物和易性和混凝土均匀性的主要环节。整个生产期间每盘混凝土各组成材料计量结果的偏差控制要符合如下规定:

水泥与掺合料 ±1.5%、粗骨料 ±2.0%、细骨料 ±1.5%、水与外加剂 ±1.0%,并保证量具的精确度,在每一班正式称量前,对量具设备进行零点校核。粉煤灰高性能混凝土对水泥、砂石和水的控制精度要求高,尤其是对砂石的控制精度要求高,在生产中应给予重点保障。且骨料的含水量的变化也将影响水灰比的变化,进而影响混凝土的施工质量以及性能强度等。雨天的时候更要注意,并在取原材料的时候应该注意扣除骨料中的用水量。

2. 搅拌

HPC 需要的搅拌时间一般稍长,在具体生产和施工中要对搅拌进行严格控制。搅拌混凝土前,应加入与配合比相同水胶比的水泥浆空转数分钟,然后将水泥倒掉,使搅拌筒充分润湿。在加水之前应先将干料拌匀 30s,然后再加水进行搅拌,高效减水剂一般采用同掺法将其溶于水与水一同加入,搅拌时间应不少于 2min。对高效减水剂的掺加可采用分次掺加法,做法是在拌合物出机前掺入一部分高效减水剂,到工地卸料前再加入其余高效减水剂,并在加入高效减水剂后继续搅拌至少 1min 后卸料。分次掺加法有利于减小坍落度损失,尤其适用于混凝土运送距离较远的工程。

3. 浇筑

根据施工经验,混凝土的浇筑对混凝土质量的影响很大。首先,浇筑前,必须对欲浇筑混凝土的工作性能进行测定,在确保其工作性能时方能浇筑。混凝土拌合物的布料,应尽量垂直落下到浇筑地点中央,尽量避免再次搬动使混凝土产生离析,拌合物下落的高度不大于1.5m,以防止在下落过程中拌合物离析。混凝土拌合物不可直接落到钢筋和其他预理件上以免产生离析。散落在预理件上的砂浆如果混凝土浇筑时能够振动密实可不必清除。但疏松的干砂浆在浇筑第二层前必须清除掉。铺设混凝土应尽可能保持大致水平,混凝土分层厚度应当在振动棒的合理振捣下使上下层结合成整体,分层厚度控制在 30cm。铺料时采用人工摊铺,避免用振动棒搬移混凝土拌合物产生离析;铺料时四周高中间低,并将靠近模板的粗集料铲到中间;混凝土可以等间距的堆积以便易于铺平混凝土拌合物。混凝土浇筑过程要连续进行,尽可能避免中断,上下层浇筑时间不能过长。所有与混凝土接触的物件应充分润湿,建议在浇筑前几个小时提前浸湿基础,也可在浇筑前把结构混凝土的模板和钢筋润湿。

4. 振捣

混凝土搅拌完毕后总是含有相当数量的分散在集料空隙中的空气泡。当拌合物布入模板后,又因粘滞性很大而不能在自重下流动,并与模板和钢筋以及早先入模的拌合物相接触,总要留下许多尺寸较大的形状不规则的空洞。振动增实是关系到工程质量的主要环节。

混凝土振动方法必须避免粗集料从混凝土中分离出来,个别集料分离出来不一定有害,但粗集料分离出来聚集成堆则会影响混凝土质量。在这种情况下,需要把粗集料重新分散到混凝土中进行捣实,以免产生蜂窝状空隙和麻面。振捣时,振动棒应等间距地垂直插入,均匀地捣实全部范围的混凝土。振动间距一般不大于振动半径的 1.5 倍。

要做到不漏振,不过振,振动时间以混凝土停止下沉、不冒气泡表面平坦、泛浆为止,混凝土表面用木抹搓毛。振捣时应避免振动棒碰撞模板、钢筋及其它预理件。

5. 拆模

拆模通常是混凝土在早期阶段最后的一道工序。一方面较快拆模可使模板周转使用率提高,降低建筑造价;但另一方面不能在混凝土结构未达到足够强度之前拆模而造成毁坏,导致混凝土面粘模,缺棱掉角。一定要等到混凝土的强度足以承担自重和外加施工荷载所产生的应力时,方能拆模。同时,混凝土还应该具有一定的硬度。以便在拆模或者进行其他施工操作时,表面不致受到损害。因为新拌水化水泥浆体的强度随大气温度和水分的供给情况而变,所以拆模时间还是根据实测的混凝土强度,不要任意选定为宜。

施工过程中要求在混凝土强度达到 2.5MPa 时,或在浇筑后第五天或以后开始拆模,并选择天气晴朗,气温较高的时段进行。因为此时气温变化相对较小,不易导致气温相差过大而使混凝土表面产生裂缝,夏季可以在浇筑后第四天或以后开始拆模。如果一天未能完成拆模工作,则在当天对拆除部分进行保温保湿养护。

6. 养护

养护指混凝土拌合物经密实成型后,保证水泥能正常完成早期水化反应,以使获得预定的物理力学性能和耐久性能所采取的工艺控制措施。养护是获得优质混凝土的关键工艺之一,当表层混凝土迅速干燥到相对湿度 75% 以下,水泥水化停止,混凝土各项性能受到损害。应做好混凝土成型压光和覆盖浇水养护,防止混凝土出现裂缝。养护一般采用草帘或麻袋覆盖,并经常浇水保持湿润,养护期视水泥品种和气温而定。养护期在最初三天内白天每隔 2h 浇水一次,夜间至少两次,以后每昼夜至少浇水四次,干燥和阴雨天适当增减。大体积混凝土的养护需按照大体积混凝土的专项研究确定方案进行。

四、混凝土冬季施工

混凝土冬季施工是指在寒冷地区日平均气温稳定在 5℃ 以下或最低气温稳定在 −3℃ 以下,这种气温连续保持五天或多于五天时,混凝土的施工就按冬季施工的要求来制作。

(一)技术质量控制

冬季混凝土的拌制应满足下列要求:

(1)冬季施工的混凝土宜选用硅酸盐水泥或普通硅酸盐水泥,水泥标号不宜低于 32.5,每立方米混凝土的水泥用量不宜少于 300kg,水灰比不应大于 0.6,并加入早强剂,必要时还应加入防冻剂。

(2)拌制混凝土用的骨料必须清洁,不得含有冰雪和冻块,以及易冻裂的物质。在掺有含钾、钠离子的外加剂时,不得使用活性骨料。

(3)拌制掺外加剂的混凝土时,如外加剂为粉剂,可与混合料一起放入搅拌;如外加剂为液体,则与水一起加入。

(4)当施工期处于 0℃ 左右时,可在混凝土中添加早强剂,掺量应符合使用要求及规范规定,对于有关限期拆模要求的混凝土,还得相应提高混凝土设计等级。

（5）搅拌掺有外加剂的混凝土时,搅拌时间应取常温搅拌时间的 1.5 倍。

（6）混凝土的出机温度不宜低于 10℃,入模温度不得低于 5℃。

（二）混凝土的运输和浇筑

混凝土搅拌场地应尽量靠近施工地点。混凝土浇筑前,应清除模板和钢筋上的冰雪和杂物。当采用商品混凝土时,在浇筑前,应了解掺入防冻剂的性能,并做好相应的防冻保暖措施。现场应留置同条件养护的混凝土试块作为拆模依据。

（三）混凝土的养护

模板应在混凝土冷却到 5℃后方可拆除,当混凝土与外界温差大于 20℃时,拆模混凝土表面应临时覆盖保温层,使其缓慢冷却。

冬季浇筑的混凝土,转入负温养护前,混凝土的抗压强度不应低于设计强度的 40%。采用的保温材料应保持干燥。保温材料不宜直接覆盖在刚浇筑完毕的混凝土层上,可先覆盖塑料薄膜,上部再覆草袋等保温材料。拆模后的混凝土也应及时覆盖保温材料,以防混凝土表面温度的骤降而产生裂缝。

（四）试件留置

每拌制 100 盘且不超过 100m³ 的同配合比的混凝土,取样不得少于一次。每工作班拌制的同一配合比的混凝土不足 100 盘时,取样不得少于一次。当一次连续浇筑超过 1000m³ 时,同一配合比的混凝土每 200m³ 不得少于一次。每一楼层,同一配合比的混凝土,取样不得少于一次。对有抗渗要求的混凝土结构,其混凝土试件应在浇筑地点随机取样。每次取样应至少留置一组标准养护试件,同条件养护试件的留置组数应根据实际需要确定。

（五）混凝土冬季施工质量通病以及预防措施

1. 质量通病

（1）钢筋的锈蚀与混凝土裂缝

由于钢筋的氧化锈蚀伴生体积膨胀,致使混凝土产生裂缝。水泥的安定性不良、混凝土的水灰比太大、早期强度低和失水太快等也会引起开裂。混凝土内部水分向中心移动,形成压力引起轴向裂缝。

（2）结构疏散与水分转移

混凝土有表面呈冰晶、土黄色,声音空哑等特征。混凝土内部压力差、混凝土内部压力差、温度差、湿度差,使水分向中心移动造成空隙。

（3）表面起灰

主要是由于混凝土水灰比太大,离析,黏聚性、保水性差、养护温度低,水泥水化趋于停止。混凝土水分迅速外离,导致表面起灰。

（4）结晶腐蚀

混凝土硬化后,外加剂溶液渗到混凝土表面,而混凝土表面水分则逐渐蒸干,此种情况还将影响混凝土与饰面层的结合。

2. 预防措施

严格控制氯盐的掺量,控制水泥质量。适当掺用防冻剂、减水剂、早强剂、引气剂等外加剂,减少水灰比,采用重复振动,提高结构致密性。适当控制外加剂的用量,充分溶解后适当延长搅拌时间。混凝土浇灌后,立即在其表面覆盖1~2层薄膜塑料,严防混凝土水分外移。

第四节　预应力混凝土工程

一、概述

预应力结构是指在结构承受外荷载之前,预先对其在外荷载作用下的受拉区施加压力,以改善结构使用性能。不仅在混凝土结构中普遍应用,预应力结构在钢结构工程中也有所应用。

由于预应力混凝土结构的截面小、刚度大、抗裂性和耐久性好,在世界各国的土木工程领域中得到广泛应用。近年来,随着高强度钢材及高强度等级混凝土的出现,促进了预应力混凝土结构的发展,也进一步推动了预应力混凝土施工工艺的成熟和完善。

(一)预应力混凝土结构的工作机理

普通钢筋混凝土构件的抗拉极限应变只有0.0001~0.00015。构件混凝土受拉不开裂时,构件中受拉钢筋的应力只有20~30N/mm^2;即使允许出现裂缝的构件,因受裂缝宽度限制,受拉钢筋的应力也仅达150~200N/mm^2,钢筋的抗拉强度未能充分发挥。

预应力混凝土是解决这一问题的有效方法,即在构件承受外荷载前,预先在构件的受拉区对混凝土施加预压应力。当构件在使用阶段的外荷载作用下产生拉应力时,首先要抵消预压应力,这就推迟了混凝土裂缝的出现并亦限制了裂缝的开展,从而提高了构件的抗裂度和刚度。

对混凝土构件受拉区施加预压应力的方法,是张拉受拉区中的预应力钢筋,通过预应力钢筋或锚具,将预应力钢筋的弹性收缩力传递到混凝土构件上,并产生预应力。

(二)预应力混凝土结构

在预应力混凝土结构中,一般要求混凝土的强度等级不低于C30。当采用碳素钢丝、钢绞线、Ⅴ级钢筋(热处理)作预应力钢筋时,混凝土的强度等级不低于C40。目前,在一些重要的预应力混凝土结构中,已开始采用C50~C60的高强混凝土,并逐步向更高强度等级的混凝土发展。

在预应力混凝土构件的施工中,不能掺用对钢筋有侵蚀作用的氯盐、氯化钠等,否则会发生严重的质量事故。

1. 预应力混凝土的优点及适用性

预应力混凝土能充分发挥钢筋和混凝土各自的特性,能提高钢筋混凝土构件的刚度、抗裂性和耐久性,可有效地利用高强度钢筋和高强度等级的混凝土。与普通混凝土相比,在同样条件下具有构件截面小、自重轻、质量好、材料省[可节约钢材40%~50%、混凝土20%~40%],并能扩大预制装配化程度。虽然,预应力混凝土施工,需要专门的机械设备,工艺比较复杂,操作要求较高,但在跨度较大的结构中,其综合经济效益较好。此外,在一定范围内,以预应力混凝土结构代替钢结构,可节约钢材、降低成本、并免去维修工作。

近年来,随着施工工艺不断发展和完善,预应力混凝土的应用范围愈来愈广。除在传统工业与民用建筑的屋架、吊车梁、托架梁、空心楼板、大型屋面板、檩条、挂瓦板等单个构件上广泛应用外,还成功地把预应力技术运用到多层工业厂房、高层建筑、大型桥梁、核电站安全壳、电视塔、大跨度薄壳结构、筒仓、水池、大口径管道、基础岩土工程、海洋工程等技术难度较高的大型整体或特种结构上。当前,预应力混凝土的使用范围和数量,已成为一个国家建筑技术水平的重要标志之一。

预应力混凝土的施工工艺常用的有先张法、后张法和电张法。此外,还有自张法,即用膨胀水泥伴制的混凝土来浇筑构件,利用混凝土硬化时的膨胀力使钢筋伸长而获得预应力。

2. 预应力混凝土的分类

预应力混凝土按预应力度大小可分为:全预应力混凝土和部分预应力混凝土。全预应力混凝土是在全部使用荷载下受拉边缘不允许出现拉应力的预应力混凝土,适用于要求混凝土不开裂的结构。部分预应力混凝土是在全部作用荷载下受拉边缘允许出现一定的拉应力或裂缝的混凝土,其综合性能较好,费用较低,适用面广。

预应力混凝土按施工方式不同可分为预制预应力混凝土、现浇预应力混凝土和叠合预应力混凝土等;按预加应力的方法不同可分为先张法预应力混凝土和后张法预应力混凝土;按是否粘结又可分为无粘结预应力及有粘结预应力。

3. 预应力混凝土预制构件

目前,我国在房屋建筑、铁路、桥梁等方面的预应力混凝土预制构件已形成以下主要系列:

(1)预应力屋面梁和屋架

12~18m先张法预应力混凝土屋面大梁;12m预应力托梁;12~21m三铰屋架;15~36m先张法或后张法的整体式或拼装式预应力混凝土屋架,有拱形、折线形、梯形和空腹桁架等形式,在深圳赤污完成的60m跨预应力组合屋架,则是目前跨度最大的预应力组合屋架。

(2)预应力吊车梁

6m T形预应力吊车梁;9~12m工字形等截面和变截面鱼腹式吊车梁;以及超过12m跨的桁架式吊车梁。

(3)预应力屋面板和楼板

在预应力混凝土屋面板中,宽1.5m、长6m的预应力大型(槽形)屋面板应用最广,此外,还有6~12m双T板、1.5m×6.0m空心板、三合一保温屋面板、1.5m×3.0m×0.022m的预应力薄板和预应力檩条以及预应力槽瓦等。

6~18m先张预应力多孔板和宽0.9~1.2m、长2.7~6.0m的预应力空心楼板(应用最广,也可作屋面板用)。而预应力大型屋面板亦常用作多层工业厂房的楼板。

(4)板架合一的预应力屋面构件

15~33m跨预应力单T板梁,9~27m跨V形折板(在板缝中另加无粘结预应力后张束后可做到30m跨)和9~28m跨马鞍形壳板。

(5)预应力简支梁

用于房屋楼面结构的9~15m跨预应力薄腹梁;用于铁路桥梁的6~32m先张预应力简支梁、16~32m跨超低高度预应力梁(比相应跨度普通高度梁降低高度0.8m左右)、40m分片后张预应力梁和32~56m后张预应力箱形梁;用于公路桥梁的30~50m跨预应力T形简支梁、30m预应力组合梁,以及用于城市立交桥的20m跨以下的先张预应力空心板梁,27m以下的先张预应力组合箱梁和25~37m的后张预应力T形梁。

（6）其他预应力预制构件

三种不同承载能力的预应力轨枕,用于房屋地基工程的预应力方桩和 $\phi300 \sim 500mm$ 预应力管桩,以及用于港口工程的 $\phi1200 \sim 1400mm$ 预应力管桩等。

4. 预应力结构

（1）整体预应力装配式板柱建筑体系

后张整体预应力装配式抗震结构体系,有矩形、六边形和梯形等多种柱网（最大柱距达 11.7m）,采用多跨连续折线配筋预应力,将预制整间或拼装（有一间 2 块、3 块、6 块和 9 块）楼板与预制柱（矩形、六边形）拼装在一起、浇筑板缝混凝土后形成的大跨度、无梁空间结构,适于建造办公楼、住宅、多层厂房、商场、书库等建筑。

（2）后张预应力混凝土框架结构

①采用单向预应力框架梁的横向框架结构和纵向框架结构;

②采用双向预应力框架梁的框架结构。

（3）高层建筑

由于采用预应力可降低楼面结构高度、扩大梁的支承跨度和解决大荷载、大悬挑结构的合理设计等突出的优势,使得预应力结构在高层建筑中的应用越来越多。如:无梁无柱的框筒结构;带扁梁预应力平板的框筒结构;内框外筒结构;大跨度、大空间预应力混凝土结构等。

（4）其他特种结构

①电视塔

竖向预应力混凝土筒体结构;预应力塔身、锥壳基础和裙房大跨度悬挑梁结构;竖向预应力和环向预应力等。

②特种工程

核电站的安全壳;原煤筒仓;炼油厂爆气池;污水处理厂爆气池、浓缩池、污泥消化池等。

③大跨度结构

预应力主次梁屋盖结构;地下室顶板的整体预应力板柱结构;预制块体预应力拼装梁;索束桁屋盖结构和双曲抛物面薄壳屋盖等。

④大悬挑结构

悬挑梁是悬挑长度可达到 10m 左右。

⑤大型桥梁

大型预应力桥梁,其主要结构形式有:

——简支梁、板桥:高跨比一般为 $1/5 \sim 1/20$,低高度者可达 1/25,多跨简支桥可采用连续桥面;

——T 型刚构桥:上下部结构固结,上部从墩顶向两侧伸出悬壁呈 T 形,其间设剪力铰形成超静定结构（或设挂梁成静定结构）,跨度 $50 \sim 270m$,最适于采用悬臂对称平衡法施工;

——连续梁桥:连续箱梁结构跨径可达 200m 左右,箱梁则有单箱、双箱、单室和多室等;

——连续刚桥:可由多个等跨或不等跨的 T 构固接形成,或由斜腿刚构预制板、现浇混凝土组成,或中部为连续刚构、边部为连续梁;

——拱桥:由上、下弦杆、腹杆和中央实腹段组成的拱片与横联接系和桥面组成。桁拱跨度一般为 $50 \sim 80m$,由桁式悬臂刚架与桁拱组成的江界河桥的跨度达 330m;

——斜拉桥:采用塔支承的斜索拉着加劲梁、即由塔、梁、索组成。其经济跨已达 900m,

边中跨比为 0.3～0.5,桥面之上的塔高为 0.15～0.3 倍的跨度;

——悬索桥:以主缆为承重主体,加劲梁由等间距的吊杆悬挂在主缆上,主缆受力后呈非线性变形弯曲;

——弯、坡、斜桥:有板式、梁式和箱式并设置抗扭横梁。

(三)预应力钢筋

钢筋一般在钢筋车间或工地的钢筋加工棚加工,然后运至现场安装或绑扎。钢筋加工过程取决于成品种类,一般的加工过程有冷拉、冷拔、调直、剪切、镦头、弯曲、焊接、绑扎等。

为了获得较大的预应力,预应力筋常用高强度钢材,目前较常见的有以下六种。

1. 冷拔低碳钢丝

冷拔低碳钢丝是由直径 6～10mm 的Ⅰ级钢筋在常温下通过拔丝模冷拔而成,一般拔至直径 3～5mm。冷拔钢丝强度比原材料屈服强度显著提高,但塑性降低,是适用于小型构件的预应力筋。

冷拉钢筋是将Ⅱ～Ⅵ级热轧钢筋在常温下通过张拉到超过屈服点的某一应力,使其产生一定的塑性变形后卸荷,再经时效处理而成。这样钢筋的塑性和弹性模量有所降低而屈服强度和硬度有所提高,可直接用做预应力筋。

2. 碳素钢丝

碳素钢丝是由高碳钢盘条经淬火、酸洗、拉拔制成。为了消除钢丝拉拔中产生的内应力,还需经过矫直回火处理。钢丝直径一般为 3～8mm,最大为 12mm,其中 3～4mm 直径钢丝主要用于先张法,5～8mm 直径钢丝用于后张法。钢丝强度高,表面光滑,用作先张法预应力筋时,为了保证高强钢丝与混凝土具有可靠的粘结,钢丝的表面需经过刻痕处理,如图 4－49 所示。

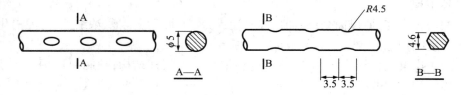

图 4－49 刻痕钢丝的外形

3. 钢绞线

钢绞线一般是由六根碳素钢丝围绕一根中心钢丝在绞丝机上绞成螺旋状,再经低温回火制成,如图 4－50 所示。钢绞线的直径较大,一般为 9～15mm,比较柔软,施工方便,但价格比钢丝贵。钢绞线的强度较高,目前已有标准抗拉强度接近 2000N/mm² 的高强、低松弛的钢绞线应用于工程中。

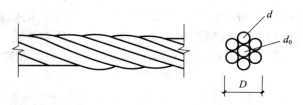

图 4－50 预应力钢绞线截面图

D—钢绞线直径;d_0—中心钢丝直径;d—外层钢丝直径

4. 热处理钢筋

热处理钢筋是由普通热轧中碳合金钢筋经淬火和回火调直热处理制成。具有高强度、高韧性和高粘结力等优点,直径为 6~10mm。成品钢筋为直径 2m 的弹性盘卷,开盘后自行伸直,每盘长度为 100~200m。

热处理钢筋的螺纹外形,有带纵肋和无纵肋两种,如图 4-51 所示。

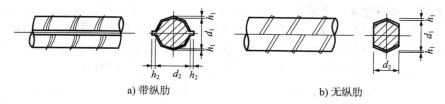

a) 带纵肋　　　　　　　　　　　b) 无纵肋

图 4-51　热处理钢筋外形

5. 精轧螺纹钢筋

精轧螺纹钢筋是用热轧方法在钢筋表面上轧出不带肋的螺纹外形,如图 4-52 所示。

钢筋的接长用连接螺纹套筒,端头锚固用螺母。这种高强度钢筋具有锚固简单、施工方便、无需焊接等优点。目前国内生产的精轧螺纹钢筋品种有 $\phi25$ 和 $\phi32$,其屈服点为 750MPa 和 900MPa 两种。

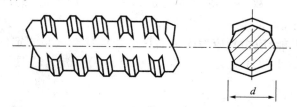

图 4-52　精轧螺纹钢筋的外形

6. 无粘结预应力筋

无粘结预应力筋是一种在施加预应力后沿全长与周围混凝土不粘结的预应力筋,它主要由预应力钢材、涂料层、外包层和锚具组成(如图 4-53 所示)。无粘结预应力筋的高强钢材和有粘结的要求完全一样。

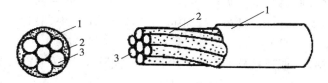

图 4-53　无粘结预应力筋
1—塑料外包层;2—防腐润滑脂;3—钢绞线(或碳素钢丝束)

7. 非金属预应力筋

非金属预应力筋主要是指用纤维增强塑料(简称 FRP)制成的预应力筋,主要有玻璃纤维增强塑料(GFRP)、芳纶纤维增强塑料(AFRP)及碳纤维增强塑料(CFRP)预应力筋等几种形式。

8. 非预应力筋

预应力混凝土结构中的非预应力纵向钢筋宜选用热轧钢筋 HRB335 以及 HRB400,也可采用 RRB400，箍筋宜选用热轧钢筋 HPB235。

（四）预应力施工设备器具

预应力施工设备器具包括预应力筋的锚具、夹具和连接器。预应力筋用的锚具是在后张法预应力混凝土结构或构件中，为保持预应力筋的拉力并将其传递到混凝土上所用的永久性锚固装置。夹具则是在先张法预应力混凝土构件施工时，为保持预应力筋的拉力并将其固定在生产台座（或设备）上的临时性锚固装置；或在后张法预应力混凝土结构或构件施工时，在张拉千斤顶或设备上夹持预应力筋的临时性锚固装置。

连接器是用于连接预应力筋的装置。此外还有预应力筋与锚具等组合装配而成的受力单元，如预应力筋－锚具组装件、预应力筋－夹具组装件、预应力筋－连接器组装件等。

预应力施工设备的种类按照锚固方式不同，大致分为支撑式（墩头锚具、螺母锚具等）、锥塞式（钢质锥形锚具等）、夹片式（单孔和多孔夹片锚具）和握裹式（挤压锚具、压花锚具等）四种。

1. 锚具

（1）性能要求

在预应力筋强度等级已确定的条件下，预应力筋－锚具组装件的静载锚固性能试验结果，应同时满足锚具效率系数（η_a）等于或大于 0.95 和预应力筋总应变（ε_{apu}）等于或大于 2.0% 两项要求。

锚具的静载锚固性能，应由预应力筋－锚具组装件静载试验测定的锚具效率系数（η_a）和达到实测极限拉力时组装件受力长度的总应变（ε_{apu}）确定。锚具效率系数（η_a）应按式（4－10）计算：

$$\eta_a = \frac{F_{apu}}{\eta_p \times F_{pm}} \tag{4－10}$$

式中：F_{apu}——预应力筋－锚具组装件的实测极限拉力；

$\quad F_{pm}$——预应力筋的实际平均极限抗拉力。由预应力钢材试件实测破断荷载平均值计算得出；

$\quad \eta_p$——预应力筋的效率系数，它是指考虑预应力筋根数等因素影响的预应力筋应力不均匀的系数。η_p 应按下列规定取用：预应力筋－锚具组装件中预应力钢材为 1~5 根时，$\eta_p = 1$；6~12 根时，$\eta_p = 0.99$；13~19 根时，$\eta_p = 0.98$；20 根以上时，$\eta_p = 0.97$。

当预应力筋－锚具（或连接器）组装件达到实测极限拉力（F_{apu}）时，应由预应力筋的断裂，而不应由锚具（或连接器）的破坏导致试验的终结。预应力筋拉应力未超过 $0.8f_{ptk}$ 时，锚具主要受力零件应在弹性阶段工作，脆性零件不得断裂。

用于承受静、动荷载的预应力混凝土结构，其预应力筋－锚具组装件，除应满足静载锚固性能要求外，尚应满足循环次数为 200 万次的疲劳性能试验要求。在抗震结构中，预应力筋－锚具组装件还应满足循环次数为 50 次的周期荷载试验。

锚具尚应满足分级张拉、补张拉和放松拉力等张拉工艺的要求。锚固多根预应力筋的锚具，除应具有整束张拉的性能外，尚宜具有单根张拉的可能性。

除上述者外，锚具尚应具有下列性能：

①在预应力锚具组装件达到实测极限拉力时，除锚具设计允许的现象外，全部零件均不

得出现肉眼可见的裂缝或破坏；

②除能满足分级张拉及补张拉工艺外,宜具有能放松预应力筋的性能；

③锚具或其附件上宜设置灌浆孔道,灌浆孔道应有使浆液畅通的截面面积。

锚具的进场验收同先张法中的夹具。

（2）种类

锚具按锚固性能分为两类:

Ⅰ类锚具:适用于受动、静荷载的预应力混凝土结构；

Ⅱ类锚具:仅适用于有粘结预应力混凝土结构,且锚具处于预应力筋应力变化不大的部位。

Ⅰ类锚具组装件,除必须满足静载锚固性能外,尚须满足循环次数为 200 万次的疲劳性能试验。如用在抗震结构中,还应满足循环次数为 50 次的周期荷载试验。

锚具的种类很多,不同类型的预应力筋所配用的锚具不同,目前我国常用的是夹片式锚具和支撑式锚具。具体介绍如下:

①支撑式锚具

a）螺母锚具

螺母锚具由螺丝端杆、螺母和垫板三部分组成。适用于直径 18~36mm 的预应力钢筋,如图 4-54 所示。锚具长度一般为 320mm,当为一端张拉或预应力筋的长度较长时,螺杆的长度应增加 30~50mm。

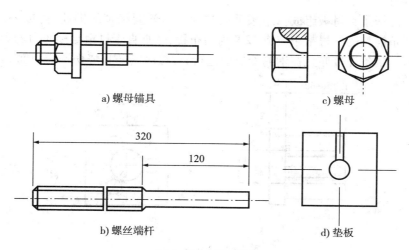

a) 螺母锚具

c) 螺母

320

120

b) 螺丝端杆

d) 垫板

图 4-54　螺母锚具

螺丝端杆与预应力筋用对焊连接,焊接应在预应力筋冷拉之前进行。预应力筋冷拉时,螺母置于端杆顶部,拉力应由螺母传递至螺丝端杆和预应力筋上。

b）镦头锚具

用于单根粗钢筋的镦头锚具一般直接在预应力筋端部热镦、冷镦或锻打成型。镦头锚具也适用于锚固多根数钢丝束。钢丝束镦头锚具分 A 型与 B 型。A 型由锚环与螺母组成,可用于张拉端；B 型为锚板,用于固定端,其构造如图 4-55 所示。

镦头锚具的工作原理是将预应力筋穿过锚杯的蜂窝眼后,用专门的镦头机将钢筋或钢丝的端头镦粗,将镦粗头的预应力束直接锚固在锚杯上,待千斤顶拉杆旋入锚杯内螺纹后即可进行张拉,当锚杯带动钢筋或钢丝伸长到设计值时,将锚圈沿锚杯外的螺纹旋紧顶在构件表面,于是锚圈通过支承垫板将预压力传到混凝土上。

镦头锚具的优点是操作简便迅速,不会出现锥形锚易发生的"滑丝"现象,故不发生相应的预应力损失。这种锚具的缺点是下料长度要求很精确,否则,在张拉时会因各钢丝受力不均匀而发生断丝现象。

镦头锚具用 YC – 60 千斤顶(穿心式千斤顶)或拉杆式千斤顶张拉。

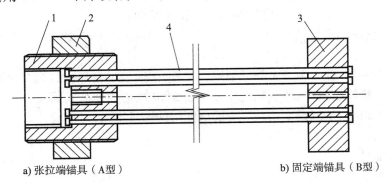

a) 张拉端锚具(A型)   b) 固定端锚具(B型)

图 4 – 55　钢丝束镦头锚具

1—锚环;2—螺母;3—锚板;4—钢丝束

c) 帮条锚具

帮条锚具由帮条和衬板组成。帮条采用与预应力筋同级别的钢筋,衬板采用普通低碳钢的钢板。帮条锚具的三根帮条应成120°均匀布置,并垂直于衬板与预应力筋焊接牢固,如图 4 – 56 所示。帮条焊接亦宜在钢筋冷拉前进行,焊接时需防止烧伤预应力筋。

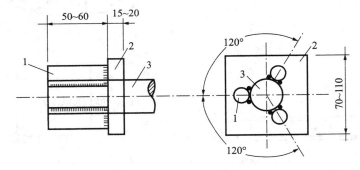

图 4 – 56　帮条锚具

1—帮条;2—衬板;3—预应力筋

②夹片式锚具

夹片式锚具包括单孔夹片式锚具和多孔夹片式锚具。单孔夹片式锚具主要以 JM 型锚具为主,多孔夹片式锚具包括 XM 型锚具、QM 型锚具、OVM 型锚具和 BS 型锚具等。多孔夹片锚具是在一块多孔的锚板上,利用每个锥形孔装一副夹片夹持一根钢绞线的一种锲紧式锚具。这种锚具的优点是任何一根钢绞线锚固失效,都不会引起整束锚固失效,并且每束钢绞线的根数不受限制,但构件端部需要扩孔。该锚具广泛应用于现代预应力混凝土工程。

a) JM12 型锚具

JM12 型锚具为单孔夹片式锚具,有光 JM12 – 3 ~ JM12 – 6,螺 JM12 – 3 ~ JM12 – 6,绞

JM12 – 5 ~ JM12 – 6 等十种,分别用来锚固 3 ~ 6 根 Ⅳ 级直径为 12mm 的钢筋和 5 ~ 6 束直径为 12mm 的钢绞线。JM12 型锚具由锚环和夹片组成。JM12 型锚具的构造如图 4 – 57 所示。

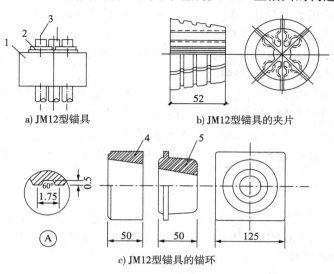

a) JM12型锚具　　　b) JM12型锚具的夹片

c) JM12型锚具的锚环

图 4 – 57　JM12 型锚具

1—锚环;2—夹片;3—钢筋束和钢绞线束;4—圆锚环;5—方锚环

　　JM12 型锚具性能好,锚固时钢筋束或钢绞线束被单根夹紧,不受直径误差的影响,且预应力筋是在呈直线状态下被张拉和锚固,受力性能好。为此,近来为适应小吨位高强钢丝束的锚固,近年来还发展了锚固 6 ~ 7 根 ϕ5 碳素钢丝的 JM5 – 6 和 JM5 – 7 型锚具,其原理完全相同。为降低锚具成本,还有精铸 JM12 型锚具。

　　JM12 型锚具是一种利用楔块原理锚固多根预应力筋的锚具,它既可作为张拉端的锚具,又可作为固定端的锚具或作为重复使用的工具锚。

　　JM12 型锚具宜选用相应的 YC – 60 型穿心式千斤顶来张拉预应力筋。

　　b) XM 型锚具

　　这是一种新型锚具,由锚板与三片夹片组成,如图 4 – 58 所示。它既适用于锚固钢绞线束,又适用于锚固钢丝束;既可锚固单根预应力筋,又可锚固多根预应力筋,适用于锚固 3 ~ 37 根 ϕ15 钢绞线束或 3 ~ 12 根 ϕ5 钢丝束。当用于锚固多根预应力筋时,既可单根张拉、逐根锚固,又可成组张拉,成组锚固。另外,它还既可用作工作锚具,又可用作工具锚。近年

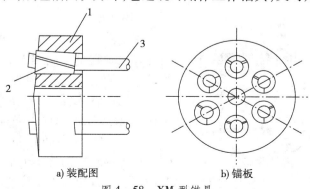

a) 装配图　　　b) 锚板

图 4 – 58　XM 型锚具

1—锚板;2—夹片(三片);3—钢绞线

来随着预应力混凝土结构和无粘结预应力结构的发展,XM 型锚具已得到广泛应用。实践证明,XM 型锚具具有通用性强、性能可靠、施工方便、便于高空作业的特点。

XM 型锚具的锚板上的锚孔沿圆周排列,间距不小于 36mm,锚孔中心线的倾斜度 1:20。锚板顶面应垂直于钻孔中心线,以利夹片均匀塞入。夹片采用三片式,按 120° 均分开缝,沿轴向有倾斜偏转角,倾斜偏转角的方向与钢绞线的扭角相反,以确保夹片能夹紧钢绞线或钢丝束的每一根外围钢丝,形成可靠的锚固。

XM 型锚具在充分满足自锚条件下,夹片的锥面选用了较大的锥角,使 XM 锚具可当工作锚与工具锚使用。当用作工具锚时,可在夹片和锚板之间涂抹一层能在极大压强下保持润滑性能的固体润滑剂(如石墨、石蜡等),当千斤顶回程时,用锤轻轻一击,即可松开脱落。用作工作锚时,具有连续反复张拉的功能,可用行程不大的千斤顶张拉任意长度的钢绞线。

c) QM 型锚具

适用于锚固 4~31 根 $\phi j 12.7$ 钢绞线或 3~19 根 $\phi j 15$ 钢绞线。该锚具由锚板与夹片组成,如图 4－59 所示。QM 型锚固体系配有专门的工具锚,以保证每次张拉后退锚方便,并减少安装工具锚所花费的时间。

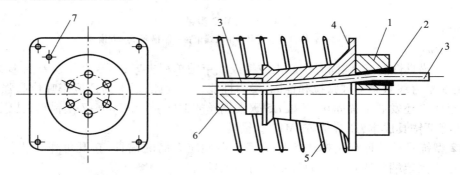

图 4－59　QM 型锚具及配件

1—锚板;2—夹片;3—钢绞线;4—喇叭形铸铁垫板;

5—弹簧管;6—预留孔道用的螺旋管;7—灌浆孔

OVM 型锚具是在 QM 型锚具的基础上,将夹片改为二片式,并在夹片背部上部锯有一条弹性槽,以提高锚固性能。OVM13 型锚具适用于 0.5# 钢铰线,OVM5 型锚具适用于 0.6# 钢铰线。

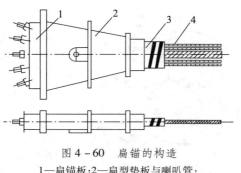

图 4－60　扁锚的构造

1—扁锚板;2—扁型垫板与喇叭管;

3—扁型波纹管;4—钢绞线

d) BM 型锚具

BM 型锚具是一种新型的夹片式扁型群锚,简称扁锚。它是由扁锚头、扁型垫板、扁型喇叭管及扁型管道等组成,构造见图 4－60 所示。

扁锚的优点是:张拉槽口扁小,可减小混凝土板厚,便于梁的预应力筋按实际需要切断后锚固,有利于减少钢材;钢绞线单根张拉,施工方便。这种锚具特别适用于空心板、低高度箱梁以及桥面横向预应力等张拉。

③握裹式锚具

钢绞线束的固定端的锚具除了可以采用与张拉端相同的锚具外,还可选用握裹式锚具。握裹式锚具有挤压锚具与压花锚具两类。

a)挤压锚具

挤压锚具是利用液压压头机将套筒挤紧在钢绞线端头上的一种锚具。套筒内衬有硬钢丝螺旋圈,在挤压后硬钢丝全部脆断,一半嵌入外钢套,一半压入钢绞线,从而增加钢套筒与钢绞线之间的摩阻力。锚具下设有钢垫板与螺旋筋。这种锚具适用于构件端部的设计力大或端部尺寸受到限制的情况。挤压锚具构造见图4-61所示。

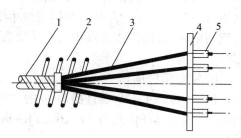

图4-61   挤压锚具的构造

1—波纹管;2—螺旋筋;3—钢绞线;
4—钢垫板;5—挤压锚具

b)压花锚具

压花锚具是利用液压压花机将钢绞线端头压成梨形散花状的一种锚具(如图4-62所示)。梨形头的尺寸对于 $\phi 15$ 钢绞线不小于 $\phi 95mm \times 150mm$ 。多根钢绞线梨形头应分排埋置在混凝土内。为提高压花锚四周混凝土及散花头根部混凝土抗裂强度,在散花头的头部配置构造筋,在散花头的根部配置螺旋筋,压花锚距构件截面边缘不小于30cm。第一排压花锚的锚固长度,对 $\phi 5$ 钢绞线不小于95cm,每排相隔至少30cm。多根钢绞线压花锚具构造如图4-63所示。

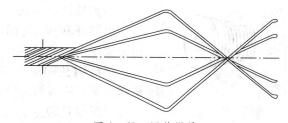

图4-62   压花锚具

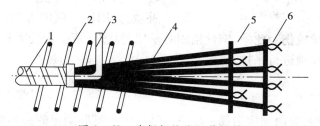

图4-63   多根钢绞线压花锚具

1—波纹管;2—螺旋筋;3—灌浆管;4—钢绞线;5—构造筋;6—压花锚具

④锥塞式式锚具

a)KT-Z型锚具

这是一种可锻铸铁锥形锚具,其构造如图4-64所示。可用于锚固钢筋束和钢绞线束,如锚固3~6根直径为12mm的Ⅲ级钢筋和直径为12mm的Ⅳ级钢筋束以及锚固3~6根 $\phi j12(7\phi 4)$ 钢绞线束。KT-Z型锚具由锚塞和锚环组成。均用可锻铸铁成型。该锚具为半埋式,使用时先将锚环小头

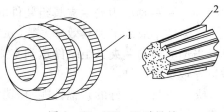

图4-64   KY-Z型锚具

1—锚环;2—锚塞

嵌入承压钢板中,并用断续焊缝焊牢,然后共同预埋在构件端部。

使用该锚具时,预应力筋在锚环小口处形成弯折,因而产生摩擦损失,该损失值,对钢筋束约为控制应力 σ_{con} 的4%;对钢绞线束则约为控制应力 σ_{con} 的2%。KT-Z型锚具用于螺纹钢筋束时,宜用锥锚式双作用千斤顶张拉;用于钢绞线束,则宜用YC-60型双作用千斤顶张拉。

b)锥形螺杆锚具

用于锚固14~28根直径5mm的钢丝束。它由锥形螺杆、套筒、螺母等组成(如图4-65所示)。锥形螺杆锚具与YL-60,YL-90拉杆式千斤顶配套使用,YC-60,YC-90穿心式千斤顶亦可应用。

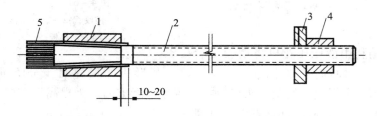

图4-65 锥形螺杆锚具

1—套筒;2—锥形螺杆;3—垫板;4—螺母;5—钢丝束

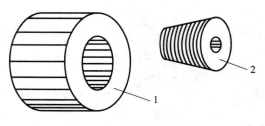

图4-66 钢质锥形锚具

1—锚环;2—锚塞

c)钢质锥形锚具

由锚环和锚塞(如图4-66所示)组成,用于锚固以锥锚式双作用千斤顶张拉的钢丝束。锚环内孔的锥度应与锚塞的锥度一致。锚塞上刻有细齿槽,夹紧钢丝防止滑动。

锥形锚具的主要缺点是当钢丝直径误差较大时,易产生单根滑丝现象,且滑丝后很难补救,如用加大顶锚力的办法来防止滑丝,过大的顶锚力易使钢丝咬伤。此外,钢丝锚固时呈辐射状态,弯折处受力较大。钢质锥形锚具用锥锚式双作用千斤顶进行张拉。

2.夹具

(1)性能

夹具的静载性能,应由预应力筋-夹具组装件静载试验测定的夹具效率系数(η_g)确定。夹具效率系数应按式(4-11)计算:

$$\eta_g = \frac{F_{gpu}}{F_{pm}} \qquad (4-11)$$

式中:F_{gpu}——预应力筋-夹具组装件的实测极限拉力。

试验结果应满足夹具效率系数(η_g)等于或大于0.92的要求。

当预应力筋-夹具组装件达到实测极限拉力时,应由预应力筋的断裂,而不应由夹具的破坏导致试验终结。

夹具应具有良好的自锚性能、松锚性能和安全的重复使用性能。主要锚固零件宜采取镀膜防锈。

(2)夹具的自锁与自锚

夹具本身须具备自锁和自锚能力。自锁即锥销、齿板或锲块打入后不会反弹而脱出的能力;自锚即预应力筋张拉中能可靠地锚固而不被从夹具中拉出的能力。以锥销式夹具(如图 4 – 67 所示)为例,锥销在顶压力 Q 作用下打入套筒,由于 Q 力作用,在锥销侧面产生正压力 N 及摩擦力,$\mu_1 N$ 根据平衡条件得:

$$Q - n\mu_1 N\cos\alpha - nN\sin\alpha = 0 \tag{4 – 12}$$

式中:n——锚固的预应力筋根数;

μ_1——预应力筋与锥销间的摩擦系数。

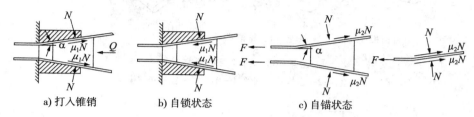

| a) 打入锥销 | b) 自锁状态 | c) 自锚状态 |

图 4 – 67 锥销式夹具自锁、自锚计算简图

因为 $\mu_1 = \tan\phi_1$(ϕ_1 为预应力筋与锥销间的摩擦角),代入式(4 – 12)中得

$$Q = n\tan\phi_1 N\cos\alpha + nN\sin\alpha$$

所以

$$Q = \frac{nN\sin(\alpha + \phi_1)}{\cos\phi_1} \tag{4 – 13}$$

锚固后,由于预应力筋内缩,正应力变为 N',由于锥销有回弹趋势,故摩阻力 $N'\mu_1$ 反向以阻止回弹。为使锥销自锁,则需满足下式:

$nN'\mu_1\cos\alpha \geqslant n N'\sin\alpha$,以 $\mu_1 = \tan\phi_1$ 代入式(4 – 13)得:

$\tan\phi_1 \geqslant \tan\alpha$,即

$n\tan\phi N'\cos\alpha \geqslant nN'\sin\alpha$,故

$$\alpha \leqslant \phi_1 \tag{4 – 14}$$

因此,要使锥销式夹具能够自锁,α 角必须等于或小于锥销与预应力筋间的摩擦角 ϕ_1。张拉中预应力筋在 F 力作用下有向孔道内滑动的趋势,由于套筒顶在台座或钢模上不动,又由于锥销的自锁,则预应力筋带着锥销向内滑动,直至平衡为止。根据平衡条件,可知

$$F = \mu_2 N\cos\alpha + N\sin\alpha$$

夹具如能自锚,即阻止预应力筋滑动的摩阻力应大于预应力筋的拉力 F,如图 4 – 67 所示。即

$$\frac{(\mu_1 N + \mu_2 N)\cos\alpha}{F} = \frac{(\mu_1 N + \mu_2 N)\cos\alpha}{\mu_2 N\cos\alpha + N\sin\alpha} = \frac{\mu_1 + \mu_2}{\mu_2 + \tan\alpha} \geqslant 1 \tag{4 – 15}$$

由此可知 α、μ_2 愈小,μ_1 愈大,则夹具的自锚性能愈好,μ_2 小而 μ_1 大则对预应力筋的挤压好,锥销向外滑动少。这就要求锥销的硬度 40 ~ 45HRC 大于预应力筋的硬度,而预应力筋的硬度要大于套筒的硬度。α 角一般为 4° ~ 6°,过大,则自锁和自锚性能差;过小,则套筒承受的环向张力过大。

(3)夹具种类

钢丝张拉与钢筋张拉所用夹具不同。

①钢丝的夹具

先张法中钢丝的夹具分两类:一类是将预应力筋锚固在台座或钢模上的锚固夹具;另一类是张拉时夹持预应力筋用的夹具。锚固夹具与张拉夹具都是重复使用的工具。夹具的种类繁多,此处仅介绍常用的一些钢丝夹具。如图4-68、图4-69所示。

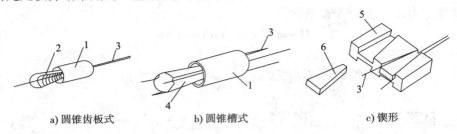

a) 圆锥齿板式 b) 圆锥槽式 c) 锲形

图4-68 钢丝用锚固夹具

1—套筒;2—齿板;3—钢丝;4—锥塞;5—锚板;6—锲块

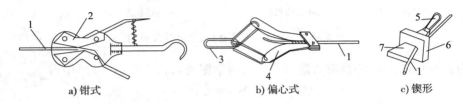

a) 钳式 b) 偏心式 c) 锲形

图4-69 钢丝的张拉夹具

1—钢丝;2—钳齿;3—拉钩;4—偏心齿条;5—拉环;6—锚板;7—锲块

②钢筋夹具

钢筋锚固多用螺丝端杆锚具、镦头锚和销片夹具等。张拉时可用连接器与螺丝端杆锚具连接,或用销片夹具等。

钢筋镦头,直径22mm以下的钢筋用对焊机熟热或冷镦,大直径钢筋可用压模加热锻打或成型。镦过的钢筋需经过冷拉,以检验镦头处的强度。

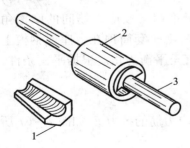

图4-70 两片式销片夹具

1—销片;2—套筒;3—预应力筋

销片式夹具由圆套筒和圆锥行销片组成(如图4-70所示),套筒内壁呈圆锥形,与销片锥度吻合,销片有两片式和三片式,钢筋就夹紧在销片的凹槽内。

先张法用夹具除应具备静载锚固性能,夹具还应具备下列性能:在预应力夹具组装件达到实际破断拉力时,全部零件均不得出现裂缝和破坏;应有良好的自锚性能;应有良好的放松性能。需大力敲击才能松开的夹具,必须证明其对预应力筋的锚固无影响,且对操作人员安全不造成危险。夹具进入施工现场时必须检查其出厂质量证明书,以及其中所列的各项性能指标,并进行必要的静载试验,符合质量要求后方可使用。

3. 连接器

永久留在混凝土结构或构件中的预应力筋连接器,应符合锚具的性能要求;用于先张法施工且在张拉后还将放张和拆卸的连接器,应符合夹具的性能要求。

用于不同预应力筋的连接器有不同的形式。

钢丝束的接长,可采用DMC型连接器。它是一个带内螺纹的套筒或带外螺纹的连杆。

图4-71为带内螺纹套筒的DMC型连接器。

钢绞线束连接器,按使用部位不同可分为锚头连接器与接长连接器。锚头连接器设置在构件端部,用于锚固前段钢绞线束,并连接后段束。锚头连接器的构造见图4-72,其连接体是一块增大的锚板。锚板中部的锥形孔用于锚固前段束,锚板外周边的槽口用于挂住后段束的挤压头。连接器外包喇叭形白铁护套,并沿连接体外圆绕上打包钢条一圈,用打包机打紧钢条固定挤压头。

接长连接器设置在孔道的直线区段,用于接长预应力筋。接长连接器与锚头连接器的不同处是将锚板上的锥形孔改为孔眼,两段钢绞线的端部均用挤压锚具固定。张拉时连接器应有足够的活动空间。接长连接器的构造见图4-73。

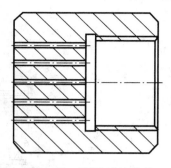

图4-71　DMC型连接器

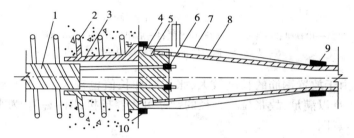

图4-72　锚头连接器构造图

1—波纹管;2—螺旋筋;3—铸铁喇叭管;4—挤压锚具;5—连接体;
6—夹片;7—白铁护套;8—钢绞线;9—钢环;10—打包钢条

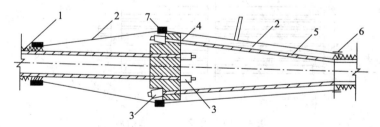

图4-73　接长连接器的构造

1—波纹管;2—白铁护套;3—挤压锚具;4—锚板;5—钢绞线;6—钢环;7—打包钢条

精轧螺纹钢筋的连接器是用于连接钢筋使之成为一体共同受力。这种连接器的构造如图4-74所示。

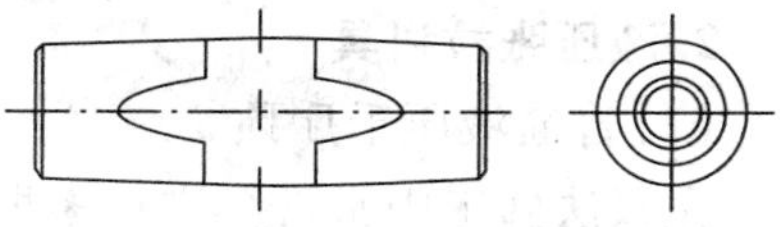

（五）张拉机具

张拉机械分为电动张拉和液压张拉两类,前者多用于先张法,后者可用于先张法,也可用于后张法。

图4-74　YGL连接器的构造

1. 电动张拉机具

在先张法台座上生产构件进行单根钢筋张拉,一般用小型电动螺杆张拉机(如图4-75所示),以弹簧、杠杆等设备测力。用弹簧测力时宜设置行程开关,以便张拉到规定的拉力时能自行停车。

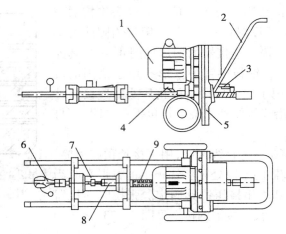

图 4-75　电动螺杆张拉

1—电动机；2—手柄；3—前限位开关；4—后限位开关；5—减速箱；
6—夹具；7—测力器；8—计量标尺；9—螺杆

对长线台座，由于放置钢筋的长度较大，张拉时伸长值也较大，一般电动螺杆张拉机或液压千斤顶的行程难以满足，故张拉小直径的钢筋可用卷扬机，图 4-76 为采用卷扬机张拉单根预应力筋的示意图。

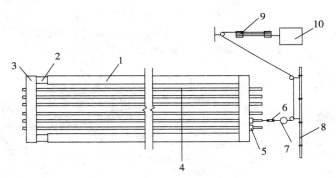

图 4-76　用卷扬机张拉钢筋

1—台座；2—放松装置；3—横梁；4—预应力筋；5—锚固夹具；
6—张拉夹具；7—测力计；8—固定梁；9—滑轮组；10—卷扬机

2. 液压张拉机具

（1）普通液压千斤顶

先张法施工中常常会进行多根钢筋的同步张拉，当用钢台模以机组流水法或传送带法生产构件多进行多根张拉，可用普通液压千斤顶进行张拉。张拉时要求钢丝的长度基本相等，以保证张拉后各钢筋的预应力相同，为此，事先应调整钢筋的初应力。图 4-77 是用液压千斤顶进行成组张拉的示意图。

（2）穿心式千斤顶

穿心式千斤顶是利用双液压缸张拉预应力筋和顶压锚具的双作用千斤顶。穿心式千斤顶适用于张拉带 JM 型锚具的钢筋束或钢绞线束，配上撑脚与拉杆后，也可作为拉杆式千斤

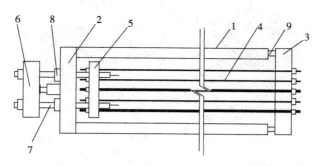

图 4 – 77　液压千斤顶成组张拉
1—台模；2、3—前后横梁；3—钢筋；5、6—拉力架横梁；
7—大螺丝杆；8—油压千斤顶；9—放松装置

顶张拉带螺丝端杆锚具和镦头锚具的预应力筋。图 4 – 78 为 JM12 型锚具和 YC – 60 型千斤顶的安装示意图。系列产品有 YC20D 型、YC60 型与 YC120 型千斤顶。

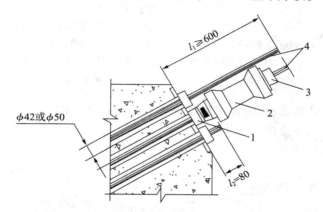

图 4 – 78　JM12 型锚具和 YC – 60 型千斤顶的安装示意图
1—工作锚；2—YC – 60 型千斤顶；3—工具锚；4—预应力筋束

　　如图 4 – 79 为 YC60 型千斤顶构造图，主要由张拉油缸、顶压油缸、顶压活塞、穿心套、保护套、端盖堵头、连接套、撑套、回弹弹簧和动、静密封圈等组成。该千斤顶具有双作用，即张拉与顶锚两个作用。其工作原理是：张拉预应力筋时，张拉缸油嘴进油、顶压缸油嘴回油，顶压油缸、连接套和撑套连成一体右移顶住锚环；张拉油缸、端盖螺母及堵头和穿心套连成一体带动工具锚左移张拉预应力筋；顶压锚固时，在保持张拉力稳定的条件下，顶压缸油嘴进油，顶压活塞、保护套和顶压头连成一体右移将夹片强力顶入锚环内；此时张拉缸油嘴回油、顶压缸油嘴进油、张拉缸液压回程。最后，张拉缸、顶压缸油嘴同时回油，顶压活塞在弹簧力作用下回程复位。

　　大跨度结构、长钢丝束等引伸量大者，用穿心式千斤顶为宜。

　　（3）锥锚式千斤顶

　　锥锚式千斤顶是具有张拉、顶锚和退楔功能三作用的千斤顶，用于张拉带钢质锥形锚具的钢丝束。系列产品有：YZ38 型、YZ60 型和 YZ85 型千斤顶。

　　锥锚式千斤顶由张拉油缸、顶压油缸、退楔装置、楔形卡环、退楔翼片等组成（如图 4 – 80 所示）。其工作原理是当张拉油缸进油时，张拉缸被压移，使固定在其上的钢筋被张拉。钢

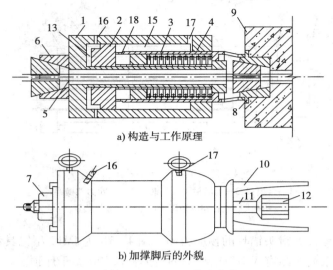

a) 构造与工作原理

b) 加撑脚后的外貌

图 4 – 79　YC60 型千斤顶

1—张拉油缸；2—顶压油缸(即张拉活塞)；3—顶压活塞；4—弹簧；
5—预应力筋；6—工具锚；7—螺帽；8—锚环；9—构件；10—撑脚；
11—张拉杆；12—连接器；13—张拉工作油室；14—顶压工作油室；
15—张拉回程油室；16—张拉缸油嘴；17—顶压缸油嘴；18—油孔

筋张拉后，改由顶压油缸进油，随即由副缸活塞将锚塞顶入锚圈中。张拉缸、顶压缸同时回油，则在弹簧力的作用下复位。

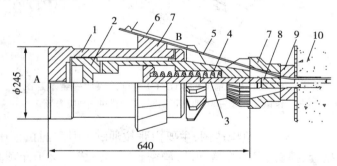

图 4 – 80　锥锚式千斤顶

1—张拉油缸；2—顶压油缸(张拉活塞)；3—顶压活塞；4—弹簧；
5—预应力筋；6—楔块；7—对中套；8—锚塞；9—锚环；10—构件

（4）拉杆式千斤顶

拉杆式千斤顶由主油缸、主缸活塞、回油缸、回油活塞、连接器、传力架、活塞拉杆等组成。图 4 – 81 是用拉杆式千斤顶张拉时的工作示意图。张拉前，先将连接器旋在预应力的螺丝端杆上，相互连接牢固。千斤顶由传力架支承在构件端部的钢板上。张拉时，高压油进入主油缸、推动主缸活塞及拉杆，通过连接器和螺丝端杆，预应力筋被拉伸。千斤顶拉力的大小可由油泵压力表的读数直接显示。当张拉力达到规定值时，拧紧螺丝端杆上的螺母，此时张拉完成的预应力筋被锚固在构件的端部。锚固后回油缸进油，推动回油活塞工作，千斤顶脱离构件，主缸活塞、拉杆和连接器回到原始位置。最后将连接器从螺丝端杆上卸掉，卸下千斤顶，张拉结束。

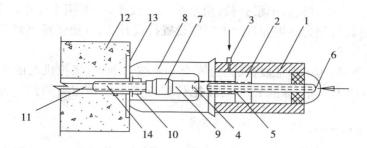

图 4 – 81　拉杆式千斤顶张拉原理

1—主油缸;2—主缸活塞;3—进油孔;4—回油缸;5—回油活塞;

6—回油孔;7—连接器;8—传力架;9—拉杆;10—螺母;

11—预应力筋;12—混凝土构件;13—预埋铁板;14—螺丝端杆

目前常用的一种千斤顶是 YL60 型拉杆式千斤顶。另外,还生产 YL400 型和 YL500 型千斤顶,其张拉力分别为 4000kN 和 5000kN,主要用于张拉力大的钢筋张拉。

(5)高压油泵

高压油泵是向液压千斤顶各个油缸供油,使其活塞按照一定速度伸出或回缩的主要设备。油泵的额定压力应等于或大于千斤顶的额定压力。

高压油泵分手动和电动两类,目前常使用的有:ZB4 – 500 型、ZB10/320 ~ 4/800 型、ZB0.8 – 500 与 ZB0.6 – 630 型等几种,其额定压力为 40 ~ 80MPa。

用千斤顶张拉预应力筋时,张拉力的大小是通过油泵上的油压表的读数来控制的。油压表的读数表示千斤顶张拉油缸活塞单位面积的油压力。在理论上如已知张拉力 N,活塞面积 A,则可求出张拉时油表的相应读数 P。但实际张拉力往往比理论计算值小。其原因是一部分张拉力被油缸与活塞之间的摩阻力所抵消。而摩阻力的大小受多种因素的影响又难以计算确定,为保证预应力筋张拉应力的准确性,应定期校验千斤顶,确定张拉力与油表读数的关系。校验期一般不超过 6 个月。校正后的千斤顶与油压表必须配套使用。

3. 张拉机具的选择

(1)钢丝的张拉机具

钢丝张拉分单根张拉和多根张拉。

用钢台模以机组流水法或传送带法生产构件多进行多根张拉,图 4 – 82 是表示用油压千斤顶进行张拉,要求钢丝的长度相等,事先调整初应力。

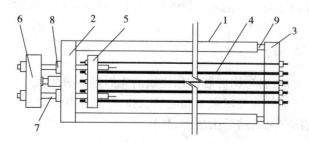

图 4 – 82　油压千斤顶成组张拉

1—台模;2、3—前后横梁;3—钢筋;5、6—拉力架横梁;

7—大螺丝杆;8—油压千斤顶;9—放松装置

在台座上生产构件多进行单根张拉,由于张拉力较小,一般用小型电动卷扬机张拉,以弹簧、杠杆等简易设备测力。用弹簧测力时宜设置行程开关,以便张拉到规定的拉力时能自行停车。

选择张拉机具时,为了保证设备、人身安全和张拉力准确,张拉机具的张拉力应不小于预应力筋张拉力的 1.5 倍;张拉机具的张拉行程应不小于预应力筋张拉伸长值的 1.1 ~ 1.3 倍。

(2)钢筋的张拉机具

先张法粗钢筋的张拉,分单根张拉和多根成组张拉。由于在长线台座上预应力筋的张拉伸长值较大,一般千斤顶行程多不能满足,故张拉较小直径钢筋可用卷扬机。此外,张拉直径 12 ~ 20mm 的单根钢筋、钢绞线或钢丝束,可用 YC – 20 型穿心式千斤顶(如图 4 – 83 所示)。此外,YC – 18 型穿心式千斤顶张拉行程可达 250mm,亦可用于张拉单根钢筋或钢丝束。

(六)预应力筋、机具、设备的配套使用

锚具、夹具和连接器的选用应根据钢筋种类以及结构要求、产品技术性能和张拉施工方法选择,张拉机械则应与锚具配套使用。

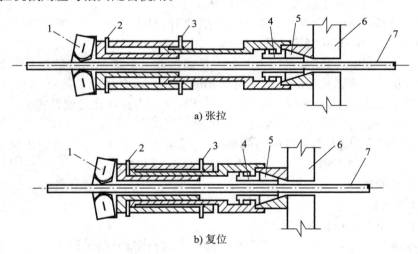

a) 张拉

b) 复位

图 4 – 83　YC – 20 型穿心式千斤顶

1—偏心夹具;2—后油嘴;3—前油嘴;4—弹性顶压头;5—销片夹具;6—台座横梁;7—预应力筋

(七)预应力的施加方法

预应力的施加方法,根据与构件制作相比较的先后顺序分为先张法、后张法两大类。

按钢筋的张拉方法又分为机械张拉和电热张拉,后张法中因施工工艺的不同,又可分为一般后张法、后张自锚法、无粘结后张法、电热法等。

二、先张法

先张法的主要施工工序为:在台座上张拉预应力筋至预定长度后,将预应力筋固定在台座的传力架上;然后在张拉好的预应力筋周围浇筑混凝土;待混凝土达到一定的强度后(约为混凝土设计强度的 70% 左右)切断预应力筋。由于预应力筋的弹性回缩,使得与预应力筋粘结在一起的混凝土受到预压作用。因此,先张法是靠预应力筋与混凝土之间粘结力来传递预应力的。先张法施工工艺流程如图 4 - 84 所示。

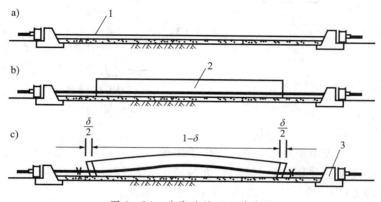

图 4 - 84　先张法施工工艺流程

1—预应力筋;2—混凝土构件;3—台座

(一)先张法施工设备

采用台座法生产预应力混凝土构件时,预应力筋锚固在台座横梁上,台座承受全部预应力的拉力,所以,先张法台座应具有足够的强度、刚度和稳定性,以免因台座变形、倾覆和滑移而引起预应力的损失。

台座通常由台面、横梁和承力结构组成,按构造形式不同,可分为墩式台座、槽形台座和钢模台座等。前两种台座一般可成批生产预应力构件,而"定制钢模板"用于预应力构件生产则须将其"定制",做成具有足够强度与刚度的模板,并开设用于预应力筋张拉的孔(槽),以及用于张拉设备固定的机构,使之适用于预应力构件生产。"定制钢模板"一般用于生产预应力楼板,它多适用于单件板块制作,便于放入养护池或养护窑中进行蒸汽养护。

1. 墩式台座构造

以混凝土墩作承力结构的台座称墩式台座,一般用以生产中小型构件。台座长度较长,张拉一次可生产多根构件,从而减少因钢筋滑动引起的预应力损失。

当生产空心板、平板等平面布筋的小型构件时,由于张拉力不大,可利用简易墩式台座,它将卧梁和台座浇筑成整体,充分利用台面受力。锚固钢丝的角钢用螺栓锚固在卧梁上。

生产中型构件或多层叠浇构件可用图 4 - 85 所示墩式台座。台面局部加厚,以承受部分张拉力。

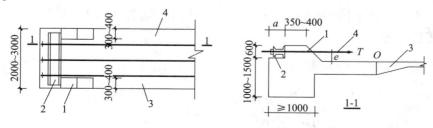

图 4 - 85　墩式台座

1—混凝土墩;2—钢横梁;3—局部加厚的台面;4—预应力筋

设计墩式台座时,应进行台座的稳定性和强度验算。稳定性是指台座抗倾覆能力。

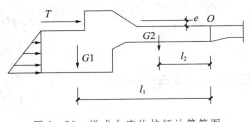

图 4 - 86　墩式台座的抗倾计算简图

抗倾覆验算的计算简图如图 4 - 86 所示,台座的抗倾覆稳定性按下式计算:

$$K_0 = M'/M \qquad (4-16)$$

式中:K_0——台座的抗倾覆安全系数;

M——由张拉力产生的倾覆力矩,$M = T \cdot e$;

e——张拉力合力 T 的作用点到倾覆转动点 O 的力臂;

M'——抗倾覆力矩。

如忽略土压力,则 $M' = G_1 l_1 + G_2 l_2$

进行强度验算时,支承横梁的牛腿,按柱子牛腿计算方法计算其配筋;墩式台座与台面接触的外伸部分,按偏心受压构件计算;台面按轴心受压杆件计算;横梁按承受均布荷载的简支梁计算,其挠度应控制在 2mm 以内,并不得产生翘曲。

2. 槽式台座

生产吊车梁、屋架、箱梁等预应力混凝土构件时,由于张拉力和倾覆力矩都较大,大多采用槽式台座。由于它具有通长的钢筋混凝土压杆,可承受较大的张拉力和倾覆力矩,其上加砌砖墙,加盖后还可进行蒸汽养护(如图 4 - 87 所示),为方便混凝土运输和蒸汽养护,槽式台座多低于地面。为便于拆迁,台座的压杆亦可分段浇制。

设计槽式台座时,也应进行抗倾覆稳定性和强度验算。

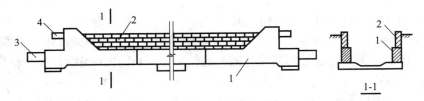

图 4 - 87　槽式台座

1—钢筋混凝土压杆;2—砖墙;3—上横梁;4—下横梁

3. 钢模台座

钢模台座是将制作构件的模板作为预应力钢筋的锚固支座的一种台座,主要用于流水线生产中应用。

(二)先张法施工工艺流程

先张法预应力混凝土构件在台座上生产时,一般工艺流程如图 4 - 88 所示,施工中可按具体情况适当调整。

(三)预应力筋的张拉程序

预应力钢筋张拉程序一般可按下列程序之一进行:

$$0 \longrightarrow 105\% \sigma_{con} \xrightarrow{\text{持荷 2min}} \sigma_{con} \qquad (4-17)$$

或
$$0 \longrightarrow 103\% \sigma_{con} \qquad (4-18)$$

式中:σ_{con}——预应力筋的张拉控制应力。

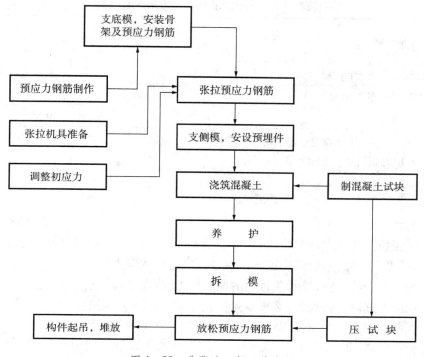

图4-88 先张法一般工艺流程

交通部规范中对粗钢筋及钢绞线的张拉程序分别取:

$$0 \rightarrow 初应力(10\% \sigma_{con}) \rightarrow 105\% \sigma_{con} \xrightarrow{持荷 5min} 90\% \sigma_{con} \rightarrow \sigma_{con} \qquad (4-19)$$

$$0 \xrightarrow{\quad} 初应力 105\% \sigma_{con} \xrightarrow{持荷 5min} 0 \xrightarrow{\quad} \sigma_{con} \qquad (4-20)$$

建立上述张拉程序的目的是为了减少预应力的松弛损失。所谓"松弛",即钢材在常温、高应力状态下具有不断产生塑性变形的特性。松弛的数值与控制应力和延续时间有关,控制应力高,松弛越大,所以钢丝、钢绞线的松弛损失比冷拉热轧钢筋大;松弛损失还随着时间的延续而增加,但在第1min内可完成损失总值的50%左右,24h内则可完成80%。上述张拉程序,如先超张拉5%σ_{con}再持荷几分钟,则可减少大部分松弛损失。超张拉3%σ_{con}亦是为了弥补松弛引起的预应力损失。

用应力控制张拉时,为了校核预应力值,在张拉过程中应测出预应力筋的实际伸长值。如实际伸长值大于计算伸长值10%或小于计算伸长值5%,应暂停张拉,查明原因并采取措施予以调整后,方可继续张拉。

（四）最大张拉应力的控制

张拉时的控制应力按设计规定。控制应力的数值影响预应力的效果。控制应力高,建立的预应力值则大。但控制应力过高,预应力筋处于高应力状态,使构件出现裂缝的荷载与破坏荷载接近,破坏前无明显的预兆,这是不允许的。此外,施工中为减少由于松弛等原因造成的预应力损失,一般要进行超张拉,如果原定的控制应力过高,再加上超张拉就可能使钢筋的应力超过流限。为此,GB 50204—1992《混凝土结构工程施工及验收规范》规定预应力筋的最大超张拉应力不得超过表4-19的规定。

表 4－19　最大张拉控制应力允许值

钢　　种	张 拉 方 法	
	先张法	后张法
碳素钢丝、刻痕钢丝、钢绞线	$0.8f_{ptk}$	$0.75f_{ptk}$
热处理钢筋、冷拔低碳钢丝	$0.75f_{ptk}$	$0.70f_{ptk}$
冷拉钢筋	$0.95f_{pyk}$	$0.90f_{pyk}$

注：f_{ptk} 为预应力筋极限抗拉强度标准值；
　　f_{pyk} 为预应力筋屈服强度标准值。

（五）先张法施工工艺

1. 钢筋的张拉

预应力筋张拉应根据设计要求进行。当进行多根成组张拉时，应先调整各预应力筋的初应力，使其长度和松紧一致，以保证张拉后各预应力筋的应力一致。

台座法张拉中，为避免台座承受过大的偏心压力，应先张拉靠近台座截面重心处的预应力筋。多根预应力筋同时张拉时，必须事先调整初应力，使相互间的应力一致。预应力筋张拉锚固后的实际预应力值与设计规定检验值的相对允许偏差为 ±5%。

张拉完毕锚固时，张拉端的预应力筋回缩量不得大于设计规定值；锚固后，预应力筋对设计位置的偏差不得大于 5mm，并不大于构件截面短边长度的 4%。

另外，施工中必须注意安全，严禁正对钢筋张拉的两端站立人员，防止断筋回弹伤人。冬季张拉预应力筋，环境温度不宜低于 15℃。

2. 混凝土的浇筑与养护

确定预应力混凝土的配合比时，应尽量减少混凝土的收缩和徐变，以减少预应力损失。收缩和徐变都与水泥品种和用量、水灰比、骨料孔隙率、振动成型等有关。

预应力筋张拉完成后，钢筋绑扎、模板拼装和混凝土浇筑等工作应尽快跟上。混凝土应振捣密实混凝土浇筑时，振动器不得碰撞预应力筋。混凝土未达到强度前，也不允许碰撞或踩动预应力筋。

混凝土可采用自然养护或湿热养护。但必须注意，当预应力混凝土构件在台座上进行湿热养护时，应采取正确的养护制度以减少由于温差引起的预应力损失。预应力筋张拉后锚固在台座上，温度升高预应力筋膨胀伸长，使预应力筋的应力减小。在这种情况下混凝土逐渐硬结，而预应力筋由于温度升高而引起的预应力损失不能恢复。因此，先张法在台座上生产预应力混凝土构件，其最高允许的养护温度应根据设计规定的允许温差（张拉钢筋时的温度与台座养护温度之差）计算确定。当混凝土强度达到 7.5N/mm² （粗钢筋配筋）或 10N/mm²（钢丝、钢绞线配筋）以上时，则可不受设计规定的温差限制。以机组流水法或传送带法用钢模制作预应力构件，湿热养护时钢模与预应力筋同步伸缩，故不引起温差预应力损失。

3. 预应力筋放松

混凝土强度达到设计规定的数值（一般不小于混凝土标准强度的 75%）后，才可放松预应力筋。这是因为放松过早会由于预应力筋回缩而引起较大的预应力损失。预应力筋放松应根据配筋情况和数量，选用正确的方法和顺序，否则易引起构件翘曲、开裂和断筋等现象。

当预应力筋采用钢丝时,配筋不多的中小型钢筋混凝土构件,钢丝可用砂轮锯或切断机切断等方法放松。配筋多的钢筋混凝土构件,钢丝应同时放松,如逐根放松,则最后几根钢丝将由于承受过大的拉力而突然断裂,易使构件端部开裂。长线台座上放松后预应力筋的切断顺序,一般由放松端开始,逐次切向另一端。

预应力筋为钢筋时,对热处理钢筋及冷拉Ⅳ级钢筋不得用电弧切割,宜用砂轮锯或切断机切断。数量较多时,也应同时放松。多根钢丝或钢筋的同时放松,可用油压千斤顶、砂箱、楔块等。

采用湿热养护的预应力混凝土构件,宜热态放松预应力筋,而不宜降温后再放松。

4. 先张法预应力施工注意事项

(1)在确定预应力筋的张拉顺序时,应尽可能减少倾覆力矩和偏心力,应先张拉靠近台座截面重心处的预应力筋。宜分批、对称进行张拉。

(2)预应力筋超张拉时,其最大超张拉力应符合下列规定:冷拉Ⅱ~Ⅳ级钢筋为屈服点的95%;碳素钢丝、刻痕钢丝及钢铰线为强度标准值的80%。

(3)控制应力法张拉时,应校核预应力筋的伸长值。当实际伸长值大于计算伸长值10%或小于计算伸长值5%,应暂停张拉,查明原因并采取措施予以调整后,方可再行张拉。

(4)多根预应力筋同时张拉时,必须事先调整初应力,使应力一致,张拉中抽查应力值的偏差,不得大于或小于一个构件全部钢丝预应力总值的5%。

(5)结构中预应力钢材(钢丝、钢铰线或钢筋)断裂或滑脱的数量,对后张法构件,严禁超过结构同一截面钢材总根数3%,且一束钢丝只允许一根;对先张法构件,严禁超过结构同一截面钢材总根数的5%,且严禁相邻两根预应力钢材断裂或滑脱。先张法构件在浇筑混凝土前发生断裂或滑脱的预应力钢材必须予以更换。

(6)锚固时,张拉端预应力筋的回缩量不得大于施工规范规定。张拉锚固后,预应力筋对设计位置的偏差不得大于5mm,且不得大于构件截面短边尺寸的4%。

(7)施工中应注意安全,张拉时,正对钢筋两端禁止站人。

三、后张法

后张法施工分为有粘结后张法施工与无粘结预应力施工。

(一)有粘结后张法预应力施工

1. 施工工序

有粘结后张法预应力的主要施工工序为:浇筑好混凝土构件,并在构件中预留孔道,待混凝土达到预期强度后(一般不低于混凝土设计强度的75%),将预应力钢筋穿入孔道;利用构件本身作为受力台座进行张拉(一端锚固一端张拉或两端同时张拉),在张拉预应力钢筋的同时,使混凝土受到预压。张拉完成后,在张拉端用锚具将预应力筋锚住;最后在孔道内灌浆使预应力钢筋和混凝土构成一个整体,形成有粘结后张法预应力结构(如图4-89所示)。

有粘结后张法预应力施工不需要专门台座,便于在现场制作大型构件,适用于配直线及曲线预应力钢筋的构件。但其施工工艺较复杂、锚具消耗量大、成本较高。

2. 有粘结预应力筋施工工艺

后张法施工步骤是先制作构件,预留孔道;待构件混凝土达到规定强度后,在孔道内穿

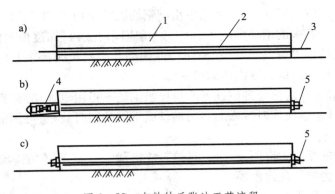

图 4 - 89　有粘结后张法工艺流程

1—混凝土构件;2—预留孔道;3—预应力筋;4—张拉千斤顶;5—锚具

放预应力筋,预应力筋张拉并锚固;最后孔道灌浆。

(1)后张法预应力构件的孔道留设

孔道留设是后张法构件制作中的关键工作。孔道留设方法有钢管抽芯法、胶管抽芯法和预埋波纹管法。预埋波纹管法只用于曲线形孔道。在留设孔道的同时还要在设计规定位置留设灌浆孔。一般在构件两端和中间每隔 12m 留一个直径 20mm 的灌浆孔,并在构件两端各设一个排气孔。

①钢管抽芯法

预先将钢管埋设在模板内孔道位置处,在混凝土浇筑过程中和浇筑之后,每间隔一定时间慢慢转动钢管,使之不与混凝土粘结,待混凝土初凝后、终凝前抽出钢管,即形成孔道。该法只可留设直线孔道。

钢管要平直,表面要光滑,安放位置要准确。一般用间距不大于 1m 的钢筋井字架固定钢管位置。每根钢管的长度最好不超过 15m,以便于旋转和抽管,较长构件则用两根钢管,中间用套管连接。钢管的旋转方向两端要相反。

恰当掌握抽管时间很重要,过早会坍孔,太晚则抽管困难。一般在初凝后、终凝前,以手指按压混凝土不粘浆又无明显印痕时则可抽管。为保证顺利抽管,混凝土的浇筑顺序要密切配合。

抽管顺序宜先上后下,抽管可用人工或卷扬机,抽管要边抽边转,速度均匀,与孔道成一直线。

②胶管抽芯法

胶管有布胶管和钢丝网胶管两种。用间距不大于 0.5m 的钢筋井字架固定位置,浇筑混凝土前,胶管内充入压力为 $0.6 \sim 0.8 \text{N/mm}^2$ 的压缩空气或压力水,此时胶管直径增大 3mm 左右,待浇筑的混凝土初凝后,放出压缩空气或压力水,管径缩小而与混凝土脱离,便于抽出。后者质硬、具有一定弹性,留孔方法与钢管一样,只是浇筑混凝土后不需转动,由于其有一定弹性,抽管时在拉力作用下断面缩小易于拔出。采用胶管抽芯留孔,不仅可留直线孔道,而且可留曲线孔道。

③预埋波纹管法

波纹管为特制的带波纹的金属管,它与混凝土有良好的粘结力。波纹管预埋在构件中,浇筑混凝土后不再抽出,预埋时用间距不宜大于 0.8m 的钢筋井字架固定。

（2）预应力筋张拉

张拉预应力筋时,构件混凝土的强度应按设计规定,如设计无规定则不宜低于混凝土标准强度的75%。

（3）预应力筋张拉控制

预应力混凝土在施工中引起预应力损失的原因很多,产生的时间也先后不一。在进行预应力筋的应力计算与施工时,一般应考虑由下列因素引起的预应力损失,即:

①锚具变形、预应力筋内缩和分块拼装构件接缝压密引起的应力损失 σ_{l1};

②预应力筋与孔道壁之间摩擦引起的应力损失 σ_{l2};

③混凝土加热养护时,预应力筋和张拉台座之间温差引起的应力损失 σ_{l3};

④预应力筋松弛引起的应力损失 σ_{l4};

⑤混凝土收缩和徐变引起的应力损失 σ_{l5};

⑥环形结构中螺旋式预应力筋对混凝土的局部挤压引起的应力损失 σ_{l6};

⑦混凝土弹性压缩引起的应力损失 σ_{l7}。

后张法施工中对以上第2项、第3项、第4项、第7项预应力筋损失在张拉时应予以注意。

预应力钢筋张拉时应采取以下措施加以控制:

①钢筋松弛引起的应力损失仍采用张拉程序控制。后张法预应力筋的张拉程序,与所采用的锚具种类有关,张拉程序一般与先张法相同。

②对配有多根预应力筋的构件,应分批、对称地进行张拉。对称张拉是为避免张拉时构件截面呈过大的偏心受压状态。分批张拉,要考虑后批预应力筋张拉时产生的混凝土弹性压缩,会对先批张拉的预应力筋的张拉应力产生影响。为此先批张拉的预应力筋的张拉应力应增加 $\alpha_E \sigma_{pc}$:

$$\alpha_E = \frac{E_s}{E_c}$$

$$\sigma_{pc} = \frac{(\sigma_{con} - \sigma_{l1})A_p}{A_n} \qquad (4-21)$$

式中：E_s——预应力筋的弹性模量;

E_c——混凝土的弹性模量;

σ_{pc}——张拉后批预应力筋时,对已张拉的预应力筋重心处混凝土产生的法向应力;

σ_{con}——张拉控制应力;

σ_{l1}——预应力筋的第一批应力损失(包括锚具变形和摩擦损失);

A_p——后批张拉的预应力筋的截面面积;

A_n——构件混凝土的净截面面积(包括构件钢筋的折算面积)。

③对平卧叠浇的预应力混凝土构件,上层构件的重量产生的水平摩阻力,会阻止下层构件在预应力筋张拉时混凝土弹性压缩的自由变形,待上层构件起吊后,由于摩阻力影响消失会增加混凝土弹性压缩的变形,从而引起预应力损失。该损失值随构件形式、隔离层和张拉方式而不同。为便于施工,可采取逐层加大超张拉的办法来弥补该预应力损失,但底层超张拉值不宜比顶层张拉力大5%,并且要保证底层构件的控制应力不超过张拉控制应力限值中的规定。如隔离层的隔离效果好,也可采用同一张拉应力值。

④预应力筋与预留孔孔壁摩擦会引起应力损失,预应力筋与孔壁的摩擦系数可参考表4-20中的 μ 值。

表 4-20　预应力筋与孔壁的摩擦系数 μ 值

管道成型形式		μ
预埋金属波纹管		0.25
预埋钢管		0.30
橡皮管或钢管抽芯成型		0.55
无粘结筋	7φ5 钢丝	0.10
	φ15 钢绞线	0.12

为减少预应力筋与预留孔孔壁摩擦而引起的应力损失,对抽芯成型孔道的曲线形预应力筋和长度大于 24m 的直线预应力筋,应采用两端张拉;长度等于或小于 24m 的直线预应力筋,可一端张拉,但张拉端宜分别设置在构件两端。对预埋波纹管孔道,曲线形预应力筋和长度大于 30m 的直线预应力筋宜在两端张拉;长度等于或小于 30m 的直线预应力筋,可在一端张拉。用双作用千斤顶两端同时张拉钢筋束、钢绞线束或钢丝束时,为减少顶压时的应力损失,可先顶压一端的锚塞,而另一端在补足张拉力后再行顶压。

⑤当采用应力控制方法张拉时,应校核预应力筋的伸长值,如实际伸长值比计算伸长值大或小 6%,应暂停张拉,在采取措施予以调整后,方可继续张拉。预应力筋伸长值 Δl（mm）,可按式（4-22）计算:

$$\Delta l = \frac{F_p l}{A_p E_s} \tag{4-22}$$

式中:F_p——预应力筋的平均张拉力,kN,直线筋取张拉端的拉力;两端张拉的曲线筋,取张拉端的拉力与跨中扣除孔道摩阻损失后拉力的平均值;

A_p——预应力筋的截面面积,mm²;

l——预应力筋的长度,mm;

E_s——预应力筋的弹性模量,kN/mm²。

预应力筋的实际伸长值,宜在初应力为张拉控制应力 10% 左右时开始量测,但必须加上初应力以下的推算伸长值;对后张法,尚应扣除混凝土构件在张拉过程中的弹性压缩值。

(4)最大张拉应力的控制

在预应力筋张拉时,往往需采取超张拉的方法来弥补多种预应力的损失,此时,预应力筋的张拉应力较大,有时会超过表 4-1 的规定值。例如,多层叠浇的最下一层构件中的先批张拉钢筋,既要考虑钢筋的松弛,又要考虑多层叠浇的摩阻力影响,还要考虑后批张拉钢筋的张拉影响,往往张拉应力会超过规定值,此时,可采取下述方法解决:

①先采用同一张拉值,而后复位补足;

②分两阶段建立预应力,即全部预应力张拉到一定数值(如 90%),再第二次张拉至控制值。

(5)孔道灌浆

预应力筋张拉后,应随即进行孔道灌浆,尤其是钢丝束,张拉后应尽快进行灌浆,以防锈蚀与增加结构的抗裂性和耐久性。

在浇注混凝土之前需设置灌浆孔、排气孔、排水孔与泌水管。灌浆孔或排气孔一般设置在构件两端及跨中处,也可设置在锚具或铸铁喇叭管处,孔距不宜大于 12m。灌浆孔用于进水泥浆。排气孔是为了保证孔道内气流通畅以及水泥浆充满孔道,不形成死角。灌浆孔或排气孔在跨内高点处应设在孔道上侧方,在跨内低点处应设在孔道下侧方。排水孔一般设在每跨曲线孔道的最低点,开口向下,主要用于排除灌浆前孔道内冲洗用水或养护时进入孔道内的水分。泌水管应设在每跨曲线孔道的最高点处,开口向上,露出梁面的高度一般不小于500mm。泌水管用于排除孔道灌浆后水泥浆的泌水,并可二次补充水泥浆。泌水管一般与灌浆孔统一设置。

灌浆前,用压力水冲洗和润湿孔道。灌浆过程中,可用电动或手动灰浆泵进行灌浆,水泥浆应均匀缓慢地注入,不得中断。灌满孔道并封闭气孔后,宜再继续加注至0.5~0.6MPa,并稳定一段时间,以确保孔道灌浆的密实性。对不掺外加剂的水泥浆,可采用两次灌浆法来提高灌浆的密实性。

灌浆顺序应先下后上。曲线孔道灌浆宜由最低点注入水泥浆,至最高点排气孔排尽空气并溢出浓浆为止。

灌浆宜用标号不低于32.5号的普通硅酸盐水泥调制的水泥浆,对空隙大的孔道,水泥浆中可掺适量的细砂,但水泥浆和水泥砂浆的强度等级不低于M30,且应有较大的流动性和较小的干缩性、泌水性(搅拌后3h的泌水率宜控制在2%)。水灰比一般为0.40~0.45。

为使孔道灌浆密实,可在灰浆中掺入0.05‰~0.1‰的铝粉或0.25%的木质素磺酸钙。

(二)无粘结后张法预应力施工

1. 施工工序

无粘结预应力结构的主要施工工序为:将无粘结预应力筋准确定位,并与普通钢筋一起绑扎形成钢筋骨架,然后浇筑混凝土;待混凝土达到预期强度后(一般不低于混凝土设计强度的75%)进行张拉(一端锚固一端张拉或两端同时张拉)。张拉完成后,在张拉端用锚具将预应力筋锚住,形成无粘结预应力结构(如图4-90所示)。

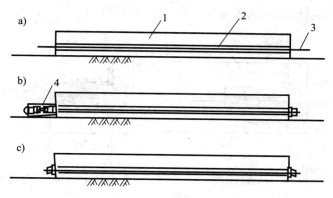

图4-90 无粘结后张法工艺流程
1—混凝土构件;2—无粘结预应力筋;3—张拉千斤顶;4—锚具

无粘结预应力施工工艺的基本特点与有粘结后张法预应力比较相似,区别在于无粘结预应力的施工过程较为简单,它避免了预留孔道、穿预应力筋以及压力灌浆等施工工序,此外,无粘结预应力其预应力的传递完全依靠构件两端的锚具,因此对锚具的要求要高得多。

2. 工艺过程

(1)预应力筋铺设

无粘结预应力筋在平板结构中常常为双向曲线配置,因此其铺设顺序很重要。如钢丝束的铺设一般根据双向钢丝束交点的标高差,绘制钢丝束的铺设顺序图,钢丝束波峰低的底层钢丝束先行铺设,然后依次铺设波峰高的上层钢丝束,这样可以避免钢丝束之间的相互穿插。钢丝束铺设波峰的形成是用钢筋制成的"马凳"来架设。一般施工顺序是依次放置钢筋马凳,然后按顺序铺设钢丝束,钢丝束就位后,进行调整波峰高度及其水平位置,经检查无误后,用铅丝将无粘结预应力束与非预应力钢筋绑扎牢固,防止钢丝束在浇筑混凝土施工过程中位移。

（2）无粘结预应力筋的张拉

无粘结预应力筋的张拉与普通后张法带有螺母锚具的有粘结预应力钢丝束张拉方法相似。张拉程序一般采用 $0 \rightarrow 103\% \ \sigma_{con}$ 进行锚固。由于无粘结预应力筋多为曲线配筋,故应采用两端同时张拉。无粘结预应力筋的张拉顺序,应根据其铺设顺序,先铺设的先张拉,后铺设的后张拉。

无粘结预应力筋一般长度大,有时又呈曲线形布置,如何减少其摩阻损失值是一个重要的问题。影响摩阻损失值的主要因素是润滑介质、包裹物和预应力筋截面形式。摩阻损失值,可用标准测力计或传感器等测力装置进行测定。施工时,为降低摩阻损失值,宜采用多次重复张拉工艺。

（3）锚头端部处理

无粘结预应力筋由于一般采用镦头锚具,锚头部位的外径比较大,因此,钢丝束两端应在构件上预留有一定长度的孔道,其直径略大于锚具的外径。钢丝束张拉锚固以后,其端部便留下孔道,并且该部分钢丝没有涂层,为此应加以处理保护预应力钢丝。

无粘结预应力筋锚头端部处理,目前常采用两种方法:第一种方法系在孔道中注入油脂并加以封闭,如图4-91a)所示。第二种方法系在两端留设的孔道内注入环氧树脂水泥砂浆,其抗压强度不低于35MPa。灌浆时同时将锚头封闭,防止钢丝锈蚀,同时也起一定的锚固作用,如图4-91b)所示。

预留孔道中注入油脂或环氧树脂水泥砂浆后,用C30级的细石混凝土封闭锚头部位。

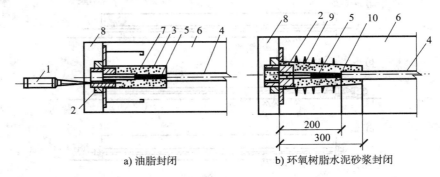

a) 油脂封闭　　　　　　　b) 环氧树脂水泥砂浆封闭

图4-91　锚头端部处理方法

1—油枪;2—锚具;3—端部孔道;4—有涂层的无粘结预应力筋;5—无涂层的端部钢丝;6—构件;
7—注入孔道的油脂;8—混凝土封闭;9—端部加固螺旋钢筋;10—环氧树脂水泥砂浆

第五节　钢筋混凝土预制构件

一、概　念

钢筋混凝土预制构件是指在工厂或工地预先加工制作建筑物或构筑物的混凝土部件,

其施工的工艺过程包括加工、运输、堆放、安装等。采用预制混凝土构件进行装配化施工,具有节约劳动力、克服季节影响、便于常年施工等优点。推广使用预制混凝土构件,是实现建筑工业化的重要途径之一。

二、发展历史

19世纪末至20世纪初,预制混凝土构件就曾少量地用于构筑给排水管道、制造砌块和建筑板材。第二次世界大战后,欧洲一些国家为解决房荒和技术工人不足的困难,发展了装配式钢筋混凝土结构。苏联为推广预制装配式建筑,建立了一批专业化的预制混凝土构件厂。随着建筑工业化的发展,东欧以及西方一些工业发达国家,相继出现了按照不同建筑体系生产全套混凝土构件的工厂,同时预制混凝土构件的生产技术也有了新的发展。

我国从20世纪50年代开始陆续在全国各地普遍建立了这类混凝土构件加工厂。其中,综合性建筑构件厂是根据建筑工地的需要,生产多品种的产品。专业性建筑构件厂是选择一种或数种产品组织大批量生产,作为商品,供应市场。

三、品种分类

预制混凝土构件的品种是多样的:有用于工业建筑的柱子、基础梁、吊车梁、屋面梁、桁架、屋面板、天沟、天窗架、墙板、多层厂房的花篮梁和楼板等;有用于民用建筑的基桩、楼板、过梁、阳台、楼梯、内外墙板、框架梁柱、屋面檐口板、装修件等。目前有些工厂,还可以生产整间房屋的盒子结构,其室内装修和卫生设备的安装均在工厂内完成,然后作为产品运到工地吊装。

在中国浙江、江苏等地,用先张法冷拔低碳钢丝生产的各种预应力混凝土板、梁类构件,由于重量轻、价格低,可以代替紧缺的木材,是具有中国特色的、有广阔发展前途的商品构件。

四、混凝土

预制构件混凝土通常在工厂或车间集中搅伴运送到加工工地的混凝土。混凝土集中搅拌有利于采用先进的工艺技术,实行专业化生产管理。设备利用率高,计量准确,因而产品质量好、材料消耗少、工效高、成本较低,又能改善劳动条件,减少环境污染。

五、构件成型

在经过制备、组装、清理并涂刷过隔离剂的模板内安装钢筋和预埋件后,即可进行构件的成型。成型工艺主要有以下几种:

(一)平模机组流水工艺

生产线一般建在厂房内,适合生产板类构件,如民用建筑的楼板、墙板、阳台板、楼梯段,工业建筑的屋面板等。在模内布筋后,用吊车将模板吊至指定工位,利用浇灌机往模内灌筑混凝土,经振动梁(或振动台)振动成型后,再用吊车将模板连同成型好的构件送去养护。这种工艺的特点是主要机械设备相对固定,模板借助吊车的吊运,在移动过程中完成构件的成型。

（二）平模传送流水工艺

生产线一般建在厂房内,适合生产较大型的板类构件,如大楼板、内外墙板等。在生产线上,按工艺要求依次设置若干操作工位。模板自身装有行走轮或借助辊道传送,不需吊车即可移动,在沿生产线行走过程中完成各道工序,然后将已成型的构件连同钢模送进养护窑。这种工艺机械化程度较高,生产效率也高,可连续循环作业,便于实现自动化生产。平模传送流水工艺有两种布局,一是将养护窑建在和作业线平行的一侧,构成平面循环;一是将作业线设在养护窑的顶部,形成立体循环。

（三）固定平模工艺

特点是模板固定不动,在一个位置上完成构件成型的各道工序。较先进的生产线设置有各种机械如混凝土浇灌机、振捣器、抹面机等。这种工艺一般采用上振动成型、热模养护。当构件达到起吊强度时脱模,也可借助专用机械使模板倾斜,然后用吊车将构件脱模。

（四）立模工艺

特点是模板垂直使用,并具有多种功能。模板是箱体,腔内可通入蒸汽,侧模装有振动设备。从模板上方分层灌筑混凝土后,即可分层振动成型。与平模工艺比较,可节约生产用地、提高生产效率,而且构件的两个表面同样平整,通常用于生产外形比较简单而又要求两面平整的构件,如内墙板、楼梯段等。

立模通常成组组合使用,称成组立模,可同时生产多块构件。每块立模板均装有行走轮。能以上悬或下行方式作水平移动,以满足拆模、清模、布筋、支模等工序的操作需要。

（五）长线台座工艺

适用于露天生产厚度较小的构件和先张法预应力钢筋混凝土构件(见预应力混凝土结构),如空心楼板、槽形板、T 形板、双 T 板、工形板、小桩、小柱等。台座一般长 $100 \sim 180m$,用混凝土或钢筋混凝土灌筑而成。在台座上,传统的做法是按构件的种类和规格现支模板进行构件的单层或叠层生产,或采用快速脱模的方法生产较大的梁、柱类构件。70 年代中期,长线台座工艺发展了两种新设备——拉模和挤压机。辅助设备有张拉钢丝的卷扬机、龙门式起重机、混凝土输送车、混凝土切割机等。钢丝经张拉后,使用拉模在台座上生产空心楼板、桩、桁条等构件。拉模装配简易,可减轻工人劳动强度,并节约木材。拉模因无需昂贵的切割锯片,在中国已广泛采用。挤压机的类型很多,主要用于生产空心楼板、小梁、柱等构件。挤压机安放在预应力钢丝上,以 $1 \sim 2m/min$ 的速度沿台座纵向行进,边滑行边灌筑边振动加压,形成一条混凝土板带,然后按构件要求的长度切割成材。这种工艺具有投资少,设备简单,生产效率高等优点,已在中国部分省市采用。

（六）压力成型法

是预制混凝土构件工艺的新发展。特点是不用振动成型,可以消除噪声。如荷兰、联邦德国、美国采用的滚压法,混凝土用浇灌机灌入钢模后,用滚压机碾实,经过压缩的板材进入隧道窑内养护。又如英国采用大型滚压机生产墙板的压轧法等。

六、构件养护

为了使已成型的混凝土构件尽快获得脱模强度,以加速模板周转,提高劳动生产率、增加产量,需要采取加速混凝土硬化的养护措施。常用的构件养护方法及其他加速混凝土硬化的措施有以下几种:

(一)蒸汽养护

分常压、高压、无压三类,以常压蒸汽养护应用最广。在常压蒸汽养护中,又按养护设施的构造分为:

(1)养护坑(池)。主要用于平模机组流水工艺。由于构造简单、易于管理、对构件的适应性强,是主要的加速养护方式。它的缺点是坑内上下温差大、养护周期长、蒸汽耗量大。

(2)立式养护窑。1964 年使用于原苏联。20 世纪 70 年代后,中国也相继建了立窑。窑内分顶升和下降两行,成型后的制品入窑后,在窑内一侧层层顶升,同时处于顶部的构件通过横移车移至另一侧,层层下降,利用高温蒸汽向上、低温空气向下流动的原理,使窑内自然形成升温、恒温、降温三个区段。立窑具有节省车间面积、便于连续作业、蒸汽耗量少等优点,但设备投资较大,维修不便。

(3)水平隧道窑和平模传送流水工艺配套使用。构件从窑的一端进入,通过升温、恒温、降温三个区段后,从另一端推出。其优点是便于进行连续流水作业,但三个区段不易分隔,温、湿度不易控制,窑门不易封闭,蒸汽有外溢现象。

(4)折线形隧道窑。这种养护窑具有立窑和平窑的优点,在升温和降温区段是倾斜的,而恒温区段是水平的,可以保证三个养护区段的温度差别。窑的两端开口处也不外溢蒸汽。中国已推广使用。

(二)热模养护

将底模和侧模做成加热空腔,通入蒸汽或热空气,对构件进行养护。可用于固定或移动的钢模,也可用于长线台座。成组立模也属于热模养护型。

(三)太阳能养护

用于露天作业的养护方法。当构件成型后,用聚氯乙烯薄膜或聚酯玻璃钢等材料制成的养护罩将产品罩上,靠太阳的辐射能对构件进行养护。养护周期比自然养护约可缩短 1/3 ~ 2/3,并可节省能源和养护用水,因此已在日照期较长的地区推广使用。

(四)新的养护方法

近年来,世界各国研制和推广一些新的加速混凝土硬化的方法,较常见的有热拌混凝土和掺加早强剂。此外,还有利用热空气、热油、热水等进行养护的方法。

七、成品堆放

构件经养护后,绝大多数都需在成品场作短期储存。在混凝土预制厂,对成品场的要求是:地基平整坚实、场内道路畅通、配有必要的起重和运输设备。起重设备通常用龙门式起重机、桥式起重机、塔式起重机、履带式起重机、轮胎式起重机等。运输设备除卡车外,一些预制厂还设计了多种专用车辆,既可供厂内运输成品使用,也可将成品运出工厂,送往建筑工地。

八、质量检验

质量检验贯穿在生产的全过程,主要包括以下六个环节:

(1)砂、石、水、水泥、钢材、外加剂等材料检验;

(2)模具的检验;

(3)钢筋加工过程及其半成品、成品和预埋件的检验;

(4)混凝土搅拌及构件成型工艺过程检验;

(5)养护后的构件检验,并对合格品加检验标记;

(6)成品出厂前检验。

尽管部分混凝土构件正在被一些新型建筑材料所代替,但是预制混凝土构件仍被大量采用,并向轻质、高强、大跨度、多功能方向发展。在城市建设中,由于推行工业化建筑体系,对混凝土构件的品种、质量和数量都会提出更高的要求。因此,产品设计必须和工艺设计相结合,使预制混凝土构件在实现标准化的同时,做到品种的多样化,设计和生产出多品种多功能的产品(如既可作墙、柱,又可作为楼板使用;既是结构构件,又具有装修效果等),以满足经济建设不断发展和人民生活不断提高的需要。

复习思考题

1. 模板材料以及构成形式的未来发展方向?

2. 模板支撑体系的发展历程?

3. 混凝土工程的质量控制因素主要包括什么?

4. 混凝土的温度裂缝如何控制?

5. 预应力混凝土构件的应用发展?

6. 钢筋工程的工艺过程包括哪些?

7. 钢筋的机械连接有哪些方式?

8. 模板设计应考虑哪些荷载?

9. 模板拆除的注意事项和必要条件?

10. 混凝土浇筑时的振捣方式包括哪些,振捣时应遵守的操作规程?

11. 混凝土的养护方式包括哪些?

12. 预应力混凝土筋的锚具、夹具及连接器的种类?

13. 预应力混凝土筋张拉机械的种类?

14. 先张法的施工工艺?

15. 后张法的施工工艺?

16. 孔道灌浆的作用是什么?对灌浆材料有什么作用?

作　业

1. 冷拉设备采用 50kN 卷扬机,其鼓直径 $D = 400$mm,转速为 8.7r/min,用 6 门滑轮组,

工作线数 $M=13$，$\eta=0.8$，设备阻力 $F=10$kN，求设备能力及冷拉速度。现需采用应力控制法冷拉直径 32mm 的 HRB335 级钢筋，是否符合要求？

2．某高层混凝土剪力墙厚 200mm，采用大模板施工，模板高为 2.6m，已知现场施工条件为：混凝土温度 20℃，混凝土浇筑速度为 1.4m/h，混凝土坍落度 6cm（标准值），不掺外加剂，向模板倾倒混凝土产生的水平荷载为 6.0kN/m²，振捣混凝土产生的水平荷载为 4.0kN/m²；试确定该模板设计的荷载及荷载组合。

3．已知混凝土实验室配合比水泥：砂：石为 1:2.5:5.15，水灰比为 0.62，每 m³ 混凝土的水泥用量 275kg，现场砂含水率为 4%，石子含水率为 2%，试计算施工配合比以及每立方米混凝土材料用量，如果采用 JZ250 型搅拌机，试计算每搅拌一次所需的各种材料用量。

4．如图所示为基础平面，混凝土由搅拌站供应，最大供应量为 100m³/h，混凝土由汽车送到现场 0.5h（包括装车、卸车及运输时间）。混凝土初凝时间为 2h，加缓凝剂后，初凝时间为 3h；混凝土用插入式振捣器振捣，每层混凝土为 30cm 厚。拟定该基础的分层分段浇筑方案。

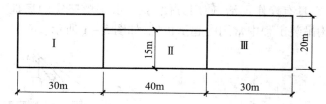

第五章 结构安装工程

第一节 起重机械与设备

一、自行式起重机

(一)履带式起重机

履带式起重机是在行走的履带底盘上装有起重装置的起重机械,是自行式、机身360°全回转的一种起重机,它具有操作灵活、使用方便、在一般平整坚实的场地上可以载荷行驶和作业的特点。是结构吊装工程中常用的起重机械,如图5-1所示。

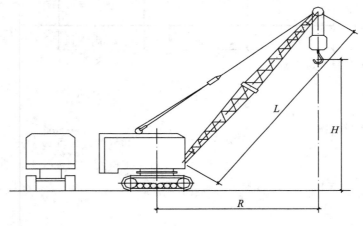

图5-1 履带式起重机

常用的履带式起重机有:国产 W_1-50 型、W_1-100 型、W_1-200 型和一些进口机械。W_1-50 型起重机的最大起重量为10t,吊杆可接长至18m。适用于吊装跨度在18m以下,安装高度在10m左右的小型车间和其他辅助工作(如装卸构件)。W_1-100 型起重机的最大起重量为15t,适用于吊装跨度在18～24m的厂房。W_1-200 型起重机的最大起重量为50t,吊杆可接长至40m。适用大型厂房吊装。

1. 履带式起重机起重性能

起重机的起重能力常用三个工作参数表示,即起重量、起重高度和起重半径。三者的相互关系可见表5-1所示。

起重量是指起重机在一定起重半径范围内起重的最大能力。起重半径是指起重机回转中心至吊钩中心的水平距离。起重高度是指起重机吊钩中心至停机面的垂直距离。

起重量、起重半径、起重高度三个工作参数间存在着互相制约的关系,其取值大小取决于起重臂长度及其仰角。当起重臂长度一定时,随着仰角的增大,起重量和起重高度增加,而起重半径减小;当起重臂的仰角不变时,随着起重臂长度的增加,起重半径和起重高度增加,而起重量减小。

表5-1　履带式起重机技术性能表

参　　数		型　　号						
		W_1-50			W_1-100		W_1-200	
		10	18	18 带鸟嘴	13	23	15	30	40
起重臂长度/m		10	18	18 带鸟嘴	13	23	15	30	40
最大工作幅度/m		10	17	10	12.5	17.0	15.5	22.5	30
最小工作幅度/m		3.7	4.5	6.0	4.23	6.5	4.5	8.0	10.0
起重量/kN	最大工作幅度时	100	75	20	150	80	500	200	80
	最小工作幅度时	26	10	10	35	17	82	43	15
起重高度/m	最大工作幅度时	9.2	17.2	17.2	11.0	19.0	12.0	26.8	36.0
	最小工作幅度时	3.7	7.6	14.0	5.8	16.0	3.0	19.0	25.0

2. 履带式起重机的稳定性验算

履带式起重机在正常条件下工作,一般可以保持机身稳定,但在进行超负荷吊装或接长吊杆时,需进行稳定性验算,以保证起重机在吊装中不会发生倾覆事故。起重机接长起重臂后的稳定性,近似地按力矩等量换算原则求出起重臂接长后的允许起重量 Q',如吊装荷载不超过 Q',起重机即满足稳定性要求,如图5-2所示。履带式起重机的稳定性虽经理论验算,但在正式吊装前必须实际试吊验证。

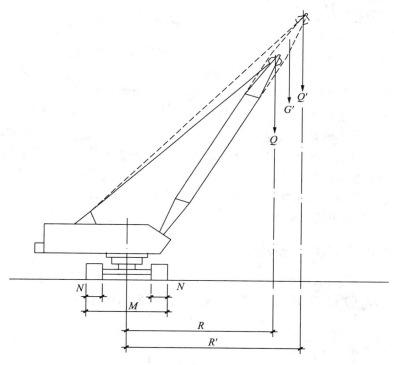

图5-2　起重臂接长后的允许起重量 Q' 计算

（二）汽车式起重机

汽车式起重机是将起重机构安装在汽车底盘上。它具有行驶速度快，机动性能好的特点，如图5-3所示。常用汽车式起重机有 Q_2-8、Q_2-12、Q_2-16 型。

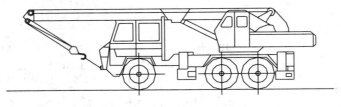

图5-3　汽车式起重机

（三）轮胎式起重机

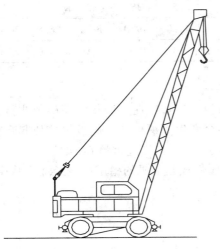

图5-4　轮胎式起重机

轮胎式起重机是一种装在专用轮胎式行走底盘上的起重机，其横向尺寸较大，故横向稳定性好，能全回转作业，并能在允许载荷下负荷行驶，吊装时一般用四个支腿以保持机身的稳定性，如图5-4所示。与汽车式起重机有很多相同之处，主要差别是行驶速度慢，故不宜长距离行驶，适宜于作业地点相对固定而作业量较大的场合。常用轮胎式起重机有 QLY16 和 QLY25 两种。

二、塔式起重机

塔式起重机有竖直的高耸塔身，起重臂安装在塔身顶部可做360°回转，具有较大的工作幅度、起重能力和起重高度，生产效率高，广泛应用于多、高层建筑物的施工。

塔式起重机按行走机构、变幅方式、回转机构位置和安装形式而分成若干类型。其变幅方式分为水平臂架小车变幅和动臂变幅两种。动臂变幅是利用起重臂的仰俯进行变幅，它有效工作幅度小且只能空载变幅，生产效率较低。水平臂架小车变幅是利用载重小车沿其臂架上的轨道行走而变幅，因而工作幅度大，可负载变幅，就位迅速准确，生产效率高。目前，应用最广的是下回转、快速拆装、轨道式的塔式起重机和能够一机四用（轨道式、固定式、附着式和内爬式）的自升塔式起重机。

（一）下回转、快速拆装塔式起重机

下回转、快速拆装塔式起重机都是600kN·m以下的中小型塔机。其特点是结构简单，重心低，运转灵活，伸缩塔身可自行架设，速度快，效率高，采用整体拖运，转移方便。适用于砖混砌块结构。

（二）上回转塔式起重机

上回转塔式起重机目前均采用液压顶升接高（自升）、水平臂小车变幅装置。这种塔机

通过更换辅助装置可改成固定式、轨道行走式、附着式、内爬式等。内爬是指起重机安装在建筑物内部(电梯井或特设空间)的结构上,依靠爬升机构随建筑物向上建造而向上爬升。自升塔式起重机的塔身接高到设计规定的独立高度后,须使用锚固装置将塔身与建筑物相连接(附着),如图5-5所示,以减少塔身的自由高度,保持塔机的稳定性,减小塔身内力,提高起重能力。锚固装置由附着框架、附着杆和附着支座组成,如图5-6所示。

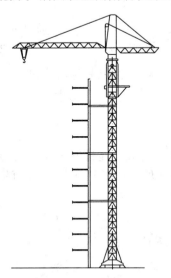

图5-5 附着式塔式起重机

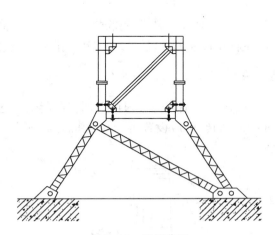

图5-6 锚固装置

常用的机型有QTZ63型、QT80型、QTZ100型、FO/23型、H3/36B型塔式起重机。QT80型塔式起重机是一种轨行、上回转自升塔式起重机,目前在建筑施工中使用比较广泛。QT80A的外形结构如图5-7所示。

三、拔杆式起重机

拔杆式起重机具有制作简单、装拆方便、起重量大、受地形限制小等特点,能用来安装其他机械不能安装的一些特殊构件和设备。其缺点是服务半径小,移动困难且需要设置较多的缆风绳,故一般只用于安装工程量比较集中的工程。常用的有独脚拔杆、人字拔杆、悬臂拔杆、桅杆起重机等。

(一)独脚拔杆

独脚拔杆由拔杆、起重滑轮组、卷扬机、缆风绳和锚锭组成,为了吊装的构件不致碰撞拔杆,使用时拔杆应保持一定倾角。拔杆的稳定主要靠缆风绳,一般设6~12根。缆风绳与地面的夹角一般取30°~45°。拔杆受轴向力很大,可根据受力计算选择材料和载面。格构式独脚

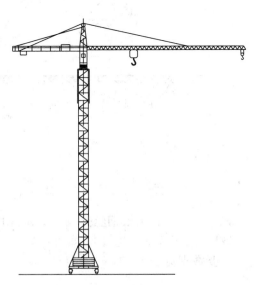

图5-7 QT80A型塔式起重机

拔杆如图 5 - 8 所示。

(二)人字拔杆

人字拔杆是由两根杆件组成,顶部相交形成人字形。端部以钢丝绳绑扎或铁件铰接而成,顶部夹角为 20°～30°,拔杆底部应设拉杆或拉索,以平衡水平推力。人字拔杆特点是起重量大,稳定性好。

(三)悬臂拔杆

悬臂拔杆是在独脚拔杆的中部或 2/3 高处装一根起重杆。特点是起升高度和工作幅度都较大,起重杆可以左右摆动 120°～270°,吊装方便,但起重量较小,适用于吊装轻型构件。

(四)桅杆起重机

在独脚拔杆的下端装上一根可以回转和起伏的起重臂而成。桅杆起重机的特点是整机可以作 360°的回转,但应设置至少 6 根缆风绳,如图 5 - 9 所示。适用于构件多而集中的建筑物吊装。

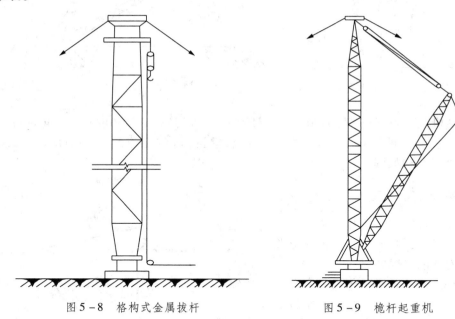

图 5 - 8　格构式金属拔杆　　　　　图 5 - 9　桅杆起重机

四、索具

(一)钢丝绳

钢丝绳是由若干根钢丝捻成一股,再由若干股围绕绳芯捻成绳。按绳股数及每股中的钢丝数区分,每股钢丝越多,其柔性越好。吊装中常用的有 6×19、6×37 两种。6×37 钢丝绳的主要数据见表 5 - 2。

表 5 - 2　6×37 钢丝绳的主要数据

直　径		钢丝总断工程	参考重量	钢丝绳公称抗拉强度/（N/mm²）				
				1400	1500	1700	1850	2000
钢丝绳	钢丝			钢丝破断拉力总和				
mm		mm²	kg/100m	kN 不小于				
8.7	0.4	27.88	26.21	39.0	43.2	47.3	51.5	55.7
11.0	0.5	43.57	40.96	60.9	67.5	74.0	80.6	87.1
13.0	0.6	62.74	58.98	87.8	97.2	106.5	116.0	125.0
15.0	0.7	85.39	80.57	119.5	132.0	145.0	157.5	170.5
17.5	0.8	111.53	104.8	156.0	172.5	189.5	206.0	223.0
19.5	0.9	141.16	132.7	197.5	213.5	239.5	261.0	282.0
21.5	1.0	174.27	163.3	243.5	270.0	296.0	322.0	348.5
24.0	1.1	210.87	198.2	295.0	326.5	358.0	390.0	421.5
26.0	1.2	250.95	235.9	315.0	388.5	426.5	464.0	501.5
28.0	1.3	294.52	276.8	413.0	456.5	500.5	544.5	589.0
30.0	1.4	314.57	321.1	478.0	529.0	580.5	631.5	683.0
32.5	1.5	392.11	368.6	548.5	607.5	666.5	725.0	784.0
34.5	1.6	446.13	419.4	624.5	619.5	758.0	825.0	892.0
36.5	1.7	506.64	473.4	705.0	780.5	856.0	913.5	1005.0
39.0	1.8	564.63	530.8	790.0	875.0	959.5	1040.0	1125.0
43.0	2.0	697.08	655.3	975.5	1080.0	1185.0	1285.0	1390.0
47.5	2.2	843.47	792.9	1180.0	1305.0	1430.0	1560.0	
52.0	2.4	1003.80	946.6	1405.0	1555.0	1705.0	1855.0	
56.0	2.6	1178.07	1107.4	1645.0	1825.0	2000.0	2175.0	
60.5	2.8	1366.28	1234.3	1910.0	2115.0	2320.0	2525.0	
65.0	3.0	1568.43	1474.3	2195.0	2430.0	2665.0	2900.0	

　　钢丝绳工作时不仅受有拉力而且还有弯曲力,相互之间有摩擦力和吊装冲击力等,处于复杂受力状态。为了安全可靠,必须加大安全系数,钢丝绳的允许拉力按式(5-1)计算。

$$[F_g] = aF_g/K \qquad (5-1)$$

式中:$[F_g]$——钢丝绳的允许拉力,kN;

　　　F_g——钢丝绳的钢丝破断拉力总和,kN;

　　　a——换算系数,按表 5-3 取用;

　　　K——钢丝绳的安全系数,按表 5-4 取用。

表 5 - 3　钢丝绳破断拉力换算系数

钢丝绳结构	换算系数
6×19	0.85
6×37	0.82
6×61	0.08

表 5 – 4　钢丝绳的安全系数

用途	安全系数	用途	安全系数
作缆风	3.5	作吊索、无弯曲时	6 ~ 7
用于手动起重设备	4.5	作捆绑吊索	8 ~ 10
用于机动起重设备	5 ~ 6	用于载人的升降机	14

　　钢丝绳使用时应该注意,钢丝绳解开使用时,应按正确方法进行,以免钢丝绳打结。钢丝绳切断前应在切口两侧用细铁丝捆扎,以防切断后绳头松散。应定期对钢丝绳加油润滑,以减少磨损和腐蚀;钢丝绳穿滑轮组时,滑轮直径应比绳径大(1 ~ 1.25)倍;使用前应检查核定,每一段面上断丝不超过 3 根,否则不能使用;使用中,如绳股间有大量的油挤出,表明钢丝绳的荷载已相当大,这时必须勤加检查,以防发生事故。

（二）滑轮组

　　滑轮组即可省力又可改变力的方向。由一定数量的定滑轮、动滑轮和绳索组成。滑轮组中共同担负重量的绳索根数称为工作线数。滑轮组省力主要决定于工作线数。由于滑轮轴承处存在摩擦力,因此滑轮组在工作时每根工作线的受力并不相同。滑轮组钢丝绳的跑头(引出绳头)拉力计算参考《建筑工程施工手册》(化学工业出版社,2012)。

（三）卷扬机

　　卷扬机由电动机、减速机构、卷筒和电磁抱闸等组成,分快速卷扬机和慢速卷扬机两种。前者适用水平垂直运输,后者适用于吊装和钢筋张拉的作业。卷扬机在使用时,必须用地锚固定,以防止滑动和倾覆;传动机要加油润滑,无噪音;放松钢丝绳时,卷筒上至少留四圈的安全储备。

（四）横吊梁

　　横吊梁又称铁扁担。用于吊索对构件的轴向压力和起吊高度。形式有钢板横吊梁和钢管横吊梁(如图 5 – 10、图 5 – 11 所示)。一般前者用于吊 10t 以下的柱,后者用于吊装屋架。

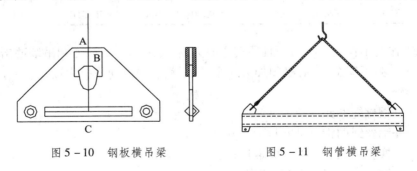

图 5 – 10　钢板横吊梁　　　　　　图 5 – 11　钢管横吊梁

第二节　混凝土结构单层工业厂房结构安装

一、吊装前的准备工作

构件吊装前的准备工作是保证安装工程顺利进行和安装工程质量的基础,要给予充分的重视。一方面是技术准备,如编制施工组织设计、熟悉图纸等。另一方面施工现场准备,现场准备工作简要介绍如下。

(一)场地清理和铺设道路

在起重机进场前,按照现场平面布置图,对起重机开行路线和构件堆放位置进行场地清理,使场地平整坚实、畅通。雨季要做好排水设施,按构件堆放要求准备好支垫。

(二)检查构件

构件吊装前应进行外观质量和质量合格证的检查,外观检查包括构件的外形尺寸、预埋件位置、吊环的规格、混凝土表面是否有孔洞、蜂窝、麻面、裂缝和露筋等质量缺陷。构件的强度是否达到吊装的设计要求强度。

(三)构件的运输和堆放

构件的混凝土强度必须达到设计要求(不低于设计强度等级的75%)才能运输。运输时支垫位置设置合理,保持构件稳定。装卸时吊点位置符合设计要求。按构件的吊装顺序和施工进度要求,按编号进行堆放。

(四)构件的弹线和编号

在构件吊装前应在构件表面弹出吊装中心线,以作为吊装就位、校正偏差的依据。

柱子的柱身应弹出安装中心线。柱中心线的位置应与梯形基础表面上安装中心线位置相对应。矩形截面按几何中心弹线;为方便观察和避免视差,工字形截面柱应靠柱边弹一条与中心线平行的准线;在柱顶和牛腿面上还要弹出屋架及吊车梁的安装中心线。

屋架上弦顶面应弹出几何中心线,并从跨度中间向两端分别弹出天窗架、屋面板、桁条的安装中心线。屋架的两头应弹出屋架的吊装中心线。

在吊车梁的两端及顶面应弹出安装中心线。在弹线的同时,以上构件应根据图纸进行编号。不易辨别上下左右的构件应在构件上标明记号,以防安装时搞错方向。

(五)基础的清理和准备

吊装前清理基础底部的杂物,检查基础的轴线、尺寸,复核杯口顶面和底面标高,进行基础杯口抄平。基础杯口抄平是为了消除柱子预制的长度和基础施工的标高偏差,保证柱子安装标高的正确。柱基础施工中杯底标高一般比设计标高低150~300mm,使柱子的长度有误差时便于调整。杯底标高的调整方法是先实测杯底标高(小柱测中间一点,大柱测四个角点),牛腿面设计标高与杯底设计标高的差值,就是柱子牛腿面的柱底的应用长度,与实际量得的长度相比就可得到柱底面制作误差,再算出杯口底标高调整值,然后用高标号水泥砂浆或细石混凝土将杯底抹至所需标高。标高的允许偏差为+5mm。

二、构件吊装工艺

构件吊装工艺一般要经过绑扎、起吊、就位、临时固定、校正和最后固定等工序。

(一)柱

1. 绑扎

柱的绑扎位置和绑扎点数,应根据柱的形状、断面、长度、配筋部位和起重机性能等情况确定。应按起吊柱时产生的正负弯矩绝对值相等的原则来确定绑扎点的位置。一般自重 13t 以下的中、小型柱大多绑扎一点;重型或配筋少而细长的柱,为避免弯矩过大而造成起吊过程中柱子断裂,则需绑扎两点,甚至三点。有牛腿的柱,一点绑扎必须绑扎在重心以上,位置常选在牛腿以下 200mm 处,如柱上部较长,也可绑在牛腿以上。工字形断面柱的绑扎点应选在矩形断面处,且应在绑扎位置用方木加固翼缘,以免翼缘在起吊时损坏。双肢柱的绑扎点应选在平腹杆处。按柱起吊柱身是否垂直,有斜吊和直吊两种绑扎方法。

(1)斜吊绑扎:当柱宽面平放起吊的抗弯能力满足要求时,可采用斜吊绑扎,如图 5 – 12 所示。现场预制柱可不经翻身而直接起吊,起重钩可低于柱顶,但因柱身倾斜,就位时对中困难。

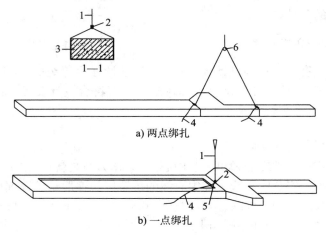

图 5 – 12　斜吊绑扎
1—吊索;2—活络卡环;3—柱;4—白棕绳;5—铅丝;6—滑车

(2)直吊绑扎:当柱宽面平放起吊的抗弯能力不足时,需要先将柱翻身侧立后,再直吊绑扎起吊,如图 5 – 13 所示。柱吊离地面后,横吊梁超过柱顶,柱身垂直。有利于对位,但需要起重机有较大的起重高度。

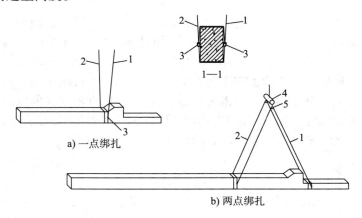

图 5 – 13　直吊绑扎
1—第一支吊索;2—第二支吊索;3—活络卡环;4—横吊架;5—滑车

2. 起吊

柱子起吊方法有旋转法和滑行法。当单机起重能力不足时常采用双机抬吊。

（1）旋转法：起重机边起钩边回转，使柱子绕柱脚旋转而吊起柱子的方法叫旋转法，如图 5-14 所示。用此法吊柱时，为提高吊装效率，在预制或堆放柱时，应使柱的绑扎点、柱脚中心和基础杯口中心三点共圆弧，该圆弧的圆心为起重机的停点，半径为停点至绑扎点的距离。

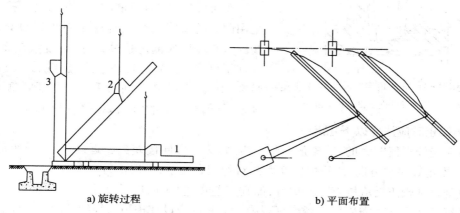

a) 旋转过程　　　　　　　　　　b) 平面布置

图 5-14　旋 转 法
1—柱平放时；2—起吊中；3—直立

（2）滑行法：起吊柱过程中，起重机只起吊钩，使柱脚滑行而吊起柱子的方法叫滑行法，如图 5-15 所示。用滑行法吊柱时，在预制或堆放柱时，应将起吊绑扎点（两点以上绑扎时为绑扎中点）布置在杯口附近，并使绑扎点和基础杯口中心两点共圆弧，以便将柱吊离地面后稍转动吊杆（或稍起落吊杆）即可就位。同时，为减少柱脚与地面的摩阻力，需在柱脚下设置托板、滚筒，并铺设滑行道。

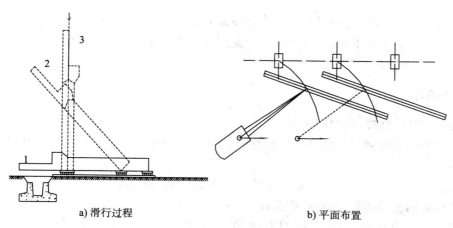

a) 滑行过程　　　　　　　　　　b) 平面布置

图 5-15　滑 行 法
1—柱平放时；2—起吊中；3—直立

3. 就位和临时固定

当柱脚插入杯口后，悬离杯底进行就位，在基础杯口各打下 8 个硬木楔或钢楔（每面两个），并使柱身中线对准杯底中线，并在对准线后用坚硬石块将柱脚卡死，起重机落钩，逐步打紧楔子,使之临时固定,防止使对好线的柱脚走动,细长柱子的临时固定应增设缆风绳。

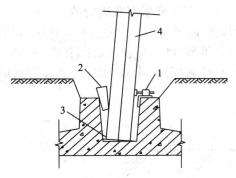

图5-16 丝扣千斤顶平顶校正柱垂直度
1—丝扣千斤顶;2—楔子;3—石子;4—柱

4. 校正

柱的校正包括平面位置校正、标高校正和垂直度的校正。平面位置校正在对位已经完成,标高在杯形基础杯底抄平时已进行了校正。所以,临时固定后主要是垂直度的校正。柱子的垂直度直接影响吊车梁和屋架等构件安装的准确性。检查方法是用两架经纬仪同时控制柱相邻两侧面安装中心线的垂直度。如偏差超过允许值,重量在20t以内的柱子可采用敲打杯口楔子或敲打钢钎等校正;重量在20t以上的柱子则需采用丝扣千斤顶平顶或油压千斤顶立顶法校正,如图5-16所示。

柱子校正时应注意以下几点:

(1)应先校正偏差大的,后校正偏差小的,如两个方向偏差数相近,则先校正小面,后校正大面。校正好一个方向后,稍打紧两面相对的四个楔子,再校正另一个方向。

(2)垂直度校正后应复查平面位置,如其偏差超过5mm,应予复校。

(3)校正柱垂直度需用两台经纬仪观测。上测点应设在柱顶。经纬仪的架设位置,应使其望远镜视线面与观测面尽量垂直(夹角应大于75°)。观测变截面柱时,经纬仪必须架设在轴线上,使经纬仪视线面与观测面相垂直,以防止因上、下测点不在一个垂直面而产生测量差错。

(4)在阳光照射下校正垂直度,要考虑温差影响。阳光下柱的阳面伸长,会向阴面弯曲,使柱顶有一个水平位移。水平位移的数值与温差、柱长度和宽度有关。细长柱可利用早晨、阴天校正;或当日初较,次日晨复校;也可采取预留偏差的办法来解决。

5. 最后固定

柱校正后,立即在柱与杯口的空隙内浇灌细石混凝土作最后固定。灌缝工作一般分两次进行。第一次灌至楔子底面,待混凝土强度到达设计强度的25%后,拔出楔子,全部灌满。振捣混凝土时,不要碰动楔子。

(二)吊车梁

1. 绑扎、起吊、就位、临时固定

吊车梁的吊装必须在基础杯口二次灌浆的混凝土强度达到设计强度的75%以上才能进行。

吊车梁绑扎时,两根吊索要等长,绑扎点要对称设置,以使吊车梁在起吊后能基本保持水平。吊车梁两头需用溜绳控制,避免在空中碰撞柱子。

就位时应缓慢落钩,争取一次对好纵轴线,避免在纵轴线方向撬动吊车梁而导致柱偏斜。

一般吊车梁在就位时用垫铁垫平即可,不需采取临时固定措施,但当梁的高度与底宽之比大于4时,可用连接钢板与柱子点焊做临时固定。

2. 校正与最后固定

中小型吊车梁的校正工作宜在屋盖吊装后进行;重型吊车梁如在屋盖吊装后校正难度

较大,常采取边吊边校法施工,即在吊装就位的同时进行校正。

混凝土吊车梁校正的主要内容包括垂直度和平面位置校正,两者应同时进行。混凝土吊车梁的标高,由于柱子吊装时已通过基础底面标高进行控制,且吊车梁与吊车轨道之间尚需作较厚的垫层,故一般不需校正。

（1）垂直度校正

吊车梁垂直度用靠尺、线锤检查。T形吊车梁测其两端垂直度,鱼腹式吊车梁测其跨中两侧垂直度。校正吊车梁的垂直度时,需在吊车梁底端与柱牛腿面之间垫入斜垫块,为此要将吊车梁抬起,可根据吊车梁的轻重使用千斤顶等进行,也可在柱上或屋架上悬挂倒链,将吊车梁需垫铁的一端吊起。

（2）平面位置校正

吊车梁平面位置校正,包括直线度（使同一纵轴线上各梁的中线在一条直线上）和跨距两项。一般6m长、5t以内吊车梁可用拉钢丝法和仪器放线法校正。

①拉钢丝法:根据柱轴线用经纬仪将吊车梁的中线放到一跨四角的吊车梁上,并用钢尺校核跨距,然后分别在两条中线上拉一根16~18号钢丝。钢丝中部用圆钢支垫。两端垫高20cm左右,并悬挂重物拉紧,钢丝拉好后,凡是中线与钢丝不重合的吊车梁均应用撬杠予以拨正,如图5-17所示。

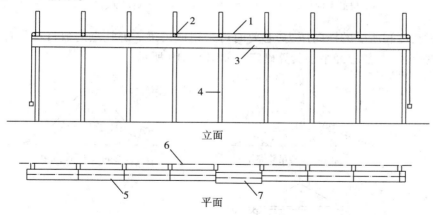

图5-17　拉钢丝法

1—钢丝;2—圆钢;3—吊车梁;4—柱;5—吊车梁设计中线;6—柱设计中线;7—偏离中心线的吊车梁

②仪器放线法:也叫平移轴线法。用经纬仪将与吊车梁轴线距离为定值 a 的某一校正基准线引至吊车梁顶面处的柱身上, a 值由放线者自行决定。校正时,凡是吊车梁中心线至柱基准线的距离不等于 a 者,用撬杠拨正,如图5-18所示。

在吊车梁校正完毕后,用连接钢板与柱侧面、吊车梁顶端的预埋铁件相焊接,并在接头处支模,浇灌细石混凝土,进行最后固定。

（三）屋架

1.绑扎

屋架的绑扎点应在上弦节点上,左右对称,绑扎中心（各吊索内力的合力作用点）应在屋架重心之上,使屋架起吊后不会倾翻,基本保持水平。翻身或立直屋架时,吊索与水平线的夹角不宜小于60°,吊装时不宜小于45°,以免屋架吊升时承受过大的横向压力而失稳。为

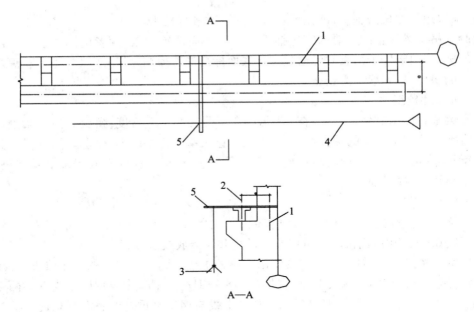

图 5 – 18　仪器放线法

1—校正基准线;2—吊车梁中线;3—经纬仪;4—经纬仪视线;5—木尺

了减小吊索长度和所受的横向压力,必要时可采用横吊梁。绑扎点的数目及位置与屋架的形式和跨度有关,一般应经吊装验算确定。如图 5 – 19 所示。

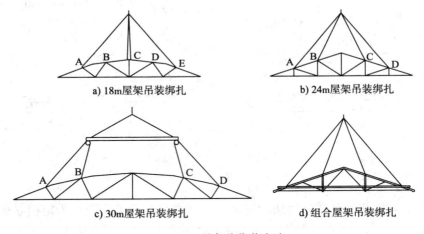

a) 18m屋架吊装绑扎　　　　　b) 24m屋架吊装绑扎

c) 30m屋架吊装绑扎　　　　　d) 组合屋架吊装绑扎

图 5 – 19　屋架的绑扎方法

2. 扶直

钢筋混凝土屋架一般在施工现场平卧叠层预制,吊装前应将屋架翻身扶直。扶直屋架时,起重机位于屋架下弦一边为正向扶直,起重机位于屋架上弦一边为反向扶直。两种扶直方法的最大区别在于,扶直过程中前者升钩升臂,后者升钩降臂,使吊钩始终保持在上弦中的上方。升臂比降臂易于操作且较安全,故应尽可能采用正向扶直。

屋架扶直后,立即进行就位排放。排放位置既要便于吊装,又要为其他构件预留排放位置,少占场地。当屋架就位排放位置和预制位置在起重机开行路线同侧时,为同侧就位排放;当屋架就位排放位置和预制位置分别在起重机开行路线两侧时,为异侧就位排放。后者相对前者旋转角度大,并且屋架两端的朝向已有变动。

3. 起吊、对位与临时固定

屋架起吊后,升钩超过柱顶,然后旋转屋架对准柱顶,缓慢落钩对位,对好线后立即临时固定,临时固定稳妥后才允许起重机脱钩。

第一榀屋架就位后,一般在其两侧设置两道缆风绳作临时固定,并用缆风绳来校正垂直度。当厂房有抗风柱,且抗风柱顶需与屋架上弦连接时,可在校好屋架垂直度后,立即将其连接件安装固定。

以后的各榀屋架,可用屋架校正器作临时固定和校正。如图 5-20 所示。

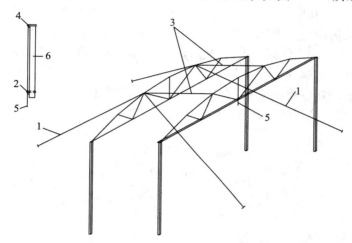

图 5-20 屋架校正器作临时固定和校正
1—第一榀屋架上缆风绳;2—卡在屋架下弦的卡子;3—校正器;
4—卡在屋架上弦的卡子;5—线锤;6—屋架

4. 校正与最后固定

屋架垂直度的校正一般 15m 跨以内的屋架用一根校正器,18m 跨上的屋架用两根校正器。为消除屋架旁弯对垂直度的影响,可用挂线卡子在屋架下弦一侧外伸一段距离拉线,并在上弦用同样距离挂线锤检查。

屋架经校正后,立即电焊固定,焊接时,应在屋架两端同时对角施焊,避免两端同侧施焊,以免因焊缝收缩使屋架倾斜。

(四)天窗架和屋面板的吊装

天窗架可在地面上与屋架拼装成整体后吊装,以减少高空作业,但对起重机的起重量和起重高度要求较高。也可在天窗架两侧屋面板吊装后单独吊装。

屋面板的吊装顺序,应自跨边向跨中两边对称进行,避免屋架单侧承受荷载变形。在屋架或天窗架上的搁置长度符合设计规定、四角座实后,立即保证有 3 个角点焊接最后固定。

三、结构吊装方案

单层工业厂房结构吊装方案,主要考虑选择起重机械、确定结构吊装方法、起重机开行路线和构件的平面布置等问题。

（一）起重机械选择

起重机的选择直接影响到构件的吊装方法、起重机开行路线和构件的平面布置等,在安装工程中非常重要。主要包括起重机类型和起重机型号的选择。

1. 起重机类型的选择

首先选择起重机械的类型。选择起重机械时,需要考虑技术上先进合理,即所选用起重机械的起重能力满足构件吊装要求,使用方便,有较高的生产效率满足安装进度要求;同时结合机械设备供应情况考虑施工费用要低。

一般中小型厂房,其构件的重量和吊装高度都不大,所以多采用自行杆式起重机,以履带式起重机应用最为广泛。重型厂房,因厂房的高度和跨度较大,构件的尺寸和重量也很大,设备安装往往同结构安装同时进行,故采用重型塔式起重机或牵缆式起重机为宜。

2. 起重机型号的选择

起重机型号的选择应根据构件的重量、外形尺寸和安装高度来确定,使起重机的起重量、起重高度和起重半径均能满足结构吊装要求。

（1）起重量

起重机的起重量应满足式（5-2）要求:

$$Q \geqslant Q_1 + Q_2 \tag{5-2}$$

式中:Q——起重机的起重量,t;

Q_1——构件重量,t;

Q_2——索具重量,t。

（2）起重高度

起重机的起重高度必须满足所吊构件的高度要求,如图5-21所示。

$$H \geqslant h_1 + h_2 + h_3 + h_4 \tag{5-3}$$

式中:H——起重机的起重高度,m,停机面至吊钩的距离;

h_1——安装支座表面高度,m,停机面至安装支座表面的距离;

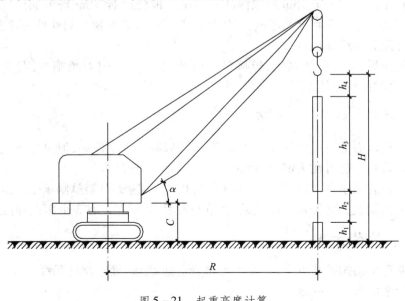

图5-21 起重高度计算

h_2——安装间隙,视具体情况而定,一般取:0.2 ~ 0.3m;

h_3——绑扎点至构件起吊后底面的距离,m;

h_4——索具高度,m,绑扎点至吊钩的距离,视具体情况而定。

(3)起重臂(吊杆)长度计算

①起重臂不跨越其他构件的长度计算

起重机吊装单层厂房的柱子和屋架时,起重臂一般不跨越其他构件,此时,起重臂长度按式(5 -4)计算。

$$l \geqslant \frac{H + h_0 - h}{\sin\alpha} \tag{5-4}$$

式中:l——起重臂长度,mm;

H——起重高度,m;

h_0——起重臂顶至吊钩底面的距离,m;

h——起重臂底铰至停机面距离,m;

α——起重臂仰角,一般取 70° ~ 77°。

②起重臂跨越其他构件的长度计算

起重机吊装屋面板、屋面支撑等构件时,起重臂需跨越已安装好的屋架或天窗架,此时,起重臂的长度按下列方法计算:对于吊装有天窗架的屋面时,按跨越天窗架吊装跨中屋面板计算;吊装平屋面时,需按跨越屋架吊装跨中屋面板和吊装跨边屋面板两种情况计算,取两者中之较大值,如图5 -22 所示。

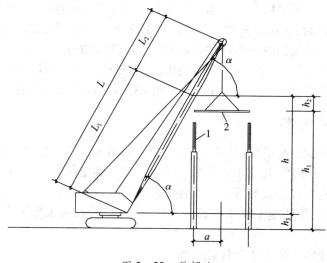

图 5 - 22　数解法

(4)起重半径

起重半径按式(5 -5)计算。

$$R = F + l\cos\alpha \tag{5-5}$$

式中:R——起重机的工作幅度;

F——起重臂下铰点中心至起重机回转中心的水平距离,其数值由起重机技术参数表查得;

$\cos\alpha$——起重臂仰角的余弦。

（5）检查 Q、H，最后确定起重机型号

通过上述计算求出 R 后，按 R 及起重臂长度，查起重机的起重性能表或曲线，检查起重量 Q 及起重高度 H。如能满足构件的吊装要求，则起重臂长度的确定工作即告结束，初选的起重机型号即可确定。否则，可考虑增加臂长以减小 R。如还不能满足吊装要求，则需改选其他起重机的型号。

（二）单位工程结构吊装方法

按起重机行驶路线可分为跨内吊装法和跨外吊装法，根据起重机的起重能力和现场施工实际情况选择。按构件的吊装次序可分为分件吊装法、节间吊装法和综合吊装法。

分件吊装法是指起重机在单位吊装工程内每开行一次只吊装一种构件的方法。主要优点是施工内容单一，准备工作简单，因而构件吊装效率高，且便于管理，可利用更换起重臂长度的方法分别满足各类构件的吊装（如采用较短起重臂吊柱，接长起重臂后吊屋架）。主要缺点是起重机行走频繁，不能按节间及早为下道工序创造工作面，屋面板吊装往往另需辅助起重设备。

节间吊装法是指起重机在吊装工程内的一次开行中，分节间吊装完各种类型的全部构件或大部分构件的吊装方法。主要优点是起重机行走路线短，可及早按节间为下道工序创造工作面。主要缺点是要求选用起量较大的起重机，其起重臂长度要一次满足吊装全部各种构件的要求，因而不能充分发挥起重机的技术性能，各类构件均须运至现场堆放，吊装索具更换频繁，管理工作复杂。

起重机开行一次吊装完房屋全部构件的方法一般只在下列情况下采用：吊装某些特殊结构（如门架式结构）时；采用某些移动比较困难的起重机（如门架式结构）时。

综合吊装法是指建筑物内一部分构件采用分件吊装法吊装，一部分构件采用节间吊装法。此法吸取了分件吊装法和节间吊装法的优点，是建筑结构较常用的方法。普遍做法是：采用分件吊装法吊装柱、柱间支撑、吊车梁等构件；采用节间吊装法吊装屋盖的全部构件。

（三）结构吊装顺序

结构吊装顺序是指一个单位吊装工程在平面上的吊装次序。比如，在哪一跨始吊，从何节间始吊，如果划分施工段，其流水作业的顺序如何等。确定吊装顺序需注意以下内容：

——应考虑土建和设备安装等后续工序的施工顺序，以满足整个单位工程施工进度的要求。如某一跨度内，土建施工复杂或设备安装复杂，需较长的工作天数，则往往要安排该跨度先吊装，好让后续工序尽早开工；

——尽量与土建施工的流水顺序相一致。

——满足提高吊装效率和安全生产的要求。

——根据吊装工程现场的实际情况（如道路、相邻建筑物、高压线位置等），确定起重机从何处始吊，从何处退场。

（四）起重机开行路线

起重机开行路线与结构安装方法、构件吊装工艺、构件尺寸及重量、构件供应方式以及起重机工作性能等诸多因素有关。吊装柱时根据跨度大小，可沿跨中或跨边开行。吊装屋盖系统时，起重机一般沿跨中开行。

当厂房具有多跨结构面积较大时,为加速工程进度,可将厂房划分为若干施工段,选用多台起重机同时施工,起重机分区段开行,完成该区段的全部安装任务,也可选用多台不同性能的起重机协同作业。

当厂房不但有多跨并列,且有横跨时,可先在各纵向跨开行,最后在横跨开行。如纵向跨高有高低跨并列时,一般采取先在高跨开行,这样有利于减少吊装偏差的积累。

(五)构件平面布置

构件平面布置是厂房结构安装工程的一项重要工作,布置不当将直接影响施工效率和工程进度。所以,应根据现场条件、起重机工作性能、结构安装方案等因素合理安排。其平面布置有预制阶段的平面布置和构件安装前的就位排放的平面布置两种,两者之间密切相关,需要一并考虑。

1. 构件平面布置的原则

进行结构构件的平面布置时,一般应考虑下列几点:

(1)满足吊装顺序的要求。

(2)简化机械操作。即将构件堆放在适当位置,使起吊安装时,起重机的跑车、回转和起落吊杆等动作尽量减少。

(3)保证起重机的行驶路线畅通和安全回转。

(4)"重近轻远"。即将重构件堆放在距起重机停点比较近的地方,轻构件堆放在距停点比较远的地方。单机吊装接近满荷载时,应将绑扎中心布置在起重机的安全回转半径内,并应尽量避免起重机负荷行驶。

(5)要便于进行下述工作:检查构件的编号和质量;清除预埋铁件上的水泥砂浆块;对空心板进行堵头;在屋架上、下弦安装或焊接支撑连接件;对屋架进行拼装、穿筋和张拉等。

(6)便于堆放。重屋架应按上述第4点办理,对于轻屋架,如起重机可以负荷行驶,可两榀或三榀靠柱子排放在一起。

(7)现场预制构件要便于支模、运输及浇筑混凝土,以及便于抽芯、穿筋、张拉等。

2. 预制阶段平面布置

预制阶段平面布置的主要构件是柱和屋架。

(1)柱的现场预制位置,即为吊装阶段就位排放位置,所以,应按吊装工艺要求进行平面布置:采用旋转法吊装时,柱斜向布置,用滑行法吊装时,柱可纵向或斜向布置。

柱若以旋转法吊装,按三点共弧(如图 5-14 所示)布置步骤如下,首先确定起重机开行路线与柱基中心的距离 a,画出开行路线。a 值与基坑大小、起重机性能、柱长等有关。a 应小于吊装该柱时的起重半径 R,大于等于起重机的最小起重半径。此时,要注意起重机回转时,其尾部不能碰撞周围构件。

随即确定起重机的停点位置。以柱基中心 M 为圆心,以吊装该柱时的起重半径 R 为半径画弧,与起重机开行路线交于 O 点,该 O 点即为起重机吊装该柱的停点位置。

以 O 为圆心,以 R 为半径画弧,在此弧上靠近基础处选一点 K 作为柱脚中心的位置。以 K 为圆心,以柱脚到吊点的距离为半径画弧,两弧相交于 S,即为柱的吊点位置。连接 KS 得到柱的中心线。据此画出柱模板图,即预制位置图。画柱时要注意牛腿朝向。当柱布置在跨内时,牛腿应朝向起重机;当柱布置在跨外时,牛腿应背向起重机。

当柱较长,由于受场地限制,有时难以做到三点(杯口中心、柱脚、吊点)共弧,则可按两点(杯口中心、柱脚)共弧布置,吊点放在起重半径之外。安装时,先用较大的起重半径 R' 吊起柱子,并升起起重臂,当起重半径为 R 后,停止升臂,再按旋转法安装柱。

滑起法吊柱时的平面布置作图,按两点共弧斜向平面布置,如图 5-15 所示。当柱长小于 12m,为了少占场地,可采用两根叠制纵向布置,如图 5-23 所示。

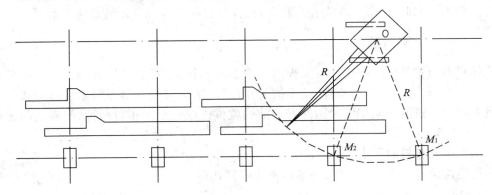

图 5-23 柱纵向布置

(2)屋架通常在跨内平卧叠层预制,每叠 3~4 榀。布置方式有斜向、正反斜向和正反纵向布置三种,如图 5-24 所示。图中虚线表示预应力屋架抽管、穿筋所需的长度。每叠屋架间留有 1m 空隙,以便支模和浇筑混凝土。确定屋架的预制位置,还要考虑屋架的扶直、扶直的先后顺序和就位排放要求,先扶直者放在上层。屋架跨度大,布置时要注意转动的方便性。为了便于屋架的扶直和吊运排放,常采用斜向布置。

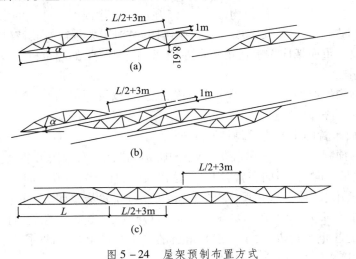

图 5-24 屋架预制布置方式

3. 构件安装前的就位排放平面布置

安装前的构件就位排放布置,是指柱吊装后吊车梁、屋架、天窗架、层面板等的布置。为了适应吊装工艺和提高起重机吊装效率,各种构件吊装前应按一定次序排放。

屋架翻身扶直后,随即吊运至预定位置,按垂直状态排放。排放有斜向排放和纵向排放两种方式。

屋架的斜向排放方式,用于重量较大的屋架,起重机定点吊装。其具体布置方式如下:

首先确定起重机的开行路线,一般是沿跨中开行,并在开行路线上定出停机点。即以屋架轴线中点 M 为圆心,以 R 为半径画弧,与开行路线交于 O 点即停机点。屋架的排放范围确定方法如下:先确定 $P—P$ 线,该线距柱边缘不小于20cm;再定 $Q—Q$ 线,该线距开行线为 $A+0.5$m,A 为起重机的尾长,并在 $P—P$ 线与 $Q—Q$ 线之间定出中线 $H—H$;最后定出屋架的具体排放位置,一般从第二榀开始,以 O_2 为圆心,以 R 为半径划弧交于 $H—H$ 于 G。再以 G 为圆心,以 1/2 屋架跨度为半径划弧交 $P—P$,$Q—Q$ 于 E、F。连接 E、F 即为屋架吊装位置,以此类推。第一榀因有抗风柱,可灵活布置,如图 5-25 所示。

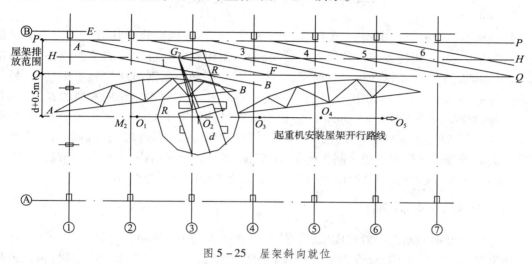

图 5-25　屋架斜向就位

屋架的纵向排放方式,用于重量较轻的屋架,允许起重机负荷行驶。纵向排放一般以4榀为一组靠柱边顺轴线排放,屋架之间的净距不大于20cm,相互之间用铁丝及支撑拉紧撑牢。每组屋架之间预留有3m间距作为横向通道。为防止在吊装过程中与已安装屋架相碰,每组屋架的就位中心线可以安排在该组屋架倒数第二榀安装轴线之后约2m处,如图 5-26 所示。

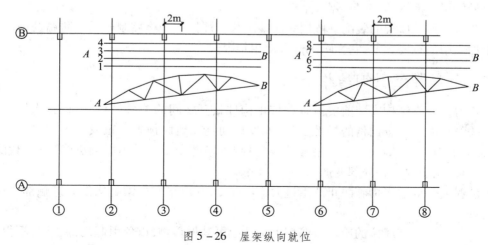

图 5-26　屋架纵向就位

构件运抵施工现场后,按平面布置图的位置,根据其安装顺序和编号进行排放或集中堆放。吊车梁、连系梁通常在安装位置的柱列附近进行排放,跨内、外均可,有时也可随运随吊直接安装,避免现场过于拥挤。屋面板,一般6~8块一叠靠柱边排放,布置在跨内时,根据起重机吊装屋面板时的起重半径,后退3~4个节间开始靠柱边排放;在跨外时,应后退2~3个节间靠柱边排放。其它小型构件,靠屋面板一侧排放。

构件平面布置受许多因素影响,拟定方案时,应充分考虑现场实际情况,因地制宜,制定切实可行的构件平面布置图。

第三节　钢结构安装工程

轻型钢结构主要指由圆钢、小角钢和冷弯薄壁型钢组成的结构。其适用范围一般是檩条、屋架、钢架、施工用托架等。其优点是结构轻巧、制作和安装可用较简单的设备、节约钢材、减少基础造价。轻型钢结构分为两类,一类是有圆钢和小角钢组成的轻型钢结构;另一类是由薄壁型钢组成的轻型结构。目前后一类发展迅速,也是轻型钢结构发展的方向。

冷弯薄壁型钢是指厚度2~6mm的钢板或带钢经冷拔等方式弯曲而成的型钢,其截面形状分口和闭口两类,钢厂生产的闭口截面是圆管和矩形载面,是冷弯的开口截面用高频焊焊接而成。冷弯薄壁型钢可用来制作檩条、屋架、刚架等轻型钢结构,能有效地节约钢材,制作、运输和安装亦较方便。目前在单层钢结构中应用日趋广泛。

一、钢构件的制作

冷弯薄壁型钢的制作一般有成型、放样、号料和切割、装配、防腐处理等工序。

薄壁型钢的材质采用Q235钢或16锰钢,钢结构制造厂进行薄壁型钢成型时,钢板或带钢等一般用剪切机下料,辊压机整平,用边缘刨床刨平边缘。成型多用冷压成型,厚度为1~2mm的薄钢板也可用弯板机冷弯成型。

薄壁型钢结构的放样与一般钢结构相同。常用的薄壁型钢屋架,不论用圆钢管或方钢管,其节点多不用节点板,构造都比普通钢结构要求高,因此放样和号料应具有足够的精度。

薄壁型钢号料时,规范规定不容许在非切割构件表面打凿子印和钢印,以免削弱截面。切割时最好用摩擦锯,效率高,锯口平整。

冷弯薄壁型钢屋架的装配一般用一次装配法。焊接应严格控制质量。防腐蚀是冷弯薄壁型钢加工中的重要环节,它影响维修和使用年限。

二、冷弯薄壁型钢结构安装

冷弯薄壁型钢结构安装前要检查和校正构件相互之间的关系尺寸、标高和构件本身安装孔的关系尺寸。检查构件的局部变形,如发现问题在地面预先矫正或妥善解决。薄壁型钢和其结构在运输和堆放时应轻吊轻放,尽量减少局部变形。采用撑直机或锤击调直型钢或成品整理时,也要防止局部变形。

吊装时要采取适当措施防止产生过大的弯曲变形,应垫好吊索与构件的接触部位,以免损伤构件。

不宜利用已安装就位的冷弯薄壁型钢构件起吊其他重物,以免引起局部变形,不得在主要受力部位加焊其他物件。

安装屋面板之前,应采取措施保证拉条拉紧和檩条的正确位置,檩条的扭角不得大于3°。

下面介绍钢架结构的轻钢结构单层屋的安装。这种结构目前应用广泛,如单层厂房、仓库等。

轻钢结构单层主要由钢柱、屋盖细梁、檩条、墙梁（檩条）、屋盖和柱间支撑、屋面和墙面的彩钢板等组成。钢柱一般用型钢,通过地脚螺栓与混凝土基础连接、通过高强螺栓与屋盖梁连接,连接形式有直面连接或斜面连接。屋盖梁为工字形载面,根据内力情况可变截面,各段由高强螺栓连接。屋面檩条和墙梁多采用高强镀锌彩色钢板辊压成型的 c 型或 z 型,檩条可由高强螺栓直接与屋盖梁的缘连接。屋面和墙面多用彩钢板,是优质高强薄钢卷板（镀锌钢板、镀铝锌钢板）经热浸合金镀层和烘涂彩色涂层经机器辊压而成。其厚度有 0.5,0.7,0.8,1.0,1.2mm 几种,其表面涂层材料有普通双性聚酯、高分子聚酯、硅双性聚酯、金属 PVDF、PVF 贴膜、丙烯溶液等。

安装前与普通钢结构一样,亦需对基础的轴线、标高、地脚螺栓位置及构件尺寸偏差等进行检查。

轻钢结构单层房屋由于构件自重轻,安装高度不大,多利用自行式（履带式、汽车式）起重机安装。刚架梁如果跨度大、稳定性差,为防止吊装时出现下挠和侧向失稳,可将刚架梁分成两段,一次吊装半榀,在空中对接。在有支撑的跨间,亦可将相邻两个半榀刚架梁在地面拼装成刚性单元进行一次吊装。

轻钢结构单层房屋安装,可采用综合吊装法或单件吊装法。采用综合吊装法时,先吊装一个节间的钢柱,经校正固定后立即吊装刚架梁和檩条等。屋面彩钢板由于重量轻可在轻钢结构全部或部分安装完成后进行。

冷弯薄壁型钢结构在使用期间,应定期进行检查与维护,维护年限可根据结构的使用条件、表面处理方法、涂料品种及漆涂厚度等确定。维护应符合下述要求:

——当涂层表面开始出现锈斑或局部脱漆时,即应重新涂装,不应等到漆膜大面积劣化、返透时才进行维护、;

——重新涂装前应进行表面处理,彻底清除结构表面的积灰、污垢、铁锈及其化学附着物,除锈后应立即涂漆维护;

——重新涂装时亦应采用相应的配套涂料;

——重新涂装的涂层质量应符合国家现行的《钢结构工程施工质量验收规范》的规定。

复习思考题

1. 起重量、起重高度和起重半径的关系是什么?

2. 试述柱按三点共弧进行斜向布置的方法。

3. 怎样对柱进行临时固定和永久固定?

4. 怎样校正吊车梁的安装位置?

5. 屋架的扶直有哪些方法?

6. 构件平面布置应遵守哪些原则?

7. 试述屋架校正和固定（临时、永久）的方法。

8. 试比较分件吊装和综合吊装的优缺点。

9. 屋架在预制阶段布置的方式有几种?

第六章　脚手架工程

第一节　脚手架概述

脚手架是土木工程施工必须使用的重要设施,是为保证高处作业安全、顺利进行施工而搭设的工作平台或作业通道。在结构施工、装修施工和设备管道的安装施工中,都需要按照操作要求搭设脚手架。

一、脚手架的发展

我国脚手架工程的发展大致经历了三个阶段。第一阶段是解放初期到20世纪60年代,脚手架主要利用竹、木材料。20世纪60年代末到20世纪70年代,出现了钢管扣件式脚手架、各种钢制工具式里脚手架与竹木脚手架并存的第二阶段。20世纪80年代以后迄今,随着土木工程的发展,国内一些研究、设计、施工单位在从国外引入的新型脚手架基础上,经多年研究、应用,开发出一系列新型脚手架,进入了多种脚手架并存的第三阶段。

二、脚手架的种类

脚手架的种类很多,按其搭设位置分为外脚手架和里脚手架两大类;按其所用材料分为木脚手架、竹脚手架与金属脚手架;按其构造形式分为多立杆式、框式、桥式、吊式、挂式、升降式以及用于层间操作的工具式脚手架;按搭设高度分为高层脚手架和普通脚手架。目前脚手架的发展趋势是采用金属制作的、具有多种功用的组合式脚手架,可以适用不同情况作业的要求。

1. 外脚手架按设置方式的分类

外脚手架按建筑物立面上设置状态分为落地、悬挑、吊挂、附着升降四种基本形式。

(1)落地式脚手架搭设在建筑物外围地面上,主要搭设方法为立杆双排搭设。因受立杆承载力限制,加之材料耗用量大,占用时间长,所以这种脚手架搭设高度多控制在40m以下。在房屋砖混结构施工中,该脚手架兼作砌筑、装修和防护之用;在多层框架结构施工中,该脚手架主要作装修和防护之用。

(2)悬挑式脚手架搭设在建筑物外边缘向外伸出的悬挑结构上,将脚手架荷载全部或部分传递给建筑结构。悬挑支承结构有用型钢焊接制作的三角桁架下撑式结构以及用钢丝绳斜拉住水平型钢挑梁的斜拉式结构两种主要形式。在悬挑结构上搭设的双排外脚手架与落地式脚手架相同,分段悬挑脚手架的高度一般控制在25m以内。该形式的脚手架作装修和防护之用,应用在闹市区需要做全封闭的高层建筑施工中,以防坠物伤人。

(3)吊挂式脚手架在主体结构施工阶段为外挂脚手架,随主体结构逐层向上施工,用塔吊吊升,悬挂在结构上。在装饰施工阶段,该脚手架改为从屋顶吊挂,逐层下降。吊挂式脚手架的吊升单元(吊篮架子)宽度宜控制在5～6m,高度为一个或一个半楼层,每一吊升单元的自重宜在1t以内。该形式脚手架适用于高层框架和剪力墙结构施工。

（4）附着升降脚手架是将自身分为两大部分，分别依附固定在建筑结构上。在主体结构施工阶段，附着升降脚手架以电动或手动环链葫芦为提升设备，两个部件互为利用，交替松开、固定，交替爬升，其爬升原理同爬升模板。在装饰施工阶段，交替下降。该形式脚手架搭设高度为3~4楼层，不占用塔吊，相对一落到底的外脚手，省材料，省人工，适用于高层框架和剪力墙结构的快速施工。

2.脚手架搭设高度的限制

脚手架搭设高度的限制如表6-1所示。

三、脚手架的架设要求

对脚手架的基本要求是：其宽度应满足工人操作、材料堆置和运输的需要，坚固稳定，装拆简便，能多次周转使用。

脚手架虽然是临时设施，但对其安全性应给予足够的重视，脚手架不安全因素一般有：

——不重视脚手架施工方案设计，对超常规的脚手架仍按经验搭设；

——不重视外脚手架的连墙件的设置及地基基础的处理；

——对脚手架的承载力了解不够，施工荷载过大，所以脚手架的搭设应该严格遵守安全技术要求。

表6-1 脚手架搭设高度的限制

序 次	类 别	型 式	高度限值/m	备 注
1	木脚手架	单 排	30	架高≥30m时，立杆纵距≥1.5m
		双 排	60	
2	竹脚手架	单 排	25	
		双 排	50	
3	扣件式钢管脚手架	单 排	20	
		双 排	50	
4	碗扣式钢管脚手架	单 排	25	架高≥30m时，立杆纵距≥1.5m
		双 排	60	
5	门式钢管脚手架	轻 载	60	施工总荷载≤3kN/m²
		普 通	45	施工总荷载≤5kN/m²

1.一般要求

架子工作业时，必须戴安全帽、系安全带、穿软底鞋。脚手材料应堆放平稳，工具应放入工具袋内，上下传递物件时不得抛掷。

不得使用腐朽和严重开裂的竹、木脚手板，或虫蛀、枯脆、劈裂的材料。

在雨、雪、冰冻的天气施工，架子上要有防滑措施，并在施工前将积雪、冰渣清除干净。

复工工程应对脚手架进行仔细检查，发现立杆沉陷、悬空、节点松动、架子歪斜等情况，应及时处理。

2.脚手架的搭设

脚手架的搭设应符合规范规定的要求，并且与墙面之间应设置足够和牢固的拉结点，不得随意加大脚手杆距离或不设拉结。脚手架的地基应整平夯实或加设垫木、垫板,使其具有足够的承载力,以防止发生整体或局部沉陷。

脚手架斜道外侧和上料平台必须设置1m高的安全栏杆和18cm高的挡脚板或挂防护立网,并随施工升高而升高。

脚手板的铺设要满铺、铺平或铺稳,不得有悬挑板。

脚手架的搭设过程中要及时设置连墙杆、剪刀撑,以及必要的拉绳和吊索,避免搭设过程中发生变形、倾倒。

3. 防电、避雷

脚手架与电压为1~20kV以下架空输电线路的距离应不小于2m,同时应有隔离防护措施。脚手架应有良好的防电避雷装置。钢管脚手架、钢塔架应有可靠的接地装置,每50m长应设一处,经过钢脚手架的电线要严格检查,谨防破皮漏电。施工照明通过钢脚手架时,应使用12V以下的低压电源。电动机具必须与钢脚手架接触时,要有良好的绝缘。

第二节　扣件式钢管脚手架

多立杆式外脚手架由立杆、大横杆、小横杆、斜撑、脚手板等组成。其特点是每步架高可根据施工需要灵活布置,取材方便,钢、木、竹等均可应用(如图6-1所示)。

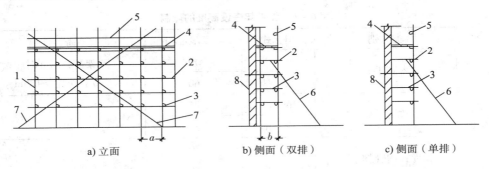

a) 立面　　　　b) 侧面(双排)　　　　c) 侧面(单排)

图6-1　多立杆式脚手架

1—立杆;2—大横杆;3—小横杆;4—脚手板;5—栏杆;6—抛撑;7—斜撑;8—墙体

扣件式钢管脚手架是属于多立杆式外脚手架中的一种。其特点是:杆配件数量少;装卸方便,利于施工操作;搭设灵活,能搭设高度大;坚固耐用,使用方便。扣件式脚手架是由标准的钢管杆件(立杆、横杆、斜杆)和特制扣件组成的脚手架骨架与脚手板、防护构件、连墙件等组成的,是目前最常用的一种脚手架。

一、构配件

(一)钢管杆件

钢管杆件一般采用外径48mm、壁厚3.5mm的焊接钢管或无缝钢管,也有外径50~51mm,壁厚3~4mm的焊接钢管或其他钢管。用于立杆、大横杆、斜杆的钢管最大长度不宜超过6.5m,最大重量不宜超过250N,以便适合人工搬运。用于小横杆的钢管长度宜在1.5~2.5m,以适应脚手板的宽度。

（二）扣件

扣件用可锻铸铁铸造或用钢板压成,基本形式有三种(如图6-2所示):供两根成任意角度相交钢管连接用的回转扣件;供两根成垂直相交钢管连接用的直角扣件和供两根对接钢管连接用的对接扣件。扣件质量应符合有关的规定,当扣件螺栓拧紧力矩达20N·m时,扣件不得破坏。

a) 回转扣件　　　　　b) 直角扣件　　　　　c) 对接扣件

图6-2　扣件形式

（三）脚手板

脚手板一般用厚2mm的钢板压制而成,长度2~4m,宽度250mm,表面应有防滑措施。也可采用厚度不小于50mm的杉木板或松木板,长度3~6m,宽度200~250mm;或者采用竹脚手板,有竹笆板和竹片板两种形式。

（四）连墙件

连墙件将立杆与主体结构连接在一起,可用钢管、型钢或粗钢筋等,其间距如表6-2所示。

表6-2　连墙件的布置

脚手架类型		脚手架高度/m	垂直间距/m	水平间距/m
双 排		≤60	≤6	≤6
		>50	≤4	≤6
单 排		≤24	≤6	≤6

每个连墙件抗风荷载的最大面积应小于40m²。连墙件需从底部第一根纵向水平杆处开始设置,附墙件与结构的连接应牢固,通常采用预埋件连接。

（五）底座

底座一般采用厚8mm,边长150~200mm的钢板作底板,上焊150mm高的钢管。底座形式有内插式和外套式两种(如图6-3所示),内插式的外径 D_1 比立杆内径小2mm,外套式的内径 D_2 比立杆外径大2mm。

二、搭设要求

钢管扣件脚手架搭设中应注意地基平整坚实,设置底座和垫板,并有可靠的排水措施,防止积水浸泡地基。

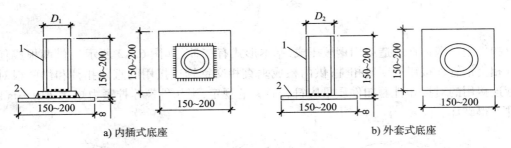

a) 内插式底座   b) 外套式底座

图6-3　扣件钢管架底座
1—承插钢管;2—钢板底座

立杆之间的纵向间距,当为单排设置时,立杆离墙1.2～1.4m;当为双排设置时,里排立杆离墙0.4～0.5m,里外排立杆之间间距为1.5m左右。相邻立杆接头要错开,对接时需用对接扣件连接,也可用长度为400mm、外径等于立杆内径,中间焊法兰的钢管套管连接。立杆的垂直偏差不得大于架高的1/200。

上下两层相邻大横杆之间的间距为1.8m左右。大横杆杆件之间的连接应位置错开,并用对接扣件连接,如采用搭接连接,搭接长度不应小于1m,并用三个回转扣件扣牢。与立杆之间应用直角扣件连接,纵向水平高差不应大于50mm。

小横杆的间距不大于1.5m。当为单排设置时,小横杆的一头搁入墙内不少于240mm,一头搁于大横杆上,至少伸出100mm;当为双排设置时,小横杆端头离墙距离为50～100mm。小横杆与大横杆之间用直角扣件连接。每隔三步的小横杆应加长,并注意与墙的拉结。

纵向支撑的斜杆与地面的夹角宜在45°～60°范围内。斜杆的搭设是利用回转扣件将一根斜杆扣在立杆上,另一根斜杆扣在小横杆的伸出部分上,这样可以避免两根斜杆相交时把钢管别弯。斜杆用扣件与脚手架扣紧的连接接头距脚手架节点(即立杆和横杆的交点)不大于200mm。除两端扣紧外,中间尚需增加2～4个扣节点。为保证脚手架的稳定,斜杆的最下面一个连接点距地面不宜大于500mm。斜杆的接长宜采用对接扣件的对接连接,当采用搭接时,搭接长度不小于400mm,并用两只回转扣件扣牢。

三、扣件式脚手架设计原则

脚手架根据承载能力极限状态的要求,要计算下列内容:

(1)脚手板、横向水平杆、纵向水平杆等受弯构件的强度;

(2)轴心受压构件的稳定性;

(3)脚手架与主体结构的连接强度;

(4)脚手架地基基础的承载力。

各构件均不进行疲劳强度验算。受弯构件应根据正常使用极限状态的要求验算强度。计算构件的强度、稳定性和连接强度时,应采用荷载设计值,它等于荷载标准值乘以荷载分项系数。永久荷载的分项系数为1.2,可变荷载的分项系数为1.4。验算构件变形时,采用荷载标准值。

当横向水平杆、纵向水平杆的轴线对立柱的偏心距不大于55mm时,立柱稳定性按轴心受压构件计算。

受弯构件的容许挠度,脚手板、横向水平杆、纵向水平杆为$l/150$(l为受弯构件的计算跨度)及 10mm;竖向分段悬挑结构的受弯构件为 $l/400$。受压、受拉构件的长细比,应符合规范规定。

扣件的抗滑移承载力设计值:对接扣件抗滑,一个扣件为 2.5kN;直角扣件、旋转扣件抗滑,一个扣件为 6.0kN,二个扣件为 11.0kN。

螺栓、焊缝连接的强度设计值,按国家规范 GBJ 18—1987《冷弯薄壁型钢结构技术规范》中规定的强度设计值乘以 0.75 采用。

第三节　碗扣式脚手架

碗扣式钢管脚手架是我国参考国外经验自行研制的一种多功能脚手架,其杆件节点处采用碗扣连接,由于碗扣是固定在钢管上的,构件全部轴向连接,力学性能好,其连接可靠,组成的脚手架整体性好,不存在扣件丢失问题。在我国近年来发展较快,现已广泛用于房屋、桥梁、涵洞、隧道、烟囱、水塔、大坝、大跨度棚架等多种工程施工中,取得了显著的经济效益。

一、基本构造

碗扣式钢管脚手架由钢管立杆、横杆、碗扣接头等组成。其基本构造和搭设要求与扣件式钢管脚手架类似,不同之处主要在于碗扣接头。碗扣接头(如图 6-4 所示)是由上碗扣、下碗扣、横杆接头和上碗扣的限位销等组成。在立杆上焊接下碗扣和上碗扣的限位销,将上碗扣套入立杆内。在横杆和斜杆上焊接插头。组装时,将横杆和斜杆插入下碗扣内,压紧和旋转上碗扣,利用限位销固定上碗扣。碗扣间距 600mm,碗扣处可同时连接 9 根横杆,可以互相垂直或偏转一定角度。可组成直线形、曲线形、直角交叉形等多种形式。

碗扣接头具有很好的强度和刚度,下碗扣轴向抗剪的极限强度为 166.7kN,横杆接头的抗弯能力好,在跨中集中荷载作用下达 6~9kN·m。

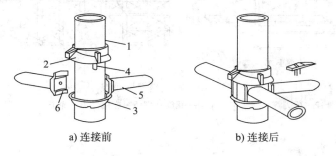

a) 连接前　　　　　b) 连接后

图 6-4　碗扣接头

1—立杆;2—上碗扣;3—下碗扣;4—限位销;5—横杆;6—横杆接头

二、搭设要求

碗扣式钢管脚手架立柱横距为 1.2m,纵距根据脚手架荷载可为 1.2m,1.5m,1.8m,2.4m,步距为 1.8m,2.4m。搭设时立杆的接长缝应错开,第一层立杆应用长 1.8m 和 3.0m 的立杆错开布置,往上均用 3.0m 长杆,至顶层再用 1.8m 和 3.0m 两种长度找平。高 30m 以下脚手架垂直度应在 1/200 以内,高 30m 以上脚手架垂直度应控制在 1/400~1/600,总高垂直度偏差应不大于100mm。

第四节 门式钢管脚手架的构造

门式钢管脚手架是一种工厂生产、现场搭设的脚手架,是当今国际上应用最普遍的脚手架之一。它不仅可作为外脚手架,也可作为内脚手架或满堂脚手架。门式钢管脚手架因其几何尺寸标准化、结构合理、受力性能好、施工中装拆容易、安全可靠、经济实用等特点,广泛应用于建筑、桥梁、隧道、地铁等工程施工,若在门架下部安放轮子,也可以作为机电安装、油漆粉刷、设备维修、广告制作的活动工作平台。

门式钢管脚手架的搭设一般只要根据产品目录所列的使用荷载和搭设规定进行施工,不必再进行验算。如果实际使用情况与规定有不同,则应采用相应的加固措施或进行验算。通常门式钢管脚手架搭设高度限制在45m以内,采取一定措施后可达到80m左右。施工荷载取值一般为:均布荷载$1.8kN/m^2$,或作用于脚手板跨中的集中荷载2kN。

一、基本构造

门式钢管脚手架是用普通钢管材料制成工具式标准件,在施工现场组合而成。其基本单元是由一副门式框架、二副剪刀撑、一副水平梁架和四个连接器组合而成(如图6-5所示)。若干基本单元通过连接器在竖向叠加,扣上臂扣,组成一个多层框架。在水平方向,用加固杆和水平梁架使相邻单元连成整体,加上斜梯、栏杆柱和横杆组成上下步相通的外脚手架。

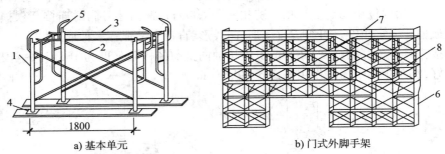

a) 基本单元   b) 门式外脚手架

图6-5 门式钢管脚手架

1—门式框架;2—剪刀撑;3—水平梁架;4—螺旋基脚;5—连接器;6—梯子;7—栏杆;8—脚手板

二、搭设要求

门式钢管脚手架的搭设高度一般不超过45m,每五层至少应架设水平架一道,垂直和水平方向每隔4~6m应设一扣墙管(水平连接器)与外墙连接,整幅脚手架的转角应用钢管通过扣件扣紧在相邻两个门式框架上[图6-6a)、图6-6b)]。

脚手架搭设后,应用水平加固杆加强,加固杆采用直径42.7mm的钢管,通过扣件扣紧在每个门式框架上,形成一个水平闭合圈。一般在十层门式框架以下,每三层设一道,在十层门式框架以上,每五层设一道,最高层顶部和最低层底部应各加设一道,同时还应在两道水平加固杆之间加设直径42.7mm交叉加固杆,其与水平加固杆之夹角应不大于45°。门式脚手架架设超过十层,应加设辅助支撑,一般在高8~11层门式框架之间,宽在五个门式框架之间,加设一组,使部分荷载由墙体承受[图6-6c)]。

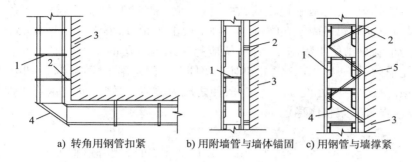

a) 转角用钢管扣紧　　　b) 用附墙管与墙体锚固　　　c) 用钢管与墙撑紧

图6-6　门式钢管脚手架的加固处理

1—门式脚手架;2—附墙管;3—墙体;4—钢管;5—混凝土板

第五节　自升式脚手架

升降式脚手架是沿结构外表面满搭的脚手架,在结构和装修工程施工中应用较为方便,但费料耗工,一次性投资大,工期亦长。因此,近年来在高层建筑及筒仓、竖井、桥墩等施工中发展了多种形式的外挂脚手架,其中应用较为广泛的是升降式脚手架,包括自升降式、互升降式、整体升降式三种类型。

升降式脚手架的主要特点是:

(1)脚手架不需满搭,只搭设满足施工操作及安全各项要求的高度;

(2)地面不需做支承脚手架的坚实地基,也不占施工场地;

(3)脚手架及其上承担的荷载传给与之相连的结构,对这部分结构的强度有一定要求;

(4)随施工进程,脚手架可随之沿外墙升降,结构施工时由下往上逐层提升,装修施工时由上往下逐层下降。

一、自升降式脚手架

自升降式脚手架的升降运动是通过手动或电动倒链交替对活动架和固定架进行升降来实现的。从升降架的构造来看,活动架和固定架之间能够进行上下相对运动。当脚手架工作时,活动架和固定架均用附墙螺栓与墙体锚固,两架之间无相对运动;当脚手架需要升降时,活动架与固定架中的一个架子仍然锚固在墙体上,使用倒链对另一个架子进行升降,两架之间便产生相对运动。通过活动架和固定架交替附墙,互相升降,脚手架即可沿着墙体上的预留孔逐层升降(如图6-7所示)。具体操作过程如下:

1. 施工前准备

按照脚手架的平面布置图和升降架附墙支座的位置,在混凝土墙体上设置预留孔。预留孔尽可能与固定模板的螺栓孔结合布置,孔径一般为40～50mm。为使升降顺利进行,预留孔中心必须在一直线上。脚手架爬升前,应检查墙上预留孔位置是否正确,如有偏差,应预先修正,墙面突出严重时,也应预先修平。

2. 安装

该脚手架的安装在起重机配合下按脚手架平面图进行。先把上、下固定架用临时螺栓连接起来,组成一片,附墙安装。一般每两片为一组,每步架上用四根 $\phi48 \times 3.5$ 钢管作为大横杆,把两片升降架连接成一跨,组装成一个与邻跨没有牵连的独立升降单元体。附墙支座的附墙螺栓从墙外穿入,待架子校正后,在墙内紧固。对壁厚的筒仓或桥墩等,也可预埋螺母,然后用附墙螺栓将架子固定在螺母上。脚手架工作时,每个单元体共有八个附墙螺栓与墙体锚固。为了满足结构工程施工,脚手架应超过结构一层的安全作业需要。在升降脚手架上墙组装完毕后,用 $\phi48 \times 3.5$ 钢管和对接扣件在上固定架上面再接高一步。最后在各升降单元体的顶部扶手栏杆处设临时连接杆,使之成为整体,内侧立杆用钢管扣件与模板支撑系统拉结,以增强脚手架整体稳定。

3. 爬升

爬升可分段进行,视设备、劳动力和施工进度而定,每个爬升过程提升 1.5~2m,每个爬升过程分两步进行(如图 6-7 所示):

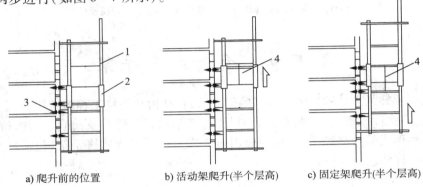

a) 爬升前的位置　　b) 活动架爬升(半个层高)　　c) 固定架爬升(半个层高)

图 6-7　自升降式脚手架爬升过程
1—活动架;2—固定架;3—附墙螺栓;4—倒链

(1)爬升活动架

解除脚手架上部的连接杆,在一个升降单元体两端升降架的吊钩处,各配置 1 只倒链,倒链的上、下吊钩分别挂入固定架和活动架的相应吊钩内。操作人员位于活动架上,倒链受力后卸去活动架附墙支座的螺栓,活动架即被倒链挂在固定架上,然后在两端同步提升,活动架即呈水平状态徐徐上升。爬升到达预定位置后,将活动架用附墙螺栓与墙体锚固,卸下倒链,活动架爬升完毕。

(2)爬升固定架

同爬升活动架相似,在吊钩处用倒链的上、下吊钩分别挂入活动架和固定架的相应吊钩内,倒链受力后卸去固定架附墙支座的附墙螺栓,固定架即被倒链挂吊在活动架上。然后在两端同步抽动倒链,固定架即徐徐上升,同样爬升至预定位置后,将固定架用附墙螺栓与墙体锚固,卸下倒链,固定架爬升完毕。

至此,脚手架完成了一个爬升过程。待爬升一个施工高度后,重新设置上部连接杆,脚手架进入工作状态,以后按此循环操作,脚手架可不断爬升,直至结构到顶。

4. 下降

与爬升操作顺序相反,顺着爬升时用过的墙体预留孔倒行,脚手架可逐层下降,同时把留在墙面上的预留孔修补完毕,最后脚手架返回地面。

5. 拆除

拆除时设置警戒区,有专人监护,统一指挥。先清理脚手架上的垃圾杂物,然后自上而下逐步拆除。拆除升降架可用起重机、卷扬机或倒链。升降机拆下后要及时清理整修和保养,以利重复使用,运输和堆放均应设置地楞,防止变形。

二、互升式脚手架

互升降式脚手架将脚手架分为甲、乙两种单元,通过倒链交替对甲、乙两单元进行升降。当脚手架需要工作时,甲单元与乙单元均用附墙螺栓与墙体锚固,两架之间无相对运动;当脚手架需要升降时,一个单元仍然锚固在墙体上,使用倒链对相邻一个架子进行升降,两架之间便产生相对运动。通过甲、乙两单元交替附墙,相互升降,脚手架可沿着墙体上的预留孔逐层升降。

互升降式脚手架的性能特点是:

——结构简单,易于操作控制;

——架子搭设高度低,用料省;

——操作人员不在被升降的架体上,增加了操作人员的安全性;

——脚手架结构刚度较大,附墙的跨度大。

它适用于框架剪力墙结构的高层建筑、水坝、筒体等施工。具体操作过程如下:

1. 施工前的准备

施工前应根据工程设计和施工需要进行布架设计,绘制设计图。编制施工组织设计,编订施工安全操作规定。在施工前还应将互升降式脚手架所需要的辅助材料和施工机具准备好,并按照设计位置预留附墙螺栓孔或设置好预埋件。

2. 安装

互升降式脚手架的组装可有两种方式:在地面组装好单元脚手架,再用塔吊吊装就位;或是在设计爬升位置搭设操作平台,在平台上逐层安装。爬架组装固定后的允许偏差应满足:沿架子纵向垂直偏差不超过30mm;沿架子横向垂直偏差不超过20mm;沿架子水平偏差不超过30mm。

3. 爬升

脚手架爬升前应进行全面检查,检查的主要内容有:预留附墙连接点的位置是否符合要求,预埋件是否牢靠;架体上的横梁设置是否牢固;提升降单元的导向装置是否可靠;升降单元与周围的约束是否解除,升降有无障碍;架子上是否有杂物;所适用的提升设备是否符合要求等。

当确认以上各项都符合要求后方可进行爬升(如图6-8所示),提升到位后,应及时将架子同结构固定;然后,用同样的方法对与之相邻的单元脚手架进行爬升操作,待相邻的单元脚手架升至预定位置后,将两单元脚手架连接起来,并在两单元操作层之间铺设脚手板。

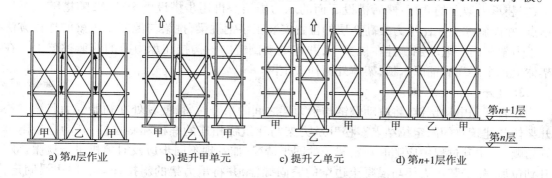

a) 第n层作业　　　　b) 提升甲单元　　　　c) 提升乙单元　　　　d) 第n+1层作业

图6-8 互升降式脚手架爬升过程

4.下降

与爬升操作顺序相反,利用固定在墙体上的架子对相邻的单元脚手架进行下降操作,同时把留在墙面上的预留孔修补完毕,最后脚手架返回地面。

5.拆除

爬架拆除前应清理脚手架上的杂物。拆除爬架有两种方式:一种是同常规脚手架拆除方式,采用自上而下的顺序,逐步拆除;另一种是用起重设备将脚手架整体吊至地面拆除。

三、整体升降式脚手架

在超高层建筑的主体施工中,整体升降式脚手架有明显的优越性,它结构整体好、升降快捷方便、机械化程度高、经济效益显著,是一种很有推广使用价值的超高建(构)筑外脚手架,被建设部列入重点推广的十项新技术之一。

整体升降式外脚手架以电动倒链为提升机,使整个外脚手架沿建筑物外墙或柱整体向上爬升。搭设高度依建筑物施工层的层高而定,一般取建筑物标准层四个层高加一步安全栏的高度为架体的总高度。脚手架为双排,宽以 0.8~1m 为宜,里排杆离建筑物净距 0.4~0.6m。脚手架的横杆和立杆间距都不宜超过 1.8m,可将一个标准层高分为两步架,以此步距为基数确定架体横、立杆的间距。

架体设计时可将架子沿建筑物外围分成若干单元,每个单元的宽度参考建筑物的开间而定,一般在 5~9m 之间。具体操作如下:

1.施工前的准备

按平面图先确定承力架及电动倒链挑梁安装的位置和个数,在相应位置上的混凝土墙或梁内预埋螺栓或预留螺栓孔。各层的预留螺栓或预留孔位置要求上下相一致,误差不超过 10mm。

加工制作型钢承力架、挑梁、斜拉杆。准备电动倒链、钢丝绳、脚手管、扣件、安全网、木板等材料。

因整体升降式脚手架的高度一般为四个施工层层高,在建筑物施工时,由于建筑物的最下几层层高往往与标准层不一致,且平面形状也往往与标准层不同,所以一般在建筑物主体施工到 3~5 层时开始安装整体脚手架。下面几层施工时往往要先搭设落地外脚手架。

2.安装

先安装承力架,承力架内侧用 M25~M30 的螺栓与混凝土边梁固定,承力架外侧用斜拉杆与上层边梁拉结固定,用斜拉杆中部的花篮螺栓将承力架调平;再在承力架上面搭设架子,安装承力架上的立杆;然后搭设下面的承力桁架。再逐步搭设整个架体,随搭随设置拉结点,并设斜撑。在比承力架高两层的位置安装工字钢挑梁,挑梁与混凝土边梁的连接方法与承力架相同。电动倒链挂在挑梁下,并将电动倒链的吊钩挂在承力架的花篮挑梁上。在架体上每个层高满铺厚木板,架体外面挂安全网。

3.爬升

短暂开动电动倒链,将电动倒链与承力架之间的吊链拉紧,使其处在初始受力状态。松开架体与建筑物的固定拉结点。松开承力架与建筑物相连的螺栓和斜拉杆,开动电动倒链开始爬升,爬升过程中应随时观察架子的同步情况,如发现不同步应及时停机进行调整。爬升到位后,先安装承力架与混凝土边梁的紧固螺栓,并将承力架的斜拉杆与上层边梁固定,然后安装架体上部与建筑物的各拉结点。待检查符合安全要求后,脚手架可开始使用,进行上一层的主体施工。在新一层主体施工期间,将电动倒链及其挑梁摘下,用滑轮或手动倒链转至上一层重新安装,为下一层爬升做准备(如图6－9所示)。

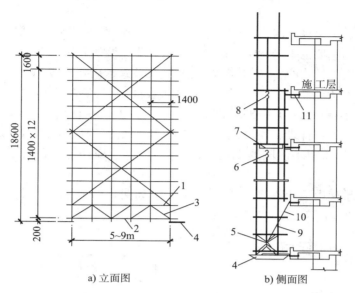

a) 立面图　　　　　　b) 侧面图

图6－9　整体升降式脚手架

1—上弦杆;2—下弦杆;3—承力桁架;4—承力架;5—斜撑;6—电动倒链;

7—挑梁;8—倒链;9—花篮螺栓;10—拉杆;11—螺栓

4. 下降

与爬升操作顺序相反,利用电动倒链顺着爬升用的墙体预留孔倒行,脚手架即可逐层下降,同时把留在墙面上的预留孔修补完毕,最后脚手架返回地面。

5. 拆除

爬架拆除前应清理脚手架上的杂物。拆除方式与互升式脚手架类似。

另有一种液压提升整体式的脚手架－模板组合体系(如图6－10所示),它通过设在建(构)筑内部的支承立柱及立柱顶部的平台桁架,利用液压设备进行脚手架的升降,同时也可升降建筑的模板。

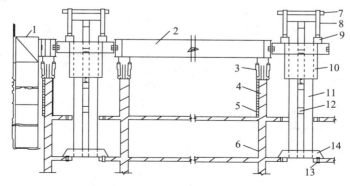

图6－10　液压整体提升大模板

1—吊脚手;2—平台桁架;3—手拉倒链;4—墙板;5—大模板;6—楼板;7—支承挑架;8—提升

支承杆;9—千斤顶;10—提升导向架;11—支承立柱;12—连接板;13—螺栓;14—底座

第六节　里脚手架

里脚手架搭设于建筑物内部,每砌完一层墙后,即将其转移到上一层楼面,进行新的一层墙体砌筑。里脚手架也用于室内装饰施工。里脚手架装拆较频繁,要求轻便灵活,装拆方便。通常将其做成工具式的,结构形式有折叠式、支柱式和门架式。

图 6-11 所示为角钢折叠式里脚手架,其架设间距,砌墙时不超过 2m,粉刷时不超过 2.5m。根据施工层高,沿高度可以搭设两步脚手,第一步高约 1m,第二步高约 1.65m。

图 6-12 所示为套管式支柱,它是支柱式里脚手架的一种,将插管插入立管中,以销孔间距调节高度,在插管顶端的凹形支托内搁置方木横杆,横杆上铺设脚手架。架设高度为 1.5~2.1m。

门架式里脚手架由两片 A 形支架与门架组成(如图 6-13 所示)。其架设高度为 1.5~2.4m,两片 A 形支架间距 2.2~2.5m。

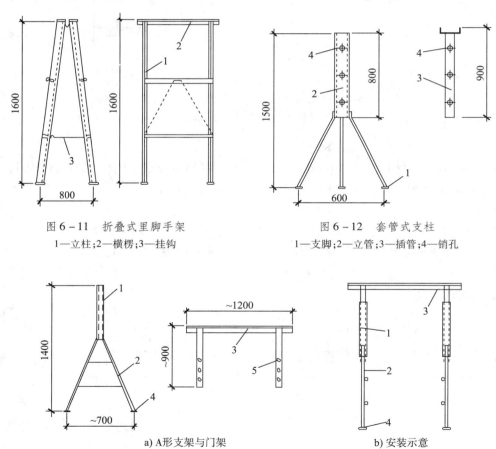

图 6-11　折叠式里脚手架　　　　　　　　图 6-12　套管式支柱
1—立柱;2—横楞;3—挂钩　　　　　　1—支脚;2—立管;3—插管;4—销孔

a) A形支架与门架　　　　　　　　　　b) 安装示意

图 6-13　门架式里脚手架
1—立管;2—支脚;3—门架;4—垫板;5—销孔

里脚手架分为砖筑、墙面装修里脚手架和天棚装修脚手架等,其一般构造要求应符合表 6-3 的要求。

表 6 – 3　里脚手架的一般构造要求
m

项目名称	砌筑脚手架	墙面装修脚手架	天棚装修脚手架
架　宽	1.0 ~ 1.2	0.5 ~ 0.75	满　堂
架　高	每步架高 1.5 ~ 1.8	每步架高 1.5 ~ 1.8	距天棚 1.8 ~ 2.0
脚手板与墙间隙	<0.15	0.20 ~ 0.30	—
立杆(架)纵距	1.5 ~ 1.8	1.8 ~ 2.0	1.8 ~ 2.2

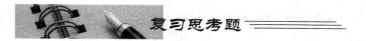 复习思考题

1. 简述外脚手架的类型、构造各有何特点？适用范围如何？
2. 脚手架架设要求有哪些？
3. 脚手架的支撑体系包括那些？如何设计？
4. 脚手架的安全防护措施有哪些内容？
5. 常用里脚手架有哪些类型？其特点怎样？
6. 扣件式脚手架的设计内容包括哪些？

第七章 防水工程

防水工程是房屋建筑中一项非常重要的组成部分,其质量的优劣,不仅关系到建筑物的使用寿命,而且直接影响到使用者的生产环境、生活质量,以及卫生条件。因此,防水工程必须在合理设计、合格材料的基础上,严格遵守施工操作规程,才能切实保证工程质量。

防水工程按其部位分为:屋面防水、地下防水、卫生间防水和外墙板防水等;防水工程按其构造作法分为:结构自防水(主要是依靠建筑构件材料自身的密实性,以及某些构造措施,如坡度、埋设止水带等,使结构构件起到防水作用)和防水层防水(主要是在建筑物构件的迎水面或背水面以及楼缝处,附加防水材料做成防水层,以起到防水作用);防水工程按其材料性能分为:柔性防水(如卷材防水、涂膜防水等)和刚性防水(如细石混凝土、补偿收缩混凝土、结构自防水等)。

柔性防水材料主要有卷材防水和涂膜防水,其特点是抗拉强度高,延伸率大,重量轻,施工工艺简单,工效高。但操作技术要求较严,耐穿刺性和耐老化性能不如刚性材料。

柔性防水主要是指卷材防水和涂膜防水。卷材防水材料厚薄均匀,质量比较稳定,但卷材搭接缝多,接缝处易开裂,对复杂表面和基层不平整的屋面,施工难度较大,不宜保证质量。而涂膜防水材料的特点恰恰可以弥补此方面的不足。

合成高分子卷材、高聚物改性沥青卷材和沥青卷材也有不同的优缺点。对于高聚物改性沥青防水卷材,它的性能决定于胎体种类。目前,这类卷材的施工工艺,主要有热熔、自粘和胶粘剂粘结三种;合成高分子防水卷材分为弹性体、塑性体与加筋的合成纤维三大类,不仅用料不同,而且性能差异也很大,因此,在设计时要考察选用材料在当地的实际使用效果;传统的沥青防水材料,有纸胎沥青油毡,玻纤胎沥青油毡等。其材料性能较差,通常要叠层使用,粘结材料通常有冷沥青胶结材料和热沥青胶结材料的区别。

必须指出,如果选用柔性防水卷材,还应考虑与其配套的胶结材料,在材料性能上是否相容。并在设计中指明相应的施工工艺,如空铺、满粘、点粘、条粘等。

判别两种不同防水材料的材性是否相容,主要视其相互接触时能否粘结在一起。否则,就会出现粘结不牢,脱胶开口,甚至发生相互间的化学腐蚀,使防水层遭到破坏。只有当两种不同防水材料的材性相近时,才能做到材料的相容。一般而言,两种防水材料的材性是否相容,主要看溶度参数,其溶度参数相差越小,相容性就越接近;溶度参数相差越大,相容性就越差。

就防水工程而言,卷材防水层的胶结材料,必须选用与卷材材性相容的粘结剂,原则上应由卷材生产厂家配套供应。两种防水材料应具有相容性的情况主要有:基层处理剂的选择应与卷材的材性相容;高聚物改性沥青防水卷材或合成高分子防水卷材的搭接缝,宜用材性相容的密封材料封严;采用两种防水材料复合时,其材性应相容;卷材、涂膜防水层收头及节点部位选用的密封材料,应与防水层的材料相容;采用涂料保护层时,涂料应与防水卷材或防水涂膜的材性相容;基层处理剂应与密封材料的材性相容。

对于地基条件好、结构跨度不大的多层现浇框架建筑,可选用的防水材料较多,但也有一些区别。如 APP 改性沥青防水卷材,低温柔性就不如 SBS 改性沥青防水卷材,前者在南方地区就比较适用,而后者除南方外,还适用于北方地区。

防水工程要求严格细致,应按照"防排结合,以防为主;刚柔并用,以柔适变;多道设防,节点密封"的思路进行设计和施工。在施工工期安排上宜避开冬、雨季施工。在选材时还要根据外界气候情况(包括温度、湿度、酸雨、紫外线等)、结构形式(现浇式或装配式)与跨度、屋面坡度、地基变形程度和防水层暴露等情况,选用相适应的材料,才能最终保证防水工程的质量。

第一节　屋面防水工程

屋面防水工程是房屋建筑中的一项重要工作,常用的种类有卷材防水屋面、涂膜防水屋面和刚性防水屋面等。根据建筑物的性能、重要程度、使用功能及防水层合理使用年限等要求,规定将屋面防水划分为四个等级,并规定了不同等级的设防要求,见表7-1。

表7-1　屋面防水等级和设防要求

项目	屋面防水等级			
	I	II	III	IV
建筑物类别	特别重要或对防水有特殊要求的建筑	重要的建筑和高层建筑	一般的建筑	非永久性的建筑
防水层合理使用年限	25 年	15 年	10 年	5 年
防水层选用材料	宜选用合成高分子防水卷材、高聚物改性沥青防水卷材、金属板材、合成高分子防水涂料、细石混凝土等材料	宜选用高聚物改性沥青防水卷材、合成高分子防水卷材、金属板材、合成高分子防水涂料、高聚物改性沥青防水涂料、细石混凝土、平瓦、油毡瓦等材料	宜选用三毡四油沥青防水卷材、高聚物改性沥青防水卷材、合成高分子防水卷材、金属板材、高聚物改性沥青防水涂料、合成高分子防水涂料、细石混凝土、平瓦、油毡瓦等材料	可选用二毡三油沥青防水卷材、高聚物改性沥青防水涂料等材料
设防要求	三道或三道以上防水设防	二道防水设防	一道防水设防	一道防水设防

一、卷材防水屋面

卷材防水屋面是指将沥青防水卷材、高聚物改性沥青防水卷材、合成高分子防水卷材等柔性防水材料,利用粘结胶粘贴卷材或采用带底面粘结胶的卷材进行热熔或冷贴于屋面基层进行防水的屋面。卷材防水屋面的构造如图7-1所示。

(一)卷材防水的材料

1.基层处理剂

基层处理剂是为了增强防水材料与基层之间的粘结力,在防水层施工前,预先涂刷在基

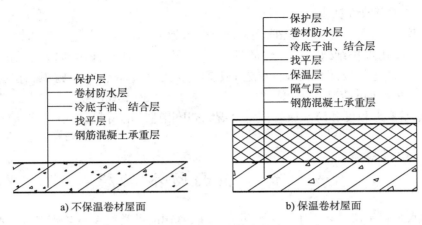

图 7－1　卷材防水屋面构造层次示意图

层上的稀质涂料。常用的基层处理剂有冷底子油（是由 10 号或 30 号石油沥青或软化点为 50～70℃的焦油沥青溶解于轻柴油、汽油、煤油、二甲苯或甲苯等溶液中调制而成的溶液，可在基层与卷材沥青胶结料之间形成一层胶质薄膜，以此提高其胶结性能）及高聚物改性沥青卷材和合成高分子卷材配套的底胶（如：氯丁胶沥青乳液、改性沥青溶液、聚氨酯煤焦油系的二甲苯溶液等，一般由卷材生产厂家配套供给）。该涂料的选择应与所用防水卷材的材性相容，以避免与卷材发生腐蚀或粘结不良。

2. 胶粘剂

（1）沥青胶结材料

配置石油沥青胶结材料，一般采用两种或三种牌号的沥青按一定配合比熔合，经熬制脱水后，掺入适当品种和数量的填充料，配置成沥青胶结材料。其标号（即耐热度），应根据屋面坡度、当地历年室外极端最高气温按表 7－2 选用。

表 7－2　石油沥青胶结材料标号选用表

屋面坡度/%	历年室外极端最高温度/℃	沥青胶结材料标号
2～3	小于 38	S－60
	38～41	S－65
	41～45	S－70
3～15	小于 38	S－65
	38～41	S－70
	41～45	S－75
15～25	小于 38	S－75
	38～41	S－80
	41～45	S－85

（2）合成高分子卷材胶粘剂

胶粘剂用于粘贴卷材，主要有两种，一种为卷材与基层粘贴的胶粘剂，另一种为卷材与卷材搭接的胶粘剂。合成高分子胶粘剂的粘结剥离强度不应小于 15N/10mm，浸水 168h 后的粘结剥离强度保持率不应小于 70%。常用合成高分子卷材配套胶粘剂见表 7－3。

表7-3 部分合成高分子卷材的胶粘剂

卷材名称	基层与卷材胶粘剂	卷材与卷材胶粘剂	表面保护层涂料
三元乙丙-丁基橡胶卷材	CX-404胶	丁基粘结胶A、B组分(1:1)	水乳型醋酸乙烯-丙烯酸酯共聚,油溶型乙丙橡胶和甲苯溶液
氯化聚乙烯卷材	BX-12胶粘剂	BX-12组分胶粘剂	水乳型醋酸乙烯-丙烯酸酯共混,油溶型乙丙橡胶和甲苯溶液
LYX-603氯化聚乙烯卷材	LYX-603-3(3号胶)甲、乙组分	LYX-603-2(2号胶)	LYX-603-1(1号胶)
聚氯乙烯卷材	FL-5型(5℃~15℃时使用)FL-5型(15℃~40℃时使用)		

(3)粘结密封胶带

主要应用于合成高分子卷材与卷材之间的搭接粘结和封口粘结,分为双面胶带和单面胶带。双面胶粘带剥离状态下的粘合性不应小于10N/25mm,浸水168h后的粘结剥离强度保持率不应小于70%。

3. 防水卷材

防水卷材是利用胶结材料粘贴或胶合,将卷材铺贴成一整片,能够防水的柔性薄型片状密封材料,目前我国常用的防水卷材的特点和适用范围,见表7-4。

表7-4 常用防水卷材的特点及使用范围

卷材类别	卷材名称	特点	适用范围	施工工艺
沥青防水卷材	石油沥青纸胎油毡	是我国传统的防水材料,目前在屋面工程中仍占主导地位。低温柔性差,防水层耐用年限较短,但价格较低	三毡四油、二毡三油叠层铺设的层面工程	热沥青胶、冷沥青胶粘贴施工
	玻璃布沥青油毡	抗拉强度高,胎体不易腐烂,材料柔性好,耐久性比纸胎油毡提高一倍以上	多用作纸胎油毡的增强附加层和突出部位的防水层	热沥青胶、冷沥青胶粘贴施工
	玻纤毡沥青油毡	有良好的耐水性、耐腐蚀性和耐久性,柔性也优于纸胎沥青油毡	常用作屋面或地下防水工程	热沥青胶、冷沥青胶粘贴施工
	黄麻胎沥青油毡	抗拉强度高、耐水性好,但胎体材料易腐烂	常用作屋面增强附加层	热沥青胶、冷沥青胶粘贴施工
	铝箔胎沥青油毡	有很高的阻隔蒸汽的渗透能力,防水功能好,且具有一定的抗拉强度	与带孔玻纤毡配合或单独使用:宜用于隔汽层	热沥青胶粘贴施工

续表

卷材类别	卷材名称	特点	适用范围	施工工艺
高聚物改性沥青防水材料	SBS 改性沥青防水卷材	耐高、低温性能有明显提高,卷材的弹性和耐疲劳性明显改善	单层铺设的屋面防水工程或复合使用	热熔法或冷粘法施工
	APP 改性沥青防水卷材	具有良好的强度、延伸性、耐热性、耐紫外线照射及耐老化性能,耐低温性能稍低于 SBS 改性沥青防水卷材	单层铺设,适合于紫外线辐射强烈及炎热地区屋面使用	热熔法或冷粘法施工
	PVC 改性焦油防水卷材	有良好的耐热及耐低温性能,最低开卷温度为 -18℃	有利于在冬季负温度下施工	可冷作业和热作业施工
	再生胶改性沥青防水卷材	有一定的延伸性,且低温柔性较好,有一定的防腐蚀能力,价格低廉,属低档防水卷材	变形较大或档次较低的屋面防水工程	热沥青粘贴
	废橡胶粉改性沥青防水卷材	比普通石油沥青纸胎的抗拉强度、低温柔性均明显改善	叠层使用于一般屋面防水工程,宜在寒冷地区使用	热沥青粘贴
合成高分子防水材料	三元乙丙橡胶防水卷材	防水性能优异、耐候性好、耐臭氧性、耐化学腐蚀、弹性和抗拉强度大,对基层变形开裂的适应性强,重量轻,使用温度范围宽,寿命长,但价格高,粘结材料尚需配套完善	屋面防水技术要求较高、防水层耐用年限要求长的工业与民用建筑,单层或复合使用	冷粘法或自粘法
	丁基橡胶防水卷材	有较好的耐候性,抗拉强度和延伸率,耐低温性能稍低于三元乙丙防水卷材	单层或复合使用于要求较高的屋面防水工程	冷粘法施工
	氯化聚乙烯防水卷材	具有良好的耐候、耐臭氧、耐热老化、耐油、耐化学腐蚀及抗撕裂的性能	单层或复合使用,宜用于紫外线强的炎热地区	冷粘法施工
	氯磺化聚乙烯防水卷材	延伸率较大、弹性较好、对基层变形开裂的适应性较强,耐高、低温性能好,耐腐蚀性能优良,有很好的难燃性	适合于有腐蚀介质影响及在寒冷地区的屋面工程	冷粘法施工
	聚氯乙烯防水卷材	具有较高的拉伸和撕裂强度,延伸率较大,耐老化性能好,原材料丰富,价格便宜,容易粘结	单层或复合使用于外漏或有保护层的屋面防水	冷粘法或热风焊接法施工
	氯化聚乙烯-橡胶共制防水卷材	不但具有氯化聚乙烯特有的高强度和优异的耐臭氧性、耐老化性能,而且具有橡胶特有的高弹性、高延伸性以及良好的低温柔性	单层或复合使用,尤宜用于寒冷地区或变形较大的屋面	冷粘法施工
	三元乙丙橡胶-聚乙烯共混防水卷材	是热塑性弹性材料,有良好的耐臭氧和耐老化性能,使用寿命长,低温柔性好,可在负温条件下施工	单层或复合使用于外露防水屋面,宜在寒冷地区使用	冷粘法施工

（1）沥青卷材

是用原纸、纤维织物、纤维毡等作为胎体材料,将其两面浸涂沥青胶,表面涂撒粉状、粒状或片状等隔离材料制成的可卷曲片状防水材料。

（2）高聚物改性沥青卷材

是用纤维织物或纤维毡等作为胎体材料,浸涂合成高分子聚合物改性沥青,表面撒布粉状、粒状、片状或薄膜材料为覆面材料制成的可卷曲的片状防水材料。其耐高温性、耐寒冷性、弹性和耐疲劳性,都有较好的改善,在一定程度上延长了屋面的使用寿命。目前,国内常用的高聚物改性沥青卷材的品种有:SBS 改性沥青卷材、APP 改性沥青卷材、APAO 改性沥青卷材、再生胶改性沥青卷材等。

（3）合成高分子卷材

是用合成橡胶、合成树脂或其二者的共混体为基料,加入适量的化学助剂和填充料等,经不同工序加工而成的可卷曲的片状防水材料;或将上述材料与合成纤维等复合形成两层或两层以上的可卷曲的片状防水材料。这类防水材料与传统的石油沥青卷材相比,具有可单层结构防水、冷施工、使用寿命长等优点。目前,国内常用的合成高分子卷材有:三元乙丙橡胶防水卷材、丁基橡胶防水卷材、氯化聚乙烯防水卷材、聚氯乙烯防水卷材、氯磺化聚乙烯防水卷材等。

（4）金属防水卷材（PSS 合金防水卷材）

是以铅、锡、锑等金属材料经溶化、浇注、辊压成片状可卷曲的防水材料。PSS 合金卷材防水,采用全金属一体化的封闭覆盖方式来达到防水目的。接缝处采用同类金属熔化连接的方式,其抗拉强度大于卷材本身的抗拉强度,所以接缝处不像其他卷材,易受接缝媒质影响而使其使用寿命降低。

由于材料的特性,决定了它具有永不腐烂,永久防漏的特点,其防漏年限可与建筑物使用寿命相同,十分适用于种植屋面、养殖屋面、地下室防水和水池防水,可防电磁干扰及核辐射。防漏终止时,其材料还可以 100% 回收再利用,这是其它防水材料不能做到的。

（5）膨润土防水毯（纳米毯）

是用高密度聚丙烯等合成纤维做底材,用针刺法在其上面织上厚度均匀的,遇水膨胀的天然纳基膨润土后,盖上聚丙烯等布纤维后冲压,然后按规格尺寸切割成可卷曲的片状防水材料。

高纳质膨润土具有较强的膨胀特性。在实验室环境,对一个高纳质膨润土小颗粒进行试验,自由状态下遇水膨胀约 15 ~ 17 倍。

因此,膨润土防水毯遇水后能形成一层无缝的高密度浆状防水层,可有效起到防水止水的作用。适用于屋面防水、地下室防水和人工湖、人工水库防水。

（二）卷材防水屋面的施工

1. 施工基本要求

（1）基层的处理

当屋面结构层为预制装配式混凝土板时,板缝间用不小于 C20 的细石混凝土嵌填密实,并宜适当掺加微膨胀剂。如板缝宽度大于 40mm 或上窄下宽时,板缝内应设置构造钢筋。

在屋面结构层上应做好找平层,找平层的强度、坡度和平整度对卷材防水层施工质量影响很大,必须压实平整,排水坡度必须符合规范规定。找平层要求平缓变化,平整度可用 2m

靠尺检查,最大空隙不允许大于5mm,且每米长度内不允许多于一处。

采用水泥砂浆找平层时,水泥砂浆抹平收水后应二次压光,充分养护,不得有酥松、起砂、起皮等现象。

铺设防水层或隔汽层之前,要求找平层必须充分干燥,并保持清洁。检验干燥程度的一般方法,可将1m²卷材干铺在找平层上,静置3~4h后掀开,如果覆盖部位与卷材上没有水印,即可开始下一个构造层次的施工。

屋面泛水处和基层的转角处(如水落口、檐口、天沟、檐沟、屋脊等),均应做成小圆弧或45°斜角。圆弧半径见表7-5。

表7-5 圆弧半径

卷 材 种 类	圆弧半径/mm
沥青防水卷材	100~150
高聚物改性沥青防水卷材	50
合成高分子防水卷材	20

(2)卷材的铺贴

卷材铺贴顺序应采取"先高后低、先远后近"的原则,即高低跨屋面,先铺高跨后铺低跨;等高大面积屋面,先铺离上料地点较远的部位,后铺较近部位。这样可以避免已铺屋面因材料运输和施工等原因,遭到人员的踩踏和破坏。

卷材大面积铺贴前,要求先做好节点、附加层和分格缝的空铺条等处的密封处理,然后由屋面最低标高处向上施工。铺贴天沟、檐沟卷材时,宜顺天沟、檐沟方向铺贴,从水落口处向分水线方向铺贴,以减少搭接(图7-2)。

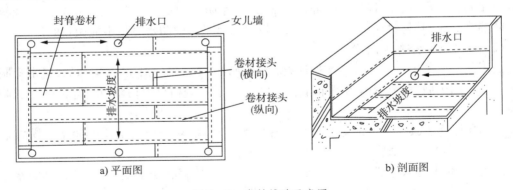

图7-2 卷材铺贴示意图

施工段的划分宜设在屋脊、天沟、变形缝等处。卷材应根据屋面坡度及屋面是否受振动来确定铺贴方向。当屋面坡度小于3%时,卷材宜平行于屋脊铺贴;当屋面坡度在3%~15%之间时,卷材可平行或垂直于屋脊铺贴;当屋面坡度大于15%或屋面受振动时,沥青卷材、高聚物改性沥青卷材应垂直于屋脊铺贴。合成高分子卷材可根据实际情况综合考虑,采用平行或垂直于屋脊铺贴,但上下层卷材不得相互垂直铺贴;当屋面坡度大于25%时,卷材宜垂直于屋脊方向铺贴,同时采取相应的固定措施,防止卷材下滑,固定点处要求有良好的密封处理。

（3）卷材的搭接

铺贴卷材应采用搭接法，相邻的两幅卷材的接头应相互错开，以避免因多层卷材相重叠而粘结不牢。叠层铺贴时，上下层两幅卷材的搭接缝也应相互错开，见图7-3。

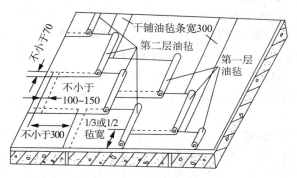

图7-3 卷材水平铺贴搭接要求示意图

高聚物改性沥青防水卷材和合成高分子防水卷材的搭接缝，要注意选用材性相容的密封材料封严，密封材料通常由卷材厂家配套供给。

平行于屋脊的搭接缝，应顺水流方向搭接；垂直于屋脊的搭接缝应顺年最大频率风向（主导风向）搭接。

叠层铺设的各层卷材，在天沟与屋面的连接处，应采用叉接法搭接，搭接缝应错开；接缝宜留在屋面或天沟侧面，不宜留在沟底。铺贴卷材时，不得污染檐口的外侧和墙面。

高聚物改性沥青防水卷材采用冷粘法施工时，搭接边部分要求有多余的冷粘剂挤出。热熔法施工时，搭接边应要求溢出少许热熔沥青，以形成一道沥青条。各种卷材的搭接宽度要求见表7-6。

表7-6 卷材搭接宽度

搭接方向	短边搭接宽度/mm		长边搭接宽度/mm	
	铺贴方法			
卷材种类	满粘法	空铺法 点粘法 条粘法	满粘法	空铺法 点粘法 条粘法
沥青卷材	100	150	70	100
高聚物改性沥青卷材	80	100	80	100
合成高分子卷材 胶粘剂	80	100	80	100
合成高分子卷材 胶粘带	50	60	50	60
合成高分子卷材 单焊缝	60，有效焊接宽度不小于25			
合成高分子卷材 双焊缝	80，有效焊接宽度10×2+空腔宽			

2. 沥青防水卷材施工

石油沥青防水卷材主要有热沥青胶结料与冷沥青胶结料粘贴油毡施工两种方法。

（1）卷材防水热施工操作

目前，只有传统的石油沥青油毡叠层施工时采用热粘贴施工。油毡叠层热施工是先在找平层上涂刷冷底子油,将熬制好的热沥青胶结料趁热浇洒,并立即逐层铺贴油毡于屋面的基层,最后在面层上浇洒一层热沥青胶,并及时撒铺绿豆砂(粒径为 3~5mm 的小豆石)作为保护层。

为使绿豆砂与面层粘结牢固,不易被雨水冲刷掉,绿豆砂要干净、干燥,并预热至100℃左右,面层热沥青胶结料浇洒时,随时铺撒热绿豆砂。如果在蓄水试验后铺撒绿豆砂,则要求铺设时,在油毡表面涂刷 2~3mm 厚的沥青胶,同样将绿豆砂预热,趁热铺撒。绿豆砂必须与沥青胶粘结牢固,未粘结的绿豆砂要随时清扫干净。

热粘贴施工工艺流程为:基层清理—涂刷冷底子油—铺贴附加层油毡—铺贴大面油毡—检查验收—蓄水试验。

铺贴大面油毡可采用满铺、花铺等方法。满铺法是在油毡下满刷沥青胶结材料,全部进行粘结。当保温层和找平层干燥有困难时,在潮湿的基层上铺贴油毡可采用花铺法。花铺法是在铺第一层油毡时,不需要满涂沥青胶结材料,而是采用条形、点状、蛇形等方法涂浇油,使第一层油毡与基层之间有若干个互相串通的空隙。

花铺第一层油毡时,在檐口、屋脊和屋面的转角处至少应有800mm宽的油毡满涂沥青胶结材料,将油毡粘牢在基层上。

花铺第一层油毡后往上铺下一层油毡时,应采用满铺法。

油毡卷材的长边及短边各种接缝应互相错开,上下两层油毡不允许垂直铺贴。采用满铺法时,短边油毡搭接宽度为100mm,长边油毡搭接宽度为70mm;采用花铺法时,短边搭接宽度为150mm,长边搭接宽度为100mm。

垂直于屋脊的油毡,应铺过屋脊至少200mm。

施工过程中,热沥青胶的配比一定要准确,如果耐热度偏高或偏低,会引起油毡流淌。熬制热沥青胶时,加热温度不应高于240℃,使用温度不宜低于190℃。加热温度过高,会使沥青碳化变脆;过低,则脱水不净。使用温度过低,也会造成流淌现象。

热沥青胶厚度要涂刮均匀,不得堆积。粘贴油毡的热沥青胶的厚度每层宜为 1~1.5mm,面层厚度宜为 2~3mm。过厚会造成油毡的流淌和沥青胶的浪费,过薄则不利于粘贴。

天沟、檐沟铺贴油毡时,应从沟底开始,纵向铺贴。如沟底过宽,纵向的搭接缝必须用密封材料封口,以保证防水的可靠。在平面与立面的转角处、水落口、管道根部铺贴时,要铺贴附加层油毡。

屋面防水层施工时,卷材端部收头处常是易破损的薄弱部位。可将油毡端头裁齐后压入预留的凹槽内,再用压条或垫片压紧,钉牢。并用密封材料将端头封严,最后用聚合物水泥砂浆将凹槽抹平。这样,可以有效地避免油毡端头翘边、起鼓。

在无保温层的装配式屋面上,为避免结构变形而将防水层拉裂,在分格缝上必须采取卷材空铺或加铺附加增强层。卷材直接空铺时,只要在分格缝上涂刷 200~300mm 宽的隔离剂或铺贴隔离纸即可。加铺附加增强层时,要裁剪宽 200~300mm 的油毡条,单边点贴于分格缝上,然后再大面积铺贴油毡。

(2)卷材防水冷施工操作

目前,卷材叠层冷粘贴工艺,是用冷沥青胶结料粘贴油毡的施工方法。它先将冷沥青胶涂刷于基层,再铺贴各层油毡,然后在涂刷面层冷沥青胶后均匀地铺撒粒料保护层。

施工工艺要点是:粘贴油毡的每层冷沥青胶厚度宜为 0.5~1mm,面层厚度宜为 1~

1.5mm。冷沥青胶含有溶剂,它的浸润性比较强,找平层上可不涂刷冷底子油,施工时须待涂刷的冷沥青胶中溶剂部分挥发后才能铺贴油毡,否则,会使油毡产生小泡。其他的要点和卷材防水热施工工艺相同。

3. 高聚物改性沥青防水卷材施工

高聚物改性沥青防水卷材的收头处理,水落口、天沟、檐沟、檐口等部位的施工,以及排汽屋面施工,均与沥青防水卷材施工相同。立面或大坡面铺贴高聚物改性沥青防水卷材时,应采用满粘法,并宜减少短边搭接。

(1)冷粘法施工

冷粘法铺贴高聚物改性沥青防水卷材,是指用高聚物改性沥青胶粘剂或冷沥青胶粘贴于涂有冷底子油的屋面基层上。

高聚物改性沥青防水卷材与沥青防水卷材的多层做法不同,通常只是单层或双层防水,因此,要求每幅卷材铺贴的位置必须准确,搭接宽度应符合规范要求。

施工时,根据卷材的配置方案,一边涂刷胶粘剂,一边铺贴卷材。改性沥青胶粘剂涂刷应均匀,不漏底、不堆积。同时用压辊滚压,排除卷材下面的空气,使其粘结牢固。

空铺法,条粘法,点粘法,应按规定位置与面积涂刷胶粘剂。

复杂部位如管根、水落口、烟囱底部等易发生渗漏的部位,可在其中心200mm左右范围先均匀涂刷一遍改性沥青胶粘剂,厚度1mm左右;涂胶后随即粘贴一层聚酯纤维无纺布,并在无纺布上再涂刷一遍厚度为1mm左右的改性沥青胶粘剂,使其干燥后形成一层无接缝的整体防水涂膜增强层。

采用冷粘法时,接缝口处要封闭严密,密封材料的宽度不应小于10mm。搭接缝部位,最好采用热风焊机、火焰加热器或汽油喷灯加热,以接缝卷材表面熔融至光亮黑色时,即可进行粘合。

(2)热熔法施工

热熔法铺贴高聚物改性沥青卷材,该卷材是一种在卷材底面涂有一层软化点较高的改性沥青热熔胶的防水卷材。施工时,将热熔胶用火焰喷枪加热作为胶粘剂,即可直接将卷材铺贴于基层的施工方法。

热熔法施工的加热器,主要有石油液化汽火焰喷枪、汽油喷灯、柴油火焰枪等。最常用的是石油液化汽火焰喷枪,由石油液化汽瓶、橡胶煤气管、喷枪三部分组成。它的火焰温度高,使用方便,施工速度快。

热熔法施工的关键是卷材底面热熔胶的加热程度一定要满足施工要求。加热不足,卷材表层会熔化不够,热熔胶与基层粘贴不牢;加热过分,会使热熔胶焦化变脆,并宜造成胎体老化,严重的会使卷材烧穿,造成粘贴不牢,直接影响防水质量。

热熔卷材施工一般由二人操作,一人加热,一人铺毡。

施工时,首先使卷材定位,确定好卷材的铺贴顺序和铺贴方向之后,再重新卷好。点燃火焰喷枪,将加热器喷嘴对准基层和卷材底面,烘烤卷材底面与基层的交接处,使两者同时加热,火焰加热器的喷嘴距卷材面的距离要适中,距离大约为0.5m,具体距离要根据施工时的环境温度及加热器的火焰强度而定,保证卷材幅宽内加热均匀。加热程度以卷材表面刚刚熔化为宜,此时沥青的温度在200~230℃之间,卷材表面热熔后,应立即向前滚铺卷材,并趁热用压辊进行滚压,卷材要求平展,不得皱折,滚压过程要排净卷材下面的空气,使卷材与基层粘结牢固。

热熔卷材铺贴后,搭接缝口处一般要溢出热熔胶,此时随即趁热刮胶封口。观察搭接部位溢出热熔胶的多少,可初步判断施工质量。如果溢出热熔胶的量适中,说明加热温度合适、且均匀,辊压牢固;但如果溢出的热熔胶过多,则说明加热和辊压过度,易产生质量问题。

热溶卷材防水卷材的基层应干燥,基层个别潮湿处应用火焰喷枪烘烤干燥后再进行施工。在材质允许的条件下,可在零下10℃左右的温度下施工。但雨雪天气、五级风及以上时不得施工。

屋面防水层施工完毕后,应做蓄水试验或淋水试验。上人屋面按设计要求做好保护层。不上人屋面可在卷材防水层表面上采用边涂刷橡胶改性沥青胶粘剂边撒石片,作为保护层,石片要撒布均匀,同时用压辊滚压使其粘接牢固。待保护层干透、粘牢后,可将未粘牢的石片扫掉。

(3)自粘贴施工

自粘贴施工是指自粘型卷材的铺贴施工。这种卷材在工厂生产时底面涂了一层高性能的胶粘剂,并在表面敷有一层隔离纸。使用时将隔离纸剥去,即可直接进行粘贴施工。

自粘贴施工一般可采用满粘、条粘等施工方法。采用条粘时,可在不粘贴的基层部位,刷一层石灰水或干铺一层卷材。施工前,基层表面应均匀涂刷基层处理剂,干燥后应及时铺贴卷材。铺贴的卷材要求平整顺直,不得出现扭曲、皱折等现象。铺贴过程中,边铺贴边滚压,排除卷材下面的空气,保证粘结牢固。搭接部位宜用热风焊枪加热,加热后粘贴牢固,随即将溢出的自粘胶刮平封口。接缝口处应用密封材料封严,宽度不应小于10mm。

保护层可采用浅色涂料,也可采用刚性材料。保护层施工前应将卷材表面清扫干净。涂料层应与卷材粘结牢固、厚薄均匀,不得漏涂。如卷材本身采用绿页岩片等覆面时,则防水层可不必另做保护层。

4. 合成高分子卷材施工

合成高分子防水卷材的施工方法主要有冷粘法施工、自粘法施工和热风焊接法施工。

三元乙丙防水卷材、氯化聚乙烯-橡胶共混防水卷材等多采用冷粘法施工;聚乙烯防水卷材、聚氯乙烯防水卷材和氯化聚乙烯防水卷材等热塑性卷材的接缝处理常采用热风焊接法施工;自粘法施工与高聚物改性沥青防水卷材施工基本相同。

(1)三元乙丙防水卷材施工

①涂布基层处理剂

通常是将聚氨酯防水涂料的甲料、乙料和二甲苯按重量1:1.5:3的比例配合,搅拌均匀后,均匀涂刷在基层上,涂刷时不得漏刷,也不得有堆积现象,待基层处理剂固化干燥后,方能铺贴卷材。

②涂刷基层胶粘剂

基层胶粘剂的施工,要求涂刷均匀,不允许胶粘剂出现漏刷和堆积等现象。

采用空铺法、条粘法、点粘法时,应按规定的位置和面积涂刷。

③铺贴卷材

铺贴卷材时,可根据卷材的配置方案,首先弹出基准线,然后将卷材沿长边方向对折,涂胶面相背,将待铺卷材卷首对准已铺卷材短边搭接基准线,待铺卷材长边对准已铺卷材长边搭接基准线,开始铺贴。

每铺完一卷卷材后,应立即用干净松软的长把滚刷从卷材一端开始按横向顺序用力滚压一遍,以彻底排除卷材与基层之间的空气,使其粘结牢固。

④卷材搭接施工

已粘贴的卷材应留出 80mm 的搭接边,卷材接缝处应采用专用的胶粘剂。用油漆刷均匀涂刷在翻开的卷材接头的两个粘结面上,涂胶量一般以 $0.5kg/m^2$ 左右为宜。

因卷材搭接处的胶粘剂,不具有立即粘结凝固的性能,施工时尚需静置 20～40min,待其基本干燥(用手指按压无粘感)后,方可进行贴压粘结。如果是三层卷材重叠的接头处,还必须嵌填密封膏后再行粘合施工,在接缝的边缘再用密封材料封严。

⑤保护层的施工

保护层的施工与高聚物改性沥青防水卷材基本相同。

(2)聚氯乙烯防水卷材施工

聚氯乙烯防水卷材一般采用空铺法施工,但在细部防水节点的附加增强层处,以及在檐口和屋脊、屋面转角部位和泛水等处的 800mm 范围内,应使用专门的聚氯乙烯胶粘剂,用满粘法施工。

聚氯乙烯防水卷材采用热风焊接法进行铺设施工,是利用电热风焊机产生的高温热风将防水卷材的搭接缝面层熔融,同时施以重压,即可将两片卷材熔合为一体。

电热风焊机主要有自动行进式电热风焊机和手持式电热风焊枪两种。

因为受到焊枪端部限位挡板的制约,热风焊接法铺贴卷材的长、短边搭接宽度为 50mm。无限位挡板的手持式电热风焊枪,亦应按此尺寸留设搭接宽度。

采用自动行进式电热风焊机进行搭接缝焊接处理时,应先进行试焊,确定适合的焊接温度和行走速度,一般为 2～6m/min 左右;采用手持式电热风焊枪焊接时,速度不宜过快,焊接速度以 1m/min 左右为宜。如果焊接、滚压后形成不了 PVC 熔体凝固后的嵌缝线,则应用 PVC 密封材料或胶粘剂进行嵌缝处理,或用封口条进行封口处理。

二、涂膜防水屋面

涂膜防水是指将防水涂料,均匀涂布在结构物表面上,结成坚韧防水膜的一种防水技术。

防水涂料在形成防水层的过程中,既是防水主体,又是胶粘剂,能使防水层与基层紧密相连,并且日后易查找漏点,维修方便。因为防水涂料成液态状,在施工基层上经过一定时间的固化后可形成连续、密闭的防水层,不像卷材那样存在很多搭接缝,所以特别适合形状复杂的施工基层。

涂膜防水材料虽然具有较好的防水性能、造价低、施工简便等优点,有些种类的防水涂料也能达到较好的延伸性,但是其拉断强度、抗撕裂强度、耐摩擦、耐穿刺等指标都较同类防水卷材低,因此涂膜防水要注意加强保护,在防水工程设计中需与其它材料配合使用。

不同品种的防水涂料,个性区别较大,使用时要特别注意。如聚氨酯类反应型涂料,挥发成分极少,固体含量很高,性能好,但价钱高,施工要求工人具有较高的素质和熟练的操作技能;溶剂型涂料成膜相对较致密,耐水性较好,但固体含量低,且溶剂有毒,易燃易爆,施工和存放时要严格按规程操作;水乳型涂料固体含量适中,无毒、不燃、价格低,能用于稍潮湿的基层,但其涂膜的致密性及长期耐泡水性则不如前两者。

防水涂料的组成多以有机高分子化合物和各种复杂的有机物为主,不少成分可能对人体有害,故在饮用水池、游泳池及冷库等防水防潮工程设计中,必须十分慎重地选用。对于含有煤焦油等有害物质的涂料,绝对不能用于上述工程。

（一）防水涂料的种类

防水涂料根据成膜物质的主要成分，可分为沥青基防水涂料、高聚物改性沥青防水涂料和合成高分子防水涂料三种。施工时可根据具体情况，在涂膜防水层中增设胎体增强材料。

沥青基防水涂料是以沥青为基料配制而成的水乳型或溶剂型防水涂料。如石灰乳化沥青涂料、膨润土乳化沥青涂料和石棉乳化沥青涂料等。涂膜厚度在Ⅲ级屋面或类似标准要求的防水工程上单独使用时，其厚度应不小于8mm；在Ⅳ级屋面或类似标准要求的防水工程上或是与其他材料复合使用时，其厚度不宜小于4mm。

高聚物改性沥青防水涂料是以沥青为基料，用合成高分子聚合物进行改性配制而成的水乳型、溶剂型或热熔型防水涂料。如氯丁橡胶改性沥青涂料、丁基橡胶改性沥青涂料、丁苯橡胶改性沥青涂料、SBS改性沥青涂料和APP改性沥青涂料等。单独使用时涂膜厚度宜不小于3mm；与其他防水材料（包括嵌缝材料）复合或配合使用时，其厚度宜不小于1.5mm。

合成高分子防水涂料是以合成橡胶或合成树脂为主要成膜物质配制而成的水乳型或溶剂型防水涂料。因成膜机理不同，分为反应固化型、挥发固化型和聚合物水泥防水涂料三类。如丙烯酸防水涂料、聚氨酯防水涂料、硅橡胶防水涂料、聚合物水泥防水涂料等。单独使用时涂膜厚度应不小于2mm；与其他防水材料复合使用时，其厚度不宜小于1mm。

（二）涂膜防水屋面的施工

1. 涂膜防水常见的施工方法

涂膜防水常见的施工方法，见表7-7。

表7-7　涂膜防水层施工方法和适用范围

施工方法	具体作法	适用范围
抹压法	涂料用刮板刮平后，待其表面收水而尚未结膜时，再用铁抹子压实抹光	用于流平性差的沥青基厚质防水涂料施工
涂刷法	用棕刷、长柄刷、圆滚刷蘸防水涂料进行涂刷	用于涂刷立面防水层和节点部位细部处理
涂刮法	用胶皮刮板涂布防水涂料，先将防水涂料倒在基层上，用刮板来回涂刮，使其厚薄均匀	用于黏度较大的高聚物改性沥青防水涂料和合成高分子防水涂料在大面积上的施工
机械喷涂法	将防水涂料倒入设备内通过喷枪将防水涂料均匀喷出	用于黏度较小的高聚物改性沥青防水涂料和合成高分子防水涂料的大面积施工

2. 涂膜防水屋面使用条件及厚度

涂膜防水屋面使用条件及厚度，见表7-8。

表7-8　涂膜防水屋面使用条件及厚度

防水涂料类别	屋面防水等级	使用条件	厚度规定/mm
沥青基防水涂料	Ⅲ级	单独使用	≥8
	Ⅲ级	复合使用	≥4
	Ⅳ级	单独使用	≥4

防水涂料类别	屋面防水等级	使用条件	厚度规定/mm
高聚物改性沥青防水涂料	Ⅱ级	作为一道防水层	≥3
	Ⅲ级	单独使用	≥3
	Ⅲ级	复合使用	≥1.5
	Ⅳ级	单独使用	≥3
合成高分子防水涂料	Ⅰ级	只能有一道	≥2
	Ⅱ级	作为一道防水层	≥2
	Ⅲ级	单独使用	≥2
	Ⅲ级	复合使用	≥1

3. 涂膜防水屋面的施工过程

（1）施工准备工作

①技术准备

包括熟悉和会审施工图纸，掌握和了解设计意图；编制屋面防水工程施工方案，确定质量目标和检验标准；确定施工记录编制内容要求；向施工操作人员进行技术交底或培训；及时掌握天气预报资料，确定施工方法和施工进度计划。

因为各类防水涂料对气候的影响都很敏感，涂料在成膜的过程中最好连续几天无雨、雪、冰冻，尤其是在涂膜干燥前不能遇雨、雪，否则会造成涂膜麻面和空鼓。

涂料施工时，不同的涂料对气温的要求不同。如有些溶剂型防水涂料在5℃以下溶剂挥发慢，成膜时间长；水乳型涂料在10℃以下，水分就不易蒸发干燥。特别是有些厚质涂料，气温降到0℃时，涂层内水分结冰，将使涂膜产生冻胀危害。如果气温过高，涂料中的溶剂很快挥发，则使涂料变稠，施工操作困难，质量也就不易保证。

新规范中规定：沥青基防水涂膜和水乳型高聚物改性沥青防水涂膜的施工气温为5～35℃；溶剂型高聚物改性沥青防水涂膜和合成高分子防水涂膜的施工气温为－5～35℃。五级风时会影响涂料施工操作，难以保证防水层质量和人身安全。所以五级风及其以上时不得施工。

②机具和材料准备

施工机具主要是根据不同的施工方法，备好刮板、刷子、喷枪和用于嵌填密封材料的嵌缝枪（目前主要有动力嵌缝枪和骨架嵌缝枪两种）等工具。

材料要求包括现场贮料仓库设施要完善，符合规程要求；进场的涂料应出具产品合格证，经抽样复验，技术性能符合质量标准；防水涂料的进场数量能满足屋面防水工程的使用；屋面防水的各种配套材料准备齐全等。

③现场施工条件准备

找平层已检查验收，质量合格，含水率符合要求；消防设施齐全，安全设施可靠；劳保用品已能满足施工操作需要；屋面上需安装的设施已施工完毕。

（2）基层处理

防水层的基层，通常是指房屋的结构层或找平层。结构层是防水层和整个屋面层的载体。找平层则直接铺抹在结构层或保温层上，找平层一般有水泥砂浆找平层、细石混凝土找平层、配筋细石混凝土找平层和沥青砂浆找平层等。

涂膜防水层的基层一旦开裂,很容易使涂膜拉裂。因此,水泥砂浆的配合比以 1:2～1:2.5,稠度以不大于 70mm 为宜,并适量掺加减水剂、补偿收缩剂等外加剂。保证水泥砂浆具有较好的强度、平整度和光滑度,砂浆表面不得酥松、起皮、起砂。

为了避免结构变形、温度变形和水泥砂浆干缩等因素,导致找平层拉裂,屋面找平层尚应留设分格缝。分格缝的位置应设在板端、屋面转折处和防水层与突出屋面结构的交接处。其纵横分格缝的最大间距为:水泥砂浆找平层、细石混凝土及配筋细石混凝土找平层不宜大于 6m;沥青砂浆找平层不宜大于 4m,分格缝的宽度一般为 20mm。分格缝内应填嵌密封材料或沿分格缝增设带胎体增强材料的空铺附加层,其宽度宜为 200～300mm。

在结构层上直接施工防水层,要求结构层具有较好的平整度和刚度,最好采用整体现浇防水钢筋混凝土板。如果结构层采用预制装配式钢筋混凝土板,板缝应用不小于 C20 的细石混凝土嵌填密实,并宜掺少量微膨胀剂,以减少混凝土收缩裂缝出现的可能性。对于开间、跨度较大的结构,尚应在板面上增设 40mm 厚 C20 细石混凝土现浇层,并配置钢筋网。

(3)涂刷基层处理剂

除了浸润性和渗透性较强的防水涂料(如油膏稀释涂料),可不涂刷基层处理剂而直接施工外,在施工涂膜防水层之前,还应在基层上涂刷基层处理剂。

基层处理剂不必另行准备,可将防水涂料直接稀释后使用即可。涂刷基层处理剂时,要求力度要大,涂层要薄,使其均匀渗入基层毛细孔中,将基层毛细孔堵塞,避免基层的潮气蒸发,使防水层起鼓。同时,可将基层上可能留下来的少量灰尘等杂质,混入基层处理剂中,使之与基层牢固结合。这样,即使屋面上灰尘不能完全清理干净,也不会影响涂层与基层的牢固粘结。

(4)涂膜防水施工

涂膜防水施工的顺序遵循"先高后低、先远后近"的原则。合理划分施工段,施工段的位置应尽量安排在屋面的变形缝处。合理安排施工顺序,在每个施工段中要先涂布较远部分,后涂布较近部分。先涂布排水较集中的细部节点(如水落口、天沟、檐沟)等处,再逐步向上涂布至屋脊或天窗下。各遍涂膜的涂刷方向应相互垂直,覆盖严密,避免产生直通的针眼气孔。涂层间的接茬应超过 50～100mm,避免在接茬处涂层薄弱,发生渗漏。

确保涂膜防水层的厚度是涂膜防水屋面的技术关键。过薄,会降低屋面整体防水效果,缩短防水层耐用年限;过厚,将在一定意义上造成浪费。以前常用涂刷遍数或每平方米涂料用量来控制涂膜防水层的质量,但有时因成膜的厚度不够,影响防水质量。所以,目前直接用涂膜厚度来控制防水层的质量。在涂料涂刷时,做到多遍薄涂,确保厚度。

在涂料第二遍涂刷时,或第三遍涂刷前,可加铺胎体增强材料。胎体增强材料的铺贴方向根据屋面坡度情况,屋面坡度小于 15% 时,可平行于屋脊铺设;屋面坡度大于 15% 时,应垂直于屋脊铺设。其胎体长边搭接宽度不得小于 50mm,短边搭接宽度不得小于 70mm,搭接缝应顺流水方向或年最大频率风向(即主导风向)。若采用二层胎体增强材料时,上下层不得互相垂直铺设,搭接缝应错开,其间距不应小于幅度的 1/3。

(5)保护层施工

因一些涂膜防水层较薄,易老化,所以在涂膜防水层上应设置保护层,以提高其耐穿刺和抗损伤能力,从而提高涂膜防水层的耐用年限。

保护层材料可采用细砂、云母、蛭石和浅色涂料等;也可采用水泥砂浆或块材等刚性保护层。但如果采用水泥砂浆或块材保护层时,要注意应在防水涂膜与保护层之间设置隔离层,防止因刚性材料伸缩变形将涂膜防水层破坏而造成渗漏;另外刚性保护层与女儿墙之间应留设分格缝,并嵌填弹性防水密封材料,防止刚性保护层因温差胀缩使女儿墙产生裂缝。

三、刚性防水屋面

刚性防水屋面主要适用于屋面防水等级为Ⅲ级的工业与民用建筑,在Ⅰ、Ⅱ级防水屋面中,只能作为多道防水设防中的一道防水层,不适用受较大振动或冲击荷载的建筑,以及屋面设有用松散材料为保温层的建筑。刚性防水有多种构造类型,选择刚性防水方案时,应根据屋面防水设防要求、地区条件和建筑结构的特点,并经技术经济比较后,选择适宜的刚性防水作法,以获得较好的防水效果。

刚性防水方式主要有混凝土防水、水泥砂浆防水和块体防水三种。

刚性防水屋面的主要技术要求:

(1)刚性防水屋面一般为平屋顶,屋面坡度为 2% ~3%;

(2)刚性防水层的结构层宜为整体现浇混凝土;

(3)刚性防水层的结构层为装配式钢筋混凝土板时,板缝应用 C20 细石混凝土嵌填密实,细石混凝土内宜适量掺加微膨胀剂;

(4)当板缝宽度大于40mm 或上窄下宽时,应在板缝内设置 ϕ12 ~ϕ14mm 的构造钢筋。

(5)装配式钢筋混凝土板的板端接缝处应进行密封处理;

(6)刚性防水层与山墙、女儿墙及突出屋面结构的交接处,都应采用柔性密封材料填嵌密实;

(7)刚性防水层与基层之间应设置隔离层。

(一)混凝土防水

混凝土防水可用于屋面防水和其他防水工程,应用范围较广。主要用于工业、民用建筑的地下工程(地下室、地下沟道、交通隧道、城市地铁等),储水构筑物(如水池、水塔)和江心、河心的取水构筑物以及处于干湿交替作用或冻融交替作用的工程(如桥墩、海港、码头、水坝等)。

但是,下述情况不适用防水混凝土:构件裂缝开展宽度大于 0.2mm 的结构;遭受剧烈振动或冲击的结构;单独使用于耐蚀系数小于 0.8 的受侵蚀防水工程。当在耐蚀系数小于 0.8 和地下混有酸、碱等腐蚀性介质的条件下应用时,应采取可靠的防腐蚀措施;混凝土表面温度大于100℃的结构。

混凝土防水主要有:细石混凝土防水、补偿收缩混凝土防水、预应力混凝土防水和钢纤维混凝土防水等。

1. 细石混凝土防水

细石混凝土防水层主要通过调整混凝土的配合比、掺外加剂等方法提高其密实性和抗渗性,来达到防水目的。防水层厚度不宜小于40mm,强度等级不应低于C20。防水层混凝土内配置直径为 4 ~6mm、间距为 150 ~200mm 的双向钢筋网片,钢筋网片在分格缝处应断开。钢筋保护层厚度不宜小于10mm。房屋四角宜加配 ϕ6 放射筋或 ϕ4@ 100 的网片,网片尺寸以不小于(800 ×800)mm 为宜。

外加剂防水混凝土的种类很多,用于刚性防水层混凝土或防水砂浆的外加剂主要有:减水剂、防水剂、膨胀剂和防冻剂等。

（1）减水剂防水混凝土

减水剂防水混凝土是指在混凝土拌合物中掺入适量的减水剂,以提高其抗渗能力的防水混凝土。减水剂对水泥具有强烈的分散作用,它借助于极性吸附作用,大大降低了水泥颗粒间的吸引力,有效地阻碍和破坏了颗粒间的絮凝作用,并释放出絮凝体中的水,从而提高了混凝土的和易性。

由于拌合用水量的降低,使硬化后混凝土内孔结构的分布情况得以改善,总孔隙及孔径均显著减小。由于毛细孔更加细小,且分散均匀,从而提高了混凝土的密实性和抗渗性。在大体积防水混凝土中,减水剂可推迟水泥水化热峰值出现,这就减少或避免了在混凝土取得一定强度前因温度应力而开裂,从而提高了混凝土的防水效果。

（2）氯化铁防水混凝土

氯化铁防水混凝是在混凝土拌合物中加入少量氯化铁防水剂拌制而成的具有高抗水性和密实度的混凝土。

它是依靠化学反应,产生氢氧化铁等胶体,通过新生的氧化钙对水泥熟料矿物的反应作用,使易溶性物质转化为难溶性物质,降低析水性,从而增加混凝土的密实性和抗渗性。并且,氯化铁防水剂在钢筋周围生成的氢氧化铁胶膜,可抑制钢筋腐蚀,对钢筋起到一定的保护作用。但氯离子易引起钢筋腐蚀,在预应力混凝土工程中,要禁止使用。

（3）三乙醇胺防水混凝土

三乙醇胺防水混凝土是通过在混凝土中掺入的适量三乙醇胺来提高混凝土的抗渗性能。主要依靠三乙醇胺的催化作用,在施工早期生成较多的水化产物,使部分游离水结合为结晶水,相应地减少了毛细孔隙,从而提高混凝土的抗渗性。并且,还可提高混凝土的早期强度。

当三乙醇胺和氯化钠、亚硝酸钠等无机盐复合时,三乙醇胺不仅能促进水泥本身的水化,还能促进氯化钠、亚硝酸钠等无机盐与水泥的反应,所生成的氯铝酸盐等络合物,其体积膨胀,能堵塞混凝土内部的孔隙,切断毛细管通路,使混凝土的密实性大大提高,达到防水目的。

2. 补偿收缩混凝土防水

补偿收缩混凝土是利用膨胀水泥或膨胀剂配制的一种具有微膨胀性能的混凝土。自1985年中国建筑材料科学研究院先后研制成功 UEA 混凝土膨胀剂（简称 U 型膨胀剂）、AEA 和 CEA 膨胀剂以来,安徽省建科院也研制成功明矾石膨胀剂（EA－L）,新型防水材料的使用,使刚性防水技术取得突破性发展。

UEA、AEA 和 CEA 均属于硫铝酸钙型膨胀剂,是用特制的硫铝酸盐熟料或将硫铝酸盐熟料与明矾石、石膏等研磨而成。它们掺入水泥中水化形成膨胀性结晶体——钙矾石,这种针状和柱状结晶填充于混凝土的毛细孔缝中,改善了孔的结构,从而提高混凝土的抗渗性。

膨胀剂的用量应经过严格计算,合理确定配比。掺量过大,自由膨胀率大于0.1%时,混凝土内部约束应力较大,易使混凝土产生裂缝。掺量过小则起不到补偿收缩的作用。在混凝土搅拌投料时,膨胀剂与水泥同时加入,以便充分混合均匀,搅拌时间不少于3min。

膨胀剂具有遇水膨胀的特性,必须及时做好早期养护。根据施工时的外界气候条件,确定养护时间和频率,保证充分浇水或浸水养护,可获得理想的膨胀值。如养护不良,不仅大大降低膨胀率,影响防水效果,其强度也将降低约10%左右。

3.预应力混凝土防水和钢纤维混凝土防水

预应力混凝土防水主要是应用预应力技术,增强混凝土的抗裂性,以提高防水层的抗渗能力。预应力钢筋采用 ϕ_4^b 或 ϕ_5^b 冷拔低碳钢丝组成的双向钢丝网,钢丝间距一般在 150 ~ 250mm 之间。

钢纤维混凝土是将适量的钢纤维掺入混凝土拌合物中而成的一种复合材料。用于屋面防水层时称为钢纤维混凝土刚性防水屋面,主要用于无保温层的装配式或整体现浇的钢筋混凝土屋面。为加强钢纤维混凝土防水效果,可掺入适量膨胀剂做成钢纤维膨胀混凝土防水层。膨胀剂掺量应通过试验确定,膨胀率宜控制在 0.02% ~ 0.04% 之间。钢纤维膨胀混凝土防水层与结构层之间可不设隔离层。混凝土中不得掺加含有氯离子的外加剂。

（二）水泥砂浆防水

水泥砂浆防水层适用于小面积屋面防水、墙面防水及水池、地下工程等的防水。

水泥砂浆防水层有普通水泥砂浆防水和聚合物水泥砂浆防水两类。普通水泥砂浆防水层一般要交替抹压两道防水砂浆和一至两道防水净浆,砂浆中宜掺入防水剂,主要有氯化物金属盐类防水剂、金属皂类防水剂、无机铝盐防水剂和氯化铁防水剂等。聚合物水泥砂浆防水则是在水泥砂浆中掺入氯丁胶乳、丙烯酸酯共聚乳液、有机硅等作为防水层。

1.普通水泥砂浆防水层施工

材料准备及基础处理好之后,开始施工。

（1）刷第一道防水净浆

水泥净浆涂刷要均匀,不得漏底或滞留过多,涂抹厚度控制在 1~2mm 范围内。如基层为现浇钢筋混凝土板,最好在混凝土收水后随即开始施工防水层。否则,应在混凝土终凝前用硬钢丝刷刷去表面浮浆,并将表面扫毛。若基层为预制装配式混凝土板,板缝处要填嵌密实,铺抹前用水冲洗干净、充分湿润,但不得积水。

（2）铺抹底层防水砂浆

涂刷第一道防水净浆后,即可铺抹底层砂浆,底层砂浆分两遍铺抹,每遍厚度为 5 ~ 7mm。抹头遍时,砂浆刮平后应用力抹压,使之与基层结成整体,在终凝前用木抹子均匀搓成毛面。头遍砂浆阴干后抹第二遍,第二遍也应抹实搓毛。

（3）刷第二道防水净浆

底层砂浆硬结后,涂刷第二道防水净浆,厚 1 ~ 2mm,均匀涂刷。

（4）铺抹面层防水砂浆、压实抹光

面层防水砂浆也分两遍抹压,每遍厚 5 ~ 7mm,头遍砂浆应压实、搓毛。头遍砂浆阴干后再抹第二遍,用刮尺刮平后,紧接着用铁抹子拍实,搓平,并压光。砂浆开始初凝时用铁抹子进行第二次压实压光。砂浆终凝前进行第三遍压光。

（5）养护

砂浆终凝后,表面呈灰白色时即可开始养护。养护方式可采用覆盖草帘、锯末等淋水养护,养护初期宜用喷壶缓慢洒水,防止冲坏砂浆。有条件时宜采用蓄水养护。养护时间不少于 14d,养护时环境温度不应低于 5℃。

2.氯丁胶乳水泥砂浆防水层施工

（1）涂刷结合层

在处理好的基层上,用毛刷、棕刷、橡胶刮板或喷枪把氯丁胶乳水泥净浆均匀涂刷在基层表面上,注意不得漏涂。

(2)铺抹氯丁胶乳水泥砂浆防水层

待结合层的胶乳水泥净浆涂层表面稍干后,即可铺抹防水层砂浆。因胶乳成膜较快,胶乳水泥砂浆摊开后,应迅速顺着一个方向,边抹平边压实,一次成活,不得往返多次抹压,以防破坏胶乳砂浆面层胶膜。

铺抹时,按先立面后平面的顺序,一般垂直面抹5mm厚左右,水平面抹10~15mm厚,阴阳角处应加厚,抹成圆角。

(3)养护

氯丁胶乳水泥砂浆采取干、湿结合的养护方法,施工完毕后2d内不得洒水,采取干养护。使面层砂浆充分接触空气,易早形成胶膜。如过早浇水养护,养护水会冲走砂浆中的胶乳而破坏胶网膜的形成。此时,砂浆发生水化反应所需的水主要从胶乳中获得。两天后进行洒水养护,养护时间为10d左右。

3. 有机硅防水砂浆施工

(1)基层处理

表面如有裂缝、掉角、凹凸不平时,应先用水泥砂浆或掺有107建筑胶的聚合物水泥浆进行修补。排除积水,将表面的油污、浮土、泥砂等杂物清理干净,并用水冲洗干净,使混凝土基层充分湿润。

(2)抹结合层净浆

在基层上抹2~3mm厚有机硅水泥净浆,使其与底层粘结牢固,待达到初凝后进行下道工序。

(3)铺抹底层防水砂浆

底层砂浆厚约10mm左右,用木抹抹平压实。在初凝时,用木抹子将砂浆表面戳成麻面,有利于与下一道构造层结合紧密。

(4)铺抹面层防水砂浆

厚度约10mm,在初凝时将防水砂浆赶完压实,戳成麻面后,在其上施工保护层。

(5)保护层施工

通常铺抹不掺防水剂的水泥砂浆2~3mm厚,表面压实,收光,不留抹痕,作为保护层。也可根据设计采用其他保护方法。

(6)养护

按正常方法养护,养护时间不少于14d。

(三)块体防水

块体刚性防水层由底层砂浆、块体垫层、面层砂浆所组成。其中块体垫层通常有普通黏土砖、黏土薄砖、方砖、加气混凝土块等。从环境保护角度出发,目前黏土砖已开始退出建筑市场。

1. 黏土砖块体防水层施工

(1)铺砌砖块体

①底层砂浆铺设后,应及时铺砌砖块体,防止砂浆凝固,粘结不牢。砖在使用前应浇水湿润或提前一天浸水后取出晾干。

②首先应试铺,并画出标准点,然后根据标准点挂线,顺线挤砌砖,保证砖的铺砌顺直。

③黏土砖为直行平砌,并与板缝垂直,砖的长边一侧,宜顺水流方向铺砌。

④砖缝宽度为 10～15mm,铺砌时使水泥砂浆挤入砖缝内,挤入高度为 1/3～1/2 砖厚,砖缝中过高过满的砂浆应及时刮去。

⑤砖块表面应平整,铺砌后一排砖时,要与前一排砖错缝 1/2 砖。砖块体铺砌应连续进行,中途不宜间断,如必须间断时,继续施工前应将砖侧面的接缝处清理干净,并适当浇水润湿。

⑥砖块体铺设后,为防止损坏底层水泥砂浆或使块体松动,在底层砂浆终凝前,严禁上人踩踏。

（2）灌缝、抹水泥砂浆面层、压实、收光

①面层和灌缝用的水泥砂浆配比为 1:2,并掺入 2%～3% 防水剂,拌制时水灰比控制在 0.45～0.5 之间,应用机械搅拌,保证搅拌均匀,随拌随用,不留余量。

②待底层砂浆终凝后,先将砖面适当喷水湿润,然后将砂浆刮填入砖缝,要求灌满填实,最后抹面层,面层厚度不小于 12mm。抹面层砂浆前必须洒水润湿砖面,以防止面层砂浆空鼓。

③面层砂浆分两遍成活:第一遍应将砖缝填实灌满,并铺抹面层,用刮尺刮平,再用木抹子拍实搓平,并用铁抹子紧跟压头遍。待水泥砂浆开始初凝时,用铁抹子进行第二遍压光,抹压时要压实、压光,并要消除表面气泡、砂眼,做到表面光滑、无抹痕。

（3）面层砂浆养护

根据气温和水泥品种情况,面层砂浆压光后,应及时进行养护。养护方法可采用上铺砂、覆盖草袋洒水保湿的一般方法,有条件时应尽量采用蓄水养护,养护时间不少于 7d,养护期间不得上人踩踏。

2. 加气混凝土防水隔热叠合层施工

屋面防水层施工前,先将加气混凝土块浸泡在水中,清除块体表面浮尘,使之吸足水分,以保证加气混凝土块与砂浆粘结牢固。

施工前,要做好基层处理,将屋面板冲洗干净、浇水湿润,但不得积水。

在湿润的屋面板上铺抹厚度为 30mm 左右的防水砂浆,用刮板刮平。边铺浆,边铺砌加气混凝土块,各块间留 12～15mm 间隙,铺砌时适当挤压块体,使砂浆进入块缝内高度达到块厚的 1/2～2/3,并保持块体底部的砂浆厚度不小于 20mm。

加气混凝土块铺砌 1～2d 后,用水重新将块体湿透,随即铺一层厚度为 12～15mm 厚的防水砂浆。施工时须先将块体接缝处用砂浆灌满填实,再将面层砂浆抹平、压实、收光。面层砂浆压实、收光约 10h 后,即可覆盖草帘、浇水养护。也可覆盖塑料薄膜,但应注意周边封严、勿使漏气,养护时间不少于 7d。

第二节　地下防水工程

地下防水工程应根据工程的水文地质情况、结构形式、地形条件、防水标准、技术经济指标、施工工艺等情况综合确定。采取以防为主,防排结合,刚柔结合,多道设防的思路进行设计和施工。

地下防水工程按围护结构允许渗漏水量划分为四级。对于受振动、易受到腐蚀介质侵蚀的地下防水工程,应采用防水混凝土自防水结构,并设置柔性防水卷材或涂料等附加防水层。附加防水层通常有:防水卷材防水层、防水砂浆防水层和防水涂料防水层等。地下防水工程的等级和施工方案的确定,见表 7-9。

表7-9　地下工程防水等级及选用方案

防水等级	标准	设防要求	适用范围	防水方案	防水选材要求
一级	不允许渗水,结构表面无湿渍	多道设防,其中必有一道主体结构自防水,并根据需要可设附加防水层或其他防水措施	人员长期停留的场所;因有少量湿渍会使物品变质、失效的贮物场所及严重影响设备正常运转和危及工程安全运营的部位;极重要的战备工程如医院、影剧院、商场、娱乐场、餐厅、旅馆、冷库、粮库、金库、档案库、计算机房、控制室、配电间、通信工程、防水要求较高的生产车间、指挥工程、武器弹药库、指挥人员掩蔽部、地下铁道车站、城市人行地道、铁路旅客通道	混凝土自防水结构,根据需要可设附加防水层	优先选用补偿收缩防水混凝土、膨润土板（毯）、厚质高聚物改性沥青卷材。也可用合成高分子卷材、合成高分子涂料、防水砂浆
二级	不允许漏水,结构表面可有少量湿渍 工业与民用建筑:总湿渍面积不应大于总防水面积(包括顶板、墙面、地面)的1/1000;任意100m² 防水面积上的湿渍不超过1处,单个湿渍的最大面积不大于0.1m²。 其他地下工程:总湿渍面积不应大于总防水面积的6/1000;任意100m² 防水面积上的湿渍不超过4处,单个湿渍的最大面积不大于0.2m²	二道或多道设防,其中必有一道主体结构自防水,并根据需要可设附加防水层	人员经常活动的场所;在有少量湿渍的情况下不会使物品变质、失效的贮物场所及基本不影响设备正常运转和工程安全运营的部位;重要的战备工程如车库、燃料库、空调机房、发电机房、一般生产车间、水泵房、工作人员掩蔽部、城市公路隧道、地道运行区间隧道	混凝土自防水结构,根据需要可设附加防水层	优先选用补偿收缩防水混凝土、膨润土板（毯）、厚质高聚物改性沥青卷材。也可用合成高分子卷材、合成高分子涂料
三级	有少量漏水点,不得有线流和漏泥沙。 任意100m² 防水面积上的漏水点数不超过7处,单个漏水点的最大漏水量不大于2.5L/d,单个湿渍的最大面积不大于0.3m²	一道或二道设防,其中必有一道主体结构自防水,并根据需要可采用其他防水措施	人员临时活动的场所;一般战备工程如电缆隧道、水下隧道、一般公路隧道	混凝土自防水结构,根据需要可采取其他防水措施	宜选用主体结构自防水、膨润土板（毯）、高聚物改性沥青卷材、合成高分子卷材

续表

防水等级	标准	设防要求	适用范围	防水方案	防水选材要求
四级	有漏水点,不得有线流和漏泥沙。整个工程平均漏水量不大于2L/(m²·d);任意100m²防水面积的平均漏水量不大于4L/(m²·d)	一道设防,可采用主体结构自防水或其他防水措施	对渗漏水无严格要求的工程如取水隧道、污水排放隧道、人防疏散干道、涵洞	混凝土自防水结构或其他措施	主体结构自防水、防水砂浆或膨润土板(毯)、高聚物改性沥青卷材

一、防水混凝土结构

在地下混凝土结构工程的防水设防中,防水混凝土是一道重要的防线,也是做好地下防水工程的基础。在一至三级地下防水工程中,防水混凝土是首选的防水措施。

为确保防水混凝土的防水功能,防水混凝土的最高使用温度不得超过80℃。因为,在常温下具有较高抗渗性的防水混凝土,其抗渗性随着环境温度的提高而降低。当温度为100℃时,混凝土的抗渗性降低约40%,200℃时降低约60%以上;当温度超过250℃时,混凝土几乎完全失去抗渗能力,而抗拉强度也随之下降为原来强度的66%。

(一)防水混凝土的种类

防水混凝土是通过调整混凝土配合比或掺入适量的外加剂等方法,提高混凝土自身的密实性、抗裂性和抗渗性能,达到具有一定防水能力的混凝土。目前,常用的防水混凝土有:普通防水混凝土、外加剂防水混凝土和膨胀水泥防水混凝土。

防水混凝土中的水泥应按设计要求选用普通硅酸盐水泥、火山灰及矿渣水泥;含泥量不大于3%的中砂;石子宜用40mm粒径以下卵石,含泥量不大于1%;外加剂和粉煤灰等掺合料要严格根据设计,视具体情况而定。防水混凝土的种类,见表7－10。

表7－10　防水混凝土的种类

种类		最大抗渗压力/MPa	技术要求	适用范围
普通防水混凝土		>3.0	水灰比0.5～0.6;坍落度30～50mm,掺外加剂或采用泵送混凝土时不受此限;水泥用量≥320kg/m³;灰砂比1:2～1:2.5;含砂率≥35%;粗骨料粒径≤40mm;细骨料为中砂或细砂	一般工业、民用及公共建筑的地下防水工程
外加剂防水混凝土	引气剂防水混凝土	>2.2	含气量3%～6%;水泥用量为250～300kg/m³;水灰比0.5～0.6;砂率28%～35%;砂石级配、坍落度与普通混凝土相同	北方高寒地区对抗冻性有要求较高的地下防水工程及一般的地下防水工程。不适用于抗压强度大于20MPa或耐磨性要求较高的地下防水工程

种类		最大抗渗压力/MPa	技术要求	适用范围
外加剂防水混凝土	减水剂防水混凝土	>2.2	选用加气型减水剂。根据施工需要分别选用缓凝型、促凝型、普通型的减水剂	钢筋密集或薄壁型防水构筑物,对混凝土凝结时间和流动性有特殊要求的地下防水工程(如泵送混凝土)
	三乙醇胺防水混凝土	>3.8	可单独掺用三乙醇胺,也可与氯化钠复合使用,也能与氯化钠、亚硝酸钠二种材料复合使用,对重要的地下防水工程以单掺三乙醇胺或与氯化钠、亚硝酸钠复合使用为宜	适用于工期紧迫、要求早强及抗渗性较高的地下防水工程
	氯化铁防水混凝土	>3.8	液体相对密度在1.4以上;$FeCl_2+FeCl_3$含量$\geqslant 0.4$kg/L;$FeCl_2:FeCl_3$为$1:1 \sim 1:1.3$;pH为$1 \sim 2$;硫酸铝含量占氯化铁含量的5%,掺量一般占水泥重量的3%	水中结构、无筋少筋厚大型防水混凝土工程及一般地下防水工程,砂浆修补抹面工程,薄壁结构上不宜使用
	明矾石膨胀剂防水混凝土	>3.8	必须掺入425号以上的普通矿渣、火山灰和粉煤灰水泥中共同作用,不得单独代替水泥。一般外掺量占水泥重量的20%	地下工程有后浇缝

(二)防水混凝土施工

防水混凝土的配合比应通过试验选定,并采用机械搅拌,搅拌时间不应少于2min。掺外加剂的防水混凝土应根据外加剂的技术要求确定搅拌时间,保证振捣密实。

底板混凝土应连续浇筑,不得留施工缝。如必须留设施工缝,一般只允许留设水平的施工缝,其位置应留在剪力与弯矩最小处。施工缝的位置不应在底板与侧壁的交接处,一般宜留在高出底板上表面不小于200mm的墙身上,施工缝的形式见图7-4。墙体设有孔洞时,施工缝距孔洞边缘不宜小于300mm。

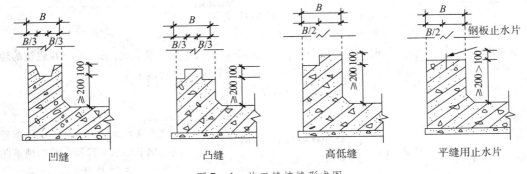

图7-4 施工缝接缝形式图

如果必须要留设垂直施工缝时,应留在结构的变形缝处。

在施工缝上继续浇筑混凝土前,应将施工缝处混凝土表面的浮粒和杂物清理干净,用水冲洗,保持湿润。再铺上一层20～25mm厚的水泥砂浆。水泥砂浆所用的材料和灰砂比应与混凝土的材料和灰砂比相同。防水混凝土凝结后,应立即进行养护,并充分保持湿润,养护时间不得少于14d。

防水混凝土工程应制作混凝土试块,抗渗试块的留置组数根据结构的规模和要求而定,但每单位工程不得少于两组。试块应在浇灌地点制作,其中至少一组应在标准条件下养护,其余试块应与构件相同条件下养护。试块养护期不少于28d。

防水混凝土是人为的从材料和施工两方面采取措施,提高混凝土本身的密实性,抑制和减少混凝土内部孔隙的生成,改变孔隙的特征,堵塞渗水的通路,从而达到防水目的。就地下工程结构自防水而言,抗裂比抗渗更为重要。因此在有条件时,应尽可能选用外加剂防水混凝土,并优先采用膨胀剂的防水混凝土。

二、地下卷材防水

地下卷材防水层是一种柔性防水,主要是采用卷材粘贴在地下结构基层上形成的全外包防水层。地下工程在施工阶段长期处于潮湿状态,使用后又受地下水的侵蚀,因此,宜选用抗菌、耐腐蚀的高聚物改性沥青卷材或合成高分子防水卷材。

目前国内外用的主要卷材品种有高聚物改性沥青防水卷材(如SBS、APP、APAO、APO等防水卷材)、合成高分子防水卷材(如三元乙丙、氯化聚乙烯、聚氯乙烯、氯化聚乙烯—橡胶共混等防水卷材)。该类材料具有延伸率较大、对基层伸缩或开裂变形适应性较强的特点,适用于地下防水施工。我国化学建材行业发展很快,卷材及胶粘剂种类繁多、性能各异,胶粘剂有溶剂型、水乳型、单组分、多组分等,各类不同的卷材都应有与之配套相容的胶粘剂及其他辅助材料。不同种类卷材的配套材料不能相互混用,否则有可能发生腐蚀侵害或达不到粘结质量标准。

卷材防水层宜为1～2层。高聚物改性沥青防水卷材单层使用时,厚度不小于4mm,双层使用时,总厚度不小于6mm;合成高分子橡胶防水卷材单层使用时,厚度不小于1.5mm,双层使用时,总厚度不小于2.4mm。施工时注意保证混凝土基面干燥,这样才能使卷材与防水混凝土良好的粘结,否则易出现空鼓、粘贴不牢等质量问题。

建筑工程地下防水的卷材铺贴方法,主要采用冷粘法和热熔法。底板垫层混凝土平面部位的卷材宜采用空铺法、点粘法或条粘法,其他与混凝土结构相接触的部位应采用满铺法。为了保证卷材防水层的搭接缝粘结牢固和封闭严密,规定两幅卷材短边和长边的搭接缝宽度均不应小于100mm。

关于找平层的做法,应根据不同部位分别考虑。对主体结构平面可不做找平层,最好利用结构自身的施工控制,通过多次收水、压实、找坡、抹平达到规定的平整度,在此之上直接施工防水层即可。这样的做法有利于防水层与结构混凝土的结合,有利于防水层适应基层裂缝的出现与开展。对于结构竖向墙的找平,则应在混凝土主体结构立面上涂刷一道界面处理剂,然后采用配合比为1:2.5～1:3的水泥砂浆做找平层,避免找平层的空鼓、开裂。

平面卷材防水层的保护层宜采用50～70mm厚C15细石混凝土。侧墙防水层的保护层材料应根据工程条件和防水层的特性具体确定。保护层应能经受回填土或施工机械的碰撞与穿刺,并在建筑物出现不均匀沉降时起到滑移层的作用。对埋置深度较浅,采用人工回填土时,可直接采用6mm厚闭孔泡沫聚乙烯板与卷材表层材料相容的胶粘剂粘贴或采用热熔法点粘;当结构埋置深度达到10m以上时,采用机械回填施工时,其保护层可采用复合做法,如先贴4mm厚聚乙烯板后砌砖或其他砌块以抵抗回填土、施工机械撞击和穿刺。同时避免了防水层的保护层与防水层之间的摩擦作用而损坏防水层。

柔性附加防水层一般设在防水混凝土或砌体结构的外侧(即迎水面一侧),当地下水无压力时,可设在围护结构的内侧。

按防水卷材的铺贴方式不同,可分为外防外贴法和外防内贴法两种。由于外防外贴法的防水效果优于外防内贴法,所以在施工场地和条件不受限制时一般均采用外防外贴法。

外防外贴法是将卷材直接粘贴在结构混凝土立墙的外侧,与混凝土底板下面的卷材防水层相连接,形成整体封闭防水层的施工方法。为便于施工,可在垫层混凝土边缘,先用水泥砂浆砌筑高度为结构混凝土底板厚度加上100mm的永久性保护墙(亦称模板墙)和200~300mm高的用石灰砂浆砌筑的临时性保护墙,永久性保护墙用水泥砂浆抹找平层,临时性保护墙用石灰砂浆抹找平层,卷材从垫层直接粘贴到临时保护墙顶部,待结构混凝土墙体浇筑完毕,拆模后,拆除临时保护墙,清理出卷材接头,继续将卷材粘贴在立墙结构上(如图7-5所示)的施工方法。

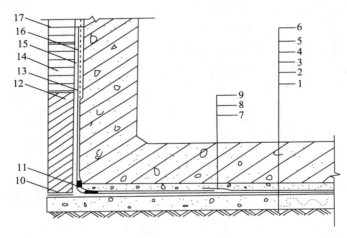

图7-5 地下室外防外贴法卷材防水构造

1—素土夯实;2—素混凝土垫层;3—水泥砂浆找平层;4—卷材防水层;5—细石混凝土保护层;6—钢筋混凝土结构;7—卷材搭接缝;8—嵌缝密封膏;9—120mm宽卷材盖口条;10—油毡隔离层;11—附加层;12—永久保护墙;13—满粘卷材;14—临时保护墙;15—虚铺卷材;16—砂浆保护层;17—临时固定

采用外防外贴法施工卷材防水层时,应符合下列规定:

(1)铺贴卷材应先铺平面,后铺立面,交接处应交叉搭接;

(2)临时性保护墙应采用石灰砂浆砌筑,内表面应用石灰砂浆做找平层,并刷石灰浆。如用模板代替临时性保护墙时,应在其上涂刷隔离剂;

(3)从底面折向立面的卷材与永久性保护墙的接触部位,应采用空铺法施工。与临时性保护墙或围护结构模板接触的部位,应临时贴附在该墙上或模板上,卷材铺好后,其顶端应临时固定;

(4)当不设保护墙时,从底面折向立面的卷材的接茬部位应采取可靠的保护措施;

(5)主体结构完成后,铺贴立面卷材时,应先将接茬部位的各层卷材揭开,并将其表面清理干净,如卷材有局部损伤,应及时进行修补。卷材接茬的搭接长度,高聚物改性沥青卷材为 150mm,合成高分子卷材为 100mm。当使用两层卷材时,卷材应错茬接缝,上层卷材应盖过下层卷材。

当施工条件受到限制时,也可采用外防内贴法。外防内贴法将卷材直接粘贴在永久性保护墙上,并与垫层混凝土上的防水层相连接,形成整体的卷材防水层(如图 7-6 所示)。在防水层上做好保护层,最后浇筑结构混凝土的施工方法。

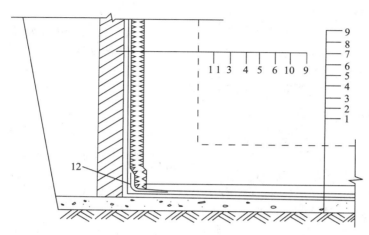

图 7-6　地下室工程外防内贴法卷材防水构造图

1—素土夯实;2—素混凝土垫层;3—水泥砂浆找平层;4—基层处理剂;5—基层胶粘剂;

6—卷材防水层;7—油毡保护隔离层;8—细石混凝土保护层;9—钢筋混凝土结构;

10—5mm 厚聚乙烯泡沫塑料保护层;11—永久保护墙;12—卷材附加层。

施工时应注意:基层的转角处是防水层应力集中的部位,因此防水层的转角处应做成小圆弧,圆弧半径为:高聚物改性沥青卷材不应小于 50mm,合成高分子卷材不应小于 20mm,并设置宽度不小于 300mm 的卷材附加层。用胶粘剂粘贴的单层合成高分子卷材防水层,其搭接缝边缘嵌填密封膏后,应粘贴 120mm 宽的卷材盖口条作附加层,附加层两侧用密封膏封严。

三、地下水泥砂浆防水

水泥砂浆防水适用于混凝土或砌体结构的基层上采用多层抹面的水泥砂浆防水层。不适用环境有侵蚀性、持续振动或温度高于 80℃的地下工程。

普通水泥砂浆防水层的配合比应按表 7-11 选用;掺外加剂、掺合料、聚合物水泥砂浆的配合比应按相关规定,由试验确定。

表 7-11　普通水泥砂浆防水层配合比

名称	配合比(质量比)		水灰比	适用范围
	水泥	砂		
水泥浆	1		0.55~0.60	水泥砂浆防水层的第一层
水泥浆	1		0.37~0.40	水泥砂浆防水层的第三、五层
水泥砂浆	1	1.5~2.0	0.40~0.50	水泥砂浆防水层的第二、四层

水泥砂浆防水层所用的材料要求：水泥强度等级根据设计要求采用，不得使用过期或受潮结块的水泥；砂宜采用粒径为 3～5mm 的中砂，含泥量不得大于 1%，硫化物和硫酸盐含量不得大于 1%；水应采用不含有害物质的洁净水；聚合物乳液的外观质量，无颗粒、异物和凝固物；外加剂的技术性能应符合国家或行业标准一等品及以上的质量要求。

水泥砂浆防水层施工时的基层混凝土和砌筑砂浆强度应不低于设计值的 80%。基层表面应坚实、平整、粗糙、洁净。基层表面的孔洞、缝隙应用与防水层相同的砂浆填塞抹平。施工前要求将基层充分润湿，无积水。

水泥砂浆防水层施工应分层铺抹或喷涂，铺抹时应压实、抹平和表面压光；防水层各层应紧密贴合，每层宜连续施工，必须留施工缝时应采用阶梯坡形搓，但离开阴阳角处不得小于 200mm；防水层的阴阳角处应做成圆弧形；水泥砂浆终凝后应及时进行养护，养护温度不宜低于 5℃并保持湿润，养护时间不得少于 14d。

水泥砂浆防水层属刚性防水，适应变形能力较差，不宜单独作为一个防水层，而应与基层粘结牢固并连成一体，无空鼓现象，共同承受外力及压力水的作用。水泥砂浆防水层不同于普通水泥砂浆找平层，在混凝土或砌体结构的基层上应采用多层抹面做法，防止防水层的表面产生裂纹、起砂、麻面等缺陷，保证防水层和基层的粘结质量。

水泥砂浆铺抹时，应在砂浆收水后二次压光，使表面坚固密实、平整；水泥砂浆终凝后，应采取浇水、覆盖浇水、喷养护剂、涂刷冷底子油等手段充分养护，保证砂浆中的水泥充分水化，确保防水层质量。水泥砂浆防水层无论是在结构迎水面还是在结构背水面，都具有很好的防水效果。根据新品种防水材料的特性和目前应用的实际情况，将防水层的厚度作了重新规定。即普通水泥砂浆防水层和掺外加剂或掺合料水泥砂浆防水层，其厚度均定为 18～20mm；聚合物水泥砂浆防水层，其厚度定为 6～8mm。水泥砂浆防水层的厚度测量，应在砂浆终凝前用钢针插入进行尺量检查，不允许在已硬化的防水层表面任意凿孔破坏。

四、地下涂膜防水

地下工程涂料防水层适用于混凝土结构或砌体结构迎水面或背水面的涂刷，防水涂层的设置，根据涂层所处的位置一般分为内防水、外防水和内外结合防水等形式。

地下结构属长期浸水部位，涂料防水层应选用具有良好的耐水性、耐久性和耐腐蚀性的涂料。地下工程防水涂料主要是有机防水涂料和无机防水涂料两种。有机防水涂料主要包括合成橡胶类、合成树脂类和橡胶沥青类。氯丁橡胶防水涂料、SBS 改性沥青防水涂料等聚合物乳液防水涂料，属挥发固化型；聚氨酯防水涂料属反应固化型。无机防水涂料主要包括聚合物改性水泥基防水涂料和水泥基渗透结晶型防水涂料。

需要注意的是，有机防水涂料固化成膜后最终形成的是柔性防水层，与防水混凝土主体组合为刚性和柔性两道防水设防。无机防水涂料是在水泥中掺有一定的聚合物，在一定程度上改变了水泥固化后的物理力学性能。与防水混凝土主体组合后，形成的是两道刚性防水设防。因此，无机防水涂料不适用于变形较大或受振动部位。

涂刷的防水涂料固化后形成具有一定厚度的涂膜，如果涂膜厚度太薄就起不到防水作用，且不易达到合理的使用年限。所以，施工时一定要保证各类防水涂料的涂膜厚度，见表 7－12。防水涂膜在满足厚度要求的前提下，涂刷的遍数越多对成膜的密实度越好，因此施工时应多遍涂刷，不论是厚质涂料还是薄质涂料均不得一次成膜。

表 7 – 12　防水涂料厚度 mm

防水等级	设防道数	有机涂料			无机涂料	
		反应型	水乳型	聚合物水泥	水泥基	水泥基渗透结晶型
一级	三道或三道以上设防	1.2~2.0	1.2~1.5	1.5~2.0	1.5~2.0	≥0.8
二级	二道设防	1.2~2.0	1.2~1.5	1.5~2.0	1.5~2.0	≥0.8
三级	一道设防			≥2.0	≥2.0	
	复合设防			≥1.5	≥1.5	

每遍涂刷应均匀,不得有露底、漏涂和堆积现象。多遍涂刷时,应待涂层干燥成膜后方可涂刷后一遍涂料;两涂层施工间隔时间不宜过长,否则会形成分层。当地下工程施工出现施工面积较大时,为保护施工搭接缝的防水质量,规定搭接缝宽度应大于100mm,接涂前应将其甩茬表面处理干净。

为了充分发挥防水涂料的防水作用,对防水涂料主要提出四个方面的要求:一是要有可操作时间,操作时间越短的涂料越不利于大面积防水涂料施工;二是要有一定的粘结强度,特别是在潮湿基面(即基面饱和但无渗漏水)上有一定的粘结强度;三是防水涂料必须具有一定厚度,才能保证防水功能;四是涂膜应具有一定的抗渗性。

地下工程涂料防水层涂膜厚度一般都不小于2mm,如一次涂成,会使涂膜内外收缩和干燥时间不一致而造成开裂,如前层没有干就涂后层,则高部位涂料就会下淌,并且使涂层变薄,低处又会堆积起皱,防水工程质量难以保证。因此,涂膜的平均厚度应符合设计要求,最小厚度不得小于设计厚度的80%。

复习思考题

1. 地下工程防水方案有几种?如何选择?
2. 试述地下工程卷材防水层的构造及铺贴方法。
3. 简述地下室防水混凝土的施工要点。
4. 试述沥青防水卷材屋面的施工方法。

第八章 装饰工程

第一节 概述

建筑装饰工程包括抹灰、门窗、吊顶、轻质隔墙、饰面板(砖)、幕墙、涂饰、裱糊与软包及其他细部工程等内容。建筑装饰工程不仅可以体现出建筑物的艺术性、美化环境、满足使用功能要求,而且可以保护建筑结构,增强其耐久性,延长建筑物的使用寿命。

按建筑装饰施工的阶段划分,有工程主体结构完工初期时所必须进行的简单装饰装修和主体结构验收合格之后进行的精装修两个阶段。建筑精装修施工阶段要由具有专业装饰施工资质的施工单位来完成。

本章主要介绍工程主体结构完工初期通常需要完成的装饰装修工程。包括抹灰工程、饰面板(砖)工程、涂饰工程和门窗工程等。

一、建筑装饰的历史及展望

建筑装饰行业在我国有着悠久的历史,尤其是数千年延续发展的木构架,反映在亭台楼榭之中的装饰技巧和水平,其精湛的建筑装饰技法,令人无比赞叹。雕梁画栋,飞檐挑角,金碧琉璃,以及制作精美的家具、帷幔、屏风,充分展示着劳动人民的高度智慧和精湛技艺。

随着国民经济的发展和人民生活水平的不断提高,建筑装饰施工技术得到较大的发展。20世纪60年代前后,普通建筑物的装饰一般都是采用清水墙或在基层上作抹灰面层作为装饰,只有少量的高级建筑才使用墙纸、大理石、花岗石、地板和地毯等高级装饰材料。到了20世纪70年代以后,陆续出现了新的材料和新的施工技术,采用了机械喷涂抹灰饰面,并推广了聚合物水泥砂浆喷涂、滚涂、弹涂饰面做法,干粘石、水刷石、斩假石等饰面手法逐渐出现。20世纪80年代以来,建筑装饰从公共建筑迅速扩展到居民家庭住宅装饰上,各种高档建筑装饰材料和施工技术也应运而生。

装饰材料和施工机具的发展深刻地影响着装饰施工技术的发展。过去的装饰通常采用涂料和刷浆等带有湿作业的施工工艺,现在普遍采用石膏板、胶合板、纤维板、塑料板、钙塑装饰板、铝合金板等作为墙体和顶棚罩面装饰,既增强了装饰效果,又改变了传统的湿作业工艺,并且提高了工效,改善了劳动环境。各种性能优异的内外墙建筑涂料,如丙烯酸涂料、乳胶漆、真石漆面等,既有效的保护墙面,减少裂缝的出现,又延长了使用年限,增强了建筑物饰面的修饰效果。各类粘胶剂的使用,改变或简化了装饰材料的施工工艺。装饰施工机具的普遍使用,如电锤、电钻等电动工具代替了人工凿眼;气动或电动射钉枪则取代了手锤作业,能高效率地将钉子打入到基层上,射钉枪的使用给门窗的安装带来了方便,有效地使门窗的施工方式由立框安装转变为塞框安装,促进了施工标准化和工业化的建设;气动喷枪则代替了油漆工的涂刷等。施工机具使用不仅提高了工效,而且保证了建筑装饰施工质量。

由此可见,建筑装饰施工技术将随着当代建筑发展大潮而日趋复杂化和多元化,多风格、多功能并极尽高档豪华的建筑在全国各地涌现出来,如娱乐城、康体中心,特别是宾馆、酒店、商厦、度假村、旅游业之类的建筑均趋向多功能和装饰的尽善尽美,集休息、购物、游乐、观光、健身、商业业务、办公为一体,要求超豪华的装饰和所谓超值享受,提供完备的服务和舒适方便的起居条件及优雅宜人的共享空间,步入现代社会的世界,促使建筑装饰工程迅速发展,异彩纷呈,不断更新换代。建筑装饰施工不断采用现代新型材料,集材性、工艺、造型、色彩、美学为一体,逐步用干作业代替湿作业,高效率的装饰施工机具的使用,减少了大量的手工劳动;对一切工艺的操作及工序的处理,都严格按规范化的流程实施其操作工艺,已达到较高的专业水准。总之,现代建筑装饰施工行业正步入一个充满生机活力的激烈竞争的时代,具有十分广阔的市场前景。

二、建筑装饰施工的重要性

建筑是人的活动空间,建筑装饰工程所营造的效果每时每刻都与人的视觉、触觉、意识、情感直接接触。不仅是不合格的建筑装饰材料,有害气体和放射性物质的释放,在一定程度上损害人们的身体健康。而且,有心理学研究表明,装饰色彩和造型的使用在一定程度上可以影响人的情绪和心情。所以,建筑装饰施工具有综合艺术的特点,其艺术效果和所形成的氛围,强烈而深切地影响着人们的审美情趣,甚至影响人们的意识和行动。

一个成功的装饰设计方案,优质的装饰材料和规范的装饰施工,可使建筑获得理想的艺术价值而富有永恒的魅力。建筑装饰造型的优美,色彩的搭配,装饰线脚与花饰图案的巧妙处理,细部构件的体形、尺度、比例的协调把握,是构成建筑艺术和环境美化的重要手段和主要内容。这些都要通过装饰施工去实现。

建筑装饰施工过程是一项十分复杂的生产活动,它涉及面广,其技术与建材、化工、轻工、冶金、机械、电子、纺织等众多领域密切相关。随着国民经济和建筑事业的稳步而高速发展,建筑装饰已成为独立的新兴学科和行业,并具有较大规模,在美化生活环境、达到改善物质功能和满足精神功能的需求方面发挥着巨大作用。

建筑装饰施工大多是以饰面为最终效果,许多操作工序处于隐蔽部位,但对工程质量起着关键的作用,其质量弊病很容易被表面的美化修饰所掩盖。如大量的预埋件、连接件、铆固件、骨架杆件、焊接件、饰面板下部的基面或基层的处理,防潮、防腐、防虫、防火、防水、绝缘、隔声等功能性与安全牢固性的构造和处理,包括铁件质量、规格、螺栓及各种连接紧固件设置的位置、数量及埋入深度等。如果在施工操作时采取应付敷衍的态度,不按操作程序,偷工减料,草率作业,势必给工程留下质量安全隐患。为此,建筑装饰施工从业人员应该是经过专业技术培训并接受过职业道德教育的持证上岗人员,其技术人员应具备美学知识,审图能力,专业技能和及时发现问题、解决问题的能力,应具有严格执行国家政策和法规的强烈意识,切实保障建筑装饰施工质量和安全。

建筑装饰工程要求从管理者到每一位职工都应树立从事建筑装饰行业的事业心、责任感和严肃态度。在施工中应依靠合格的材料与构配件通过科学合理的构造做法,并由建筑主体结构予以稳固支承,在施工工艺操作和工序的处理上,必须严格遵守国家颁发的现行的有关施工和验收规范,所用材料及其应用技术应符合国家和行业颁发的相关标准。而不能一味追求表面美化,随心所欲地进行构造造型或简化饰面处理,粗制滥造进行无规范的施工,必然会造成工程质量问题或事故,严重者将会危及人民生命安全。

三、建筑装饰的特点

建筑装饰工程,或称建筑装修工程。装饰与装修,其含义各有不同。建筑装饰是指建筑饰面,即为了满足人们视觉要求和对建筑主体结构的保护作用而进行的艺术处理与加工;建筑装修是指在建筑物主体结构之外,为满足使用功能的需要而进行的装设与修饰。随着科学技术的进步和人类生活水平的提高,建筑艺术的发展和演变,建筑装饰所涉及的范围显得异常宽阔和复杂,尤其是人们对建筑的使用和美化日趋高档化,致使装饰与装修的区别难以准确地进行解释和界定,实际上已经成为不可分割的整体。因此,习惯上将二者统称为建筑装饰工程。

建筑装饰施工是通过装饰施工人员的劳动,来实现设计师设计意图的过程。设计师将成熟的设计构思反映在图纸上,装饰施工则是根据设计图纸所表达的意图,采用不同的装饰材料,通过一定的施工工艺、机具设备等手段使设计意图得以实现的过程。所以,装饰施工过程中应尽量不要随意更改设计图纸,做到按图施工,既是法规的要求,也体现出了对设计师成果的尊重。如果确实有些设计因材料、施工操作工艺或其他原因而不能实现时,应与设计师沟通,找出解决方法,并由设计院出具设计变更手续后,方可对原设计进行修改,按新的设计施工,从而使装饰设计更加符合实际,达到理想的装饰效果。实践证明,每一个成功的建筑装饰工程项目,应该是显示设计师的才华和凝聚着施工人员的聪明才智与劳动。设计是实现装饰意图的前提,施工则是实现装饰意图的保证。

由于设计图纸是产生于装饰施工之前,对最终的装饰效果缺乏实感,必须通过施工来检验设计的科学性、合理性。实物样板是装饰施工中保证装饰效果的重要手段。实物样板是指在大面积装饰施工前所完成的实物样品,或称为样板间、标准间。这种方法在高档装饰工程中被普遍采用。通过做实物样品,一是可以检验设计效果,从中发现设计中的问题,从而对原设计进行补充、修改和完善;二是可以根据材料、装饰做法、机具等具体情况,通过试做来确定各部位的节点大样和具体构造做法。这样,一方面将设计中一些未能明确的构造问题加以确认,从而解决了目前装饰设计图纸表达深度不一的问题;另一方面,又可以起到统一操作规程,作为施工质量依据和工程验收标准,指导下一阶段大面积施工的作用。因此,在 GB50210—2001《建筑装饰装修工程质量验收规范》中明确规定:"高级装饰工程施工前,应预先做样板(样品或标准间),并经有关单位认可后,方可进行"。

建筑装饰施工涉及面广,建筑装饰施工质量决不能掉以轻心,一切施工过程均应按国家有关规范规定操作进行。在装饰施工项目中实行招、投标制,确认建筑装饰施工企业和施工队伍的资质等级和施工能力是保证施工质量的基础。在施工过程中由建设监理机构予以监理,工程竣工后通过质量监督部门及有关方面组织严格的检查验收后方可使用,是保证工程质量的关键。

第二节　抹灰工程

抹灰工程按使用材料和装饰效果不同,分为一般抹灰、装饰抹灰及特种砂浆抹灰三种。

一般抹灰又分为室内抹灰和室外抹灰;按部位分为墙面抹灰、顶棚抹灰和地面抹灰;按等级分为普通抹灰和高级抹灰。抹灰所用的灰浆为石灰砂浆、水泥混合砂浆、水泥砂浆、聚合物水泥砂浆、麻刀灰、纸筋石灰、石膏灰以及玻璃纤维灰和杜拉纤维灰等。

装饰抹灰又分为砂浆装饰抹灰和石渣装饰抹灰。砂浆装饰抹灰,按其所用材料和施工操作方法及装饰效果不同分为拉毛灰、甩毛灰、搓毛灰、扫毛灰、拉条灰、装饰线灰、斩假石、假面砖、喷涂、滚涂和弹涂等。石渣装饰抹灰,按其所用材料和施工操作方法及装饰效果不同,分为水刷石、干粘石、水磨石、假石、仿蘑菇石等石渣装饰抹灰。

特种砂浆抹灰有保温砂浆(珍珠岩保温砂浆、蛭石保温砂浆及硅酸铝保温砂浆)抹灰、防水砂浆抹灰、耐酸砂浆抹灰及重晶石砂浆抹灰等。

随着建筑业的发展及人民生活水平的提高,有些装饰抹灰已不适应今天发展的需要。因此,在本章中只着重介绍一般抹灰工程的施工方法。

一、抹灰饰面的组成

抹灰饰面一般由底层灰、中层灰和面层灰组成,其总厚度一般为 15～35mm。抹灰工程施工需分层操作,以便保证抹灰表面平整,各层之间粘结牢固,避免裂缝出现,抹灰层的作用及组成见表 8－1。

表 8－1　抹灰层的组成及作用

灰层	作用	基层材料	一般做法
底层灰	主要起与基层粘结作用,兼起初步找平作用	砖墙基层	1. 内墙一般采用石灰砂浆、石灰滑千泥、石灰炉渣浆找底; 2. 外墙、勒脚、屋檐以及室内有防水防潮要求,可采用水泥砂浆打底
		混凝土和加气混凝土基层	1. 宜先刷掺加建筑胶的水泥浆一道,采用水泥砂浆或混合砂浆打底 2. 高级装饰工程的预制混凝土板顶棚,宜用聚合物水泥砂浆打底
		木板条、苇箔、钢丝网基层	1. 宜用混合砂浆或麻刀灰、玻璃丝灰打底 2. 须将灰浆挤入基层缝隙内,以加强拉结
中层灰	主要起找平作用		1. 所用材料基本与底层相同 2. 根据施工质量要求,可以一次扶成,这亦可分遍进行
面层灰	主要起装饰作用		1. 要求大面平整,无裂痕,颜色均匀 2. 室内一般采用麻刀灰、纸筋灰、玻璃丝灰,高级墙面也有用石膏浆灰和水砂面层等,室外常用水泥砂浆、水刷石、斩假石等

二、抹灰饰面常用材料

根据装饰装修工程使用功能,抹灰工程可以采用不同的抹灰砂浆,例如石灰砂浆、水泥混合砂浆、水泥砂浆、聚合物水泥砂浆、麻刀灰、纸筋灰、杜拉纤维灰、玻璃纤维灰和石膏灰等抹灰砂浆。组成这些抹灰材料的胶凝材料主要有:水泥、石灰膏、石膏;细骨料有砂、炉渣;加强材料有:麻刀、纸筋、玻璃纤维和杜拉纤维;聚合物主要有:聚乙烯醇缩甲醛(107)胶和聚醋酸乙烯乳液等。

抹灰工程用的水泥宜采用硅酸盐水泥、普通硅酸盐水泥水泥进场时应对其品种、级别、包装或散装号、出厂日期等进行检查(产品出厂合格证、出厂检验报告),对其强度、安定性及其他必要的性能指标(凝结时间和安定性)进行复验,其质量必须符合现行国家标准的规定。当在使用中对水泥质量有怀疑或水泥出厂超过三个月(快硬硅酸盐水泥超过一个月)时,应进行复验,并按复验结果使用。

砂子宜采用中砂,平均粒径1.2~2.6mm,细度模数为2.3~3.0,砂的颗粒坚硬、洁净、无杂质,含泥量不大于3%。

石灰膏用生石灰淋制。淋制时必须用孔径不大于3×3mm的筛网过滤,并贮存在沉淀池中熟化,熟化的时间为常温下不小于15~30d。

磨细生石灰粉,使用前用水浸泡使其达到充分熟化,其熟化时间应大于3d。

炉渣应洁净,不得含有杂质。用前应过筛,粒径不应大于3mm,并加水闷透。

纸筋通常采用白纸筋,使用前用水浸泡透、捣烂,并洁净,如果是罩面纸筋,还宜用机碾磨细。

麻刀应松散柔韧、干燥,不含杂质,长度一般为10~30mm,用前4~5d用石灰膏调好再用。

玻璃纤维又称玻璃丝,玻璃丝应无碱、无捻、无污染。用时将玻璃丝切成10mm长左右,每10kg石灰膏掺入200~300g,搅拌均匀成玻璃丝灰再使用。

杜拉纤维又称高强聚丙烯纤维,束状单丝,无毒、不吸水、耐酸、碱性好。

聚乙醇缩甲醛胶(107胶),是一种无色水溶性胶粘剂,因含过量甲醛,伤害人体健康,已逐渐禁止使用。

三、一般抹灰工程施工质量标准

抹灰工程根据其施工部位可分为墙面抹灰、顶棚抹灰和地面抹灰。因顶棚抹灰容易出现抹灰层脱落等质量问题,目前许多现浇混凝土楼板工程中已取消了顶棚抹灰。采用在现浇混凝土楼板施工时,严格控制楼板模板和混凝土的施工质量,保证楼板底面的光滑度、平整度,然后直接在混凝土楼板底面上做涂饰装饰的方法,既消除了顶棚抹灰易脱落的隐患,又节省了材料,降低了造价。

因各部位抹灰工程的施工质量控制基本相同,本章只介绍墙面抹灰中的内墙抹灰。

(一)施工工艺流程

基层处理→找规矩→贴灰饼→设标筋→做护角→抹底灰→抹中层灰→抹窗台、阳台→踢脚板(或墙裙)→抹罩面灰→清理→保护。

(二)施工操作要点

1. 基层处理

清理基层应将基层表面灰尘、灰渣和油污清除干净。砖墙基层,将墙面上残存的砂浆、污垢、灰尘等清理干净,用水浇墙,将砖缝中的尘土冲掉,将墙面湿润。混凝土基层表面如有蜂窝麻面、孔洞等缺陷的,要剔凿至实处,然后刷素水泥浆(内掺108胶)一道。如混凝土基层表面尚残留脱模剂等时,应注意清除干净,避免抹灰层与墙体基层粘结不良,产生空鼓和裂缝。混凝土基层表面抹灰施工前,应凿毛、甩毛,亦可刷一道界面处理剂。

2. 找规矩

根据设计图纸及抹灰质量等级要求,依据+500mm水平基准线,用房间某一墙面做基准,用方尺规方,房间面积较大时应先在地上弹出十字中心线,然后按基层面平整度弹出阴角线。随即在距阴角100mm处吊垂线,并弹出铅垂线,再按地上弹出墙角线往墙上翻引出阴角两面墙上的墙面抹灰层厚度控制线。室内抹灰层的厚度(平均总厚度)不得大于以下规定:普遍抹灰为18~20mm;高级抹灰为20~25mm。经检查确定抹灰厚度,但一般最薄处不应小于7mm;对于墙面凹度较大时应分层抹灰,每遍厚度宜控制在7~9mm,并压实抹平。

3. 贴灰饼

套方找规矩做好后,以此为根据做灰饼打墩,操作时先贴上灰饼,再贴下灰饼。操作时注意保证下灰饼的位置准确,要用靠尺板找好垂直与平整。灰饼用1:3水泥砂浆做成,大小5cm左右,方形或圆形均可,如图8-1所示。

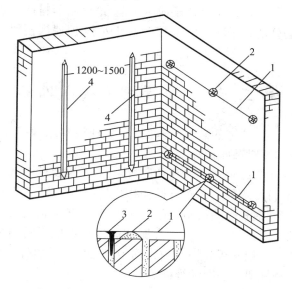

图8-1　灰饼、竖向标筋
1—引线;2—灰饼;3—钉子;4—标筋

4. 设标筋

设标筋,又称冲筋。是在灰饼间抹灰,厚度、宽度与灰饼相同,设标筋时注意上下、水平的冲筋应在同一铅垂平面内。水平标筋应连起来,并应互相垂直。冲完筋后,待稍干再进行抹墙面底灰。

5. 做护角

窗内墙面、柱面和门洞口的阳角做法应符合设计要求。设计无要求时,应采用1:2水泥砂浆做暗护角,其高度不应低于2m,每侧宽度不应小于50mm。护角用阳角抹子推出小圆角,用靠尺板在阳角两边500mm以外位置,以40°斜角将多余砂浆切除,并修整干净,如图8-2所示。

6. 抹阳台、踢脚板(或墙裙)

用1:3水泥砂浆打底分层抹灰,其表面划毛,养护1d刷素水泥浆一道,接抹1:2.5水泥砂浆罩面

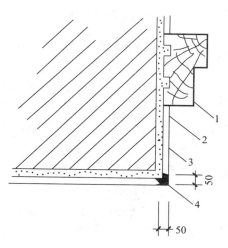

图8-2　护角
1—窗口;2—面层;3—墙面底、中层灰;
4—水泥砂浆扩角

灰,原浆压光。踢脚板(或墙裙)应根据+50mm水平基准线测准高度,并控制好水平、垂直和厚度,上口切齐,压实抹光。

预留洞、配电箱、槽、盒等部位的抹灰十分重要,这些部位是最易出现空鼓和裂缝的地方。抹灰前应设专人把墙面上的预留孔洞、槽、盒边5cm宽的砂浆渣清除干净,并洒水湿透。然后用1:1:4水泥石灰混合砂浆把孔洞、箱、槽、盒抹方正、光滑、平顺,抹时必须分层分遍压实抹平。

7. 抹罩面灰

当底子灰有6~7成干时,开始抹罩面灰,如底灰过于干燥时应充分浇水湿润。罩面灰宜两遍成活,控制灰厚度不大于3mm,宜两人同时操作,一人先薄抹刮平一遍,另一个人随后抹平压光,按先上后下顺序进行,用钢抹子通压一遍,最后用塑料抹子顺抹纹压光,并随即用毛刷蘸水将罩面灰污染处清理干净。施工时不应甩搓子,但遇到预留的施工洞,宜甩下整面墙,最后处理。

第三节　饰面板(砖)工程

用于建筑主体结构表面装饰的砖、板饰面材料品种很多,一般常用的有陶瓷饰面砖,石材饰面板,金属饰面板和塑料贴面板等。

陶瓷饰面砖分有釉面饰面砖、外墙饰面砖、陶瓷锦砖、陶瓷壁画砖及劈裂砖等;石材饰面又分为天然石材和人造石材两种。天然石材,如大理石、花岗岩、青石板等。人造石材,如石膏大理石、水泥大理石、不饱和聚酯树脂大理石或花岗岩、硅酸盐复合聚酯大理石或花岗岩、浮印大理石、新型无机大理石和花岗岩等;金属饰面板有彩色不锈钢饰面板、镜面不锈钢饰面板、铝合金板、复合铝板(铝塑板)等;塑料饰面板,如聚乙烯塑料面板、玻璃钢装饰板、塑料板贴面板、聚酯装饰板及复塑中密度纤维板等。

这些砖、板饰面材料具有耐潮湿、耐热、耐腐蚀、抗污染、抗风化、耐磨、耐酸碱等性能及易清洗、造型美观、光洁度高、色彩丰富、视觉对比丰富、装饰效果好等优点。

一、墙面贴陶瓷砖施工工艺

陶瓷面砖是指以陶瓷为原料制成的面砖,主要分为:釉面瓷砖、陶瓷锦砖、陶瓷壁画砖及新型材料劈裂砖等。

内墙釉面砖用于室内墙面装饰,属于精陶质制品,吸水率较大,其坯体比较疏松,如果将其用于室外恶劣气候条件下,便易出现釉坯剥落的后果。外墙砖是指能适合外墙装饰使用的陶瓷砖。大体可分为炻器质(半瓷半陶)和瓷质两大类,有有釉和无釉之别。这类饰面砖吸水率较低,耐候性和抗冻性较好。在寒冷地区使用的外墙砖,吸水率以不超过4%为宜,而瓷化程度越好的产品,造价越高。

内、外墙铺贴面砖施工过程基本一致,本章以内墙为例介绍其施工过程。

墙面贴砖的施工工艺流程:选砖→基层处理→规方→贴标块→设标筋→抹底子灰→排砖→弹线、拉线、贴标准砖→垫底尺→铺贴釉面砖→铺贴边角→擦缝。

(一)选砖

饰面砖铺贴前应开箱验收,发现破碎产品、表面有缺陷并影响美观的均应剔出。必要时,可自做一个检查砖规格的套砖器,外形与砖尺寸一致。将砖从一边插入,然后将砖旋转90°再插另外两个边,按1mm差距分档,将砖分为三种规格,将相同规格的砖镶在同一房间,保证砖大小一致,以免影响镶贴效果。

(二)基层处理

基层为砖墙时,将基层表面多余的砂浆、灰尘抠净,脚手架等孔洞堵严,墙面浇水润湿。

基层为混凝土时,要剔凿凸出部分,光面凿毛,用钢丝刷子满刷一遍。墙面有隔离剂、油污等,先用10%浓度的火碱水洗刷干净,再用清水冲洗干净,然后浇水润湿。

基层为加气混凝土板时,用钢丝刷将表面的粉末清刷一遍,提前1d浇水润湿板缝,清理干净,并刷25%的107胶水溶液,随后用1:1:6的混合砂浆勾缝、抹平。在基层表面普遍刷一道25%的107胶水溶液,使底层砂浆与加气混凝土面层粘结牢固。加气板接缝处,宜钉150~200mm宽的钢丝网,以避免灰层拉裂。

(三)规方、贴标块

贴标块,首先用托线板检查砖墙平整、垂直程度,由此确定抹灰厚度,但最薄不应少于7mm,遇墙面凹度较大处要分层涂抹,严禁一次抹得太厚。一次抹灰超厚,砂浆干缩,易空鼓、开裂。在2m左右高、距两边阴角100~200mm处,分别做一个标块,大小通常为50mm×50mm的方形灰饼(或φ70mm圆形灰饼)。厚度以墙面平整和垂直决定,一般为10~15mm。标块所用砂浆与底子灰砂浆相同,常用1:3水泥砂浆(或用水泥:石灰膏:砂=1:0.1:3的混合砂浆)。根据上面两个标块用托线板挂垂直线做下面两个标块,在两个标块的两端砖缝分别钉上小钉子,在钉子上拉横线,线距标块表面1mm,根据拉线做中间标块。厚度与两端标块一样。标块间距为1.2~1.5m,在门窗口垛角处均应做标块。若墙高度大于3.2m以上,应两人一起挂线贴标块。一人在架子上,吊线垂,另一人站在地面,根据垂直线调整上下标块的厚度。

(四)设标筋

设标筋亦称冲筋。墙面浇水润湿后,在上下两个标块之间先抹一层宽度为100mm左右的水泥砂浆,稍后,再抹第二遍凸起成八字形,应比标块略高,然后用木杠两端紧贴标块左右上下来回搓动,直至把标筋与标块搓到一样平为止。垂直方向为竖筋,水平方向为横筋。标筋所用砂浆与底子灰相同。操作时,应先检查木杠有无受潮变形,若变形应及时修理,以防标筋不平。

(五)抹底子灰

标筋做完后,抹底子灰时应注意两点:一是先薄薄抹一层,再用刮杠刮平,木抹子搓平,接着抹第二遍,与标筋找平;二是抹底灰的时间应掌握好,不宜过早,也不应过晚,底子灰抹早了,筋软易将标筋刮坏,产生凹陷现象;底子灰抹晚了,标筋干了,抹上底子灰虽然看似与标筋齐平了,可待底灰干了,便会出现标筋高出墙面现象。

(六)排砖

排砖应按设计要求和选砖结果以及铺贴釉面砖墙面部位实测尺寸,从上至下按皮数排列。如果缝宽无具体要求时,可按 1 ~ 1.5mm 计算。排在最下一皮的釉面砖下边沿应比地面标高低 10mm。铺贴釉面砖一般从阳角开始,非整砖应排在阴角或次要部位。顶棚铺砖,可在下部调整,非整砖留在最下层。遇轻型吊顶铺砖时,可伸入顶棚,一般为 25mm,如竖向排列余数不大于半砖时,可在下边铺贴半砖,多余部分伸入顶棚。在卫生间、盥洗室等有洗面器、镜箱的墙面铺贴釉面砖,应将洗面器下水管中心安排在釉面砖中心或缝隙处。墙裙铺砖,上边收口应将压顶条计算在内。水池、浴池等处铺砖,应将阴阳角条等配件砖尺寸计算其中。如遇墙面有管卡、管根等突出物,釉面砖必须进行套割镶嵌处理。装饰要求高的工程,还应绘制釉面砖排砖详图,以保证工程高质量。内墙釉面砖的组合铺贴形式,较为普遍的做法是顺缝铺贴和错缝铺贴。

（七）弹线、拉线、贴标准砖

弹竖线:经检查基层表面符合贴砖要求后,可用墨斗弹出竖线,每隔 2 ~ 3 块弹出一条竖线,沿竖线在墙面吊垂直,贴标准点(用水泥:石灰膏:砂 = 1:0.1:3 的混合砂浆),然后,在墙面两侧贴定位釉面砖两行(标准砖行),大面墙可贴多条标准砖行,厚度一般为 5 ~ 7mm。以此作为各皮砖铺贴的基准,定位砖底边必须与水平线吻合。

弹水平线:在距地面 50mm 左右高度处,弹水平线。大墙面每 1m 左右间距弹一条水平控制线。

拉线:在竖向定位的两行标准砖之间要分别拉出水平控制线,保证所贴的每一行砖与水平线平直,同时也控制整个墙面的平整度。

（八）垫底尺

根据排砖弹线结果,在第一皮砖的下口垫好底尺(木尺板),顶面与水平线相平,作为第一皮釉面砖的下口标准,防止釉面砖在水泥砂浆未硬化前下坠。底尺要求垫平、垫稳,可用水平尺核对。垫点间距在 400mm 以内。

（九）铺贴釉面砖

可用 1:1 水泥砂浆、聚合物水泥砂浆、饰面砖专用胶粘剂和水泥素浆等铺贴釉面砖。铺贴前,要注意将砖浸水不小于 2h,晾干表面浮水后,在釉面砖背面均匀地抹满灰浆,以线为标准,贴于润湿的找平层上,用小灰铲的木把轻轻敲实,使灰挤满。

铺贴顺序自下而上。从缝隙中挤流出的灰浆要及时用抹布、棉纱擦净。贴墙裙应凸出墙面 5mm,上口线要平直。

（十）铺贴边角

用配件砖和异形配件砖镶嵌转角、边角处,可以达到既实用又美观的目的。釉面砖贴到上口收边或墙裙收口,可贴一面圆砖或用压顶条、压顶阳角、压顶阴角配合使用。贴工作台台面阳转角,可用三块两面圆的配件砖,实现转角圆滑、衔接自然。水池、浴池等阴阳转角较多的环境,常采用异形配件砖镶嵌。目前,也有用倒角的方法,使边角达到衔接自然的效果,即将两块整砖在厚度方向,各切出 45°角的茬口,将两块砖在转角处垂直铺贴在一起,就看不到砖的侧边,到达衔接平顺的效果。

（十一）擦缝

对所铺贴的砖面层,应进行自检,如发现空鼓、不平直的问题,应立即整改。然后用清水将砖面冲洗干净,用棉纱擦净。然后用与砖颜色一致的素水泥擦缝,最后清洁砖面。

二、墙体饰面板施工工艺

饰面板材料有很多,如石材饰面板(如天然大理石、天然花岗石、花岗石复合板、人造石材等)、金属饰面板(如铝合金板、铝塑板、彩色压型钢板和不锈钢板等)、塑料贴面板等。根据材料、规格和尺寸的不同,施工方法有胶粘剂粘贴法、湿作业法、湿作法改进法和干挂法等。干挂法施工又分为钢针式干挂工艺和卡片式干挂工艺,其施工方法基本相同。相比之下,卡片式干挂工艺的作业工艺较复杂,它是将挂件改为弧形卡片挂件,将石材与挂件的连接,由点式连接改为面的连接,可大大提高了外墙饰面的抗震能力,如图8-3所示。

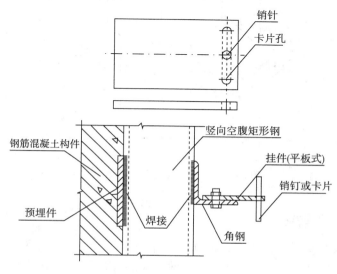

图8-3 卡片式干挂法饰面板构造

大理石、花岗石板饰面是属石材饰面。石材又分为天然石材和人造石材两类。从自然界岩石中开采的,并经加工成的块材或板材,称天然石材,常见的有大理石、花岗石和青石板等,是我国传统的高级建筑装饰装修材料。仿造天然石材的制品称人造石材。在建筑工程中应用的有石膏大理石、水泥大理石、不饱和聚酯树脂大理石或花岗石、硅酸盐复合聚酯大理石或花岗石、浮印大理石、新型人造无机大理石和花岗石等。

大理石是一种变质岩,系由石灰岩变质而成,其主要矿物成分为方解石、白云石等,由火成岩和沉积岩在地壳变动中受高温、高压增生熔融再结晶而成,经锯切、研磨抛光与切割而成的饰面板。其特点是,纹理有斑,条理有纹,易分割、质脆、硬度低、抗冻性差。大理石在大气中受二氧化碳、硫化物、水气作用,易于溶解、腐蚀失去表面光泽而风化、崩裂,故一般不宜用在室外装饰工程。故室外耐用年限仅10~20年,室内可达40~100年。花岗岩是各类岩浆岩(又称火成岩)的统称,如花岗岩、安山岩、辉绿岩、辉长岩、片麻岩等。有良好的抗风化稳定性、耐磨性和耐酸碱性。精磨和磨光饰面板是一种分布最广的大成岩(主要由石英、长石和云母的结晶粒组成),经采制毛料后进行锯切、研磨、抛光与切割而成的细琢面、光面或镜面的饰面板。其特点是,岩质坚硬、密实、颗粒分布细而均匀、色泽鲜艳、强度高、耐久性好。

本章主要介绍较为简单的钢针式干挂法石材饰面板的施工。

钢针式干挂工艺是利用高强螺栓和耐腐蚀、强度高的柔性连接件将石材饰面板挂在建筑物主体结构的表面,石材与结构表面之间留出 40~50mm 的空腔,寒冷地区的外墙饰面板还可填入保温材料。连接挂件具有三维空间的可调性,增强了石材饰面板安装的灵活性,易于使饰面平整,如图 8-4 所示。

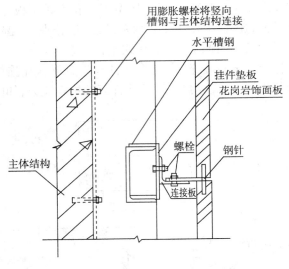

图 8-4　钢针式干挂法饰面板构造

(一)安装前准备

依据设计要求及实际结构尺寸完善分格设计、节点设计,并做出翻样详图。按照翻样样图提出加工计划。作挂件(连接件)设计,先做好成品并进行承载破坏性试验及疲劳破坏性试验,合格后方可加工。测量放线的具体做法是在结构各转角处下吊垂线(最好由测量配合),用来确定饰面石材板的外轮廓线(尺寸),对结构突出较大的做局部剔凿处理,以轴线及标高线为基线,弹出花岗石饰面板竖向分格控制线,再以各层标高线为基线放出板材横向分格控制线。根据翻样详图及挂件形式,确定钻孔的位置。

(二)工艺操作要点

1. 饰面板钻孔

根据设计详图尺寸,对石材进行钻孔,钻孔时应将钻头对准孔的中心把稳钻柄,并扶直钻身由慢到快以达到孔位准确,孔眼规整。饰面板背面宜刷胶粘剂,并贴粘玻璃纤维网格布增加粘结力,待固化后竖立存放。但要求固化前不得受潮,以免影响粘结强度。

2. 结构面钻孔

根据设计连接件(挂件)与石材和基体结构相互间的尺寸,确定并标出孔的位置用电锤在结构面钻孔,钻头应垂直结构面,如遇到结构面钻孔,钻头应垂直结构面,如遇到结构主钢筋可以左右移动(因挂件设计为三维可调),但需在可调范围以内,固定不锈钢膨胀螺栓及挂件。若采用间接干挂法施工,竖向槽钢用膨胀螺栓固定在结构柱、梁上,水平槽钢与竖向槽钢相焊接,膨胀螺栓孔位置要准确,深度在 65mm 以内。在下膨胀螺栓前应将孔内粉尘清理干净,并要求螺栓埋设垂直、牢固,连接件要垂直、方正。所用的型钢在安装前应按规定刷两遍防锈漆,焊接时要三面围焊,焊接有效长大于等于 12cm,焊接高 6mm,要求焊缝规整,不准有气孔、咬肉等缺陷。焊后的焊缝应按规定涂刷防锈漆。

3. 挂线

按照大样详图要求,用经纬仪测出大角两个面的竖向控制线,在大角上下两端固定挂线的角钢,用 22 号钢丝挂竖向控制线,并在控制线的上、下作出标记。

4. 支底层石材板托架

按已确定的水平基准线,支设支承托架。托架应支设牢固、水平、顺直。然后放置花岗石饰面板(底层板),调节并临时固定。

5. 固定螺栓

将连接螺栓插入已钻好的孔内并固定,镶不锈钢固定件,调正位置,固定牢固。

6. 嵌缝

用嵌缝膏嵌入下层饰面板上部孔眼,并按设计插连接钢针,要拨正插实,然后嵌上层饰面板的下孔,嵌缝要严密、干净,不得污染石材饰面。

7. 固定

临时固定上层饰面板,钻孔,插膨胀螺栓,镶不锈钢固定件。重复上述工序,直至完成全部饰面板的安装,最后镶顶层饰面板。

8. 清理

清理石材饰面,贴防污胶条,嵌缝、刷罩面涂料。

安装饰面板时,应先试挂每块板,对石材板之间缝宽及销钉位置要适当调整。用靠尺板找平后再正式挂板和最后固定;插钢针前先将环氧胶粘剂注入板销孔内,钢针入孔深不宜小于 20mm,然后将环氧胶粘刘清除干净,不得污染饰面板。遇到结构面凹陷过多,超出挂件可调的范围时,可采用型片调整,如果还解决不了,可采用型钢加固处理,但垫片和型钢必须做好防腐处理。经项目质量监理工程师检查合格后,在挂件与膨胀螺连接处点焊或加双帽并拧紧固定,以防挂件因受力松动而下滑。

第四节　涂饰工程

建筑涂料的品种繁多,分类方法亦不相同。按施工的部位,可分为内墙涂料、外墙涂料、顶棚涂料、地面涂料等;按用途可分为防火涂料、防水涂料、防锈涂料、防霉涂料、防静电涂料、防虫涂料、发光涂料、耐高温涂料、道路标线涂料、彩色玻璃涂料及仿古建筑涂料等;按涂料的分散介质,可分为溶剂型涂料、水性涂料及无溶剂型(以热固性树脂为成膜物质)涂料;按涂料成膜物质的不同,可分为有机涂料、无机涂料及有机无机复合涂料;按涂料施工后形成的涂膜厚度与表面装饰质感,可分为薄质涂料、厚质涂料和彩色砂壁状涂料等。

虽然各种涂料的组成成分不同,但它们均是由成膜物质、颜料(着色颜料、体质性填充颜料、防锈颜料)、分散介质(稀释剂、溶剂)以及辅助材料(增塑剂、固化剂、催干剂和稳定剂等)所组成。

一、常用涂料的种类

(一)溶剂型涂料

溶剂型涂料是以有机高分子合成树脂为主要成膜物质,以有机溶剂如脂烃、芳香烃、酯类等为分散介质(稀释剂),加入适当的颜料、填料及辅助材料,经研磨等加工制成,涂装后溶剂挥发而成膜。传统的以干性油为基础的油性涂料(或称油基涂料)——"油漆",也属于溶剂型涂料。溶剂型涂料施工后所产生的涂膜细腻坚硬、结构致密、表面光泽度高,具有一定的耐水及耐污染性能。但是,溶剂型涂料有其突出的缺点:一是该类产品所含的有机溶剂易燃且挥发后有损于大气环境和人体健康;二是由于其涂膜的透气性差,故不宜使用在容易潮湿的墙体表面涂装。

(二)水性涂料

水性涂料是指以水为分散介质(稀释剂)的涂料,主要有两种类型的产品,一类是水溶型涂料,另一类是乳液型涂料。为强调二者的区别,人们习惯把前者称为"水性涂料",将后者称为"乳液涂料"或称作"乳胶涂料"、"水乳型涂料"。

1. 水溶性涂料

水溶性涂料或称水性涂料,是以水溶性化合物(高聚物、合成树脂)为基料,加入一定量的填料、颜料和助剂,经研磨、分散后而制成的建筑装饰涂料。此类涂料施工简易、安全,产品价格较为低廉。但其早期产品如聚乙烯醇水玻璃涂料(106涂料)、醋酸乙烯涂料(108涂料)等,因防水性能较差而渐被淘汰。目前,其改性产品如"酸改性水玻璃外墙涂料"等新型水性涂料成膜温度低、耐老化、耐紫外线辐射,具有优良的耐水性能而被广泛使用。

2. 乳液型涂料

乳液型涂料即各种"乳胶漆",是将合成树脂(各种单体聚合或由天然高聚物经化学加工而成)以极细微粒分散于水中形成乳液(加适量乳化剂),以乳液为主要成膜物质并加入适量填料及辅料经研磨加工制成的涂料。此类乳液涂料以水为分散介质,无毒、无异味、不污染环境、施工安全方便,涂层附着力强;特别是其涂膜为开孔式,具有一定的透气性,有利于建筑结构基体内的水汽透过涂膜向外挥发而不会造成装饰涂膜起鼓破坏,有的产品甚至可以在比较潮湿的基层表面施工。

(三)无溶剂型涂料

无溶剂型涂料不使用溶剂作为分散剂、稀释剂,一般是以热固性树脂(在热、光、辐射或固化剂等作用下能固化成具有不熔性物质的聚合物,如聚酯树脂、环氧树脂、酚醛树脂等)作为成膜物质,经交联固化加工生产的涂料,施工后可形成厚度较大的装饰涂膜。此类涂料多用于建筑地面装饰涂布,可形成很厚的涂层。

二、涂饰工程施工准备

采用建筑涂料施涂后所形成的不同质感、不同色彩及不同性能的涂膜作饰面,在建筑装饰装修施工项目中通常被认为是十分便捷和经济的饰面做法,也正是由于其成膜简易、操作迅速、涂层较薄、见效较快等原因,所以对材料选用、基层处理及工艺技术等多方面的要求也就更应严格,必须精心细致,不忽视任何环节,方可达到预期目的。

涂饰工程质量的优劣,首先取决于涂料产品的品质质量,比如其性能和色泽的稳定性与均匀性、涂膜的附着性、坚韧性、耐候性、耐碱性、耐水性、耐沾污性、耐干擦和湿擦性,以及对于重要工程所要求的透气性和防结露、抗腐蚀、防火、防辐射、耐冻融等性能,要求其品种、型号和性能指标应符合设计要求和现行有关产品国家标准的规定,应有产品合格证书、性能检测报告;工程材料进场要进行复验。

（一）施工环境要求

建筑涂料的施涂以及涂层固化和结膜等过程,均需要在一定的气温和湿度范围内进行。不同类型的涂料都有其最佳成膜条件。涂料产品及其涂膜性能一般是指在室温23℃±2℃、相对湿度为60%~70%条件下测试的指标。有些涂料的黏度,随环境温度的影响而会发生较大变化,例如聚乙烯醇系涂料,在冬季低温时容易结冻;合成树脂乳液型涂料的最低成膜温度通常要大于5℃,而且在10℃以下施工时其涂膜质量可能会受到不良影响;氯乙烯—偏氯乙烯共聚乳液作地面罩面涂布时,在湿度大于85%的情况下施工会难以干燥,出现聚浆现象而影响工程质量。此外,太阳光、风、污染性物质等因素,也会影响施工后涂膜的装饰质量。

涂饰工程施工的环境条件,应注意以下几个方面。

1. 环境气温的影响

水溶性和乳液型涂料施涂时的环境温度,应按产品说明书中要求的温度予以控制,一般要求其施工环境的温度宜在10~35℃之间,最低温度不应低于5℃;冬期在室内进行涂料施工时,应有采暖措施,室温要保持均匀,不得骤然变化。溶剂型涂料宜在5~35℃气温条件下施工,不能采用现场烘烤饰面的加温方式促使涂膜表干和固化。

2. 环境湿度的影响

建筑涂料所适宜的施工环境相对湿度一般为60%~70%,在高湿度环境或降雨之前不宜施工。但是,如若施工环境湿度过低,空气过于干燥,会使溶剂型涂料的溶剂挥发过快,水溶性和乳液型涂料固化过快,也会使涂层的结膜不够完全、固化不良,所以也同样不宜施工。

3. 太阳光、风、污染性物质等的影响

建筑涂料一般不宜在阳光直接照射下进行施工,特别是夏季的强烈日光照射之下,会造成涂料的成膜不良而影响涂层质量。

在大风中不宜进行涂料涂饰施工,大风会加速涂料中的溶剂或水分的挥(蒸)发,致使涂层的成膜不良并容易沾染灰尘造成饰面污染。

汽车尾气及工业废气中的硫化氢、二氧化硫等,均具有较强的酸性,对于建筑涂料的性能会造成不良影响;飞扬的尘埃也会污染未干的涂层。因此涂饰施工中如发觉特殊气味或施工环境的空气不够洁净时,应暂停操作或采取有效措施。

（二）涂料准备和使用要求

一般涂料在使用前须进行充分搅拌,使之均匀。在使用过程中通常也需不断搅拌,以防止涂料厚薄不匀、填料结块或饰面色泽不一致。

涂料的工作黏度或稠度必须加以控制,使其在施涂时不流坠、不显涂刷痕迹;但在施涂过程中不得任意稀释。应根据具体的涂料产品种,按其使用说明进行稠度调整。当涂料出现稠度过大或由于存放时间较久而呈现"增稠"现象时,可通过搅拌降低稠度至成流体状态再用;视涂料品种也可掺入不超过8%的涂料稀释剂(与涂料配套的专用稀释剂),有的涂料产品则不允许或不可以随便调整,更不可以随意加水稀释。

根据规定的施工方法(喷涂、滚涂、弹涂和刷涂等)选用设计要求的品种及相应稠度或颗粒状的涂料,并应按工程施工面积采用同一批号的产品一次备足。应注意涂料的贮存时间不宜过长,根据涂料的不同品种具体要求,正常条件下的贮存时间一般不得超过出厂日期 3～6 个月。涂料密闭封存的温度以 5～35℃ 为宜,最低不低于 0℃,最高不高于 40℃。

对于双组分或多组分的涂料产品,施涂之前应按使用说明规定的配合比分批混合,并须在规定的时间内用完。

(三)基层处理

1. 对基层的一般要求

对于有缺陷的基层应进行修补,经修补后的基层表面平整度及连接部位的错位状况,应限制在涂料品种、涂装厚度及表面状态等的允许范围之内。

基层含水率,应根据所用涂料产品的种类,在允许的范围之内。除非采用允许施涂于潮湿基层的涂料品种,混凝土或抹灰基层施涂溶剂型涂料时的含水率不得大于 8%;施涂水溶性和乳液型涂料时的含水率不得于 10%;木材基层的含水率不得大于 12%。

基层 pH 应根据所用涂料产品的种类,在允许的范围之内(一般要求不大于 10)。基层表面修补砂浆的碱性、含水率及粗糙性等,应与其他部位相同,如有不一致时应进行处理并加涂封底涂料。

基层表面的强度与刚性,应高于涂料的涂层。如果基层材料为加气混凝土等疏松表面,应预先涂刷固化封底涂料或合成树脂乳液封闭底漆等配套底涂层,以加固基层表面。新建筑物的混凝土基层在涂饰涂料前应涂刷抗碱封闭底漆;旧墙面在涂饰涂料前应清除疏松的旧装修层,并涂刷界面剂。

涂饰工程基层所用的腻子,应按基层、底涂料和面涂料的性能配套使用,其塑性和易涂性应满足施工要求,干燥后应坚实牢固,不得粉化、起皮和裂纹。腻子干燥后,应打磨平整光滑并清理干净。

在涂饰基层上安装的金属件和钉件等,除不锈产品外均应做好防锈处理。在涂饰基层上的各种构件、预埋件,以及水暖、电气、空调等设备管线或控制接口等,均应按设计要求事先完成。

2. 基层的清理

被涂饰基层的表面不应有灰尘、油脂、脱模剂、锈斑、霉菌、砂浆流痕、溅沫及混凝土渗出物等。清理基层的目的即是去除基层表面的粘附物,使基层洁净,以利于涂料饰面与基层的牢固粘结。

有缺陷的基体或基层修补,可采用 1:3 水泥砂浆(水泥石屑浆、聚酯砂浆或聚合物水泥砂浆)等材料进行处理。表面的麻面及缝隙,用腻子找平。

三、建筑涂料涂饰施工

建筑涂料(油漆)的涂饰施工,目前主要有两种情况,一是施工单位根据设计要求和规范规定按所用涂料的具体应用特点进行涂饰施工;二是由提供涂料产品的生产厂家自备或指定的专业施工队伍进行施工,并确保涂饰工程质量的跟踪服务。

鉴于新型涂料产品层出不穷且日新月异,本节只介绍室内涂料涂饰施工的基本技术和施涂要点。

室内装饰装修工程的涂饰施工,主要是指建筑内墙、室内顶棚的抹灰面或混凝土面的涂料涂饰,以及木质材料装饰罩面、装饰造型、固定式家具等的饰面油漆工程。根据设计要求及所用涂料(油漆)品种,分别采用或配合使用喷涂、滚涂和刷涂等不同的涂饰做法。

（一）喷涂施工

喷涂的优点是涂膜外观质量好,工效高,适宜于大面积施工。可通过调整涂料黏度、喷嘴口径大小及喷涂压力而获得不同的装饰质感。喷涂机具主要有空气压缩机、喷枪及高压胶管等,也可采用高压无气喷涂设备。

基层处理后,用稍作稀释的同品种涂料打底,或按所用涂料的具体要求采用其成品封底涂料进行基层封闭涂装。

大面积喷涂前宜先试喷,以利于获得涂料黏度调整、准确选择喷嘴及喷涂压力的大小等施涂数据;同时,其样板的涂层附着力、饰面色泽、质感和外观质量等指标应符合设计要求,并经建设单位(或房屋的业主)认可后再进行正式喷涂施工。喷涂时,空气压缩机的压力控制应根据气压、喷嘴直径、涂料稠度适当调节气门,以将涂料喷成雾状为佳。喷枪与被涂面应保持垂直状态;喷嘴距喷涂面的距离,以喷涂后不流挂为度,通常为500mm左右。喷嘴应与被涂面作平行移动,运行中要保持匀速。纵横方向作"S"形连续移动,相邻两行喷涂面重叠宽度宜控制在喷涂宽度的1/3。当喷涂两个平面相交的墙角时,应将喷嘴对准墙角线。

涂层不应有施工接槎,必须接槎时,其接槎应在饰面较隐蔽部位;每一独立单元墙面不应出现涂层接槎。如果不能将涂层接槎留在理想部位时,第二次喷涂必须采取遮挡措施,以避免出现不均匀缺陷。若涂层接槎部位出现颜色不匀时,可先用砂纸打磨掉较厚涂层,然后大面满涂,不应进行局部修补。

（二）滚涂施工

滚涂或称辊涂,即是将相应品种的涂料采用纤维毛滚(辊)类工具直接涂装于建筑基面;或是先将低层和中层涂料采用喷或刷的方法进行涂饰,而后使用压花辊筒压出凹凸花纹效果,表面再罩面漆的浮雕式施工做法。采用滚涂施工的装饰涂层外观浑厚自然或形成明晰的图案,具有较好的质感。

滚涂施工的首要关键是涂料的表面张力,应适于滚涂做法。要求所用涂料产品具有较好的流平性能,以避免出现拉毛现象。采用滚涂的涂料产品中,填充料的比例不能太大,胶黏度不能过高,否则施涂后的饰面容易出现皱纹。采用直接滚涂施工时,将蘸取涂料的毛辊先按"W"方式运动,将涂料大致滚涂于基层上,然后用不蘸取涂料的毛辊紧贴基层上、下、左、右往复滚动,使涂料在基层上均匀展开;最后用蘸取涂料的毛辊按一定方向满滚一遍。阴角及上下口等转角和边缘部位,宜采用排笔或其他毛刷另行刷涂修饰和找齐。

浮雕式涂饰的中层涂料应颗粒均匀,用专用塑料或橡胶辊筒蘸煤油或水均匀滚压,注意涂层厚薄一致;完全固化干燥后,间隔时间宜在4h以上,再进行面层涂饰。当面层采用水性涂料时,浮雕涂饰的面层施工应采用喷涂。当面层涂料为溶剂型涂料时,应采用刷涂做法。

（三）刷涂施工

涂料的刷涂法施工大多用于地面涂料涂布或较小面积的墙面涂饰工程,特别是装饰造型、美术涂饰或与喷涂、滚涂做法相配合的工序涂层施工。刷涂的施工温度宜在10℃以上。

建筑涂料的刷涂工具通常为不同大小尺寸的油漆刷和排笔等,前者多用于溶剂型涂料(油漆)的刷涂操作,后者适用于水性涂料的涂饰。必要时,也可采用油画笔、毛笔、海绵块等与刷涂相配合进行美术涂装。采用排笔刷涂时的着力较小,刷涂后的涂层较厚,油漆刷则相反。在施工环境气温较高及涂料黏度小而容易进行刷涂操作时,可选择排笔刷涂操作;在环境气温较低、涂料黏度大而不易使用排笔时,宜用油漆刷施涂。也可以第一遍用油漆刷,第二遍用排笔,使涂层薄而均匀,色泽一致。

一般的涂料刷涂工程两遍即可完成,每一刷(或排笔)的涂刷拖长范围约在 20～30cm,反复运刷 2～3 次即可,不宜在同一处过多涂抹,而造成涂料堆积、起皱、脱皮、塌陷等弊病。两次刷涂衔接处要严密,每一单元涂饰要一气刷完。刷涂操作宜按先左后右、先上后下、先难后易、先边后面(先刷涂边角部位后涂刷大面)的顺序进行。

室内装饰装修木质基层涂刷清漆时,木料表面的节疤、松脂部位应用虫胶漆封闭;钉眼处应用油性腻子嵌补。在刮腻子、上色前,应涂刷一遍封闭底漆,然后反复对局部进行拼色和修色。每修完一次,刷一遍中层漆,干燥后打磨,直至色调协调统一,再施涂透明清漆的罩面涂层。木质基层涂刷调和漆时,应先刷清油一遍,待其干燥后用油性腻子将钉眼、裂缝、凹凸残缺处嵌补批刮平整,干燥后打磨光滑,再涂刷中层和面层油漆。

对泛碱、析盐的基层,应先用3%的草酸溶液清洗,然后用清水冲刷干净或在基层满刷一遍耐碱底漆,待其干燥后刮腻子,再涂刷面层涂料。涂料(油漆)表面的打磨,应待涂膜完全干透后进行;打磨时应注意用力均匀,不得磨透露底。

第五节　门窗工程

门窗造型对建筑物的外部形象有着显著的影响。建筑外立面的门窗,特别是高层建筑的外窗,其制品规格形式、框料和玻璃的色彩与质感,以及采用不同排列方式之后所构成的平面和立体图案,它们的视觉综合特性同建筑外墙(包括屋面)饰面相配合而产生的外观效果,往往是十分强烈地展示着建筑设计所追求的艺术风格。

同时,作为建筑围护结构与构造的可启闭部分,门窗对建筑物的采光、通风、保温、节能和使用安全等诸多方面具有重要意义,因此在门窗设计时,要充分考虑当地的气候环境条件,选用适宜的材料制作门窗。

门窗工程按材料和作用通常分为:木门窗、金属门窗(钢门窗、铝合金门窗及涂色镀锌钢板门窗等)、塑料门窗等,以及特种门(防火门、隔声门、保温门、冷藏门、防盗门、自动门、屏蔽门、防射线门、车库门、全玻璃门、旋转门、金属卷帘门等)。

一、门窗安装的一般要求

门窗安装前,应对门窗洞口尺寸进行检验。除检查每处洞口外,还应对能够通视的成排或成列的门窗洞口进行目测或拉通线检查。如果发现明显偏差,应采取处理措施后方可安装门窗。

木门窗与砖石砌筑体、混凝土或抹灰层接触处,应进行防腐处理并应设防潮层;埋入砌筑体或混凝土中的木砖,应进行防腐处理。金属门窗和塑料门窗安装应采用预留洞口的方法施工,防止门窗框受挤变形和表面保护层受损。不得采用边安装边砌口或先安装后砌口的方法施工。装饰性木门窗安装也宜采用预留洞口的方法施工,可避免门窗框污染或受挤变形。

当金属窗或塑料窗组合时,其拼樘料的尺寸、规格、壁厚应符合设计要求。组合窗拼樘料不仅具有连接作用,还是组合窗的重要受力部件,故应对其材料严格要求,使组合窗能够承受本地区的瞬时风压值。

建筑外门窗的安装必须牢固。在砌体上安装门窗时严禁用射钉固定。特种门安装除应符合设计要求外,还应符合国家标准及有关专业标准和主管部门的规定。

二、保证门窗工程质量的一般规定

(一)材料复验

门窗工程施工前,应对材料及其性能指标进行复验,如人造木板的甲醛含量、建筑外墙窗(金属窗、塑料窗)的抗风压性能、空气渗透性能和雨水渗漏性能的试验检测。

(二)隐蔽工程验收完毕

门窗工程施工前应对预埋件和锚固件;隐蔽部位的防腐、嵌填等项目进行验收,不合格的要及时处理。

(三)提交文件资料

门窗工程施工后,要及时组织验收,需提交相关的文件和记录,例如:门窗工程施工图、设计说明及其他设计文件;材料的产品合格证书、性能检测报告、进场验收记录和复验报告;特种门及其附件的生产许可文件;隐蔽工程验收记录;施工记录等。

三、门窗工程施工工艺控制

(一)木门窗安装工程

1. 施工准备
(1)木门窗型号、品种的选择应符合图纸要求,并具有出厂合格证。
(2)按安装位置运到现场。
(3)木楔顶杆等提前准备待用。
(4)绷纱,纱扇子装拼准备完毕。

2. 操作工艺
(1)按图纸要求分窗中线及边线,并按层弹安装位置及标高线。
(2)对高出安装线的结构进行剔凿处理。
(3)从上往下逐层安装窗口扇。
(4)内门口按图标要求安装。
(5)木门口钉护口铁皮加以保护。
(6)地面抹灰完后再安装门扇。
(7)刷浆完成后,再安装纱扇。
(8)五金安装。

3. 质量技术标准
(1)门窗框安装位置须符合设计要求。
(2)门窗框必须安装牢固,固定点符合设计要求。
(3)门窗框与墙体缝填塞饱满均匀。

(4)门窗扇裁口顺直、刨面平整光滑,开关灵活,无回弹和倒翘。

(5)门窗小五金安装位置适宜,尺寸准确,小五金安装齐全,规格符合要求。

(6)门窗披水、盖口条、压缝条、密封条安装尺寸一致,平整光滑,与门窗结合牢固,严密,无缝隙。

4. 成品保护措施

(1)门口立好后,钉护口铁皮。

(2)架木等不应支搭在门窗口上。

(3)抹灰后及时将灰浆清净。

(4)硬木门窗用塑料薄膜包裹保护。

(5)纱扇装后防止污染。

(6)五金安装后防止污染、丢失。

(二)钢门窗安装工程

1. 施工准备

(1)钢门窗的型号、品种应符合图纸要求并具有出厂合格证,现场抽检符合要求,按其安装位置运到现场,并提前准备安装边线、平线。

(2)拼樘扇要求拼好,电焊机、焊工备齐,纱扇拼装绷纱,附件按要求备齐。

2. 操作工艺

(1)按图纸要求分出窗边线,并找出安装标高。

(2)对高出安装线的结构进行剔凿处理。

(3)从上往下逐层安装。

(4)内门框按图示尺寸装好。

(5)地面抹完后再装门扇。

(6)刷浆完后再装纱扇。

(7)附件安装后要注意保护。

3. 质量技术标准

(1)钢门窗及附件质量必须符合设计要求及有关标准规定。

(2)钢门窗安装必须牢固,预埋铁件的数量、位置及埋设连接方法必须符合设计要求。

(3)钢门窗关闭严密,开关灵活,无阻滞回弹和倒翘。

(4)钢门窗附件齐全,位置正确,安装牢固、端正,启闭灵活。

(5)钢门窗与墙体间缝隙填嵌饱满密实,表面子整。

4. 成品保护措施

(1)架木等严禁支搭在门、窗口扇上。

(2)抹灰后应及时清理钢门窗。

(3)防止钢门窗在刷浆、油漆施工中污染。

(4)五金附件要防止丢失、损坏。

(三)铝合金门窗安装工程

1. 施工准备

铝合金门窗的规格、型号应符合设计要求,五金配件配套齐全具有合格证。防腐、保温材料及其他材料应符合图纸要求。作业工种之间办好交接手续,按图示尺寸弹中线和水平线,如有问题应提前处理。

安装前应对铝合金门窗进行检查,如有缺损,应处理后再行安装。

2. 操作工艺

(1)弹线找规矩。

(2)找出墙厚方向的安装位置。

(3)安装铝合金窗披水。

(4)防腐处理。

(5)就位和临时固定。

(6)与墙体固定。

(7)处理窗框与墙体间的缝隙。

(8)安装五金配件。

(9)安装铝合金门窗玻璃或门窗纱扇。

(10)安装门窗五金。

(11)门窗框防水密封。

3. 质量技术标准

(1)铝合金门窗及附件质量必须符合设计要求和有关标准规定。

(2)安装必须牢固,预埋件的数量、位置、埋设、连接方法必须符合设计要求。

(3)门窗安装位置、开启方向必须符合设计要求。

(4)边缝接触面之间必须做防腐处理,严禁用水泥砂浆做填塞材料。

4. 成品保护措施

(1)铝合金门窗应入库存放。

(2)门窗保护膜要封闭好。

(3)堵缝前应对水泥砂浆接触面涂刷防腐剂进行处理。

(4)抹灰前用塑料薄膜保护铝合金门窗。

(5)架子搭拆、室外抹灰时注意铝合金门窗保护。

(6)建立严格的成品保护制度。

（四）塑钢门窗安装工程

1. 操作工艺

(1)弹线找规矩。

(2)找出墙厚方向的安装位置。

(3)铁脚防腐处理。

(4)就位和临时固定。

(5)与墙体固定。

(6)处理窗框与墙体间的缝隙。

(7)安装五金配件。

(8)安装门窗。

2. 质量技术标准

(1)塑钢门窗及附件质量必须符合设计要求和有关标准规定。

(2)安装必须牢固,预埋件的数量、位置、埋设、连接方法必须符合设计要求。

(3)门窗安装位置、开启方向必须符合设计要求。

(4)边缝接触面之间必须做防腐处理,严禁用水泥砂浆做填塞材料。

3. 成品保护措施

(1)塑钢门窗应入库存放。

(2)门窗保护膜要封闭好。

(3)抹灰前用塑料薄膜保护塑钢门窗。

(4)架子搭拆、室外抹灰时应注意塑钢门窗保护。

(5)建立严格的成品保护制度。

4. 应注意的问题

塑钢门窗组合时,要注意避免拼接头不平,有窜角,五金件安装不规矩,尺寸不准,面层污染,表面划痕等问题。

复习思考题

1. 试述一般抹灰的分层作法、各层作用,其操作要点及质量标准。

2. 简述装饰抹灰的种类。

3. 简述饰面砖的镶贴方法。

4. 简述饰面板的安装方法。

5. 简述常用建筑涂料及施工方法。

第九章　施工组织概论

　　建筑工程施工组织是研究和制定建筑安装工程施工全过程,使之达到经济、合理的方法和途径。它是根据不同工程施工的复杂程度来研究工程建设的统筹安排和系统管理的客观规律的一门学科。

　　现代建筑工程是许许多多施工过程的组合体,每一种施工过程都能用多种不同的方法和机械来完成。即使是同一种工程,由于地理位置、气候条件及其他相关因素的影响,所采用的方法也不同。因此,施工组织者要针对不同工程,运用一定的科学方法来解决建筑施工组织的问题,找到最合理的施工方法和组织方法,就必须根据建筑产品生产的技术经济特点,以及国家基本建设方针和各项具体的技术规范、规程、标准,提供各阶段的施工准备工作内容,对人、资金、材料、机械和施工方法等进行统筹安排,协调施工中各专业施工单位、各工种、资源与时间之间的合理关系,使工程达到质量优、成本低、速度快的目标。

第一节　施工准备工作

　　施工准备工作是指在施工前,为拟建工程的正式施工创造必要的技术、物质、人力、组织等条件而事先必须做好的各项工作,以使工程达到加快工程进度、提高工程质量和降低工程成本的目的。无论是整个的建设项目或单项工程,还是其中任何一个单位工程,甚至是单位工程中的分部、分项工程,在开工之前,都必须进行必要的施工准备。

　　施工准备工作是施工阶段必须经历的一个重要环节,是组织建筑工程施工的客观规律要求,其根本任务是为正式施工创造良好的条件。没有做好必要的准备就贸然施工,必然会导致施工现场混乱、物资浪费、停工待料、工程质量不符要求、工期延长等现象的发生,甚至出现安全事故。因此,开工前必须做好必要的施工准备工作,研究和掌握工程特点及工程施工的进度要求,摸清施工的客观条件,合理部署施工力量,从技术上、组织上、人力、物力等各方面为施工创造必要条件。认真细致地做好准备工作,对加快施工速度,保证工程质量与施工安全,合理使用材料,增加工程效益等方面起着重要的作用。

一、施工准备工作的分类

（一）按工程项目准备工作的规模与范围分类

1. 全场性施工准备

　　全场性施工准备是以整个建筑工地为对象,进行的各项施工准备,其目的和内容都是为全场性施工服务的。全场性施工准备也可称为施工总准备,它不仅要为全场性的施工活动创造有利条件,而且要兼顾单位工程施工条件的准备。

2. 单位工程施工条件准备

　　单位工程施工条件准备是以一个建筑物或构筑物为对象而进行的施工准备,其目的和内容都是为该单位工程服务的,它既要为单位工程做好开工前的一切准备,又要为其分部(分项)工程施工进行作业条件的准备。

3.分部(分项)工程作业条件准备

分部(分项)工程作业条件准备是以一个分部(分项)工程或冬、雨季施工工程为对象而进行的作业条件准备。

(二)按工程项目所处的施工阶段分类

1.开工前的施工准备

开工前的施工准备是在拟建工程正式开工前所进行的一切施工准备,其目的是为工程正式开工创造必要的施工条件。它既包括全场性的施工准备,又包括单位工程施工条件的准备,带有全局性和总体性。

2.开工后的施工准备

开工后的施工准备是在拟建工程开工后,每个施工阶段正式开始之前所进行的施工准备,带有局部性和经常性。如一般建筑工程的施工,通常分为基础工程、主体结构工程及装饰工程等施工阶段,其各个阶段的施工内容不同,其所需物资设备供应条件、技术条件、组织要求和现场布置等方面也不同。因此,必须做好相应的施工准备。

二、施工准备工作的内容

工程项目施工准备工作的内容,根据工程的规模、建设的地点及相应的具体条件的不同而不同。一般工程项目的施工准备工作内容包括:调查研究收集资料、技术资料准备、施工现场准备、物资准备、施工人员准备和季节性施工准备等。

(一)调查研究收集资料

收集研究与施工活动有关的资料,可使施工准备工作有的放矢,避免盲目性。有关施工资料的调查收集可归纳为两部分内容,即自然条件的调查收集和技术经济条件的调查收集。自然条件是指通过自然力活动而形成的与施工有关的条件,如地形地貌、工程地质、水文地质及气象条件等。技术经济条件是指通过社会经济活动而形成的与施工活动有关的条件,如工区供水、供电、道路交通能力;地方建筑材料的生产供应能力及建筑劳务市场的发育程度;当地民风民俗、生活供应保障能力等。

(二)技术资料准备

技术准备是根据设计图样、施工地区调查研究收集的资料,结合工程特点,为施工建立必要的技术条件而做的准备工作。

1.熟悉和会审施工图纸

熟悉和审查施工图纸的主要目的是使施工单位工程技术管理人员了解和掌握工程项目的设计意图、构造特点和技术要求,为编制施工组织设计提供各项依据。通常,按图纸自审、设计交底、图纸会审和现场签证等几个阶段进行。图纸自审是由施工单位自行组织,并做出自审记录。图纸会审则由建设单位主持,设计和施工单位共同参加,形成图纸会审纪要,由建设单位正式行文,三方共同会签并加盖公章,作为指导施工和工程结算的依据。现场签证是在工程施工中,遵循技术核定和设计变更签证制度,对所发现的问题进行现场签证,作为指导施工、竣工验收和结算的依据。

2. 编制施工组织设计

施工组织设计是指导拟建工程进行施工准备和组织施工的基本的技术经济文件。它的任务是要对具体的拟建工程(建筑群或单个建筑物)的施工准备工作和整个的施工过程,在人力和物力、时间和空间、技术和组织上,做出一个全面而合理的安排。有了科学合理的施工组织设计,施工准备工作,正式施工活动才能有计划、有步骤地进行。

施工组织设计是技术准备乃至整个施工准备工作的核心内容。由于建筑工程没有一个通用定型的、一成不变的施工方法,所以每个建筑工程项目都需要分别确定施工方案和施工组织方法,也就是要分别编制施工组织设计,作为组织和指导施工的重要依据。

3. 编制施工图预算和施工预算

建筑工程预算按照不同的编制阶段和不同的作用,可以分为设计概算、施工图预算和施工预算三种。

施工图预算是按照施工图确定的工程量、施工组织设计所拟定的施工方法、建筑工程预算定额及其取费标准编制的确定建筑安装工程造价和主要物资需要量的技术经济文件。施工预算是根据施工图预算、施工图样、施工组织设计、施工定额等文件进行编制的。它是企业内部经济核算和班组承包的依据,是编制工程成本计划的基础,是控制施工工料消耗和成本支出的依据,是企业内部使用的一种预算。

施工图预算与施工预算存在很大的区别。施工图预算是甲乙双方确定预算造价、发生经济联系的技术经济文件;而施工预算则是施工企业内部经济核算的依据。施工预算直接受施工图预算的控制。

（三）施工现场的准备

施工现场的准备即通常所说的室外准备。它是按照施工组织设计的要求进行的施工现场具体条件的准备工作,主要内容有:清除障碍物、三通一平、测量放线、搭设临时设施等。

1. 清除障碍物

施工场地内的一切障碍物,无论是地上的或是地下的,都应在开工前清除。这些工作一般是由建设单位来完成的,但也有委托施工单位来完成的。

2. 三通一平

在工区范围内,接通施工用水、用电、道路和平整场地的工作简称为"三通一平"。有的工地如果还需要供应蒸汽,架设热力管线,称为"热通";通压缩空气,称为"气通";通电话作为联络通信工具,称为"话通";还可能因为施工中的特殊要求,有其他的"通",但最基本的、对施工现场施工活动影响最大的还是水通、电通、道路通等"三通"。

平整施工场地清除障碍物后,即可进行场地平整工作。平整场地工作是根据建筑施工总平面图规定的标高,通过测量,计算出填挖土方工程量,设计土方调配方案,组织人力或机械进行平整工作。

3. 测量放线

测量放线的任务是把施工图上所设计好的拟建物及管线等测设到地面上或实物上,并用各种标志表现出来,以作为施工的依据。其工作的进行,一般是在土方开挖之前,在施工场地内设置坐标控制网和高程控制点来实现的。这些网点的设置应视工程范围的大小和控制的精度而定。

在测量放线前,应对测量仪器进行检验和校正,熟悉并校核施工图样,了解设计意图,校核红线桩与水准点,制定出测量、放线方案。建筑物定位放线是确定整个工程平面位置的关键环节,实施施工测量中必须保证精度,杜绝错误,否则其后果将难以处理。建筑物定位、放线,一般通过设计图中平面控制轴线来确定建筑物的四廊位置,测定并经自检合格后,提交有关部门和甲方(或监理人员)验线,以保证定位的准确性。沿红线建筑的建筑物放线后,还要由城市规划部门验线,以防止建筑物压红线或超红线,为正常顺利地施工创造条件。

4. 搭设临时设施

现场生活和生产用的临时设施,在布置安排时,要遵照当地有关规定进行规划布置。如房屋的间距、标准是否符合卫生和防火要求,污水和垃圾的排放是否符合环境的要求等。临时建筑平面图及主要房屋结构图,都应报请城市规划、市政、消防、交通、环境保护等有关部门审查批准。为了施工方便和安全,对于指定的施工用地的周界,应用围栏围挡起来,围挡的形式和材料及高度应符合市容管理的有关规定和要求。在主要入口处设标示牌,标明工程名称、施工单位、工地负责人等。各种生产、生活用的临时设施,包括特种仓库、混凝土搅拌站、预制构件场、机修站、各种生产作业棚、办公用房、宿舍、食堂、文化生活设施等,均应按照批准的施工组织设计规定的数量、标准、面积、位置等要求来组织修建,大、中型工程可分批、分期修建。此外,在考虑施工现场临时设施的搭设时,应尽量利用原有建筑物,尽可能减少临时设施的数量,以便节约用地,节约投资。

(四)物资准备

物资准备是项目施工必须的物质基础。在施工项目开工之前,必须根据各项资源需要量制订计划,分别落实货源,组织运输和安排好现场储备,使其满足项目连续施工的需要。

物资准备是一项较为复杂而又细致的工作,它包括机具、设备、材料、成品、半成品等多方面的准备。

建筑材料的准备主要是根据工料分析,按照施工进度计划的使用要求和材料储备定额和消耗定额,分别按照材料名称、规格、使用时间进行汇总,编制出建筑材料需要量计划,为组织备料、确定材料的仓库面积或堆场面积以及组织运输提供依据。

建筑材料的准备包括:"三材"、地方材料、装饰材料的准备。准备工作应根据材料的需要量计划,组织货源,确定物资加工、供应地点和供应方式,签订物资供应合同。

材料的储备应根据施工现场分期分批使用材料的特点,按照以下原则进行材料的储备。

(1)应按工程进度分期、分批进行准备。

现场储备的材料多了会造成积压,增加材料保管的负担,同时,也多占用流动资金;储备少了又会影响正常生产。所以材料的储备应合理、适宜。

(2)做好现场保管工作,以保证材料的原有数量和原有的使用价值。

(3)现场材料的堆放应合理。

现场储备的材料,应严格按照施工平面布置图的位置堆放,以减少二次搬运,且应堆放整齐,标明标牌,以免混淆,此外,亦应做好防水、防潮、易碎材料的保护工作。最后,应做好技术试验和检验工作,对于无出厂合格证明和没有按规定测试的原材料,一律不得使用。

构配件及制品加工准备是根据施工预算提供的构件、配件及制品名称、规格、数量和质量,分别确定加工方案和供应渠道,以及进场后的储存地点和方式,编制出其需要量计划,为组织运输和确定堆场面积提供依据。

施工机具设备的准备应根据进度计划进行。施工所需机具设备门类繁多,如各种土方机械,混凝土、砂浆搅拌设备,垂直及水平运输机械,吊装机械、机具,钢筋加工设备,木工机械,焊接设备,打夯机,抽水设备等等,应根据施工方案和施工进度计划,确定其类型、数量和进场时间,然后确定其供应方法和进场后的存放地点、方式,编制出施工机具需要量计划,以此作为组织施工机具设备运输和存放的依据。

模板和脚手架是施工现场使用量大、堆放占地大的周转材料。模板及其配件规格多、数量大,对堆放场地要求比较高,一定要分规格、型号整齐码放,便于使用及维修。大钢模一般要求立放,并防止倾倒,在现场也应规划出必要的存放场地。钢管脚手架、桥脚手架、吊栏脚手架等都应按指定的平面位置堆放整齐,扣件等零件还应防雨,以防锈蚀。

(五)施工现场人员组织准备

施工现场人员组织准备是指工程施工必须的人力资源准备。工程项目施工现场人员包括项目经理部管理人员(施工项目管理层)和现场生产工人(施工项目作业层)。人力要素资源是项目施工现场最活跃的因素,人力要素可以掌握管理技能和生产技术,运用机械设备等劳动手段,作用于材料物资等劳动对象,最终形成产品实体。一项工程完成的好坏,很大程度上取决于承担这一工程的施工人员的素质。现场施工人员的选择和组合,将直接关系到工程质量、施工进度及工程成本。因此,施工现场人员的组织准备是工程开工前施工准备的一项重要内容。

(六)冬、雨季施工准备工作

冬季施工和雨季施工对项目施工质量、成本、工期和安全都会产生很大影响,为此必须做好冬、雨季施工准备工作。在项目冬季施工时,既要合理地安排冬季施工项目,又要重视冬季施工对临时设施的特殊要求,及早做好技术物资的供应和储备,并加强冬季施工的消防和保安措施。在项目雨季施工过程中,既要合理地确定施工项目和施工进度,又要做到晴、雨结合,尽量增加有效施工天数,同时要做好现场排水和防洪准备,采取有效的道路防滑和防沉陷措施,并加强施工现场物资管理工作。同时要考虑季节影响,一般大规模土方和深基础施工应避开雨季。寒冷地区入冬前应做好围护结构,冬季以安排室内作业和结构安装为宜。

三、施工准备工作的要求和措施

(一)施工准备工作的要求

工程项目开工前,全场性和首批施工的单位工程的施工准备工作都必须达到以下要求:
(1)施工图样经过会审,图样中的问题和错误已经修正。
(2)施工组织设计或施工方案已经批准和进行了交底。
(3)施工图预算已编制和审定。
(4)施工现场的平整,水、电、路以及排水渠道已能满足开工后的要求。
(5)施工机械、物资能满足连续施工的需要。
(6)工程施工合同已签订,施工组织机构已建立,劳动力已经进场能够满足施工要求。
(7)开工许可证已办理。
具备以上要求,可以正式开工。具备开工条件不等于一切准备工作都已完成,这些准备还是初步的,除此以外还有些准备工作可在施工开始以后继续进行。总之,施工准备工作要走在施工之前,同时还要贯穿于整个施工过程之中。

(二)做好施工准备工作的措施

1.编制施工准备工作计划

施工准备工作计划是施工组织设计的内容之一,其目的是布置开工前的、全场性的及首批施工的单位工程的准备工作,内容涉及施工必须的技术、人力、物质、组织等各方面,使施工准备工作有计划、有步骤、分阶段、有组织、全面有序地进行。施工准备工作计划应依据施工部署、施工方案和施工进度计划进行编制,各项准备工作应注明工作内容、起止时间、责任人(或单位)等,可根据需要采用横道图或网络图等形式表达。

2.建立施工准备工作岗位责任制

施工现场准备工作由项目经理部全权负责,依据施工准备工作计划,通过岗位责任制,使各级技术负责人明确施工准备工作的任务内容、时限、责任和义务,将各项准备工作层层落实。

3.建立施工准备工作检查制度

对准备工作计划提出的工作进行检查,不符合计划要求的项目应及时修正,使施工准备工作按计划要求落到实处。检查工作可按周、半月、月度进行定期检查与随机检查相结合。如果没有完成计划要求,应进行分析,找出原因,排除障碍,协调施工准备工作进度或调整施工准备工作计划。检查的方法可用实际进度与计划进行对比或与相关单位和人员定期召开碰头会,当场分析产生问题的原因,及时提出解决问题的办法。后一种方法见效快,解决问题及时,现场采用的较多。

4.按施工准备工作程序办事

施工准备工作程序是根据施工活动的特点总结出的施工准备工作的规律。按程序办事,可以摸清施工准备工作的主要脉络,了解施工准备工作各阶段的任务及顺序,使施工准备工作收到事半功倍的效果。施工准备工作的一般程序如图9-1所示。

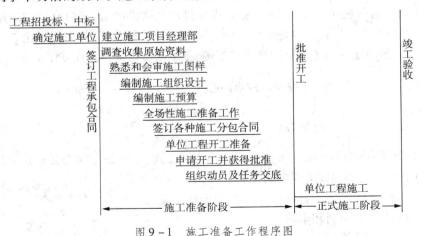

图9-1 施工准备工作程序图

5.执行开工报告审批制度

当施工准备工作完成达到具备开工条件后,项目经理部应拟定申请开工报告,报请施工企业领导及技术负责人审批。

实行建设监理的工程,施工单位还应将申请开工报告送监理工程师审批,由总监理工程师签发工程开工令。重要或特殊工程应报主管部门审批方可开工。申请开工报告要说明开工前的准备工作情况、具有法律效力的文件的具备情况等。

6. 施工准备工作应贯穿施工全过程

施工准备工作本身具有阶段性，开工前要进行全场性的施工准备，开工后要进行单位工程施工准备及分部、分项工程作业条件的准备。施工准备工作随施工活动的展开，一步一步具体、层层深入、交错、补充地进行。因此，项目经理部应十分重视施工准备工作，并取得企业领导及各职能部门的协作和支持。除做好开工前的准备工作外，应及时做好施工中经常性、交错进行的各项具体施工准备工作，及时做好协调、平衡工作。

7. 注重各方面的支持和配合

由于施工准备工作涉及面广，因此，除了施工单位本身的努力外，还要取得建设单位、监理单位、设计单位、供应单位、银行及其他协作单位的大力支持，分工负责，统一步调，共同做好施工准备工作。

第二节 施工组织设计

施工组织设计，是建筑施工组织管理工作的核心。如何以更快的施工速度，更好的施工方法和更低的工程成本完成建筑施工任务，这是工程建设者极为关心并不断为之努力追求的工作目标。

施工组织设计就是对工程建设项目在整个施工全过程的构思设想和具体的安排，目的是要使工程建设达到速度快、质量好、效益高，使整个工程在建筑施工中获得相对的最优效果。合理的计划，周密的考虑，正确的措施，能使要办的事顺利进行，可以收到事半功倍的效果；反之，无计划、无措施的办事，想到那里是那里，计划不周，措施不力，就会给工程建设造成被动，造成事倍功半的后果。

建筑施工是一项十分复杂的组织管理工作，而建筑产品与一般工业产品相比，有以下一些显著的特点：

1. 产品地点的固定性

建筑物或构筑物生根于大地，根据使用要求被分散固定于不同的地点，一旦定位，就将永久固定。

2. 生产工人、机械设备的流动性

由于产品地点的固定性，所以生产工人、机械设备等要随着每幢建筑物地点的不断变动而不断进行流动。

3. 产品的多样性

由于使用功能的不同，各个建筑物或构筑物，从外部形体到内部结构、材料选用等都不同，因而施工准备、施工工艺、施工方法等也都不尽相同。

4. 产品体形庞大，生产周期长

建筑产品的形体都比较庞大，耗用的资金、人力、材料、设备也多，生产周期较长，常以月、年计算。

5. 产品露天作业、高空作业

受季节性气候影响大，生产环境、生产条件比较艰苦。

现代建筑施工已成为一项十分复杂的生产活动，需要组织各种专业的建筑施工队伍和数量众多的各类建筑材料、建筑机械和设备,有条不紊地投入建筑产品的建造;还要组织种类繁多的、数以百万甚至数以千万吨计的建筑材料、制品和构配件的生产、运输、储存和供应工作;组织好施工机具的供应、维修和保养工作;组织好施工用临时供水、供电、供气、供热以及安排生产和生活所需要的各种临时建筑物,协调好来自各方面的矛盾。总之,现代建筑施工涉及的事情和问题可谓面广量大、错综复杂,只有认真制订好施工组织设计,并认真加以贯彻,才能做到有条不紊地进行施工,并取得良好的效果。

一、施工组织设计的任务和作用

由于建筑产品地点固定性的特点,所以不同的地点,即使建筑同样类型的建筑物或构筑物,由于工程地质情况、气候条件等情况不同,其施工的准备、机具设备、技术措施、施工操作和组织计划等也都不尽相同。

就一幢建筑物或构筑物而言,可采用不同的施工方法和不同施工机具来完成;对某一分项工程的施工操作和施工顺序,也可采用不同的方案来进行;工地现场的临时设施(办公用房、仓库、预制场地以及供水、供电、供气、供热等管线布置)可采用不同的布置方案;工程开工前所必须完成的一系列准备工作,也可采用不同的方法来解决。总之,不论在技术措施方面或是在组织计划方面,通常都有许多个可能的方案供施工技术人员选择,但是,不同的方案,其技术经济效果是不一样的。我们应结合建筑物的性质、规模和工期要求等特点,从经济和技术统一的全局角度出发,综合考虑材料供应、机具设备、构配件生产、运输条件、地质及气候等各项具体情况,从多个可能的方案中,选定最合理、最科学的方案,这是施工技术人员在组织施工前必须要解决的问题。

在对上述各方面情况进行通盘考虑并作技术、经济比较之后,就可以对整个施工过程的各项活动作出全面、科学的部署,书面编写出指导施工准备和具体组织施工的施工组织设计文件,使工程施工在一定时间和空间内,得以有计划、有组织、有秩序的进行,以期在整个工程的施工中达到相对最优的效果,即达到工期短、质量优、成本低、效益好,这就是施工组织设计的根本任务。

施工组织设计是用以指导施工的重要技术经济文件,它把设计和施工、技术和经济、前方和后方、企业的全局活动和工程的施工组织有机的协调一致,对建设单位、设计单位、施工单位、材料供应单位、构配件生产单位的工作都有指导作用和约束作用,它将较好的处理部门与部门之间、人与人之间、人与物之间以及物与物之间的矛盾问题,做到人尽其才、物尽其用,从而达到优质、低耗、高速的完成施工任务,取得最好的经济效益和社会效益。

二、施工组织设计的类型和内容

根据不同的阶段和不同的工程对象,施工组织设计可分为施工组织总设计、单位工程施工组织设计和分项工程施工组织设计三大类。

(一)施工组织总设计

施工组织总设计是以整个建设项目或以群体工程为对象编制的,是整个建设项目或群体工程组织施工的全局性和指导性施工技术文件。一般在有了初步设计(或扩大初步设计)和技术设计、总概算或修正总概算后,由负责该项目的总承包单位为主,由建设单位、设计单位和分包单位参与共同编制,它是整个建设项目总的战略部署,并作为修建全工地性大型暂设工程和编制年度施工计划的依据。

施工组织总设计的内容和深度,视工程的性质、规模、建筑结构和施工复杂程度、工期要求和建设地区的自然经济条件的不同而有所不同。适用范围通常是大型建设项目或建筑群,有两个以上单位工程同时施工的工程项目。

一般应包括以下一些主要内容:

1. 工程概况

简要叙述工程项目的性质、规模、特点、建造地点周围环境、拟建项目单位工程情况(可列一览表)、建设总期限和各单位工程分批交付生产和使用的时间、有关上级部门及建设单位对工程的要求等已定因素的情况和分析。

2. 施工部署

主要有施工任务的组织分工和总进度计划的安排意见,施工区段的划分,网络计划的编制,主要(或重要)单位工程的施工方案,主要工种工程的施工方法等。

3. 施工准备工作计划

主要是做好现场测量控制网、征地、拆迁工作,大型临时设施工程的计划和定点,施工用水、用电、用气、道路及场地平整工作的安排,有关新结构、新材料、新工艺、新技术的试制和试验工作,技术培训计划,劳动力、物资、机具设备等需求量计划及做好申请工作等。

4. 施工总平面图

是对整个建设场地的全面和总体规划。如施工机械位置的布置,材料构件的堆放位置,临时设施的搭建地点,各项临时管线通行的路线以及交通道路等。应避免相互交叉、往返重复,以有利于施工的顺利进行和提高工作效率。

5. 技术经济指标分析

用以评价上述施工组织总设计的技术经济效果,并作为今后总结、交流、考核的依据。

（二）单位工程施工组织设计

单位工程施工组织设计是以一个单位工程,即一幢建筑物或一座构筑物为施工组织对象而编制的,一般应在有施工图设计和施工预算后,由承建该工程的施工单位负责编制,是单位工程组织施工的指导性文件,也是编制月、旬、周施工计划的依据。

单位工程施工组织设计的编制内容和深度,应视工程规模、技术复杂程度和现场施工条件而定,一般有以下两种情况:

1. 单个建设项目,或技术较复杂、采用新结构、新技术、新工艺的单位工程

内容比较全面的单位工程施工组织设计,常用于工程规模较大、现场施工条件较差、技术要求较复杂或工期要求较紧以及采用新技术、新材料、新工艺或新结构的项目。

其编制内容一般应包括:工程概况及特点、施工程序、施工方案和施工方法、施工进度计划、施工资源需用量计划、施工平面布置图、施工准备工作、主要技术、组织措施和冬、雨季施工措施等。

2. 结构较简单的单个建设项目或经常施工的标准设计工程

内容比较简单的施工组织设计,常用于结构较简单的一般性工业与民用建筑工程项目。故其编制内容相对可以简化,一般包括:工程特点、施工进度计划、主要施工方法和技术措施、施工平面布置图、施工资源需用量计划等。

（三）分部分项工程施工组织设计

分部分项工程施工组织设计,主要是针对工程项目中某一比较复杂的或采用新技术、新材料、新工艺、新结构的分部分项工程的施工而编制的具体施工作业计划,如较复杂的基础工程、大体积混凝土工程的施工,大跨度或高吨位结构件的吊装工程等,它是直接领导现场施工作业的技术性文件,内容较具体详尽。

编制内容一般应包括:分部分项工程特点、施工方法,技术措施及操作要求、工序搭接顺序及协作配合要求、工期进度要求、特殊材料及机具需要量计划。

三、施工组织总设计和单位工程施工组织设计的区别

施工组织总设计和单位工程施工组织设计的区别,主要有以下几个方面:

（一）施工方案指导思想不同

在施工组织总设计中是施工部署和施工方案,在单位工程施工组织设计中是施工方案和施工方法。前者重点是安排,后者重点是选择。这是解决施工中的组织指导思想和技术方法问题。在编制设计中,应努力在安排和选择上优化。

（二）施工进度计划编制范围不同

在施工组织总设计中是施工总进度计划,在单位工程施工组织设计中是施工进度计划。这是解决时间和顺序问题,应努力做到时间利用合理,顺序安排得当。巨大的经济效益隐藏于时间和顺序的组织之中,绝不能忽视。

（三）施工平面图布置内容不同

在施工组织总设计中是施工总平面图,在单位工程施工组织设计中是施工平面图。这是解决空间和施工投资问题,技术性和经济性都很强,它涉及占地、环保、安全、消防、用电、交通和有关政策法规等问题,应做到科学、合理的布置。

总之,不论编制哪一类施工组织设计,都必须抓住重点,对施工中的人力与物力、时间与空间、需要与可能、局部与整体、阶段与全过程、前方与后方等给予周密的安排。它不是单纯的技术性文件或经济性文件,而应当是技术与经济相结合的文件,最终目的是提高经济效益。

复习思考题

1. 工程项目施工组织的原则有哪些?
2. 试述建筑产品及其生产的特点?
3. 施工准备工作如何分类?
4. 施工准备工作的主要内容有哪些?
5. 简述技术准备工作的内容。
6. 简述现场准备工作的内容。
7. 施工组织总设计与单位工程施工组织设计的区别?

第十章 流水施工

第一节 流水施工的基本概念

一、流水施工概念

流水施工是一种诞生较早,在建筑施工中广泛使用、行之有效的科学组织施工的计划方法。在建筑安装工程施工中,可以采用依次施工、平行施工和流水施工等组织方式。由于建筑生产具有与一般工业生产所不同的特点,即产品固定不动而工人和设备在生产过程中依据需要而流动。因而采用合理的生产方式组织施工,对于建筑生产显得尤为重要。下面通过例题对上述三种施工组织方式进行分析、比较,以说明流水施工的基本概念和优越性。

【例10-1】某拟建工程有四幢相同的建筑物,其基础工程都是由挖土方、做垫层、砌基础和回填土四个施工过程组成,每个施工过程的施工天数均为5天,其中挖土方工作队由8人组成,做垫层工作队由6人组成,砌基础工作队由14人组成,回填土工作队由5人组成。试分别采用依次施工、平行施工和流水施工的组织方式组织施工。

（一）依次施工组织方式

依次施工组织方式是将拟建工程项目的整个建造过程分解成若干个施工过程,按照一定的施工顺序,前一个施工过程完成后,后一个施工过程才开始施工;或前一个工程完成后,后一个工程才开始施工。它是一种最基本、最原始的施工组织方式。采用依次施工组织方式,其横道指示图如图10-1"依次施工"栏所示。

由图10-1可以看出,依次施工组织方式具有以下特点:

（1）由于没有充分利用工作面去争取时间,所以工期长;

（2）工作队不能实现专业化施工,不利于改进工人的操作方法和施工机具,不利于提高工程质量和劳动生产率;

（3）如采用专业工作队施工,则工作队及工人不能连续作业;

（4）单位时间内投入的资源量比较少,有利于资源供应的组织工作;

（5）施工现场的组织、管理比较简单。

（二）平行施工组织方式

在拟建工程任务十分紧迫、工作面允许以及资源保证供应的条件下,可以组织几个相同的工作队,在同一时间、不同的空间上进行施工,这样的施工组织方式称为平行施工组织方式。采用平行施工组织方式组织上述工程施工,其横道指示图如图10-1中"平行施工"栏所示。

由图10-1可以看出平行施工组织方式具有以下特点:

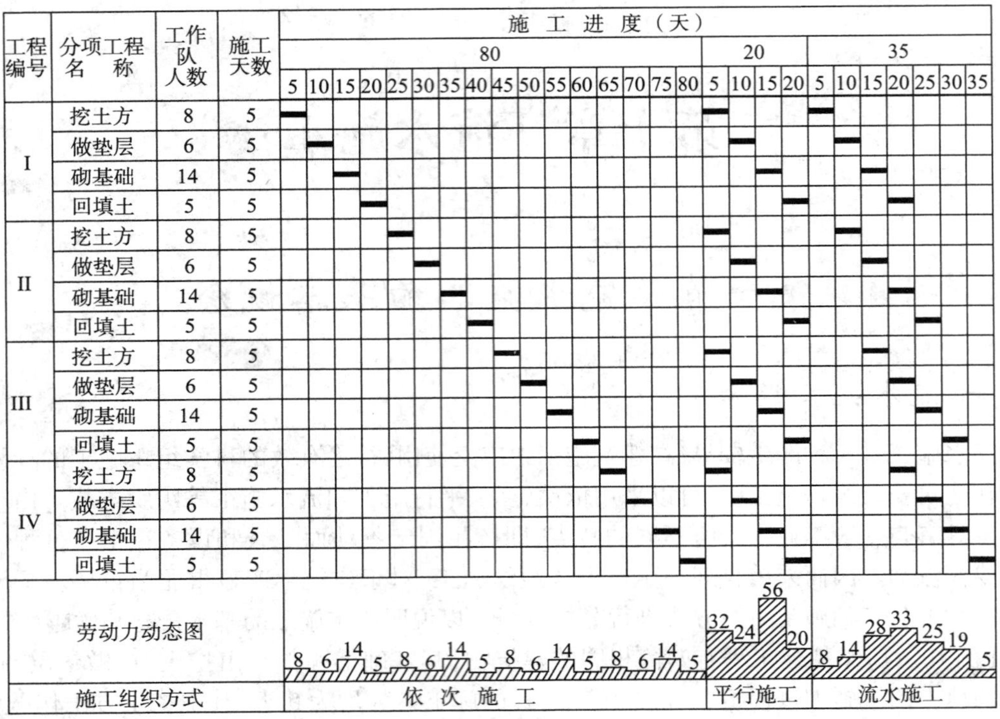

工程编号	分项工程名称	工作队人数	施工天数	施工进度（天）		
				80	20	35
I	挖土方	8	5			
	做垫层	6	5			
	砌基础	14	5			
	回填土	5	5			
II	挖土方	8	5			
	做垫层	6	5			
	砌基础	14	5			
	回填土	5	5			
III	挖土方	8	5			
	做垫层	6	5			
	砌基础	14	5			
	回填土	5	5			
IV	挖土方	8	5			
	做垫层	6	5			
	砌基础	14	5			
	回填土	5	5			
劳动力动态图				8 14 … 14 … 14 … 14	32 24 56 20	8 14 28 33 25 19 5
施工组织方式				依次施工	平行施工	流水施工

图 10-1　施工组织方式对比图

（1）充分地利用了工作面，争取了时间，可以缩短工期；

（2）工作队不能实现专业化生产，不利于改进工人的操作方法和施工机具，不利于提高工程质量和劳动生产率；

（3）如采用专业工作队施工，则工作队及其工人不能连续作业；

（4）单位时间投入施工的资源量成倍增长，现场临时设施也相应增加；

（5）施工现场组织、管理复杂。

（三）流水施工组织方式

流水施工是指所有的施工过程按一定的时间间隔依次投入施工，各个施工过程陆续开工、陆续竣工，使同一施工班组保持连续、均衡施工，不同施工过程尽可能平行搭接施工的组织方式。流水施工组织方式将拟建工程项目全部建造过程，在工艺上分解为若干个施工过程，在平面上划分为若干个施工段，在竖向上划分为若干个施工层；然后按照施工过程组建专业工作队（或组），专业工作队按规定的施工顺序投入施工，完成第一施工段上的施工过程之后，专业工作人数、使用材料和机具不变，依次地、连续地投入到第二、第三、……施工段，完成相同的施工过程，当第一施工层各个施工段的相应施工过程全部完成后，专业工作队依次地、连续地投入到第二、第三、……施工层，保证工程项目施工全过程在时间和空间上，有节奏、均衡、连续地进行下去，直到完成全部工程任务。这种施工组织方式称为流水施工组织方式。采用流水施工组织方式组织上述工程施工，其横道指示图如图10-1"流水施工"栏所示。

由图10-1可以看出，流水施工组织方式具有以下特点：

（1）科学地利用了工作面，争取了时间，使总工期更合理；

（2）工作队及其工人实现了专业化生产，有利于改进操作技术，可以保证工程质量和提高劳动生产率；

（3）工作队及其工人能够连续作业，相邻两个专业工作队之间，实现了最大限度地、合理地搭接；

（4）每天投入的资源量较为均衡，有利于资源供应的组织工作；

（5）为现场文明施工和科学管理，创造了有利条件。

二、组织流水施工的条件和效果

（一）组织流水施工的条件

（1）把工程项目的整个建造过程分解为若干个施工过程，以便使每个施工过程分别由固定的专业工作队实施完成。划分施工过程的目的，是为了对施工对象的建造过程进行分解，以便于逐一实现局部对象的施工，从而使施工对象整体得以实现。也只有这样合理的分解，才能组织专业化施工和有效的协作。

（2）把工程项目尽可能地划分为劳动量大致相等的施工段（区）。划分施工段是为了把工程项目划分成"批量"的"假定产品"，从而形成流水作业的前提。没有"批量"就不可能也不必要组织任何流水作业。每一个段就是一个"假定产品"。

（3）确定各施工专业队在各施工段内的工作持续时间。这个工作持续时间又称为"流水节拍"，代表施工的节奏性。

（4）各工作队按一定的施工工艺，配备必要的施工机具，依次、连续地由一个施工段转移到另一个施工段，反复地完成同类工作。由于工程项目的产品是在固定的地点，所以"流水"的只能是专业工作队。这也是工程项目施工与工业生产流水作业的最重要的区别。

（5）不同工作队完成各施工过程的时间恰当地搭接起来。不同的专业工作队之间的关系，关键是工作时间上有搭接。搭接的目的是为了节省时间，也往往是连续作业或工艺上所要求的。搭接要经过计算，且在工艺上可行。

（二）组织流水施工的效果

（1）可以节省工作时间。这里所指的"节省"是相对于"依次作业"而言的。实际"节省"的手段是"搭接"，而"搭接"的前提是分段。

（2）可以实现均衡、有节奏的施工。工人在每个施工段上的作业时间尽可能地安排得有规律，这样各个工作队的工作，便可以形成均衡、有节奏的特点。"均衡"是指不同时间段的资源数量变化较小，它对组织施工十分有利，可以达到节约使用资源的目的；"有节奏"是指工人作业时间有一定的规律性。这种规律性可以带来良好的施工秩序，和谐的施工气氛，可观的经济效益。

（3）可以提高劳动生产率。组织流水施工后，使工人能连续作业，工作面被充分利用，资源利用均衡，管理效果好，因而能提高劳动生产率。

三、流水施工分级

根据流水施工组织的范围划分，流水施工通常可分为：

1. 分项工程流水施工

分项工程流水施工也称为细部流水施工,即在一个专业工种内部组织的流水施工。

2. 分部工程流水施工

分部工程流水施工也称专业流水施工,是在一个分部工程内部、各分项工程之间组织的流水施工。

3. 单位工程流水施工

单位工程流水施工也称综合流水施工,是一个单位工程内部、各分部工厂之间组织的流水施工。

4. 群体工程流水施工

群体工程流水施工亦称为大流水施工。它是在若干单位工程之间组织的流水施工。反映在项目施工进度计划上,是一个项目施工总进度计划。

第二节　流水施工参数

在组织项目流水施工时,用以表达流水施工在施工工艺、空间布置和时间排列方面开展状态的参量,统称为流水参数。它包括:工艺参数、时间参数和空间参数三种。

一、工艺参数

在组织工程项目流水施工时,用以表达流水施工在施工工艺上的开展顺序及其特征的参量,均称为工艺参数。它包括施工过程和流水强度两种。

(一)施工过程数 n

施工过程数是指一组流水的施工过程个数,以符号"n"表示。施工过程划分的数目多少、粗细程度一般与下列因素有关:

1. 与进度计划的作用有关

一幢房屋的建造,当编制控制性施工进度计划时,组织流水施工的施工过程划分可粗一些,一般只列出分部工程名称,如基础工程、主体结构工程、装修工程、屋面工程等。当编制实施性施工进度计划时,施工过程可以划分得细一些,将分部工程再分解为若干个分项工程,如将基础工程分解为挖土方、做垫层、砌基础和回填土四个施工过程等。

2. 与施工方案有关

不同的施工方案,其施工顺序和方法也不相同,如框架主体结构采用的模板不同,其施工过程划分的数目就不相同。

3. 与劳动组织及劳动量大小有关

施工过程的划分与施工班组及施工习惯有关。如安装玻璃、油漆施工可合也可分,因为有的是混合班组,有的是单一工种的班组。施工班组的划分还与劳动量有关。劳动量小的施工过程,当组织流水施工有困难时,可与其他施工过程合并。如垫层劳动量较小时可与挖土合并为一个施工过程,这样可以使各个施工过程的劳动量大致相等,便于组织流水施工。

(二)流水强度 V

流水强度是每一施工过程在单位时间内所完成的工程量。

（1）机械施工过程的流水强度按下式计算：

$$V = \sum_{i=1}^{x} R_i S_i \qquad (10-1)$$

式中：R_i——某种施工机械台数；

S_i——该种施工机械台班生产率；

x——用于同一施工过程的主导施工机械种类数。

（2）手工操作过程的流水强度按下式计算：

$$V = RS \qquad (10-2)$$

式中：R——每一工作队工作人数（R 应小于工作面上允许容纳的最多人数）；

S——每一工人每班产量定额。

二、时间参数

（一）流水节拍 t

流水节拍是指一个施工过程在一个施工段上的作业时间，用符号 t_i 来表示（$i=1,2\cdots$）。

1. 流水节拍的计算

流水节拍的长短直接关系到投入的劳动力、机械和材料量的多少，决定着施工速度和施工的节奏性。因此，流水节拍数值的确定很重要，通常有两种方法：一种是根据工期要求确定；另一种是根据现有能够投入的资源（劳动力，机械台数和材料量）确定，但须满足最小工作面的要求。流水节拍按式（10-3）计算：

$$t = \frac{Q}{R \cdot S} = \frac{L}{R} \qquad (10-3)$$

式中：t——某施工过程流水节拍；

Q——某施工过程在某施工段上的工程量；

S——某施工过程的每个日产量定额；

R——某施工过程的施工班组人数或机械台数。

2. 确定流水节拍应注意的问题

（1）流水节拍的取值，必须考虑专业队组织方面的限制和要求，尽可能不改变原劳动组织，以便于领导。专业队的人数应有起码的要求，以具备集体协作的能力。

（2）流水节拍的确定，必须保证有足够的施工操作空间，能充分发挥专业队的劳动效率，且保证施工安全。

（3）流水节拍的确定，应考虑机械设备的实际负荷能力和可能提供的机械设备数量，并考虑机械设备操作安全和质量要求。

（4）有特殊技术限制、安全质量限制的工程，在安排其流水节拍时，应满足相关的限制要求。

（5）必须考虑材料和构配件供应能力与水平对进度的影响和限制，合理确定相关施工过程的流水节拍。

（6）应首先确定主导施工过程的流水节拍，并依次确定其他施工过程的流水节拍。主导施工过程的流水节拍是各施工过程流水节拍的最大值，并尽可能是有节奏的，以便组织流水节拍。

（7）节拍值一般取整数，必要时可保留 0.5d 的小数值。

（二）流水步距 K

流水步距是指两个相邻的施工过程先后进入同一施工段开始施工的时间间隔，用符号 $K_{i,i+1}$ 表示（i 表示前一个施工过程，$i+1$ 表示后一个施工过程）。

在施工段不变情况下，流水步距越大，工期越长；流水步距越小，则工期越短。

确定流水步距时，应考虑的因素有以下几点：

（1）每个专业队连续施工的需要。流水步距的最小长度，必须使专业队进场以后，不发生停工、窝工的现象。

（2）技术间隙的需要。有些施工过程完成后，后续施工过程不能立即投入作业，必须有足够的时间间隙，这个间隙时间应尽量安排在专业队进场之前，不然就不能保证专业队工作的连续性。

（3）流水步距的长度应保证每个施工段的施工作业程序不乱，不发生前一施工过程尚未全部完成，而后一施工过程便开始施工的现象。有时为了缩短时间，某些次要的专业队可以提前插入，但必须在技术上可行，而且不影响前一个专业队的正常工作。提前插入的现象越少越好。

（三）流水工期 T

流水施工工期是指从第一个专业工作队投入流水作业开始，到最后一个专业工作队完成最后一段施工过程的工作为止的整个持续时间，用符号 T 表示。对于全面采用流水施工的工程对象来说，流水施工工期即为工程对象的施工总工期。

三、空间参数

在组织流水施工时，用以表达流水施工在空间布置上所处状态的参数，称为空间参数。空间参数主要有：工作面、施工段和施工层等三种。

（一）工作面 a

工作面是表明施工对象上可能安置多少工人操作或布置施工机械场所的大小。

对于某些施工过程，在施工一开始时就已经同时在整个长度或广度上形成了工作面，这种工作面称为完整的工作面（如挖土）。而有些施工过程的工作面是随着施工过程的进展逐步形成的，这种工作面叫做部分的工作面（如砌墙）。不论是那一种工作面，通常前一施工过程的结束就成为后一个（或几个）施工过程提供了工作面。在确定一个施工过程必要的工作时，不仅考虑前一施工过程为这个施工过程所可能提供的工作面的大小，也要遵守安全技术和施工技术规范的规定。主要工种工作面可参考表 10 – 1。

（二）施工段数 m

施工段是组织流水施工时将施工对象在平面上划分为若干个劳动量大致相等的施工区段。它的数目以 m 表示。每个施工段在某一段时间内只供一个施工过程的工作队使用。

施工段的作用是为了组织流水施工，保证不同的施工班组在不同的施工段上同时进行施工，并使各施工班组能按一定的时间间隔转移到另一个施工段进行连续施工，既消除等待、停歇现象，又互不干扰。

表 10-1 主要工种最小工作面参考数据

工 作 项 目	每个技工的工作面
砖基础	7.6m²
砌砖墙	8.5m²
现浇钢筋混凝土柱	2.45m³
现浇钢筋混凝土梁	3.20m³
现浇钢筋混凝土楼板	5m³
预制钢筋混凝土柱	5.3m³
预制钢筋混凝土梁	3.6m³
内墙抹灰	18.5m²
外墙抹灰	16m²
水泥沙浆地面	16m²
卷材屋面	18.5m²
门窗安装	11m²

划分施工段的基本要求：

（1）施工段的数目要适宜。施工段数过多势必要减少人数，工作面不能充分利用，拖长工期；施工段数过少，则会引起劳动力、机械和材料供应的过分集中，有时还会造成"断流"的现象。

（2）以主导施工过程为依据。划分施工段时，以主导施工过程的需要来划分。主导施工过程是指对总工期起控制作用的施工过程，如多层框架结构房屋的钢筋混凝土施工等。

（3）施工段的分解与施工对象的结构界限（温度缝、沉降缝或单元尺寸）或幢号一致，以便保证施工质量。

（4）工段的劳动量尽可能大致相等，以保证各施工班组连续、均衡地施工。

（5）组织流水施工对象有层次关系时，应使各队能够连续施工。即各施工过程的工作队做完第一段，能立即转入第二段；做完第一层的最后一段，能立即转入第二层的第一段。因而每层最少施工段数目 m 应满足：$m \geqslant n$。

如二层现浇钢筋混凝土工程，有支模板、钢筋和浇筑混凝土三个施工过程。如流水节拍都是两天，则组织流水施工时，有以下三种情况：

①当 $m = n$ 时，工作队连续施工，施工段上始终有施工班组，工作面能充分利用，无停歇现象，也不会产生工人窝工现象，比较理想。其流水施工指示图如图 10-2 所示。

②当 $m > n$ 时，施工班组仍是连续施工，虽然有停歇的工作面，但不一定是不利的，有时还是必要的，如利用停歇的时间做养护、备料、弹线等工作。其流水施工指示图如图 10-3 所示。

③当 $m < n$ 时，施工班组不能连续施工而窝工。因而，对一个建筑物组织流水施工是不适宜的，但是，在建筑群中可与另一些建筑物组织大流水。其流水施工指示图如图 10-4 所示。

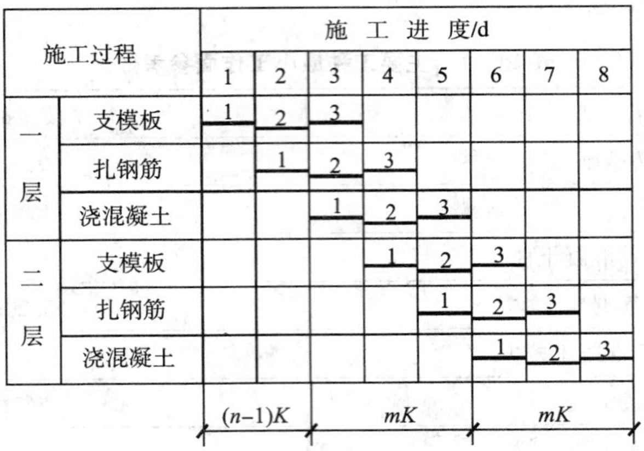

施工过程		施 工 进 度/d							
		1	2	3	4	5	6	7	8
一层	支模板	1	2	3					
	扎钢筋		1	2	3				
	浇混凝土			1	2	3			
二层	支模板				1	2	3		
	扎钢筋					1	2	3	
	浇混凝土						1	2	3

$(n-1)K$　　　　mK　　　　mK

图 10 - 2

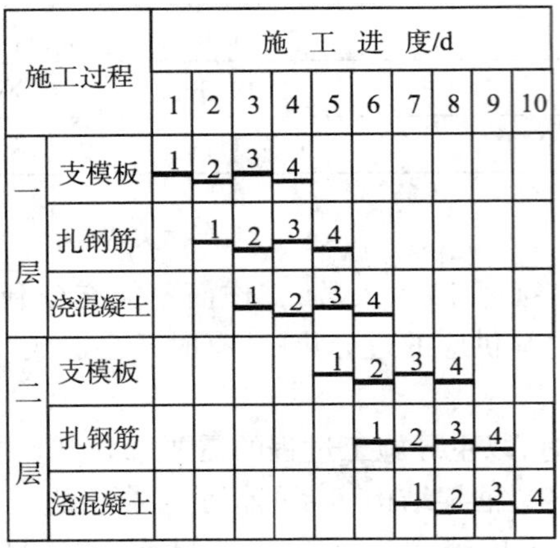

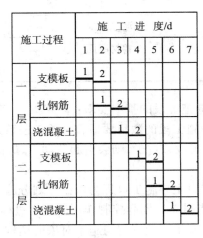

施工过程		施 工 进 度/d									
		1	2	3	4	5	6	7	8	9	10
一层	支模板	1	2	3	4						
	扎钢筋		1	2	3	4					
	浇混凝土			1	2	3	4				
二层	支模板				1	2	3	4			
	扎钢筋					1	2	3	4		
	浇混凝土						1	2	3	4	

图 10 - 3

施工过程		施 工 进 度/d						
		1	2	3	4	5	6	7
一层	支模板	1	2					
	扎钢筋		1	2				
	浇混凝土			1	2			
二层	支模板				1	2		
	扎钢筋					1	2	
	浇混凝土						1	2

图 10 - 4

第三节　等节拍专业流水

　　流水施工方式根据流水施工节拍特征的不同,可分为三类,即等节拍流水、成倍节拍流水和非节奏流水。

　　等节拍流水施工又叫全等节拍流水施工,是指各个施工过程在各个施工段上的流水节拍均彼此相等,且等于流水步距,即 $t_i = K =$ 常数的一种流水施工方式。因为这种方式能保证工人的工作连续均衡有节奏,在可能的情况下,要尽量采用这种流水方式。根据其间歇与否又可以分为有间歇的等节拍流水和无间歇的等节拍流水。

一、　无间歇等节拍流水施工

　　无间歇等节拍流水施工是指各个施工过程之间没有技术和组织间歇时间且流水节拍均相等的一种流水施工方式,其基本特点是:

　　(1)所有流水节拍都彼此相等即 $t_1 = t_2 = t_3 = \cdots t_{n-1} = t_n =$ 常数,要做到这一点的前提是使各施工段的工程量基本相等。

（2）所有流水步距都彼此相等，而且等于流水节拍，即 $K_{i,i+1} = K = t$。

（3）每个专业工作队都能够连续作业，施工段没有间歇时间。

（4）专业工作队数目等于施工过程数目，即 $n_1 = n$。

（5）无间歇全等节拍流水施工的工期计算

$$T = (n-1)K + mt \tag{10-4}$$

因 $t = K$，所以 $T = (m+n-1)K$。

在这种流水施工中，总工期 T 是施工段数 m、施工过程数 n 和流水节拍 t、流水步距 K 等流水参数的函数。当流水参数减小时，工期随之缩短，但需集中较多的人力、物力。故必须合理地确定个流水参数，使总体最优。

【例 10-2】某分部工程划分为 A、B、C、D 四个施工过程，每个施工过程分为五个施工段，流水节拍均为三天，试组织全等节拍流水施工。

解（1）计算工期

$$T = (m+n-1)K = (5+4-1) \times 3 = 24（天）$$

（2）用横道图绘制流水进度计划，如图 10-5 所示。

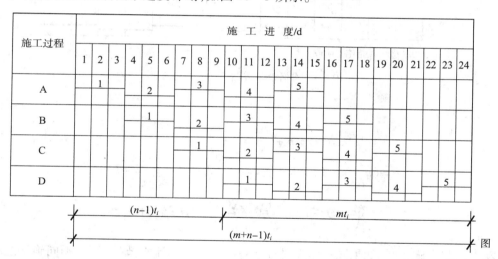

图 10-5 某分部工程无间歇流水施工进度计划（横道图）

二、有间歇等节拍流水施工

有间歇等节拍流水施工是指各个施工过程之间有的需要技术或组织间歇时间，有的可搭接施工，其流水节拍均为相等的一种流水施工方式。

（一）有间歇等节拍流水施工的特征

（1）同一施工过程流水节拍相等，不同施工过程流水节拍也相等。

（2）各施工过程之间流水步距不一定相等，因为有技术间歇或组织间歇。

（二）有间歇等节拍流水步距的确定

$$K_{i,i+1} = t_i + z_j - z_d \tag{10-5}$$

式中:z_j——第 i 个施工过程与第 $i+1$ 个施工过程之间的间歇时间;

z_d——第 i 个施工过程与第 $i+1$ 个施工过程之间的搭接时间。

$$T = (m+n-1)K + \sum z_j - \sum z_d \qquad (10-6)$$

$\sum z_j$——所有间歇时间总和;

$\sum z_d$——所有搭接时间总和。

【例 10-3】已知某分部工程有三个施工过程,其流水节拍为 $t_1 = t_2 = t_3 = 2d$;在第二施工过程之后,需要技术停歇 $Z=2d$,试绘出流水指示图表并计算工期 T。

解:流水指示图表如图 10-6 所示。

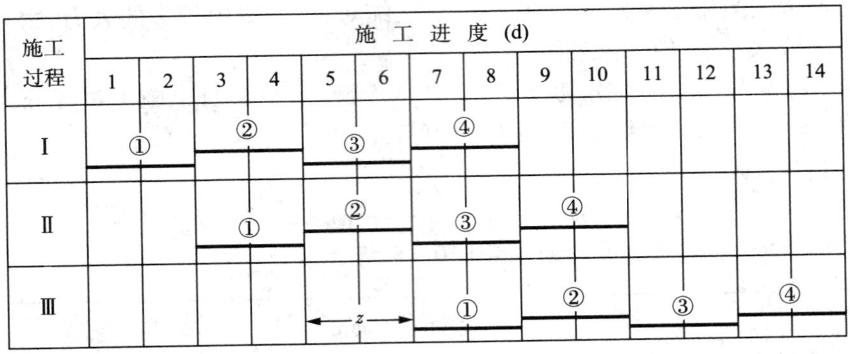

施工过程	施 工 进 度 (d)													
	1	2	3	4	5	6	7	8	9	10	11	12	13	14
I	①		②		③		④							
II			①		②		③		④					
III					z		①		②		③		④	

注:①、②、③、④指施工阶段。

图 10-6 有间歇等节拍流水施工指示图

取 $K=2$,则:

$$m = n + \frac{\sum z}{K} = 3 + \frac{2}{2} = 4$$

$$T = (m+n-1) \times K + \sum z = (4+3-1) \times 2 + 2 = 14d$$

第四节 成倍节拍流水

在组织流水施工时,如果同一施工过程在各施工段上的流水节拍相等,不同施工过程在同一施工段上的流水节拍之间存在一个最大的公约数,能使各施工过程的流水节拍互为整倍数,据此组织的流水作业称为成倍节拍流水。即 $t_1 \neq t_2 \neq t_3$,而 t_1, t_2, t_3 互为整倍数。

根据组织流水作业的基本要求,尽量使工作队能连续工作,施工段上能连续地有工作队在工作。当各工作队的流水节拍互不相等而成整倍数时,若仍各以一个工作队组织施工,就不能达到时间和空间都连续的要求。

一、成倍节拍流水施工的特征

(1)同一施工过程流水节拍相等,不同施工过程流水节拍等于或为其中最小流水整数倍。

(2)各个施工段上的流水步距等于其中最小的流水节拍。

(3)每个施工过程的工作队数等于本过程流水节拍与各流水节拍的最大公约数即流水步距的比值:

$$b_i = \frac{t_i}{K} \qquad (10-7)$$

式中：t_i——各工作队的流水节拍；

K——流水步距，等于各流水节拍的最大公约数。

二、成倍节拍流水施工的工期计算

$$T = \left(m + \sum_{i=1}^{n} b_i - 1\right) K + \sum z_j - \sum z_d \qquad (10-8)$$

式中：$\sum z_j$——所有间歇时间总和；

$\sum z_d$——所有搭接时间总和。

成倍节拍流水组织步骤如下：

(1)从各施工过程的流水节拍 $t_1, t_2, \cdots, t_i, \cdots, t_n$ 中求出最大公约数作为流水步距(K)；

(2)以流水节拍 t_i 对 K 的倍数作为该施工过程的工作队数；

(3)将这些工作队按流水步距 K 的间隔依次投入施工，即可达到缩短工期的目的。

【例10-4】某12幢同类型房屋的基础工程，其房屋的挖基槽、做垫层、砌砖基础、回填土的作业时间分别为 $t_1 = 4d, t_2 = 2d, t_3 = 2d, t_4 = 2d$。试组织这12幢房屋基础工程的流水施工。

解 确定流水步距 $K = 2d$

确定工作队数 $b_1 = \dfrac{t_1}{K} = \dfrac{4}{2} = 2$ 队

$b_2 = \dfrac{t_2}{K} = \dfrac{2}{2} = 1$ 队

$b_3 = \dfrac{t_3}{K} = \dfrac{4}{2} = 2$ 队

$b_4 = \dfrac{t_4}{K} = \dfrac{2}{2} = 1$ 队

计算总工期：

$$T = \left(m + \sum_{i=1}^{n} b_i - 1\right) K + \sum t_j - \sum t_d = (12 + 6 - 1) \times 2d - 0d - 0d = 34d$$

绘制流水施工进度图如图10-7所示：

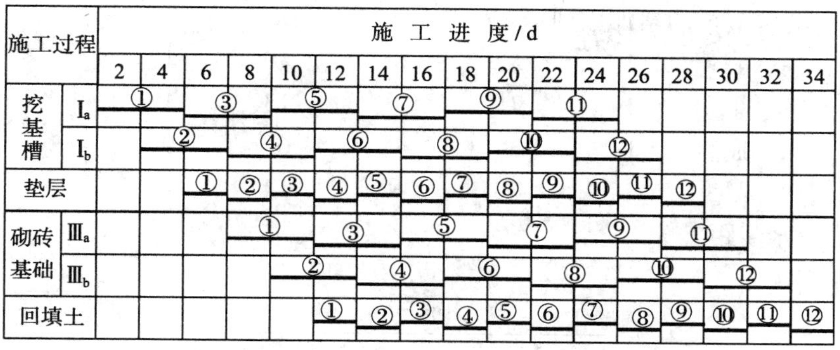

施工过程		施工进度/d															
		2	4	6	8	10	12	14	16	18	20	22	24	26	28	30	32	34
挖基槽	I_a	①		③		⑤		⑦			⑨		⑪					
	I_b		②		④		⑥		⑧		⑩		⑫					
垫层			①	②	③	④	⑤	⑥	⑦	⑧	⑨	⑩	⑪	⑫				
砌砖基础	III_a				①		③		⑤		⑦		⑨		⑪			
	III_b					②		④		⑥		⑧		⑩		⑫		
回填土						①	②	③	④	⑤	⑥	⑦	⑧	⑨	⑩	⑪	⑫	

图10-7 12幢同类型房屋基础工程流水施工进度

第五节　非节奏流水

在实际工程中,对于建筑外形复杂,结构形式不同的工程,要做到每个施工过程在各个施工段上的工程量相等或相近往往是很困难的,同时,由于各专业队(组)的生产效率相差较大,结果会导致大多数的流水节拍也彼此不相等,不可能组织成等节奏流水或成倍节拍流水,在这种情况下,往往利用流水的基本概念,在保证施工工艺,满足施工顺序要求的前提下,按照一定的计算方法,确定相邻专业工作队之间的流水步距,使其在开工时间上最大限度地、合理地搭接起来,形成每个专业工作队都能连续施工的流水作业方式。这种非节奏专业流水,也叫分别流水,它是流水施工的普遍形式。

分别流水施工的特点是:同一施工过程在各个施工段上的流水节拍不等,且不同的施工过程的流水节拍也不相等。为保证各施工队连续施工,关键是确定适当的流水步距,其流水步距的确定一般采用潘特考夫斯基法,即累加错位相减求大数的方法。其计算步骤如下:

(1)根据专业工作队在各施工段上的流水节拍,求累加数列;

(2)根据施工顺序,对所求相邻的两累加数列、错位相减;

(3)根据错位相减的结果,确定相邻专业工作队之间的流水步距,即相减结果中数值最大者。

【例 10 - 5】某项目由 4 个施工过程组成,分别由 4 个专业工作队完成,在平面上划分为 5 个施工段,每个专业工作队在各施工段上的流水节拍如表 10 - 2 所示,试给出流水施工进度表。

表 10 - 2　某项目每个专业工作队在各施工段上的流水节拍

	①	②	③	④	⑤
I	2	3	1	4	7
II	3	4	2	4	6
III	1	2	1	2	3
IV	3	4	3	4	3

解:(1)求流水节拍的累加数列

$$
\begin{array}{llllll}
\text{I} & 2 & 5 & 6 & 10 & 17 \\
\text{II} & 3 & 7 & 9 & 13 & 19 \\
\text{III} & 1 & 3 & 4 & 6 & 9 \\
\text{IV} & 3 & 7 & 10 & 14 & 17
\end{array}
$$

(2)确定流水步距

$$
\begin{array}{llllll}
K_1 & 2 & 5 & 6 & 10 & 17 \\
-) & & 3 & 7 & 9 & 13 & 19 \\
\hline
& 2 & 2 & -1 & 1 & 4 & -19
\end{array}
$$

所以:$K_1 = \max\{2,2,-1,4,-19\} = 4d$

$$K_2 \quad 3 \quad 7 \quad 9 \quad 13 \quad 19$$
$$-) \quad\quad 1 \quad 3 \quad 4 \quad 6 \quad 9$$
$$\overline{\quad\quad 3 \quad 6 \quad 6 \quad 9 \quad 13 \quad -9}$$

所以:$K_2 = \max\{3,6,9,13,-9\} = 13 \mathrm{d}$

$$K_3 \quad 1 \quad 3 \quad 4 \quad 6 \quad 9$$
$$-) \quad\quad 3 \quad 7 \quad 10 \quad 14 \quad 17$$
$$\overline{\quad\quad 1 \quad 0 \quad -3 \quad -4 \quad -5 \quad -17}$$

所以:$K_3 = \max\{1,0,-3,-4,-5,-17\} = 1 \mathrm{d}$

(3)各施工过程依次按流水步距的间隔投入施工,即可达到工作队连续施工的目的,组织形式如图 10-8 所示。

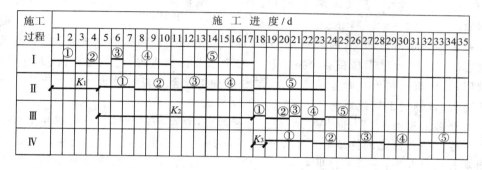

图 10-8

综上所述,为完成某一建筑产品的生产,需要组织许多施工过程的活动。在这些活动中,首先要把施工工艺上互相联系的施工过程组成不同的专业组合(如基础工程、钢筋混凝土工程、层面防水工程、装饰工程等),然后对各专业组合按其组合的施工过程的流水节拍特征,分别组织成为独立的流水组。这些流水组的流水参数可能是不相等的,组织流水的方式也可能有所不同。然后将这些流水按照工艺要求和施工顺序依次搭接起来,即成为一个工程对象的工程流水或一个建筑群的工程流水。需要指出,所谓专业组合是指围绕主导施工过程的组合,其他的施工过程不必都纳入流水组,可作为调剂项目与各流水组依次搭接,这样便有利于计划的实现。任何一种流水施工的组织形式,都仅仅是一种组织管理手段,其最终目的是要实现企业工程质量好、工期短、成本低的目标。

复习思考题

1. 试比较依次施工、平行施工、流水施工各具有那些特点。

2. 简述流水施工的条件及效果。

3. 简述工艺参数的概念和种类。

4. 简述空间参数的概念和种类。

5. 简述时间参数的概念和种类。

6. 流水施工按节奏特征不同可分为哪几种方式?各有什么特点?

7. 试分析分项工程流水、分部工程流水、单位工程流水三者之间的相互关系。

作　业

1. 某分部工程由 A、B、C 三个分项工程组成;它在平面上划分为六个施工段,每个分项工程在各个施工段上的流水节拍均为四天。试编制等节拍施工方案。

2. 某分部工程由 I、II、III 三个施工过程组成;它在平面上划分为六个施工段。各施工过程在各个施工段上的流水节拍均为三天。施工过程 II 完成后,其相应施工段至少应有技术间隙时间两天。试编制流水施工方案。

3. 某 12 栋同类型房屋的基础工程组织流水作业施工,四个施工过程的流水节拍分别为六天、六天、三天、六天。规定工期不得超过 60 天。试确定流水步距、工作队数并绘制流水指示图表。

4. 某基础工程由挖基槽、做垫层、砌基础和回填土四个分项工程组成;它在平面上划分为六个施工段。各分项工程在各个施工段上的流水节拍依次为:挖基槽六天、做垫层两天、砌基础四天、回填土两天。做垫层完成后,其相应施工段至少应有技术间隙两天。为加快流水施工速度,试编制工期最短的流水施工方案。

5. 某分部工程由 I、II、III、IV 四个施工过程组成;它在平面上划分为六个施工段。各分项工程在各个项目段上的持续时间如下表所示。分项工程 II 完成后,其相应施工段至少有技术间隙时间为两天;分项工程 III 完成后,它的相应施工段应有组织间隙时间一天。试组织该工程的流水施工。

分项工程名称	持续时间/d					
	①	②	③	④	⑤	⑥
I	3	2	3	4	2	3
II	3	4	2	3	3	2
III	4	2	3	2	4	2
IV	3	3	2	3	2	4

6. 某施工项目由挖土方、做垫层、砌基础和回填土四个分项工程组成;该工程在平面上划分为六个施工段。各分项工程在各个施工段上的流水节拍如下表所示。做垫层完成后。其相应施工段至少应有养护时间两天。试编制该工程流水施工方案。

分项工程名称	持续时间/d					
	①	②	③	④	⑤	⑥
挖土方	3	4	3	4	3	3
做垫层	2	1	2	1	2	2
砌基础	3	2	2	3	2	3
回填土	2	2	1	2	2	2

第十一章　网络计划技术

第一节　概　述

为了适应生产发展和科技进步的需要,20 世纪 50 年代以来,国外陆续采用了计划管理的新方法。这些方法尽管名目繁多,但内容却大同小异,是利用网络图的形式来表达各项工作的先后顺序和相互关系的计划安排,我们把它统称为网络计划法。我国从 60 年代开始引进和应用这种方法,经过多年的实践,用来安排施工进度计划,在提高建筑施工企业的管理水平,缩短工期,降低成本,提高劳动生产率等方面,均取得了显著的成效。为了使网络计划在计划管理中遵循统一的技术标准,做到概念、计算规则、表达方式一致,以便于科学管理,国家建设部于 1999 年颁发了 JGJ/T121—1999《工程网络计划技术规程》。网络计划技术是首先应用网络图形来表示一项计划(或工程)中各项工作的开展顺序及其相互之间的关系;通过对网络图进行时间参数的计算,找出计划中的关键工作和关键线路;通过不断改进网络计划,寻求最优方案,以求在计划执行过程中对计划进行有效的控制与监督,保证合理地使用人力、物力和财力,以最小的消耗取得最大的经济效果。

一、横道计划与网络计划的表达形式及特点

横道计划的表达形式是将整个工程任务的每个分部分项施工过程结合时间坐标线,用一系列横向条形线段分别表达各施工过程起止时间和先后或平行搭接的施工顺序。

网络计划是在网络图上加注各项工作的时间参数而成的工作进度计划。按其表达方法不同,可分为双代号网络计划和单代号网络计划两种。双代号网络计划是用一系列注明施工过程延续时间的箭线以及带编号的圆形节点所组成的网状图形表达其进度计划;而单代号网络计划是用一系列注明施工过程延续时间及编号的圆形(或方形)节点以及联系箭线所组成的网状图形表达其进度计划。

例如:某工程项目有 A、B、C 三个施工过程,每个施工过程划分三个施工段,其流水节拍分别为 $t_A = 3d$、$t_B = 2d$、$t_C = 1d$。该工程项目用横道图表示的进度计划,即横道计划,如图 11 - 1 所示;用网络图表示的网络计划,如图 11 - 2 所示。

如图 11 - 1、图 11 - 2 所示两图示可以看出,其工程计划内容完全相同,但表达形式则完全不一样,使它们所发挥的作用各有不同的特点。

(一)横道计划的优缺点

如图 11 - 1 所示可知,横道计划具有编制比较容易,绘图简便,形象直观。它用时间坐标对施工起迄时间、作业持续时间、工作进度、搭接方式、总工期都表示得清楚明确,便于统计劳动力、材料、机具的需用量等优点。但它的缺点是不能全面地反映整个施工活动中各工序之间的联系和相互依赖与制约的逻辑关系,不便于各种时间计算;不能明确反映影响工期的关键工

序,使人抓不住工作重点;看不到计划中的潜力所在,不便于电算对计划进行科学地调整和优化。

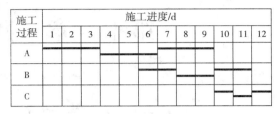

a) 部分施工过程间断施工　　　　　　　b) 各施工过程连续施工

图 11 - 1　横道计划图

(二)网络计划的优缺点

由图 11 - 2 可知,网络计划与横道计划相比,具有以下优点:

(1)网络图把施工过程中的各有关工作组成了一个有机的整体,能全面而明确地表达出各项工作开展的先后顺序和反映出各项工作之间的相互制约和相互依赖的关系;

(2)能进行各种时间参数的计算;

(3)在名目繁多、错综复杂的计划中找出决定工程进度的关键工作,便于计划管理者集中力量抓主要矛盾,确保工期,避免盲目施工;

(4)通过优化,能够从许多可行方案中,选出最优方案;

(5)在计划的执行过程中,某一工作由于某种原因推迟或者提前完成时,可以预见到它对整个计划的影响程度,而且能根据变化的情况迅速进行调整,保证自始至终对计划进行有效的控制与监督;

(6)利用网络计划中反映出的各项工作的时间储备,可以更好地调配人力、物力,以达到降低成本的目的;

(7)可以利用电子计算机进行时间参数计算和优化、调整。它的出现与发展使现代化的计算工作,如计算机在建筑施工计划管理中得以更广泛的应用。

网络计划技术可以为施工管理提供许多信息,有利于加强施工管理,既是一种编制计划的方法,又是一种科学的管理方法。它有助于管理人员全面了解、重点掌握、灵活安排、合理组织、多快好省地完成计划任务,不断提高管理水平。

但是,网络计划如果不利用计算机进行计划的时间参数计算、优化和调整,可能因实际计算量大,调整复杂,对于无时标网络图,在计算劳动力、资源消耗量时,与横道图相比较为困难。此外,也不象横道图易学易懂,它对计划人员的素质要求较高。因此,网络计划的推广应用,在计算机未普及利用、管理人员素质较低的施工企业,受到一定的制约。

二、网络计划技术的基本原理

网络计划技术的基本原理是用网络计划对任务的工作进度进行安排和控制、以保证实现预定目标的科学的计划管理技术。需要说明的是,这里所说的任务是指计划所承担的有规定目标及约束条件(时间、资源、成本、质量等)的工作总和,如规定有工期和投资额的一个工程项目即可称为一项任务。

在建筑工程计划管理中,可以将网络计划技术的基本原理归纳为:

（1）把一项工程的全部建造过程分解为若干项工作，并按其开展顺序和相互制约、相互依赖的关系，绘制出网络图。

（2）进行时间参数计算，找出关键工作和关键线路。

（3）利用最优化原理，改进初始方案，寻求最优网络计划方案。

（4）在网络计划执行过程中，进行有效监督与控制，以最少的消耗，获得最佳的经济效果。

三、工程网络计划的类型

我国 JGJ/T 121—1999《工程网络计划技术规程》推荐的常用的工程网络计划类型包括：双代号网络计划；单代号网络计划；双代号时标网络计划；单代号搭接网络计划。

（一）双代号网络图

双代号网络图是以箭线及其两端节点的编号表示工作的网络图，如图 11-2a）所示。

（二）单代号网络图

单代号网络图是以节点及其编号表示工作，以箭线表示工作之间逻辑关系的网络图，如图 11-2b）所示。

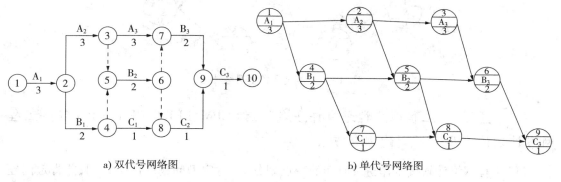

a) 双代号网络图　　　　　　　　b) 单代号网络图

图 11-2　网络计划图

（三）双代号时标网络计划

双代号时标网络计划是以时间坐标为尺度编制的网络计划，如图 11-3 所示。时标网

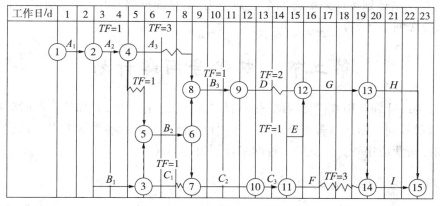

图 11-3　双代号时标网络计划

络计划中应以实箭线表示工作,以虚箭线表示虚工作,以波形线表示工作的自由时差。双代号时标网络计划是在双代号网络计划基础上发展的有时间坐标的网络计划。它的优点是容易识别各项目工作何时开始和何时结束。但当一个工程较大且较复杂时,双代号时标网络计划并不是太适用。何况,当前一般都用网络计划的软件进行网络计划时间参数的计算,计算机可打印网络图和相应的横道图。

（四）单代号搭接网络计划

单代号搭接网络计划是前后工作之间有多种逻辑关系的肯定型网络计划,如图 11-4 所示。前后工作之间的多种逻辑关系包括:

STS_{i-j}——$i-j$ 两项工作开始到开始的时距;

FTF_{i-j}——$i-j$ 两项工作完成到完成的时距;

STF_{i-j}——$i-j$ 两项工作开始到完成的时距;

FTS_{i-j}——$i-j$ 两项工作完成到开始的时距。

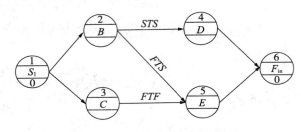

图 11-4　单代号搭接网络计划

（五）国际上,工程网络计划有许多名称,如 CPM、PERT、CPA、MPM 等。工程网络计划的类型有不同的划分方法。

（1）工程网络计划按工作持续时间的特点划分为:肯定型问题的网络计划;非肯定问题的网络计划;随机网络计划等。

（2）工程网络计划按工作和事件在网络图中的表示方法划分为:事件网络,以节点表示事件的网络计划;工作网络,以箭线表示工作的网络计划(我国 JGJ/T 121—1999 称为双代号网络计划);以节点表示工作的网络计划(我国 JGJ/T121—1999 称为单代号网络计划)。

（3）工程网络计划按计划平面的个数划分为:单平面网络计划;多平面网络计划(多阶网络计划,分级网络计划)。

第二节　双代号网络计划

双代号网络计划是用双代号网络图表达任务构成,工作顺序,并加注工作时间参数的进度计划。双代号网络图是由若干个表示工作项目的箭线和表示事件的节点所构成的网状图形,是我国建筑业应用较为广泛的一种网络计划表达形式。

一、双代号网络图的组成

双代号网络图由箭线、节点、节点编号、虚箭线、线路等五个基本要素组成。对于每一项工作而言。其基本形式如图 11 – 5 所示。

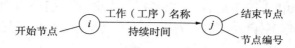

图 11 – 5　双代号网络图表示一项工作基本形式

（一）箭线

1. 作用

在双代号网络图中,一条箭线表示一项工作,又称工序、作业或活动,如砌墙、抹灰等。而工作所包括的范围可大可小,既可以是一道工序,也可以是一个分项工程或一个分部工程,甚至是一个单位工程。

2. 特点

每项工作的进行必然要占用一定的时间,往往也要消耗一定的资源(如劳动力、材料、机械设备)。对于不消耗资源,仅占用一定时间的施工过程,也应视为一项工作。例如,墙面刷涂料前抹灰层的"干燥",这是由于技术上的需要而引起的间歇等待时间,虽然不消耗资源,但在网络图中也可作为一项工作,以一条箭线来表示。

3. 表达形式与要求

（1）在无时标的网络图中,箭线的长短并不反映该工作占用时间的长短。箭线的形状可以是水平直线,也可以是折线或斜线,但最好画成水平直线或带水平直线的折线。在同一张网络图上,箭线的画法要统一。

（2）箭线所指的方向表示工作进行的方向,箭线的尾端表示该项工作的开始,箭头端则表示该项工作的结束。工作名称应标注在水平箭线的上方或垂直箭线的左侧,工作的持续时间(也称作业时间)则标注在水平箭线的下方或垂直箭线的右侧,如图 11 – 5 所示。

（二）节点

1. 作用

在双代号网络图中,节点代表一项工作的开始或结束,用圆圈表示。箭线尾部的节点称为该箭线所示工作的开始节点,箭头处的节点称为该箭线所示工作的结束节点。在一个完整的网络图中,除了最前的起点节点和最后的终点节点外,其余任何一个节点都具有双重含义,既是前面工作的结束点,又是后面工作的开始点。

2. 特点

节点仅为前后两项工作的交接点,只是一个"瞬间"概念,因此它既不消耗时间,也不消耗资源。

3. 节点编号

（1）作用。在双代号网络图中,一项工作可以用其箭线两端节点内的号码来表示,以方便网络图的检查与计算。

（2）编号要求。对一个网络图中的所有节点应进行统一编号,不得有缺编和重号现象。对于每一项工作而言,其箭头节点的号码应大于箭尾节点的号码,即顺箭线方向由小到大,如图 11 – 5 所示中 j 应大于 i。

（3）编号方法。编号宜在绘图完成、检查无误后,顺着箭头方向依次进行。当网络图中的箭线均为由左向右和由上至下时,可采取每行由左向右,由上至下逐行编号的水平编号法;也可采取每列由上至下,由左向右逐列编号的垂直编号法。为了便于修改和调整,可隔号编号。

4. 虚箭线

虚箭线又称虚工作,它表示一项虚拟的工作,用带箭头的虚线表示。由于是虚拟的工作,故没有工作名称和工作延续时间。箭线过短时可用实箭线表示,但其工作延续时间必须用"0"标出。

（1）特点。由于是虚拟的工作,所以它既不消耗时间,也不消耗资源。

（2）作用。虚箭线可起到联系、区分和断路作用,是双代号网络图中表达一些工作之间的相互联系、相互制约关系,保证逻辑关系正确的必要手段。这在后面的绘图中,很容易理解和体会。

5. 线路

在网络图中,从起点节点开始,沿箭线方向连续通过一系列箭线与节点,最后到达终点节点所经过的通路叫线路。线路可依次用该通路上的节点代号来记述,也可依次用该通路上的工作名称来记述。如图 11 - 6 所示网络图的线路有:

①→②→④→⑥ （8d）;

①→②→⑧→④→⑥ （10d）;

①→②→③→⑤→⑥ （9d）;

①→③→④→⑥ （14d）;

①→③→⑤→⑥ （13d）,

共 5 条线路。

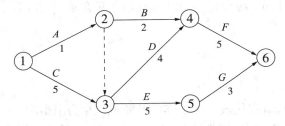

图 11 - 6 双代号网络图

每条线路都有自己确定的完成时间,它等于该线路上各项工作持续时间的总和,也是完成这条线路上所有工作的计划工期。其中,第四条线路耗时（14d）最长,对整个工程的完工起着决定性的作用,称为关键线路;第五条线路（13d）称为次关键线路;其余的线路均称为非关键线路。处于关键线路上的各项工作称为关键工作,关键工作完成的快慢将直接影响整个计划工期的实现。关键线路上的箭线采用粗箭线、双箭线或其他颜色箭线表示。

关键线路并不是一成不变的,在一定条件下,关键线路和非关键线路可以互相转化。当采取了一定的技术与组织措施,缩短了关键线路上各工作的持续时间时,就有可能使关键线路发生转移,从而使原来的关键线路变成非关键线路,而原来的非关键线路却变成关键线路。

位于非关键线路上的工作除关键工作外,都称为非关键工作,它们都有机动时间（即时差）;非关键工作也不是一成不变的,它可以转化成关键工作;利用非关键工作的机动时间可以科学地、合理地调配资源和对网络计划进行优化。

二、双代号网络图的绘制

网络计划技术是土木工程施工中编制施工进度计划和控制施工进度的主要手段。因此,在绘制网络图时必须遵循一定的基本规则和要求,使网络图能正确地表达整个工程的施工工艺流程和各工作开展的先后顺序以及它们之间相互制约、相互依赖的逻辑关系。

(一)绘制网络图的基本规则

(1)必须正确地表达各项工作之间的先后顺序和逻辑关系。在绘制网络图时,要根据施工顺序和施工组织的要求,正确地反映各项工作之间的先后顺序和相互制约、相互依赖的关系。这些关系是多种多样的,常见的几种表示方法见表 11 –1 所示。

表 11 –1　双代号网络图中各项工作之间逻辑关系的表示方法

序号	工作之间的逻辑关系	网络图中的表示方法	说　明
1	A 工作完成后进行 B 工作		A 工作制约着 B 工作的开始,B 工作依赖着 A 工作
2	A,B,C 三项工作同时开始		A、B、C 三项工作称为平行工作
3	A,B,C 三项工作同时结束		A、B、C 三项工作称为平行工作
4	有 A、B、C 三项工作,只有 A 完成后,B、C 才能开始		A 工作制约着 B、C 工作的开始,B、C 为平行工作
5	有 A、B、C 三项工作。C 工作只有在 A、B 完成后才能开始		C 工作依赖着 A、B 工作,A、B 为平行工作
6	有 A、B、C、D 四项工作,只有当 A、B 完成后,C、D 才能开始		通过中间节点 i 正确地表达了 A、B、C、D 工作之间的关系
7	有 A、B、C、D 四项工作,A 完成后 C 才能开始,A、B 完成后 D 才能开始		D 与 A 之间引入了逻辑连接(虚工作),从而正确地表达了它们之间的制约关系
8	有 A、B、C、D、E 五项工作。A、B 完成后 C 才能开始,B、D 完成后 E 才能开始		虚工作 ij 反映出 C 工作受到 B 工作的制约;虚工作 ik 反映出 E 工作受到 B 工作的制约

续表

序号	工作之间的逻辑关系	网络图中的表示方法	说　明
9	有 A、B、C、D、E 五项工作，A、B、C 完成后 D 才能开始，B、C 完成后 E 才能开始	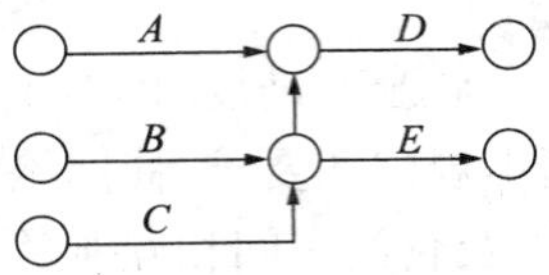 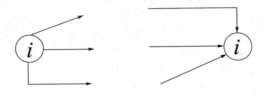	虚工作反映出 D 工作受到 B、C 工作的制约
10	A、B 两项工作分三个施工段，平行施工	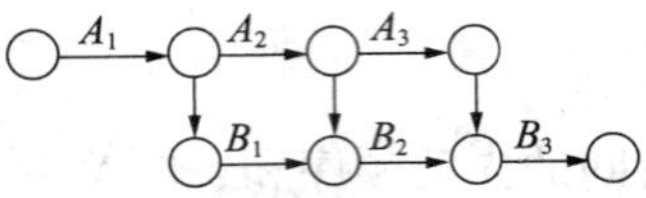 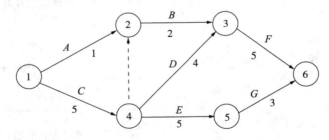	每个工种工程建立专业工作队，在每个施工段上进行流水作业，虚工作表达了工种间的工作面关系

（2）在一个网络图中，只能有一个起点节点和一个终点节点。否则，不是完整的网络图。所谓起点节点是指只有外向箭线而无内向箭线的节点，终点节点则是只有内向箭线而无外向箭线的节点，如图 11－7 所示。

图 11－7　起点节点和终点节点

（3）网络图中不允许出现循环回路。在网络图中，如果从一个节点出发沿着某一条线路移动，又可回到原出发节点，则图中存在着循环回路或称闭合回路。如图 11－8 所示图中的 ②→③→④→② 即为循环回路，它使得工程永远不能完成。如果工作 B 和 D 是多次反复进行时，则每次部位不同，不可能在原地重复。应使用新的箭线表示。

图 11－8　有循环回路错误的网络图

（4）网络图中不允许出现相同编号的工作。在网络图中，两个节点之间只能有一条箭线并表示一项工作，以两个节点的编号即可代表这项工作。例如，砌隔墙与埋隔墙内的电线管同时开始、同时结束，在如图 11－9a）所示。这两项工作的编号均为③→④，出现了重名现象，容易造成混乱。遇到这种情况，应增加一个节点和一条虚箭线，从而既表达了这两项工作的平行关系，又区分了它们的代号，如图 11－9b）、图 11－9c）所示。

（5）不允许出现无开始节点或无结束节点的工作。如图 11－10a）所示，"抹灰"为无开始节点的工作，其意图是表示"砌墙"进行到一定程度时，开始抹灰。但反映不出"抹灰"的准确开始时刻，也无法用代号代表抹灰工作，这在网络图中是不允许的。正确的画法是：将

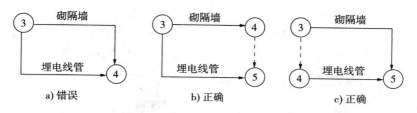

图 11-9　不允许出现相同编号工作示意图

"砌墙"工作划分为两个施工段,引入了一个节点,使抹灰工作就有了开始节点,如图 11-10b)所示。同理,在无结束节点时,也可采取同样方法进行处理。

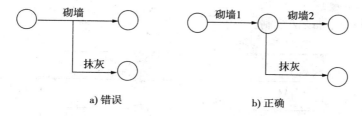

图 11-10　不允许出现无开始节点工作示意图

以上是绘制网络图的基本规则,在绘图时必须严格遵守。

(二)绘制网络图的要求与方法

1. 网络图要布局规整、条理清晰、重点突出

绘制网络图时,应尽量采用水平箭线和垂直箭线而形成网格结构,尽量减少斜箭线,使网络图规整、清晰。其次,应尽量把关键工作和关键线路布置在中心位置,尽可能把密切相连的工作安排在一起,以突出重点,便于使用。

2. 交叉箭线的处理方法

绘制网络图时,应尽量避免箭线交叉,必要时可通过调整布局达到目的,如图 11-11 所示。当箭线交叉不可避免时,应采用"过桥法"或"指向法"表示,如图 11-12 所示。其中"指向法"还可以用于网络图的换行、换页。

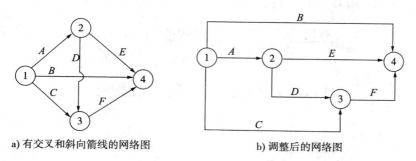

图 11-11　箭线交叉及其调整方法

3. 起点节点和终点节点的"母线法"

在网络图的起点节点有多条外向箭线、终点节点有多条内向箭线时,可以采用母线法绘图,如图 11-13 所示。对中间节点处有多条外向箭线或多条内向箭线者,在不至于造成混

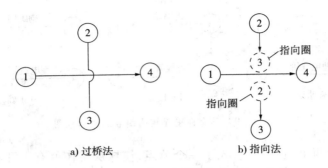

a) 过桥法　　　　　　　　　b) 指向法

图 11-12　箭线交叉的处理方法

乱的前提下也可采用母线法绘制。

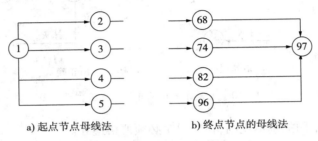

a) 起点节点母线法　　　　b) 终点节点的母线法

图 11-13　母线法示意图

4. 网络图的排列方法

为了使网络计划更形象、更清楚地反映出建筑装饰装修工程施工的特点,绘图时可根据不同的工程情况,不同的施工组织方法和使用要求,采用不同的排列方法。使各工作在工艺上及组织上的逻辑关系准确而清楚,以便于计划的计算、调整和使用。

如果为了突出反映各施工层段之间的组织关系,可以把同一个工种或队组作业的不同施工层段排列在同一水平线上,不但施工组织顺序清楚,而且能明确地反映同一工种或施工队组的连续作业状况,如图11-14a)所示。如果为了突出反映各施工过程之间的工艺关系,可以把在同一个施工层段上的不同施工过程排列在同一水平线上,不但施工工艺顺序清楚,且同一工作面上各工作队之间的关系明确,如图11-14b)所示。

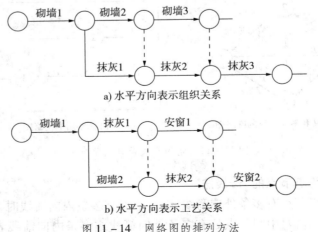

a) 水平方向表示组织关系

b) 水平方向表示工艺关系

图 11-14　网络图的排列方法

　　除了以上按组织关系和按工艺关系排列以外,还可以将一个栋号内的各单位工程一个单位工程中的各分部工程、或一个部位的各分项工程排列在同一水平线上。形成按栋号排列的网络计划,按单位工程排列的网络计划,按施工部位排列的网络计划。绘制网络图时可以根据使用要求,同时选用以上一种或几种排列方法。一般情况下,应尽量使网络图的水平方向。

5. 尽量减少不必要的箭线和节点

　　如图 11－15a)所示,此图在施工顺序、流水关系及网络逻辑关系上都是合理的。但这个网络图过于繁琐。对于只有进出两条箭线、且其中一条为虚箭线的节点(如③、⑥节点),在取消该节点及虚箭线不会出现相同编号的工作时,即可大胆地将这些不必要的虚箭线和节点去掉,如图 11－15b)所示。这既使网络图简单明了,同时又不会改变其逻辑关系。

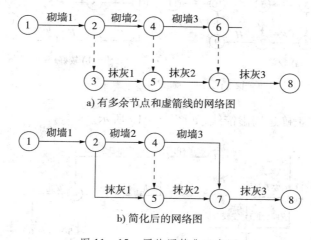

图 11－15　网络图简化示意图

6. 绘制要求

　　(1)绘制步骤:①绘草图,绘制出一张符合逻辑关系的网络计划草图。其步骤是:首先画出从起点节点开始的所有箭线;然后从左到右依次绘出紧接其后的节点和箭线;直到终点节点;最后检查网络图中各施工过程之间的逻辑关系。

　　②整理网络图,使网络图条理清楚,层次分明,排列整齐,便于交流。

　　(2)绘制要求。严格遵循网络图的绘制规则,是保证网络图绘制正确的前提。但为了使网络图图面布置合理,层次分明,重点突出,在绘制时应注意构图形式。

　　①网络图绘制时,箭线应以水平线为主,竖线和斜线为辅,不应画成曲线。如图 11－16、图 11－17 所示。

　　②在网络图中,箭线应保持从左到右方向进行,尽量避免"反向箭线"如图 11－18 所示。

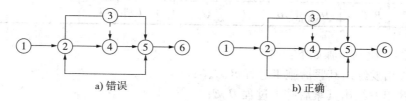

图 11－16　不允许出现双向箭头及无箭头的箭线

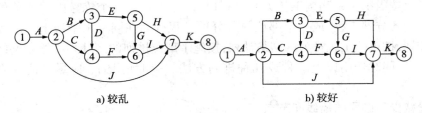

图 11－17　网络图绘制要求(一)

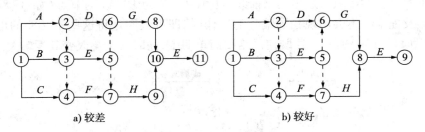

图 11－18　网络图绘制要求(二)

③在网络图中应正确运用虚箭线,如图 11－19 所示。

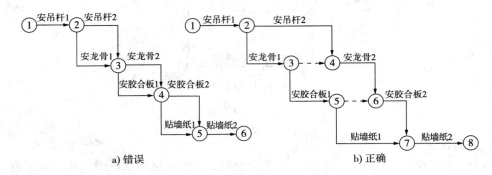

图 11－19　网络图绘制要求(三)

(三)网络图绘制示例

【例 11－1】试根据表 11－2 中各施工过程的逻辑关系,绘制出双代号网络图。

表 11－2　某工程各施工过程的逻辑关系

施工过程名称	A	B	C	D	E	F	G	H	I	J	K
紧前施工过程	无	A	A	B	B	E	A	D、C	E	F、G、H	I、J
紧后施工过程	B、C、G	D、E	H	H	F、I	J	J	J	K	K	无

其网络图的绘制步骤如下:

(1)从 A 出发绘出其紧后施工过程 B、C、G;

(2)从 B 出发绘出其紧后施工过程 D、E;

(3)从 C、D 出发绘出其紧后施工过程 H;

（4）从 *E* 出发绘出 *F*、*I*；

（5）从 *F*、*G*、*H* 出发绘出 *J*；

（6）从 *I*、*J* 出发绘 *K*。

根据以上步骤绘出草图，认真检查调整每个施工过程之间的逻辑关系，最后绘制出排列整齐，条理清楚，层次分明，形象直观的双代号网络图，如图 11-20 所示。

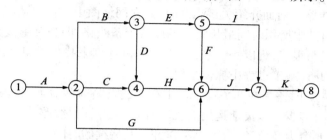

图 11-20 网络图的绘制步骤

【例 11-2】某基础工程分为三个施工段，四个施工过程，即挖土、垫层、砌基础、回填土。其网络计划如图 11-21 所示，该图则是错误的，因为在进行第三施工段的挖土时，它只与第二施工工段的挖土有关系，而与第一施工段的垫层没有关系，所以图中的逻辑关系则是错误的。正确的画法如图 11-22 所示。

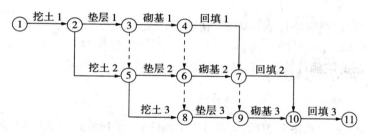

图 11-21 逻辑关系错误的表达图

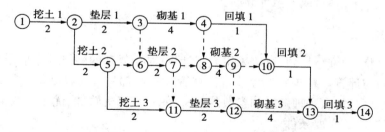

图 11-22 逻辑关系正确的表达图

三、双代号网络计划时间参数

掌握了网络图的绘图方法，就能够根据实际工程的需要做出施工进度计划的网络安排。然而正确地绘制出网络图，只能说明我们已把工作之间的逻辑关系，用网络的形式表达出来了。但这个计划安排得是否经济、合理，是否符合有关部门对这项工程在工期、劳动力、材料指标等方面的具体要求，这些都是画图所解决不了的。我们只是为了安排进度，而是在一定条件下,通过调整计划,达到节约人力、物力,降低工程成本并使工期合理等目的,如果要使工期提前则力求增加的成本最低。因此画图并不是我们的最终目的,还需要进行时间参数计算、调整优化,起到指导或控制工程施工的作用。

（一）网络计划时间参数计算的目的

（1）找出关键线路。前面介绍关键线路时,是在网络图中先找出从起点至终点节点间的各条线路后,再找出其中所用时间最长的一条或若干条线路,即为关键线路。而对于较大或较复杂的网络图,线路很多,难以一一理出,必须通过计算来找出关键线路和关键工作。以便于进行调整优化并在施工过程中抓住主要矛盾。

（2）计算出时差。时差是在非关键工作中存在的富裕时间。通过计算时差可以看出每项非关键工作到底有多少可以灵活运用的机动时间,在非关键线路上有多大的潜力可挖,以便向非关键线路去要劳力及资源,调整其工作开始及持续的时间,以达到优化网络计划和保证工期的目的。

（3）求出工期。网络图绘制后,需通过计算求出按该计划执行所需的总时间,即计算工期。然后,要结合任务委托合同要求工期,综合考虑可能和需要确定出工程的计划工期。因此,计算工期是拟定整个工程计划总工期的基础,也是检查计划合理性的依据。

（二）计算条件

本节只研究肯定型网络计划。因此,其计算必须是在工作、工作的持续时间以及工作之间的逻辑关系都已确定的情况下进行。如果某些工作的持续时间未定,则应采用"流水施工方法"一节中介绍的定额计算法、工期计算法或经验估算法加以确定。

（三）计算内容

网络计划的时间参数主要包括:每项工作的最早可能开始和完成时间、最迟必须开始和完成时间、总时差、自由时差等六个参数及计算工期。根据需要不同,对于每项工作有时只计算两个参数、四个参数,或者全部算出。

（四）计算手段与方法

对于较为简单的网络计划,可以采用人工计算;对于复杂的网络计划应采用计算机程序进行编制、绘图与计算。相应的工程项目计划管理软件都具备这种功能。但人工计算是基础,掌握计算原理与方法是理解时间参数的意义、使用计算机软件、优化与调整进度计划、检查与控制施工进度的必要条件。

常用的计算方法有图上计算法、表上计算法、分析计算法等。计算时,可以直接计算出工作的时间参数,也可以先计算出节点的时间参数,再推算出工作的时间参数。

（五）双代号网络计划的有关时间参数

双代号网络图的时间参数可分为节点时间参数、工作时间参数及工作时差三种。节点时间参数根据时间的含义又分为节点最早时间（ET_i）和节点最迟时间（LT_i）,工作最早开始时间（ES_{i-j}）、工作最早结束时间（EF_{i-j}）、工作最迟完成时间（LF_{i-j}）、工作最迟开始时间（LS_{i-j}）,工作时差又分为总时差（TF_{i-j}）和自由时差（FF_{i-j}）。其计算方法有工作计算法和节点计算法。

四、双代号网络计划时间参数计算方法

(一)图上计算法

首先,应明确几个名词,如图 11 - 23 所示。对于正在计算的某项工作,称为"本工作"。紧排在本工作之前的工作,都叫本工作的紧前工作;紧排在本工作之后的各项工作,都叫本工作的紧后工作。

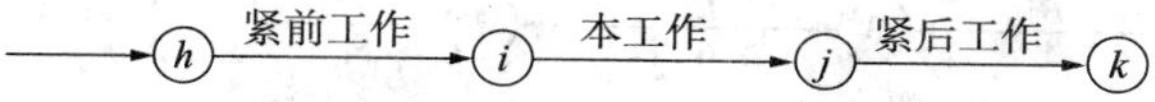

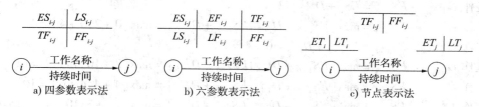

图 11 - 23　本工作的紧前、紧后工作

各工作的时间参数计算后,应标注在水平箭线的上方或垂直箭线的左侧。标注的形式及每个参数的位置,需根据计算参数的个数不同,应分别按图 11 - 24 的规定标注:

$$
\begin{array}{c|c}
ES_{i\text{-}j} & LS_{i\text{-}j} \\
\hline
TF_{i\text{-}j} & FF_{i\text{-}j}
\end{array}
\qquad
\begin{array}{c|c|c}
ES_{i\text{-}j} & EF_{i\text{-}j} & TF_{i\text{-}j} \\
\hline
LS_{i\text{-}j} & LF_{i\text{-}j} & FF_{i\text{-}j}
\end{array}
\qquad
\begin{array}{c|c}
TF_{i\text{-}j} & FF_{i\text{-}j}
\end{array}
$$

$$ET_i \mid LT_i \qquad\qquad ET_j \mid LT_j$$

（i）——工作名称——（j）　　（i）——工作名称——（j）　　（i）——工作名称——（j）
　　　持续时间　　　　　　　　持续时间　　　　　　　　持续时间

a) 四参数表示法　　　　　b) 六参数表示法　　　　　c) 节点表示法

图 11 - 24　双代号网络时间参数标注形式

1. 工作计算法

网络图的工作计算法是按公式计算的,它不需要计算节点时间参数。

(1)工作最早开始时间的计算。工作最早开始时间是指在各紧前工作全部完成后,本工作有可能开始的最早时间。工作 $i - j$ 的最早开始时间用 $ES_{i,j}$ 表示。工作最早开始时间应从网络计划的起点节点开始,顺着箭线方向依次向终点节点方向计算。计算步骤如下:

①以网络计划的起点节点为开始的工作的最早开始时间为零,如网络计划起点节点代号为 1,则

$$ES_{1-j} \equiv 0 \qquad\qquad (11 - 1)$$

②其他工作的最早开始时间等于其紧前工作的最早开始时间加该紧前工作的持续时间所得之和的最大值,即

$$ES_{i-j} = \max\left[ES_{h-j} + D_{h-j}\right] \qquad\qquad (11 - 2)$$

式中: ES_{i-j} ——工作 $i - j$ 的最早开始时间;

　　　ES_{h-j} ——工作 $i - j$ 的紧前工作 $h - j$ 的最早开始时间;

　　　D_{h-j} ——工作 $i - j$ 的紧前工作 $h - j$ 的持续时间。

③网络计划的计算工期等于以网络计划的终点节点为完成节点的工作的最早开始时间加该工作的持续时间所得之和的最大值,即

$$T_c = \max\left[ES_{i-n} + D_{i-n}\right] \qquad\qquad (11 - 3)$$

式中: T_c ——网络计划的计算工期;

　　　ES_{i-n} ——以网络计划的终点节点 n 为完成节点的工作的最早开始时间;

D_{i-n}——以网络计划的终点节点 n 为完成节点的工作的持续时间。

为了进一步理解和应用以上公式,现以图 11-25 为例说明计算的各个步骤。图中箭线下面的数字是工作的持续时间,以天为单位。

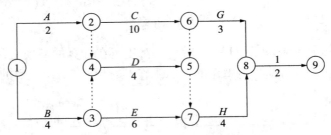

图 11-25 双代号网络图

工作 A $ES_{1-2} = 0$

工作 B $ES_{1-3} = 0$

工作 C $ES_{2-6} = ES_1 + D_{1-2} = 2$

工作 D $ES_{4-5} = \max[ES_{1-2} + D_{1-2}, ES_{1-3} + D_{1-3}] = \max[0+2, 0+4] = 4$

工作 E $ES_{3-7} = ES_{1-3} + D_{1-3} = 0+4 = 4$

工作 G $ES_{6-8} = \max[ES_{2-6} + D_{2-6}, ES_{4-5} + D_{4-5}] = \max[2+10, 4+4] = 12$

工作 H $ES_{7-8} = \max[ES_{4-5} + D_{4-5}, ES_{3-7} + D_{3-7}] = \max[4+4, 4+6] = 10$

工作 I $ES_{8-9} = \max[ES_{6-8} + D_{6-8}, ES_{7-8} + D_{7-8}] = \max[12+3, 10+4] = 15$

计算工期 $T_c = ES_{8-9} + D_{8-9} = 15+2 = 17$

将以上各数字按工作计算法的要求标注在网络图中,如图 11-26 所示。

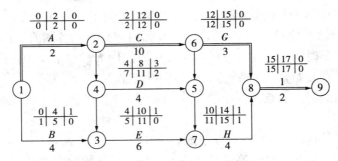

图 11-26 双代号网络图六参数计算图例

(2)工作最迟开始时间。工作最迟开始时间是在不影响整个任务按期完成的条件下,本工作最迟必须开始的时刻,工作 $i-j$ 的最迟开始时间用 LS_{i-j} 表示。工作最迟开始时间应从网络计划的终点节点开始,逆着箭线方向依次计算。计算步骤如下:

①以网络计划的终点节点为完成节点的工作的最迟开始时间等于网络计划的计划工期减该工作的持续时间,即

$$LS_{i-n} = T_p - D_{i-n} \tag{11-4}$$

式中:LS_{i-n}——以网络计划的终点节点 n 为完成节点的工作的最迟开始时间;

T_p——网络计划的计划工期。当已规定了要求工期(合同工期)T_r 时,$T_p \leq T_r$;当未规定要求工期时,$T_p \leq T_c$;

　　D_{i-n}——以网络计划的终点节点 n 为完成节点的工作的持续时间。

　　②其他工作的最迟开始时间等于其紧后工作最迟开始时间减本工作的持续时间所得之差的最小值,即

$$LS_{i-j} = \min\left[LS_{j-k} - D_{i-j}\right] \qquad (11-5)$$

式中:LS_{i-j}——工作 $i-j$ 的最迟开始时间;

　　LS_{j-k}——工作 $i-j$ 的紧后工作 $j-k$ 最迟开始时间;

　　D_{i-j}——工作 $i-j$ 的持续时间。

例如图 $11-26$ 所示的网络计划:

工作 I　　$LS_{8-9} = T_P - D_{8-9} = 17 - 2 = 15$

工作 H　　$LS_{7-8} = LS_{8-9} - D_{7-8} = 15 - 4 = 11$

工作 G　　$LS_{6-8} = LS_{8-9} - D_{6-8} = 15 - 3 = 12$

工作 E　　$LS_{3-7} = LS_{7-8} - D_{3-7} = 11 - 6 = 5$

工作 D　　$LS_{4-5} = \min\left[LS_{7-8} - D_{4-5}, LS_{6-8} - D_{4-5}\right] = \min\left[11 - 4, 12 - 4\right] = 7$

工作 C　　$LS_{2-6} = LS_{6-8} - D_{2-6} = 12 - 10 = 2$

工作 B　　$LS_{1-3} = \min\left[LS_{4-5} - D_{1-3}, LS_{3-7} - D_{1-3}\right] = \min\left[7 - 4, 5 - 4\right] - 1$

工作 A　　$LS_{1-2} = \min\left[LS_{2-6} - D_{1-2}, LS_{4-5} - D_{1-2}\right] = \min\left[2 - 2, 7 - 2\right] = 0$

　　(3)工作最早完成时间的计划。工作最早完成时间是在各紧前工作全部完成后,本工作有可能完成的最早时间。工作 $i-j$ 的最早完成时间用 EF_{i-j} 表示。

　　工作最早完成时间等于最早开始时间加本工作持续时间,即

$$EF_{i-j} = ES_{i-j} + D_{i-j} \qquad (11-6)$$

　　在网络图上,如果四时标注法时,则不需要计算工作最早完成时间;如果按六时标注法,则直接按工作最早开始时间加该工作持续时间所得的数字填在指定的位置上即可。如图 $11-26$ 所示。

　　(4)工作最迟完成时间的计算。工作最迟完成时间是在不影响整个任务按期完成的条件下,本工作最迟必须完成的时间,工作 $i-j$ 的最迟完成时间用 LF_{i-j} 表示。工作最迟完成时间应等于工作最迟开始时间加本工作持续时间,即

$$LF_{i-j} = LS_{i-j} - D_{i-j} \qquad (11-7)$$

　　在网络图上,如按四时标注法则不需计算;如按六时标注法时则按式($11-7$)直接计算后填在指定位置上即可。如图 $11-26$ 所示。

　　(5)总时差计算及关键线路的判定。总时差是在不影响工期的前提下,工作所具有的机动时间。工作 $i-j$ 的总时差用 TF_{i-j} 表示。工期总时差等于工作最迟开始时间减工作最早开始时间,即

$$TF_{i-j} = LS_{i-j} - ES_{i-j} \qquad (11-8)$$

　　在网络图上直接计算将数字标注在指定位置上。如图 $11-26$ 所示。

　　从以上计算可知,工作 A、B、C、I 的总时差为零,即这些工作在计划执行过程中具有零机动时间,这样的工作称为关键工作。由关键工作所组成的线路称关键线路,在网络图上判定关键工作的充分条件是

$$ES_{i-j} = LS_{i-j} \qquad (11-9)$$

　　但必须指出,当工期有规定时,总时差最小的工作为关键工作。关键工作用粗线或双箭线表示在网络图上,如图 $11-26$ 所示。

（6）自由时差的计算。自由时差是在不影响其紧后工作按最早开始的前提下，工作所具有的机动时间。工作 $i-j$ 的自由时差用 FF_{i-j} 表示。

工作自由时差等于该工作的紧后工作的最早开始时间减本工作最早开始时间再减本工作的持续时间所得之差的最小值。

当工作 $i-j$ 与其紧后工作 $j-k$ 之间无虚工作时

$$FF_{i-j} = \min[ES_{j-k} - ES_{i-j} - D_{i-j}] \tag{11-10}$$

当工作 $i-j$ 通过虚工作 $j-k$ 与其紧后工作 $k-l$ 相连时

$$FF_{i-j} = \min[ES_{k-l} - ES_{i-j} - D_{i-j}] \tag{11-11}$$

如图 11-26 所示的网络计算如下：

工作 A $\quad FF_{1-2} = \min[(ES_{2-6} - ES_{1-2} - D_{1-2}),(ES_{4-5} - ES_{1-2} - D_{1-2})]$
$\qquad\qquad\quad = \min[(2-0-2),(4-0-2)] = 0$

工作 B $\quad FF_{1-3} = \min[(ES_{3-7} - ES_{1-3} - D_{1-3}),(ES_{4-5} - ES_{1-3} - D_{1-3})]$
$\qquad\qquad\quad = \min[(4-0-4),(4-0-4)] = 0$

工作 C $\quad FF_{2-6} = ES_{6-8} - ES_{2-6} - D_{2-6} = 12 - 2 - 10 = 0$

工作 D $\quad FF_{4-5} = \min[(ES_{6-8} - ES_{4-5} - D_{4-5}),(ES_{7-8} - ES_{4-5} - D_{4-5})]$
$\qquad\qquad\quad = \min[(12-4-4),(10-4-4)] = 2$

工作 E $\quad FF_{3-7} = ES_{7-8} - ES_{3-7} - D_{3-7} = 10 - 4 - 6 = 0$

工作 G $\quad FF_{6-8} = ES_{8-9} - ES_{6-8} - D_{6-8} = 15 - 12 - 3 = 0$

工作 H $\quad FF_{7-8} = ES_{8-9} - ES_{7-8} - D_{7-8} = 15 - 10 - 4 = 1$

工作 I $\quad FF_{8-9} = T_p - ES_{8-9} - D_{8-9} = 17 - 15 - 2 = 0$

将以上计算出的数据按工作计算法的要求标注在网络图中，如图 11-26 所示。

2. 节点计算

节点计算法就是先计算节点最早时间和节点最迟时间，再据之计算出其他 6 个时间参数。

（1）节点最早时间。指该节点前面的各项紧前工作全部完成后，该节点后面各项紧后工作的最早时间。工作 $i-j$ 的 i 节点的最早时间表用 ET_i 表示。节点最早时间是从网络计划的起点开始，顺着箭线方向逐个计算。网络计划的起点节点的最早时间如无规定时，其值等于零，即

$$ET_1 = 0$$

其他节点的最早时间为

$$ET_j = \max[ET_i + D_{i-j}] \quad (i < j \leqslant n) \tag{11-12}$$

式中：ET_j——工作 $i-j$ 的完成节点的最早时间；

$\quad ET_i$——工作 $i-j$ 的开始节点的最早时间；

$\quad D_{i-j}$——工作 $i-j$ 的持续时间。

例如图 11-25 所示的网络计划

$ET_1 = 0$

$ET_2 = ET_1 + D_{1-2} = 0 + 2 = 2$

$ET_3 = ET_1 + D_{1-3} = 0 + 4 = 4$

$ET_4 = \max[(ET_2 + D_{2-4}),(ET_3 + D_{3-4})] = \max[(0+0),(4+0)] = 4$

$ET_5 = ET_4 + D_{4-5} = 4 + 4 = 8$

$$ET_6 = \max[\,(ET_2 + D_{2-6})\,,(ET_5 + D_{5-6})\,] = \max[\,(2+10)\,,(8+0)\,] = 12$$

$$ET_7 = \max[\,(ET_3 + D_{3-7})\,,(ET_5 + D_{5-7})\,] = \max[\,(4+6)\,,(8+0)\,] = 10$$

$$ET_8 = \max[\,(ET_6 + D_{6-8})\,,(ET_7 + D_{7-8})\,] = \max[\,(12+3)\,,(10+4)\,] = 15$$

$$ET_9 = ET_8 + D_{8-9} = 15 + 2 = 17$$

将其结果按节点计算法的标注在其规定位置上,如图 11 - 27 所示。

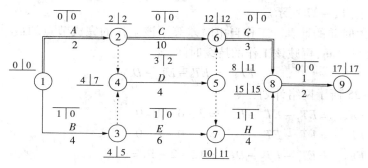

图 11 - 27　标注有节点时间和时间差的网络图

(2)节点最迟时间。指该节点前面所有工作,在不影响计划工期的前提下,最迟完成任务的时间。工作 $i - j$ 的 j 节点的最迟时间用 LT_j 表示。节点最迟时间是从网络计划的终点节点开始,逆着箭线方向逐个计算。网络计划的终点的最迟时间,当无任何要求时,它等于网络计划的计算工期,即

$$LT_n = T_c = ET_n \qquad\qquad (11 - 13)$$

当工期有规定时(合同工期),它等于网络计划的计划工期,即

$$LT_n = T_p \qquad\qquad (11 - 14)$$

其他节点的最迟时间等于完成节点的最迟时间减其工作的持续时间的最小值。即

$$LT_i = \min[\,LT_j - D_{i-j}\,] \qquad\qquad (11 - 15)$$

式中:LT_i——工作 $i - j$ 开始节点的最迟时间:

　　LT_j——工作 $i - j$ 完成节点的最迟时间;

　　T_c——网络图的计算工期;

　　T_p——网络图的计划工期。

例如图 11 - 25 所示的网络计划,无规定工期时,$LT_9 = ET_9 = 17$;当规定工期为 20 天时,则 $LT_9 = T_p = 20$。若本例按无规定工期计算,则以下各节点的最迟时间为:

$$LT_8 = LT_9 - D_{8-9}$$

$$LT_7 = LT_8 - D_{7-8} = 15 - 4 = 11$$

$$LT_6 = LT_8 - D_{6-8} = 15 - 3 = 12$$

计算结果按要求填在规定位置上,如图 11 - 27 所示。

(3)工作总时间差的计算。工作总时间差等于该工作完成节点的最迟时间减该工作的开始节点的最早时间,再减该工作的持续时间,即

例如图 11 - 25 所示的网络计划:

工作 A　　　$TF_{1-2} = LT_2 - ET_1 - D_{1-2} = 2 - 0 - 2 = 0$

工作 B　　　$TF_{1-3} = LT_3 - ET_1 - D_{1-3} = 5 - 0 - 4 = 1$

工作 C　　　$TF_{2-6} = LT_6 - ET_2 - D_{2-6} = 12 - 2 - 10 = 0$

工作 D $TF_{4-5} = LT_5 - ET_4 - D_{4-5} = 11 - 4 - 4 = 3$

工作 E $TF_{3-7} = LT_7 - ET_3 - D_{3-7} = 11 - 4 - 6 = 1$

工作 G $TF_{6-8} = LT_8 - ET_6 - D_{6-8} = 15 - 12 - 3 = 0$

工作 H $TF_{7-8} = LT_8 - ET_7 - D_{7-8} = 15 - 10 - 4 = 1$

工作 I $TF_{8-9} = LT_9 - ET_8 - D_{8-9} = 17 - 15 - 2 = 0$

计算结果如图 11-27 所示。

(4)工作自由时差的计算。工作自由时差等于该工作的完成节点的最早时间减该工作的开始节点的最早时间,再减该工作的持续时间,即

$$FF_{i-j} = ET_j - ET_i - D_{i-j} \tag{11-16}$$

例如图 11-25 所示网络计划:

工作 A $FF_{1-2} = ET_2 - ET_1 - D_{1-2} = 2 - 0 - 2 = 0$

工作 B $FF_{1-3} = ET_3 - ET_1 - D_{1-3} = 4 - 0 - 4 = 0$

工作 C $FF_{2-6} = ET_6 - ET_2 - D_{2-6} = 12 - 2 - 10 = 0$

工作 D $FF_{4-5} = ET_5 - ET_4 - D_{4-5} = 8 - 4 - 4 = 0$

但由于工作 D 后有两个虚工作,与其紧后工作相连的两个节点 6、7 为其实际的完成节点,故自由时差的计算还应考虑 6、7 两个节点,并取算出结果的最小值,即

$$FF_{4-5} = \min\left[(ET_6 - ET_4 - D_{4-5}), (ET_7 - ET_4 - D_{4-7} - D_{4-5}) \right]$$
$$= \min\left[(12 - 4 - 4), (10 - 4 - 4) \right] = 2$$

工作 E $FF_{3-7} = ET_7 - ET_3 - D_{3-7} = 10 - 4 - 6 = 0$

工作 G $FF_{6-8} = ET_8 - ET_6 - D_{6-8} = 15 - 12 - 3 = 0$

工作 H $FF_{7-8} = ET_8 - ET_7 - D_{7-8} = 15 - 10 - 4 = 1$

工作 I $FF_{8-9} = ET_9 - ET_{8-9} - D = 17 - 15 - 2 = 0$

将计算结果按节点计算法的标注方法在网络图的规定位置上,如图 11-27 所示。按节点计算法的要求,不需要在网络图上标注出工作时间参数,但工作时间参数的计算仍可按如下规定计算:

工作 $i-j$ 的最早开始时间

$$ES_{i-j} = EY_i \tag{11-17}$$

工作 $i-j$ 的最早完成时间

$$EF_{i-j} = ET_i - D_{i-j} \tag{11-18}$$

工作 $i-j$ 的最迟完成时间

$$LF_{i-j} = LT_j \tag{11-19}$$

工作 $i-j$ 最迟开始时间

$$LS_{i-j} = LT_j - D_{i-j} \tag{11-20}$$

将总时差为零的工作沿箭头方向连接起来,即为关键线路,并用粗线或双箭头表示,如图 11-27 所示。

总时差具有如下性质:当 $LT_n = ET_n$ 时,总时差为零的工作称为关键工作;此时,如果某工作的总时差为零,则自由时差也必然等于零;总时差不为本工作专有而与前后工作都有关,它为一条线路段所共用。由于关键线路各工作的时差均为零,该线路就必然决定计划的总工期。因此,关键工作完成的快慢直接影响整个计划的完成,而自由时差则具有以下一些主要特点:自由时差小于或等于总时差;使用自由时差对紧后工作没有影响,紧后工作仍可

按最早开始时间开始。由于非关键线路上的工作都具有时差,因此可利用时差充分调动非关键工作的人力、物力、资源来确保关键工作的加快或按期完成,从而使总工期的目标能得以实现。另外,在时差范围内改变非关键工作的开始和结束,灵活地应用时差也可达到均衡施工的目的。

（二）分析计算法

分析计算法是根据各项时间参数计算公式,列式计算时间参数的方法。

1. 工作持续时间的计算

在肯定型网络计划中,工作的持续时间是采用单时计算法计算的,其公式见式(11-21):

$$D_{i-j} = \frac{Q_{i-j}}{S_{i-j} \cdot R_{i-j} \cdot N_{i-j}} = \frac{P_{i-j}}{R_{i-j} \cdot N_{i-j}} \qquad (11-21)$$

式中:D_{i-j}——工作 $i-j$ 的持续时间;

　　Q_{i-j}——工作 $i-j$ 的工程量;

　　S_{i-j}——完成工作 $i-j$ 的计划产量定额;

　　R_{i-j}——完成工作 $i-j$ 所需工人数或机械台数;

　　N_{i-j}——完成工作 $i-j$ 的工作班次;

　　P_{i-j}——工作 $i-j$ 的劳动量或机械台班数量。

在非肯定型网络计划中,由于工作的持续时间受很多变动因素影响,无法确定出肯定数值,因此只能凭计划管理人员的经验和推测,估计出三种时间,据以得出期望持续时间计算值,即按三时估计法计算,其公式见式(11-22):

$$D_{i-j}^e = \frac{a_{i-j} + 4m_{i-j} + b_{i-j}}{6} \qquad (11-22)$$

式中:D_{i-j}^e——工作 $i-j$ 的期望持续时间计算值;

　　a_{i-j}——工作 $i-j$ 的最短估计时间;

　　b_{i-j}——工作 $i-j$ 的最长估计时间;

　　m_{i-j}——工作 $i-j$ 的最可能估计时间。

由于网络计划中持续时间确定方法的不同,双代号网络计划就被分成了两种类型。采用单时估计法时即属于关键线路法(CPM),采用三时估计法时则属于计划评审技术(PERT),这里主要针对 CPM 进行介绍。

2. 事件时间参数的计算

事件时间参数包括事件最早时间 TE 和事件最迟时间 TL。

(1)事件最早时间是指该事件所有紧后工作的最早可能开始时刻。它应是以该事件为完成事件的所有工作最早全部完成的时间。

由于起点事件代表整个网络计划的开始,为计算简便,可假定 $TE_1 = 0$,实际应用时,可将其换算为日历时间。如一项计划任务开始的日历时间为 5 月 5 日,则第 1 天就代表 5 月 5 日。其他事件的最早时间可用式(11-23)计算。

$$TE_j = \max\{TE_i + D_{i-j}\} \qquad (11-23)$$

式中:TE_j——工作 $i-j$ 的完成事件 j 的最早时间;

　　TE_i——工作 $i-j$ 的开始事件 i 的最早时间;

D_{i-j}——工作 $i-j$ 的持续时间。

综上所述,事件最早时间应从起点事件开始计算,假定 $TE_1 = 0$,然后按事件编号递增的顺序进行,直至终点事件为止。

(2)事件最迟时间是指该事件所有紧前工作最迟必须结束的时刻,它是一个时间界限,它应是以该事件为完成事件的所有工作最迟必须结束的时刻。若迟于这个时刻,紧后工作就要推迟开始,整个网络计划的工期就要延误。

由于终点事件代表整个网络计划的结束,因此要保证计划总工期,终点事件的最迟时间应等于此工期。若总工期有规定,可令终点事件的最迟时间 TL_n 等于规定总工期 T,即 $TL_n = T$;若总工期无规定,则可令终点事件的最迟时间 TL_n 等于按终点事件最早时间计算出的计划总工期,即 $TL_n = TE_n$。而其它事件的最迟时间可用式(11-24)计算。

$$TL_i = \min\{TL_j - D_{i-j}\} \qquad (11-24)$$

式中:TL_i——工作 $i-j$ 的开始事件 i 的最迟时间;

TL_j——工作 $i-j$ 的完成事件 j 的最迟时间;

D_{i-j}——工作 $i-j$ 的持续时间。

综上所述,事件最迟时间的计算是从终点事件开始,首先确定 TL_n,然后按照事件编号递减的顺序进行,直到起点事件为止。

3. 工作时间参数的计算

工作的时间参数包括工作最早开始时间 ES 和最早完成时间 EF、工作最迟开始时间 LS 和最迟完成时间 EF。

对于任何工作 $i-j$ 来说,其各项时间参数计算,均受到该工作开始事件的最早时间 TE_i、工作完成事件的最迟时间 TL_j 和工作持续时间 D_{i-j} 的控制。

由于工作最早开始时间 ES_{i-j} 和最早完成时间 EF_{i-j} 反映工作 $i-j$ 与前面工作的时间关系,受开始事件 i 的最早时间的限制,因此,ES_{i-j} 和 EF_{i-j} 的计算应以开始事件的时间参数为基础;工作的最迟开始时间 LS_{i-j} 和最迟完成时间 LF_{i-j} 反映工作 $i-j$ 与其后面工作的时间关系,受完成事件 j 的最迟时间的限制。因此 LS_{i-j} 和 LF_{i-j} 的计算应以完成事件的时间参数为基础。其计算公式见式(11-25)~式(11-28):

$$ES_{i-j} = TE_i \qquad (11-25)$$

$$EF_{i-j} = ES_{i-j} + D_{i-j} \qquad (11-26)$$

$$LF_{i-j} = TL_j \qquad (11-27)$$

$$LS_{i-j} = LF_{i-j} - D_{i-j} \qquad (11-28)$$

4. 工作时差的计算

时差反映工作在一定条件下的机动时间范围。通常分为总时差 TF、自由时差 FF、相关时差 IF 和独立时差 DF。

工作的总时差是指在不影响工期和有关时限的前提下,一项工作可以利用的机动时间。具体地说,它是在保证本工作以最迟完成时间完工的前提下,允许该工作推迟其最早开始时间或延长其持续时间的幅度。工作 $i-j$ 的总时差 TF_{i-j} 计算公式如下:

$$TF_{i-j} = TL_j - TE_i - D_{i-j} = LF_{i-j} - EF_{i-j} = LS_{i-j} - ES_{i-j}$$

由上式看出,对于任何一项工作 $i-j$ 可以利用的最大时间范围为 $TL_j - TE_i$,其总时差可能有三种情况:

(1)$TL_j - TE_i > D_{i-j}$,即 $TF_{i-j} > 0$,说明该项工作存在机动时间,为非关键工作。

（2）$TL_j - TE_i = D_{i-j}$，即 $TF_{i-j} = 0$，说明该项工作不存在机动时间，为关键工作。

（3）$TL_j - TE_i < D_{i-j}$，即 $TF_{i-j} < 0$，说明该项工作有负时差，计划工期长于规定工期，应采取技术组织措施予以缩短，确保计划总工期。

工作的自由时差是指在不影响其紧后工作最早开始和有关时限的前提下，一项工作可以利用的机动时间。具体地说，它是在不影响紧后工作按最早开始时间开工的前提下，允许该工作推迟其最早开始时间或延长其持续时间的幅度。工作 $i-j$ 的自由时差 FF_{i-j} 的计算公式如下：

$$FF_{i-j} = TE_j - TE_i - D_{i-j} = TE_j - EF_{i-j}$$

由上式看出，对于任何一项工作 $i-j$ 可以自由利用的最大时间范围为 $TE_j - TE_i$，其自由时差可能出现下面三种情况：

（1）$TE_j - TE_i > D_{i-j}$，即 $FF_{i-j} > 0$，说明工作有自由利用的机动时间。

（2）$TE_j - TE_i = D_{i-j}$，即 $FF_{i-j} = 0$；说明工作无自由利用的机动时间。

（3）$TE_j - TE_i < D_{i-j}$，即 $FF_{i-j} < 0$，说明计划工期长于规定工期，应采取措施予以缩短，以保证计划总工期。

工作的相关时差是指可以与紧后工作共同利用的机动时间。具体地说，它是在工作总时差中，除自由时差外，剩余的那部分时差。工作 $i-j$ 的相关时差 IF_{i-j} 的计算公式如下：

$$IF_{i-j} = TF_{i-j} - FF_{i-j} = TL_j - TE_j$$

工作的独立时差是指为本工作所独有而其前后工作不可能利用的时差。具体地说，它在不影响紧后工作按最早开始时间开工的前提下，允许该工作推迟其最迟开始时间或延长其持续时间的幅度。其公式如下：

$$DF_{i-j} = TE_j - TL_i - D_{i-j} = FF_{i-j} - IF_{h-i}$$

式中：DF_{i-j}——工作 $i-j$ 的独立时差；

　　IF_{h-i}——紧前工作 $h-i$ 的相关时差。

对于任何一项工作 $i-j$，它可以独立使用的最大时间范围为 $TE_j - TL_i$，其独立时差可能有以下三种情况：

（1）$TE_j - TL_i > D_{i-j}$，即 $DF_{i-j} > 0$，说明工作有独立使用的机动时间。

（2）$TE_j - TL_i = D_{i-j}$，即 $DF_{i-j} = 0$，说明工作无独立使用的机动时间。

（3）$TE_j - TL_i < D_{i-j}$，即 $DF_{i-j} < 0$；此时取 $DF_{i-j} = 0$。

综上所述，四种工作时差的形成条件及其特点如下：

①工作的总时差与自由时差、相关时差和独立时差之间具有关联关系，总时差对其紧前工作与紧后工作均有影响。

$$TF_{i-j} = FF_{i-j} + IF_{i-j} = IF_{h-i} + DF_{i-j} + IF_{i-j}$$

②一项工作的自由时差只限于本工作利用，不能转移给紧后工作利用，对紧后工作的时差无影响，但对其紧前工作有影响，如动用，将使紧前工作时差减少。

③一项工作的相关时差对其紧前工作无影响，但对紧后工作的时差有影响，如动用，将使紧后工作的时差减少或消失。它可以转让给紧后工作，变为其自由时差被利用。

④ 一项工作的独立时差只能被本工作使用，如动用，对其紧前工作和紧后工作均无影响。

5. 关键线路的确定

关键工作和关键线路的确定方法有如下几种：

（1）通过计算所有线路的线路时间 T 来确定。线路时间最长的线路即为关键线路,位于其上的工作即为关键工作。

（2）通过计算工作的总时差来确定。若 $TF_{i-j}=0$（$TL_n=TE_n$ 时）或 $TF_{i-j}=$ 规定工期－计划工期（$TL_n=$ 规定工期时）,则该项工作 $i-j$ 为关键工作,所组成的线路为关键线路。

（3）通过计算事件时间参数来确定。若工作 $i-j$ 的开始事件时间 $TE_i=TL_i$,完成事件时间 $TE_j=TL_j$,且 $TE_j-TL_i=D_{i-j}$ 时,则该项工作为关键工作,所组成的线路为关键线路。

通常在网络图中用粗实线或双线箭杆将关键线路标出。

【例 11 -3】试按分析计算法计算图 11 -28 所示双代号网络计划的各项时间参数。

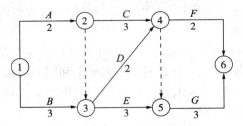

图 11 -28 某双代号网络计划图

解:（1）计算 TE_j。

假定 $TE_1=0$

$$TE_2=TE_1+D_{1-2}=0+2=2$$
$$TE_3=\max\{(TE_1+D_{1-3}),(TE_2+D_{2-3})\}=\max\{(0+3),(2+0)\}=3$$
$$TE_4=\max\{(TE_2+D_{2-4}),(TE_3+D_{3-4})\}=\max\{(2+3),(3+2)\}=5$$
$$TE_5=\max\{(TE_3+D_{3-5}),(TE_4+D_{4-5})\}=\max\{(3+3),(5+0)\}=6$$
$$TE_6=\max\{(TE_4+D_{4-6}),(TE_5+D_{5-6})\}=\max\{(5+2),(6+3)\}=9$$

（2）计算 TL_i。

假定 $TL_6=TE_6=9$

$$TL_5=TL_6-D_{5-6}=9-3=6$$
$$TL_4=\min\{TL_6-D_{4-6},TL_5-D_{4-5}\}=\min\{9-2,6-0\}=6$$
$$TL_3=\min\{TL_5-D_{3-5},TL_4-D_{3-4}\}=\min\{6-3,6-2\}=3$$
$$TL_2=\min\{TL_4-D_{2-4},TL_3-D_{2-3}\}=\min\{6-3,3-0\}=3$$
$$TL_1=\min\{TL_3-D_{1-3},TL_2-D_{1-2}\}=\min\{3-3,3-2\}=0$$

（3）计算 ES_{i-j}、EF_{i-j}、LS_{i-j}、LF_{i-j}。

工作①—②: $ES_{1-2}=TE_1=0$

$$EF_{1-2}=ES_{1-2}+D_{1-2}=0+2=2$$
$$LF_{1-2}=TL_2=3$$
$$LS_{1-2}=LF_{1-2}-D_{1-2}=3-2=1$$

工作①—③: $ES_{1-3}=TE_1=0$

$$EF_{1-3}=ES_{1-3}+D_{1-3}=0+3=3$$
$$LF_{1-3}=TL_3=3$$
$$LS_{1-3}=LF_{1-3}-D_{1-3}=3-3=0$$

工作②—④：$ES_{2-4} = TE_2 = 2$

$EF_{2-4} = ES_{2-4} + D_{2-4} = 2 + 3 = 5$

$LF_{2-4} = TL_4 = 6$

$LS_{2-4} = LF_{2-4} - D_{2-4} = 6 - 3 = 3$

工作③—④：$ES_{3-4} = TE_3 = 3$

$EF_{3-4} = ES_{3-4} + D_{3-4} = 3 + 2 = 5$

$LF_{3-4} = TL_4 = 6$

$LS_{3-4} = LF_{3-4} - D_{3-4} = 6 - 2 = 4$

工作③—⑤：$ES_{3-5} = TE_3 = 3$

$EF_{3-5} = ES_{3-5} + D_{3-5} = 3 + 3 = 6$

$LF_{3-5} = TL_5 = 6$

$LS_{3-5} = LF_{3-5} - D_{3-5} = 6 - 3 = 3$

工作④—⑥：$ES_{4-6} = TE_4 = 5$

$EF_{4-6} = ES_{4-6} + D_{4-6} = 5 + 2 = 7$

$LF_{4-6} = TL_6 = 9$

$LS_{4-6} = LF_{4-6} - D_{4-6} = 9 - 2 = 7$

工作⑤—⑥：$ES_{5-6} = TE_5 = 6$

$EF_{5-6} = ES_{5-6} + D_{5-6} = 6 + 3 = 9$

$LF_{5-6} = TL_6 = 9$

$LS_{5-6} = LF_{5-6} - D_{5-6} = 9 - 3 = 6$

（4）计算 TF_{i-j}、FF_{i-j}、IF_{i-j}、DF_{i-j}。

工作①—②：$TF_{1-2} = LS_{1-2} - ES_{1-2} = 1 - 0 = 1$

$FF_{1-2} = TE_2 - EF_{1-2} = 2 - 2 = 0$

$IF_{1-2} = TF_{1-2} - FF_{1-2} = 1 - 0 = 1$

$DF_{1-2} = TE_2 - TL_1 - D_{1-2} = 2 - 0 - 2 = 0$

工作①—③：$TF_{1-3} = LS_{1-3} - ES_{1-3} = 0 - 0 = 0$

$FF_{1-3} = TE_3 - EF_{1-3} = 3 - 3 = 0$

$IF_{1-3} = TF_{1-3} - FF_{1-3} = 0 - 0 = 0$

$DF_{1-3} = TE_3 - TL_1 - D_{1-3} = 3 - 0 - 3 = 0$

工作②—④：$TF_{2-4} = LS_{2-4} - ES_{2-4} = 3 - 2 = 1$

$FF_{2-4} = TE_4 - EF_{2-4} = 5 - 5 = 0$

$IF_{2-4} = TF_{2-4} - FF_{2-4} = 1 - 0 = 1$

$DF_{2-4} = TE_4 - TL_2 - D_{2-4} = 5 - 3 - 3 = -1$

工作③—④：$TF_{3-4} = LS_{3-4} - ES_{3-4} = 4 - 3 = 1$

$FF_{3-4} = TE_4 - EF_{3-4} = 5 - 5 = 0$

$IF_{3-4} = TF_{3-4} - FF_{3-4} = 1 - 0 = 1$

$DF_{3-4} = TE_4 - TL_3 - D_{3-4} = 5 - 3 - 2 = 0$

工作③—⑤：$TF_{3-5} = LS_{3-5} - ES_{3-5} = 3 - 3 = 0$

$FF_{3-5} = TE_5 - EF_{3-5} = 6 - 6 = 0$

$IF_{3-5} = TF_{3-5} - FF_{3-5} = 0 - 0 = 0$

$$DF_{3-5} = TE_5 - TL_3 - D_{3-5} = 6 - 3 - 3 = 0$$

工作④—⑥： $TF_{4-6} = LS_{4-6} - ES_{4-6} = 7 - 5 = 2$

$$FF_{4-6} = TE_6 - EF_{4-6} = 9 - 7 = 2$$

$$IF_{4-6} = TF_{4-6} - FF_{4-6} = 2 - 2 = 0$$

$$DF_{4-6} = TE_6 - TL_4 - D_{4-6} = 9 - 6 - 2 = 1$$

工作⑤—⑥： $TF_{5-6} = LS_{5-6} - ES_{5-6} = 6 - 6 = 0$

$$FF_{5-6} = TE_6 - EF_{5-6} = 9 - 9 = 0$$

$$IF_{5-6} = TF_{5-6} - FF_{5-6} = 0 - 0 = 0$$

$$DF_{5-6} = TE_6 - TL_5 - D_{5-6} = 9 - 6 - 3 = 0$$

(5)判断关键工作和关键线路。根据 $TF_{i-j} = 0$，工作①—③（B）、工作③—⑤（E）、工作⑤—⑥（G）为关键工作,所组成的线路①—③—⑤—⑥为关键线路。

(6)确定计划总工期 $T = TE_6 = TL_6 = 9$ 天。

(三)表上计算法

表上计算法是采用各项时间参数计算表格,按照时间参数相应计算公式和程序,直接在表格上进行时间参数计算的方法。表算法的计算表格有多种形式,表 11 - 3 所示为常用的一种。

下面仍以图 11 - 28 所示网络图为例,说明表算法的计算方法和步骤(见表 11 - 3)。

(1)将紧前工作数、工作号码和工作持续时间,按网络图事件编号递增的顺序逐一分别填入表 11 - 3 所示表格的 1、2 列中。

(2)自上而下计算各工作的最早开始时间和最早完成时间。

(3)自下而上计算各工作最迟完成时间和最迟开始时间。

(4)按分析法的计算公式计算时差参数,填入相应表格中。

(5)标注关键工作。

表 11 - 3　时间参数计算表

工作名称 $i-j$	持续时间 D_{i-j}	最早开始时间 ES_{i-j}	最早完成时间 EF_{i-j}	最迟开始时间 LS_{i-j}	最迟完成时间 LF_{i-j}	总时差 TF_{i-j}	自由时差 FF_{i-j}	相关时差 IF_{i-j}	关键工作
1—2	2	0	2	1	3	1	0	1	
1—3	3	0	3	0	3	0	0	0	√
2—4	3	2	5	3	6	1	0	1	
3—4	2	3	5	4	6	1	0	1	
3—5	3	3	6	3	6	0	0	0	√
4—6	2	5	7	7	9	2	2	0	

双代号网络计划时间参数计算的方法除上述方法外,还有矩阵法和电算法等。矩阵法是根据网络图的事件数目列出一个矩阵表,再按照各项时间参数的计算公式和程序,直接在矩阵表上计算各项时间参数的方法。它适用于工作逻辑关系复杂,而工作项目不很多的网络计划。通常在矩阵表中仅列出事件时间参数的计算结果,工作最早开始和完成时间、最迟

开始和完成时间以及工作的各种时差均根据工作的开始事件和结束事件的时间参数,利用分析计算法的公式推得。

第三节　单代号网络图

单代号网络图是以节点及其编号表示工作,以箭线表示工作之间逻辑关系的网络图,如图 11-29 所示。单代号网络图是网络计划的另一种表达方式。

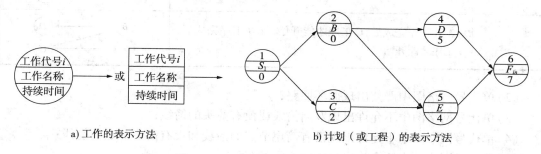

图 11-29　单代号网络图的表达方式

单代号网络图绘图方便,图面简洁,不必增加虚箭线,因此产生逻辑错误的可能性较小,弥补了双代号网络图的不足,容易被非专业人员所理解和易于修改的优点,所以近年来被广泛应用。

一、单代号网络图的组成

单代号网络图是由节点、箭线和线路三个基本要素组成。

(1)节点。单代号网络图中每一个节点表示一项工作,宜用圆圈或矩形表示。节点所表示的工作名称、持续时间和工作代号均标注在节点内。如图 11-29a)所示。

(2)箭线。单代号网络图中,箭线表示工作之间的逻辑关系,箭线可以画成水平直线、折线或斜线。箭线水平投影的方向自左向右,表示工作进行的方向。在单代号网络图中没有虚箭线。

(3)线路。单代号网络图的线路同双代号网络图的线路的含义是相同的。

二、单代号网络图的绘制

(一)单代号网络图的绘图规则

(1)单代号网络图各项工作之间的逻辑关系的表示方法,如表 11-4 所示。

表 11-4　单代号网络图中各项工作之间逻辑关系的表示方法

序号	描　　　述	单代号表示方法
1	A 工序完成后,B 工序才能开始	$A \rightarrow B$
2	A 工序完成后,B、C 工序才能开始	$A \rightarrow B$, $A \rightarrow C$

序号	描　　述	单代号表示方法
3	A、B 工序完成后,C 工序才能开始	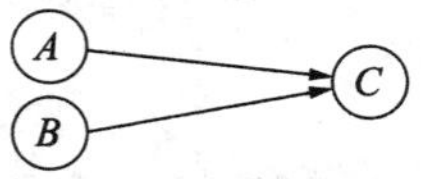
4	A、B 工序完成后,C、D 工序才能开始	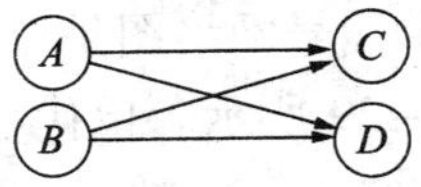
5	A、B 工序完成后,C 工序才能开始,且 B 工序完成后,D 工序才能开始	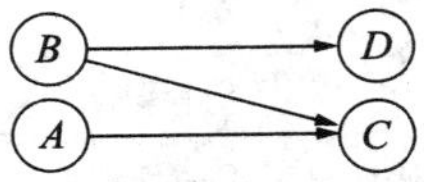

（2）单代号网络图中严禁出现循环回路；

（3）单代号网络图中不允许出现双向箭线或没有箭头的箭线；

（4）单代号网络图中不允许出现没有箭尾节点的箭线和没有箭头节点的箭线；

（5）单代号网络图中不允许出现重复编号的工作；

（6）绘制网络图时,箭线不宜交叉。当交叉不可避免时,可采用断线法、过桥法或指向法绘制；

（二）绘制规则及注意事项

单代号网络图的绘图规则及注意事项基本同双代号网络图,所不同的是:单代号网络图也只能有一个起点节点和一个终点节点,当网络图中有多项起点节点或多项终点节点时,应在网络图的两端分别设置一个虚拟的节点,作为该网络图的起点节点（S_t）和终点节点（F_{in}）,如图 11-29b）所示。

（三）绘图示例

【例 11-4】根据表 11-5 中各项工作的逻辑关系,绘制单代号网络图。

表 11-5　某工程各项工作的逻辑关系表

工作代号	A	B	C	D	E	F	G	H
紧前工作	—	—	A	AB	B	CD	D	DE
紧后工作	CD	DE	F	FGH	H	—	—	—
持续时间	3	2	5	7	4	4	10	6

此例题的绘制结果,如图 11-30 所示。

三、单代号网络计划时间参数计算

（一）单代号网络计划的各项时间参数及其代表符号

单代号网络计划与双代号网络计划相似,主要包括以下内容:工作持续时间 D_i；工作最早开始时间 ES_i；工作最早完成时间 EF_i；工作最迟开始时间 LS_i；工作最迟完成时间 LF_i；总

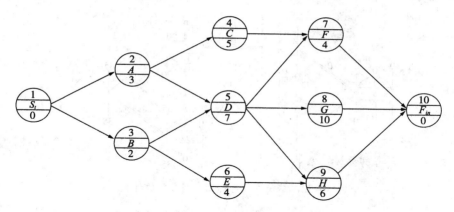

图 11-30 单代号网络图的绘图

时差 TF_i;自由时差 FF_i;计算工期 T_c;要求工期 T_r;计划工期 T_p;时间间隔 $LAG_{i,j}$;

（二）单代号网络计划时间参数的标注形式

单代号网络计划时间参数的标注形式,如图 11-31 所示。

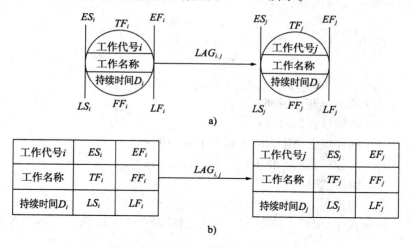

图 11-31 单代号网络计划时间参数的标注形式

（三）单代号网络计划时间参数的计算

以图 11-32 所示为例,用图上计算法（结合分析计算法）介绍单代号网络计划时间参数的计算。

1. 计算工作的最早开始时间和最早完成时间

工作的最早开始时间和最早完成时间,应该从网络计划的起点节点开始,顺着箭线方向自左至右依次逐项进行计算,到终点节点为止。

（1）起点节点的最早开始时间。

当未规定其最早开始时间时,不论起点节点代表的是实工作还是虚拟的开始节点,其值均应等于零,即

$$ES_i = 0 \quad (i = 1) \tag{11-29}$$

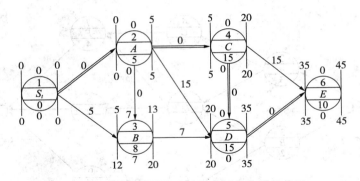

图 11-32　单代号网络计划时间参数的计算图

（2）其他工作。

当工作 i 只有一项紧前工作 h 时，其最早开始时间应为

$$ES_i = ES_h + D_h \tag{11-30}$$

当工作 i 有多项紧前工作 h 时，其最早开始时间应为

$$ES_i = \max\{ES_h + D_h\} \tag{11-31}$$

（3）工作 i 的最早完成时间计算：

$$EF_i = ES_i + D_i \tag{11-32}$$

故式（11-30）和式（11-31）可以变为如下形式：

$$ES_i = EF_h \tag{11-33}$$

$$ES_i = \max\{EF_h\} \tag{11-34}$$

式中：ES_i——工作 i 的最早开始时间；

　　EF_i——工作 i 的最早完成时间；

　　ES_h——工作 i 的各项紧前工作 h 的最早开始时间；

　　EF_h——工作 i 的各项紧前工作 h 的最早完成时间；

　　D_i——工作 i 的持续时间；

　　D_h——工作 i 的各项紧前工作 h 的持续时间。

按式（11-29）、式（11-32）～式（11-34）计算如图 11-32 所示中各工作的最早开始时间和最早完成时间：

$$ES_1 = 0 \qquad\qquad EF_1 = ES_1 + D_1 = 0 + 0 = 0;$$

$$ES_2 = EF_1 = 0, \qquad\qquad EF_2 = ES_2 + D_2 = 0 + 5 = 5$$

$$ES_3 = \max(EF_l, EF_2) = \max\{0,5\} = 5, \quad EF_3 = ES_3 + D_3 = 5 + 8 = 13$$

其他工作的计算结果直接写在如图 11-32 所示中的相应位置。

2. 网络计划计算工期的计算

网络计划的计算工期应按式（11-35）计算：

$$T_c = EF_n \tag{11-35}$$

式中：EF_n——终点节点 n 的最早完成时间。

按式（11-35）计算，则如图 11-32 所示中网络计划的计算工期为

$$T_c = EF_6 = 45$$

3. 网络计划计划工期的计算

网络计划计划工期的确定与双代号网络计划相同，即

（1）当已经规定了要求工期 T_r 时，

$$T_p \leqslant T_r \qquad (11-36)$$

（2）当未规定要求工期时，

$$T_p = T_c \qquad (11-37)$$

如图 11-32 所示网络计划未规定要求工期，则其计划工期按式（11-37）取其计算工期：

$$T_p = T_c = 45$$

将计划工期标注在终点节点的右侧，并用方框框起来。

4. 计算工作的最迟完成时间和最迟开始时间

计算工作最迟时间，应从网络计划的终点节点开始，逆着箭线方向依次逐项计算，直至起点节点。

（1）终点节点 n 所代表工作的最迟完成时间，应该按网络计划的计划工期 T_p 确定，即

$$LF_n = T_p \qquad (11-38)$$

（2）其他工作。

当工作 i 只有一项紧后工作 j 时，其最迟完成时间应为

$$LF_i = LF_j - D_j \qquad (11-39)$$

当工作 i 有多项紧后工作 j 时，其最迟完成时间应为

$$LF_i = \min \{ LF_j - D_j \} \qquad (11-40)$$

（3）工作 i 的最迟开始时间应按下式计算：

$$LS_i = LF_i - D_i \qquad (11-41)$$

故式（11-39）和式（11-40）可以变为如下形式：

$$LF_i = LS_j \qquad (11-42)$$

$$LF_i = \min \{ LS_j \} \qquad (11-43)$$

式中：LF_n——终点节点 n 所代表工作的最迟完成时间；

$\quad LF_i$——工作 i 的最迟完成时间；

$\quad LF_j$——工作 i 的紧后工作 j 的最迟完成时间；

$\quad LS_i$——工作 i 的最迟开始时间；

$\quad LS_j$——工作 i 的紧后工作 j 的最迟开始时间；

$\quad D_j$——工作 i 的紧后工作 j 的持续时间。

按式（11-38）、式（11-41）~式（11-43）计算如图 11-32 所示中各工作的最迟开始时间和最迟完成时间：

$$LF_6 = T_p = 45, \qquad\qquad LS_6 = LF_6 - D_6 = 45 - 10 = 35;$$

$$LF_5 = LS_6 = 35, \qquad\qquad LS_5 = LF_5 - D_5 = 35 - 15 = 20;$$

$$LF_4 = \min \{ LS_5, LS_6 \} = \min \{ 20, 35 \} = 20, \quad LS_4 = LF_4 - D_4 = 20 - 15 = 5$$

其他工作的计算结果直接写在如图 11-32 所示中的相应位置。

5. 相邻两项工作 i 和 j 之间的时间间隔 LAG_{i-j} 的计算应符合下列规定

（1）当终点节点为虚拟节点时，其时间间隔应为

$$LAG_{i-n} = T_p - EF_i \qquad (11-44)$$

（2）其他节点之间的时间间隔应为

$$LAG_{i-j} = ES_j - EF_i \qquad (11-45)$$

按式（11-44）和式（11-45）计算,如图11-32所示中相邻工作之间的时间间隔:

$$LAG_{5-6} = ES_6 - EF_5 = 35 - 35 = 0; \qquad LAG_{4-6} = ES_6 - EF_4 = 35 - 20 = 15$$

其他工作间的时间间隔的计算结果直接写在如图11-32所示中的相应位置。

6. 工作总时差的计算

工作总时差可按式（11-46）计算:

$$TF_i = LS_i - ES_i = LF_i - EF_i \tag{11-46}$$

也可以从网络计划的终点节点开始,逆着箭线方向依次按式（11-47）计算:

$$TF_i = \min\{TF_j + LAG_{i-j}\} \tag{11-47}$$

按式（11-46）计算,如图11-32所示中各工作的总时差:

$$TF_1 = LS_1 - ES_1 = 0 - 0 = 0; \quad TF_2 = LS_2 - ES_2 = 0 - 0 = 0$$

其他工作的总时差计算结果直接写在如图11-32所示中的相应位置。

7. 工作自由时差的计算

（1）终点节点 n 所代表工作的自由时差应为

$$FF_n = T_P - EF_n \tag{11-48}$$

（2）其他工作 i 的自由时差应为

$$FF_i = ES_j - EF_i = LAG_{i-j} \tag{11-49}$$

或

$$FF_i = \min\{ES_j - EF_i\} = \min\{LAG_{i-j}\} \tag{11-50}$$

按式（11-48）～式（11-50）计算,如图11-32所示中各工作的自由时差:

$$FF_6 = T_P - EF_6 = 45 - 45 = 0; FF_5 = LAG_{5-6} = 0$$

$$FF_4 = \min(LAG_{4-5}, LAG_{4-6}) = \min\{0, 15\} = 0$$

其他工作的自由时差计算结果直接写在如图11-32所示中的相应位置。

8. 关键工作和关键线路的确定

（1）关键工作的确定。单代号网络计划关键工作的确定方法与双代号网络计划相同,即总时差最小的工作为关键工作。由此判断如图11-32所示中的关键工作为:"1","2","4","5","6"共五项。

（2）关键线路的确定。在单代号网络计划中,从起点节点开始到终点节点均为关键工作,且所有工作之间的时间间隔均为零的线路为关键线路。由此可以判断出,如图11-32所示的关键线路为:1—2—4—5—6,并用双箭线标出关键线路。

第四节　双代号时标网络计划

一、概　念

时标网络计划是指以时间坐标为尺度编制的网络计划。它是综合应用横道图时间坐标和网络计划的原理,吸取了二者的长处,兼有横道计划的直观性和网络计划的逻辑性,故在工程中的应用较非时标网络计划更广泛。

时标网络计划绘制在时标计划表（如表11-6所示）,时标计划表中部的刻度线宜为细线,为了使图面清楚,此线也可以不画。时标的时间单位应根据需要在编制网络计划之前确定,可为天、周、旬、月或季等。时间坐标的刻度代表的时间可以是一个时间单位,也可以是时间单位的整数倍,但不应小于一个时间单位。时标可标注在时标计划表的顶部或底部,必要时可以在顶部时标之上或底部时标之下加注日历的对应时间。

表 11 - 6　时标计划表

日　历（时间单位）	1	2	3	4	5	6	7	8	9	10	11	12	13	14	15	16	17	18	19
网络计划（时间单位）	1	2	3	4	5	6	7	8	9	10	11	12	13	14	15	16	17	18	19

二、双代号时标网络计划的特点与适用范围

（一）时标网络计划的特点

（1）在时标网络计划中,各条工作箭线的水平投影长度即为各项工作的持续时间,能明确地表达各项工作的起、止时间和先后施工的逻辑关系,使计划表达形象直观,一目了然。

（2）能在时标计划表上直接显示各项工作的主要时间参数,并可以直接判断出关键线路。

（3）因为有时标的限制,在绘制时标网络计划时,不会出现"循环回路"之类的逻辑错误。

（4）可以利用时标网络直接统计资源的需要量,以便进行资源优化和调整,并对进度计划的实施进行控制和监督。

（5）由于箭线受时标的约束,故用手工绘图不容易,修改也较难。使用计算机编制、修改时标网络图则较方便。

（二）时标网络计划的适用范围

（1）工作项目较少、工艺过程较为简单的工程,能迅速地边绘图、边计算、边调整。

（2）对于大型复杂的工程,可以先绘制局部网络计划,然后再综合起来绘制出比较简明的总网络计划。

（3）实施性（或作业性）网络计划。

（4）年、季、月等周期性网络计划。

（5）使用实际进度前锋线进行进度控制的网络计划。

三、双代号时标网络计划的绘制

（一）绘制的基本要求

（1）在时标网络计划中,以实箭线表示实工作,以虚箭线表示虚工作,以波形线表示工作的自由时差,如图 11 - 34 所示。

（2）时标网络计划中所有符号在时间坐标上的水平投影位置,都必须与其时间参数相对应。节点中心必须对准相应的时标位置,它在时间坐标上的水平投影长度应视为零。

（3）虚工作必须以垂直方向的虚箭线表示,有自由时差时加波形线表示。

（二）绘制方法

时标网络计划宜按最早时间编制,不宜按最迟时间编制。在时标网络计划编制前,应该

先绘制非时标网络计划草图,绘制方法有间接和直接两种。

1. 间接绘制法

即先计算网络计划的时间参数,再根据时间参数按草图在时标计划表上绘制的方法。现以图 11 – 33 为例,介绍间接绘制法的步骤如下。

(1)绘制非时标网络计划草图,如图 11 – 33 所示。

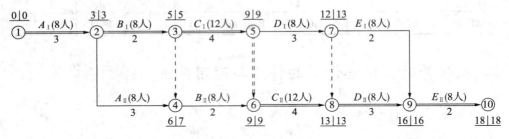

图 11 – 33 双代号网络图

(2)计算各节点的最早时间(或各工作的最早时间)并标注在图上,如图 11 – 33 所示。

(3)按节点的最早时间将各节点定位在时标计划表上,图形尽量与草图一致,如图 11 – 33 所示。

(4)按各工作的持续时间绘制相应工作的实线部分,使其在时间坐标上的水平投影长度等于工作的持续时间;若实线长度不足以到达该工作的结束节点时,用波形线补足,并在末端绘出箭头。

(5)虚工作以垂直方向的虚箭线表示,有自由时差时加波形线表示。绘制完成的时标网络计划,如图 11 – 34 所示。

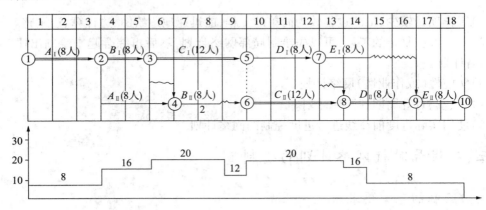

图 11 – 34 时标网络图

2. 直接绘制法

就是不计算网络计划的时间参数,直接按草图在时标计划表上绘制的方法。绘制步骤如下:

(1)将起点节点定位在时标计划表的起始刻度线上。

(2)按工作持续时间,在时标计划表上绘制起点节点的外向箭线。

(3)除起点节点以外的其他节点必须在其所有内向箭线绘出以后,定位在这些内向箭线中最早完成时间最迟的箭线末端。其他内向箭线长度不足以到达该节点时,用波形线补足。

（4）若虚箭线占用时间,用波形线表示。

（5）用上述方法自左至右依次确定其他节点位置,直至终点节点定位绘完。仍以如图11-33所示为例,按照上述步骤绘制其相应的时标网络图如下:按照（1）条,将起点节点①定位在图11-34所示的时标计划表的起始刻度线上。按照（2）条,绘制①节点的外向箭线1—2。按照（3）、（4）、（5）条的规定,自左至右依次确定其余各节点的位置;如②、③、⑤、⑦节点之前只有一条内向箭线,则在其内向箭线绘制完成后即可在其末端将上述节点绘出;④、⑥、⑧节点则必须待其前面的两条内向箭线都绘制完成后,才能定位在这些内向箭线中最晚完成的时刻处;并且这些节点均有长度不足以达到该节点的内向实箭线,故用波形线补足。绘制完成的时标网络计划,如图11-34所示。

四、双代号时标网络计划时间参数的确定

以如图11-34所示的时标网络计划为例,将双代号时标网络计划时间参数的确定方法分述如下。

（一）最早时间的确定

（1）每条箭线箭尾节点中心所对应的时标值,即为工作的最早开始时间。

（2）箭线实线部分右端或箭尾节点中心所对应的时标值,即为工作的最早完成时间。

（3）虚工作的最早开始时间和最早完成时间相等,均为其开始节点中心所对应的时标值。通过观察,将图11-34中所示的各工作的最早开始时间和最早完成时间分别填入表11-7。

（二）双代号时标网络计划工期的确定

1. 计算工期的确定

时标网络计划的计算工期,应为终点节点与起点节点中心所对应的时标值的差。如图11-34所示的时标网络计划的计算工期为

$$T_c = 18 - 0 = 0$$

2. 计划工期的确定

同非时标网络计划一样,如图11-34所示的时标网络计划未规定要求工期可得

$$T_p = T_c = 18$$

（三）自由时差的确定

在时标网络计划中,工作的自由时差值应为表示该工作的箭线中波形线部分在坐标轴上的水平投影长度。将图11-34所示中各工作的自由时差分别填入表11-7。

（四）总时差的计算

在时标网络计划中,工作的总时差应自右至左逐个进行计算。一项工作只有在其紧后工作的总时差全部计算出来以后,才能计算出其总时差。

（1）以终点节点$(j=n)$为结束节点的工作的总时差,应该按网络计划的计划工期T_p计算确定,即

$$TF_{i-n} = T_p - EF_{i-n} \qquad (11-51)$$

（2）其他工作的总时差应为

$$FF_{i-j} = \min\{TF_{j-k}\} + FF_{i-j} \tag{11-52}$$

式中：TF_{i-n}——以终点节点 n 为结束节点的工作的总时差；

$\quad\quad EF_{i-n}$——以终点节点 n 为结束节点的工作的最早完成时间；

$\quad\quad TF_{j-k}$——工作 $j-k$ 的总时差。

表 11-7　双代号时标网络计划时间参数计算表

工作编号 $i-j$	最早开始时间 ES_{i-j}	最早完成时间 EF_{i-j}	最迟开始时间 LS_{i-j}	最迟完成时间 LF_{i-j}	总时差 TF_{i-j}	自由时差 FF_{i-j}
1—2	0	3	0	3	0	0
2—3	3	5	3	5	0	0
2—4	3	6	4	7	1	0
3—4	5	5	7	7	2	1
3—5	5	9	5	9	0	0
4—6	6	8	7	9	1	1
5—6	9	9	9	9	0	0
5—7	9	12	10	13	1	0
6—8	9	13	9	13	0	0
7—8	12	12	13	13	1	1
7—9	12	14	14	16	2	2
8—9	13	16	13	16	0	0
9—10	16	18	16	18	0	0

按式（11-51）和式（11-52）计算，如图 11-34 所示时标网络计划中各工作的总时差为

$$TF_{9-10} = T_p - EF_{9-10} = 18 - 18 = 0; TF_{8-9} = TF_{9-10} + EF_{8-9} = 0 + 0 = 0$$

$$TF_{5-7} = \min\{TF_{7-8}, TF_{7-9}\} + EF_{5-7} = \min\{1, 2\} + 0 = 1 + 0 = 1$$

其他工作的总时差的计算结果直接填入表 11-7。

（五）工作最迟时间的计算

时标网络计划中工作的最迟开始时间和最迟完成时间应计算如下：

$$LS_{i-j} = ES_{i-j} + TF_{i-j} \tag{11-53}$$

$$LF_{i-j} = EF_{i-j} + TF_{i-j} \tag{11-54}$$

按式（11-53）和式（11-54）计算，如图 11-34 所示的时标网络计划中各工作的最迟开始时间和最迟完成时间分别为

$$LS_{1-2} = ES_{1-2} + TF_{1-2} = 0 + 0 = 0, LF_{1-2} = EF_{1-2} + TF_{1-2} = 3 + 0 = 3$$

其他工作的计算结果直接填入表 11-7。

（六）关键线路的确定

双代号时标网络计划关键线路的确定，应该自终点节点开始逆箭线方向观察，至起点节点为止，自始至终不出现波形线的线路为关键线路。在如图 11-34 所示的时标网络计划

中,关键线路为1—2—3—5—6—8—9—10,并用双箭线标出。

第五节 单代号搭接网络计划

一、概念

单代号搭接网络计划是前后工作之间有多种逻辑关系的肯定型网络计划。它是综合了单代号网络与搭接施工的原理,使二者有机结合起来应用的一种网络计划表示方法。

在建设工程实践中,搭接关系是大量存在的,要求控制进度的计划图形能够表达和处理好这种关系。但在前几节所介绍的网络计划中,却只能表示两项工作首尾相接的关系,即一项工作只有在其所有紧前工作完成之后才能开始。遇到搭接关系,必须将前一项工作进行分段处理,以符合前面工作不完成、后面工作不能开始的逻辑要求,这就使得网络计划变得较为复杂,使绘制、调整、计算都不方便。针对这一问题,各国陆续出现了许多表示搭接关系的网络计划,统称为"搭接网络计划法"。其共同的特点是:当前一项工作开始一段时间能为其紧后工作提供一定的开始条件,紧后工作就可以插入进行,将前后工作搭接起来。这就大大简化了网络计划,但也带来了计算工作的复杂化,应该借助计算机进行计算。

二、相邻工作的各种搭接关系

相邻两个工作之间的搭接关系主要有结束到开始、开始到开始、结束到结束、开始到结束及混合搭接等五种搭接关系,现分别介绍如下。

(一)完成到开始的关系(FTS)

两项工作间的相互关系是通过前项工作的完成到后项工作的开始之间的时距 FTS 来表达,如图11-35所示。

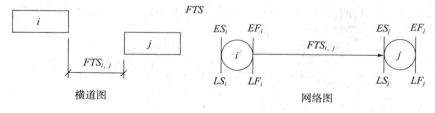

图11-35 完成到开始的关系(FTS)

由图11-35可知,两项工作完成到开始之间时间参数的计算关系为

$$ES_j = ES_i + FTS_{i,j} \tag{11-55}$$

$$LF_i = LS_j - FTS_{i,j} \tag{11-56}$$

式中:$FTS_{i,j}$——从工作i完成到工作j开始的时距。

(二)开始到开始的关系(STS)

前后两项工作的关系用其相继开始的时距 STS 来表达。就是说前项工作开始后,要经过 STS 后,后项工作才能开始,如图11-36所示。

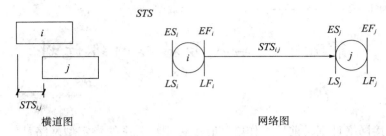

图 11 – 36　开始到开始的关系(STS)

由图 11 – 36 可知,两项工作开始到开始之间时间参数的计算关系为

$$ES_j = ES_i + STS_{i,j} \qquad (11-57)$$

$$LS_i = LS_j - STS_{i,j} \qquad (11-58)$$

式中:$STS_{i,j}$——从工作 i 开始到工作 j 开始的时距。

(三)完成到完成的关系(FTF)

两项工作之间的关系用前后工作相继完成的时距 FTF 来表达。就是说,前项工作完成后,经过 FTF 时间后,后项工作才能完成,如图 11 – 37 所示。

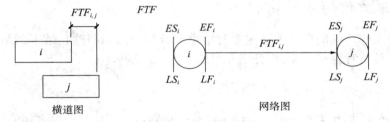

图 11 – 37　完成到完成的关系(FTF)

由图 11 – 37 可知,两项工作完成到完成之间时间参数的计算关系为

$$EF_j = EF_i + FTF_{i,j} \qquad (11-59)$$

$$LF_i = LF_j - FTF_{i,j} \qquad (11-60)$$

式中:$FTF_{i,j}$——从工作 i 完成到工作 j 完成的时距。

(四)开始到完成的关系(STF)

两项工作之间的关系用前项工作开始到后项工作完成之间的时距 STF 来表达。就是说,前项工作开始一段时间 STF 后,后项工作才能完成,如图 11 – 38 所示。

由图 11 – 38 可知,两项工作开始到完成之间时间参数的计算关系为

$$EF_j = ES_i + STF_{i,j} \qquad (11-61)$$

$$LS_i = LF_j - STF_{i,j} \qquad (11-62)$$

式中:$STF_{i,j}$——从工作 i 开始到工作 j 完成的时距。

(五)混合搭接关系

当两项工作之间同时存在上述四种关系中的两种关系时,这种具有双重约束的工作关

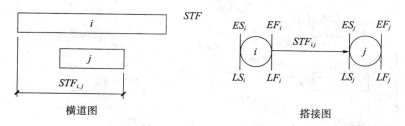

图 11 −38　开始到完成的关系(STF)

系,就是混合搭接关系。常见的有以下几种。

1. 既有 STS 又有 FTF

两项工作之间要同时符合 STS 和 FTF 两种关系,如图 11 −39a)所示。

由图 11 −39a)可知,两项工作之间时间参数的计算关系为

$$ES_j = ES_i + STF_{i,j} \tag{11−63}$$

$$LS_i = LS_j − STS_{i,j} \tag{11−64}$$

$$EF_j = ES_i + FTF_{i,j} \tag{11−65}$$

$$LF_i = LF_j − FTF_{i,j} \tag{11−66}$$

由式(11 −63)和式(11 −65)计算所得结果,选其中最大值作为工作 j 的最早时间;由式(11 −64)和式(11 −66)计算所得结果,选其中最小值作为工作 i 的最迟时间。

2. 既有 STF 又有 FTS

两项工作之间要同时符合 STF 和 FTS 两种关系,如图 11 −39b)所示。

由图 11 −39b)可知,两项工作之间时间参数的计算关系为

$$EF_j = ES_i + FTF_{i,j} \tag{11−67}$$

$$LS_i = LF_j − STF_{i,j} \tag{11−68}$$

$$ES_j = EF_i + FTS_{i,j} \tag{11−69}$$

$$LF_i = LS_j − FTS_{i,j} \tag{11−70}$$

由式(11 −67)和式(11 −69)计算所得结果,选其中最大值作为工作 j 的最早时间;由式(11 −68)和式(11 −70)计算所得结果,选其中最小值作为工作 i 的最迟时间。

3. 既有 STS 又有 STF

两项工作之间要同时符合 STS 和 STF 两种关系,如图 11 −39c)所示。由图 11 −39c)可知,两项工作之间时间参数的计算关系为

$$ES_i = ES_j + STS_{i,j} \tag{11−71}$$

$$LS_i = LS_j − STS_{i,j} \tag{11−72}$$

$$EF_j = ES_i + STF_{i,j} \tag{11−73}$$

$$LS_i = LF_j − STF_{i,j} \tag{11−74}$$

由式(11 −71)和式(11 −73)计算所得结果,选其中最大值作为工作 j 的最早时间;由式(11 −72)和式(11 −74)计算所得结果,选其中最小值作为工作 i 的最迟时间。

4. 既有 FTS 又有 FTF

两项工作之间要同时符合 FTS 和 FTF 两种关系,如图 11 −39d)所示。由图 11 −39d)可知,两项工作之间时间参数的计算关系为

$$ES_j = EF_i + FTS_{i,j} \tag{11−75}$$

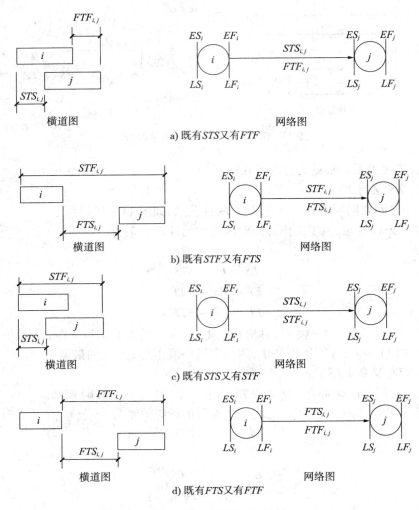

图 11 − 39　混合搭接关系

$$LF_i = LS_j - FTS_{i,j} \qquad (11-76)$$

$$EF_j = EF_i + FTF_{i,j} \qquad (11-77)$$

$$LF_i = LF_j - FTF_{i,j} \qquad (11-78)$$

由式(11−75)和式(11−77)计算所得结果,选其中最大值作为工作 j 的最早时间;由式(11−76)和式(11−78)计算所得结果,选其中最小值作为工作 i 的最迟时间。

三、搭接网络计划的时间参数计算

单代号搭接网络计划的时间参数的计算内容主要包括:工作最早时间的计算;网络计划工期的确定;工作最迟时间的计算;时间间隔的计算;工作时差的计算;关键线路的确定。时间参数的标注形式,如图 11−40 所示。

下面以图 11−41 为例,说明上述参数的计算过程。

(一)工作最早时间的计算

(1)工作最早时间的计算必须从虚拟起点节点开始,顺箭线方向自左至右依次进行。只

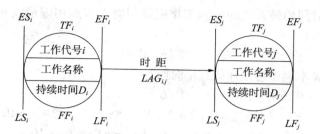

图 11-40 单代号搭接网络计划的时间参数的标注形式

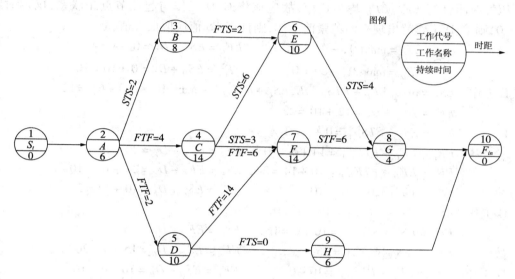

图 11-41 单代号搭接网络计划示例

有紧前工作计算完毕,才能计算本工作。

(2)计算工作最早时间应按下列步骤进行:

①凡与起点节点相连的工作最早开始时间都为零,即

$$ES_i = 0 \tag{11-79}$$

②其他工作 j 的最早时间按式(11-80)~式(11-85)进行计算:

$$FTS: ES_j = EF_i + FTS_{i,j} \tag{11-80}$$

$$STS: ES_j = ES_i + STS_{i,j} \tag{11-81}$$

$$FTF: EF_j = EF_i + FTS_{i,j} \tag{11-82}$$

$$STF: EF_j = ES_i + STF_{i,j} \tag{11-83}$$

$$ES_j = EF_j - D_i \tag{11-84}$$

$$ES_j = EF_j + D_j \tag{11-85}$$

③计算工作最早时间,当出现最早开始时间为负值时,应将该工作与起点节点用虚箭线相连接,并确定其时距为

$$STS = 0 \tag{11-86}$$

④当有两种以上的时距(或者有两项或两项以上紧前工作)限制工作间的逻辑关系时,应该按不同情况分别进行计算其最早时间,取其最大值。

⑤有最早完成时间的最大值的中间工作应该与终点节点用虚箭线相连接,并确定其时距为:

$$FTF = 0 \qquad\qquad (11-87)$$

按上述公式计算本例中各工作的最早时间;

A 工作　　$ES_A = 0, EF_A = ES_A + D_A = 0 + 6 = 6$

B 工作　　$ES_B = ES_A + STS_{A,B} = 0 + 2 = 2, EF_B = ES_B + D_B = 2 + 8 = 10$

C 工作　　$EF_C = EF_A + FTF_{A,C} = 6 + 4 = 10, ES_C = EF_C - D_C = 10 - 14 = -4$

D 工作　　$EF_D = EF_A + FTF_{A,D} = 6 + 2 = 8, ES_D = EF_D - D_D = 8 - 10 = -2$

因按时距计算 EF_C、EF_D 均为负值,故应该将 C、D 工作与起点节点相联系,确定时距 $STS = 0$,则 C、D 工作就出现有两项紧前工作,则计算 ES 值应取最大值,故:

$$ES_C = \max(0, -4) = 0, \qquad EF_C = ES_C + D_C = 0 + 4 = 4$$

$$ES_D = \max(0, -2) = 0, \qquad EF_D = ES_D + D_D = 0 + 10 = 10$$

E 工作　　$ES_E = \max\{EF_B + FTS_{B,E}, E, ES_C + STS_{CE}\} - \max\{10 + 2, 0 + 6\} = 12$

　　　　　$EF_E = ES_E + D_E = 12 + 10 = 22$

F 工作　　$ES_F = ES_C + STS_{C,F} = 0 + 3 = 3$

　　　　　$EF_F = EF_C + FTF_{C,F} = 14 + 6 = 20, \quad ES_F = EF_F - D_F = 20 - 14 = 6$

　　　　　$EF_F = EF_D + FTF_{D,F} = 10 + 14 = 24, \quad ES_F = EF_F - D_F = 24 - 14 = 10$

故　　　　$ES_F = \max\{3, 6, 10\} = 10, \qquad EF_F = ES_F + D_F = 10 + 14 = 24$

G 工作　　$ES_G = ES_E + STS_{E,G} = 12 + 4 = 16$

　　　　　$EF_G = ES_G + STF_{F,G} = 10 + 6 = 16, \quad ES_G = EF_G - D_G = 16 - 4 = 12$

故　　　　$ES_G = \max\{16, 12\} = 16, \qquad EF_G = ES_G + D_G = 16 + 4 = 20$

H 工作　　$ES_H = EF_D + FTS_{D,H} = 10 + 0 = 10, \quad EF_H = ES_H + D_H = 10 + 6 = 16$

根据图的终点有 G、H 两个工作,$EF_G = 20, EF_H = 16$,中间工作 F 的最早完成时间值最大 $EF_F = 24$,但未与终点节点相联系,故必须将 F 节点与终点节点用虚箭线连接,其时距确定为 $FTF = 0$,故虚拟终点节点的 $ES_{终} = EF_{终} = EF_F = 24$。

把以上计算结果标注在图 11-42 所示的网络图中。

(二)搭接网络计划工期的确定

(1)计算工期的确定。搭接网络计划的计算工期是由与虚拟终点节点相联系的工作的最早完成时间的最大值决定,故

$$T_c = \max\{EF_F, EF_G, EF_H\} = \max\{24, 20, 16\}$$

(2)计划工期的确定。同前几节规定一样,图 11-41 所示的搭接网络计划未规定要求工期,故:

$$T_p = T_c = 24$$

(三)工作最迟时间的计算

(1)工作最迟时间的计算,应该从网络计划的终点节点开始,逆箭线方向自右至左依次进行。

(2)虚拟终节点的最迟完成时间应该按网络计划的计划工期确定,即

$$LF_{终} = T_p$$

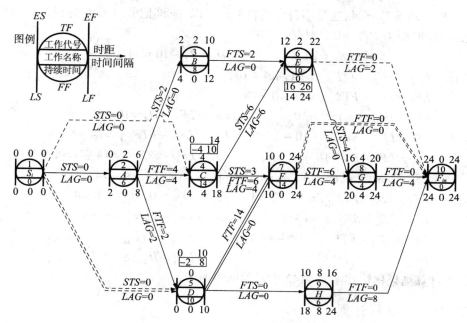

图 11 -42　单代号搭接网络计划的时间参数计算图

（3）凡与虚拟终点节点相连接的工作,其最迟完成时间等于虚拟终点节点的最迟完成时间。

（4）其他工作 i 的最迟时间按式(11 – 88) ~ 式(11 – 93)进行计算:

$$FTS: LF_i = LS_j - FTS_{ij} \tag{11 – 88}$$

$$STS: LS_i = LS_j - STS_{ij} \tag{11 – 89}$$

$$FTF: LF_i = LF_j - FTF_{ij} \tag{11 – 90}$$

$$FTF: LS_i = LF_j - STF_{ij} \tag{11 – 91}$$

$$FTS: LS_j = LF_j - D_i \tag{11 – 92}$$

$$LF_i = LS_i + D_i \tag{11 – 93}$$

（5）计算工作最迟时间,当出现最迟完成时间大于计划工期时,应将该工作与终点节点用虚箭线相连接,并确定其时距为

$$FTF = 0$$

（6）当有两种以上的时距(或者有两项或两项以上紧后工作)限制工作间的逻辑关系时,应按不同情况分别进行计算其最迟时间,取其最小值。

按上述公式计算本例中各工作的最迟时间

终点　　$LF_终 = T_P = 24$,　　　　　　$LS_终 = LF_终 = 24$

H 工作　$LF_H = LF_终 = 24$,　　　　　$LS_H = LF_H - D_H = 24 - 6 = 18$

G 工作　$LF_G = LF_终 = 24$,　　　　　$LS_G = LF_G - D_G = 24 - 4 = 20$

F 工作　$LF_F = LF_终 = 24$,　　　　　$LS_F = LF_G - STF_{F,G} = 24 - 6 = 18$,

　　　　$LF_F = LS_F + D_F = 18 + 14 = 32$

故:　　$LF_F = \min\{24,32\} = 24$　　　　$LS_F = LF_F - D_F = 24 - 14 = 10$

E 工作　$LS_E = LS_G - STS_{E,G} = 20 - 4 = 16$,　$LF_E = LS_E + D_E = 16 + 10 = 26$

由于 $LF_E = 26 > T_P = 24$，这是不符合逻辑的。所以，应该把节点 E 与终点节点用虚箭线连接起来，确定时距为 $FTF = 0$。则有：

$$LF_E = 24, LS_E = LF_E - D_E = 24 - 10 = 14$$

D 工作 $LF_D = LF_F - FTF_{D,F} = 24 - 14 = 10$，

$$LF_D = LS_H - FTS_{D,H} = 18 - 0 = 18$$

故： $LD_D = \min\{10, 18\} = 10$， $LS_D = LF_D - D_d = 10 - 10 = 0$

C 工作 $LS_C = LF_F - STS_{C,F} = 10 - 3 = 7$， $LF_C = LF_F - FTF_{C,F} = 24 - 6 = 8$

$$LS_C = LF_C - D_C = 18 - 14 = 4, \qquad LS_C = LS_E - STS_{C,F} = 14 - 6 = 8$$

故： $LS_C - \min\{7, 4, 8\} = 4$， $LF_C = LS_C + D_C = 4 + 14 = 18$

B 工作 $LF_B = LS_G - FTF_{B,E} = 14 - 2 = 12$， $LS_B = LF_F - D_B = 12 - 8 = 4$

A 工作 $LS_A = LS_B - STS_{A,B} = 4 - 2 = 2$， $LF_A = LS_A + D_A = 2 + 6 = 8$

$$LF_A = LF_C - FTF_{A,C} = 18 - 4 = 14, \qquad LF_A = LF_D - FTF_{A,D} = 10 - 2 = 8$$

故： $LF_A = \min\{8, 14, 8\} = 8$， $LS_A = LF_A - D_A = 8 - 6 = 2$

把以上计算结果标注在图 11 - 42 所示的网络图中。

（四）时间间隔的计算

在搭接网络计划中，相邻两项工作 i 和 j 之间在满足时距之外，还有多余的时间间隔 $LAG_{i,j}$ 存在，如图 11 - 43 所示。时间间隔因搭接关系不同而其计算也不同，现分述如下。

1. 完成到开始的关系（FTS）

$$LAG_{i,j} = ES_j - EF_i - FTS_{i,j} \tag{11-94}$$

上述公式的含义可以用横道图表示，如图 11 - 43a）所示。

2. 开始到开始的关系（STS）

$$LAG_{i,j} = ES_j - ES_i - STS_{i,j} \tag{11-95}$$

上述公式的含义可以用横道图表示，如图 11 - 43b）所示。

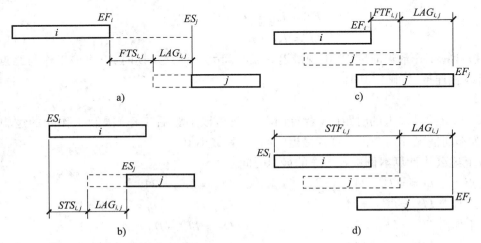

图 11 - 43   搭接网络计划时间间隔 $LAG_{i,j}$ 表达示例

3. 完成到完成的关系（FTF）

$$LAG_{i,j} = ES_j - EF_i - FTF_{i,j} \tag{11-96}$$

上述公式的含义可以用横道图表示,如图 11-43c)所示。

4. 开始到完成的关系(STF)

$$LAG_{i,j} = ES_j - ES_i - STF_{i,j} \qquad (11-97)$$

上述公式的含义可以用横道图表示,如图 11-43d)所示。

5. 混合搭接关系

当相邻工作时间是混合搭接关系时,应分别计算 $LAG_{i,j}$,然后取其中的最小值。在以上四种时距连接关系中,可能出现任何组合情况,所以其计算公式为

$$LAG_{i,j} = \min \begin{cases} ES_j - EF_i - FTS_{i,j} \\ ES_j - ES_i - STS_{i,j} \\ EF_j - EF_i - FTF_{i,j} \\ EF_j - ES_i - STF_{i,j} \end{cases} \qquad (11-98)$$

按上述公式计算本例中各工作之间的时间间隔:

$LAG_{起,A} = LAG_{I起,B} = LAG_{起,C} = 0$

$LAG_{A,B} = ES_B - ES_A - STS_{A,B} = 2 - 0 - 2 = 0$

$LAG_{C,F} = \min\{ES_F - ES_C - STS_{C,F}, EF_F - EF_C - FTF_{C,F}\} = \min\{10 - 0 - 3, 24 - 14 - 6\} = 4$

$LAG_{F,终} \ EF_H \ FTF_{H,终} = 24 - 16 - 8 = 8$

其他工作之间的时间间隔的计算结果直接标注在图 11-42 所示的网络图中。

（五）工作时差的计算

1. 工作总时差的计算

搭接网络计划工作总时差的计算同第三节单代号网络计划一样,即

$$TF_i = LS_i - ES_i = LF_i - EF_i \qquad (11-99)$$

也可以从网络计划的终点节点开始,逆着箭线方向依次按下列公式计算:

$$TF_i = \min\{TF_j + LAG_{i,j}\} \qquad (11-100)$$

按式(11-100)计算本例中各工作的总时差:

$TF_终 = 0$

$TF_H = TF_终 + LAG_{H,终} = 0 + 8 = 8$

$TF_F = \min\{TF_终 + LAG_{F,终}, TF_G + LAG_{F,G}\} = \min\{0 + 0, 4 + 4\} = 0$

$TF_起 = \min\{TF_A + LAG_{起,A}, TF_c + LAG_{起,C}, TF_D + LAG_{起,D}\} = \min\{2 + 0, 4 + 0, 0 + 0\} = 0$

其他工作总时差的计算结果直接标注在图 11-42 所示的网络图中。

2. 工作自由时差的计算

搭接网络计划工作自由时差的计算同第三节单代号网络计划一样,即

(1)终点节点 n 所代表工作的自由时差应为

$$FF_n = T_p - EF_n \qquad (11-101)$$

(2)其他工作 i 的自由时差应为

$$FF_i = ES_j - EF_i = LAG_{i,j} \qquad (11-102)$$

或

$$FF_i = \min\{ES_j - EF_i\} = \min\{LAG_{i,j}\} \qquad (11-103)$$

按式(11-101)~式(11-103)计算本例中各工作的自由时差:

$$FF_{起} = \min\{LAG_{起,A}, LAG_{起,C}, LAG_{起,D}\} = \min\{0,0,0\} = 0$$

$$FF_H = LAG_{H,终} = 8$$

$$TF_{终} = T_P = 0$$

其他工作自由时差的计算结果直接标注在图 11-42 所示的网络图中。

（六）关键工作和关键线路的确定

（1）在单代号搭接网络计划中,总时差最小的工作为关键工作。

（2）在单代号搭接网络计划中,从网络图的起点节点到终点节点的各条线路中,时间间隔 $LAG_{i,j}$ 全部为零的线路为关键线路。由此判断出图 11-42 所示中的关键线路为: S_t—D—F—F_{in} 并用双箭线标出关键线路。

第六节　网络计划的优化

网络计划编制完毕并经过时间参数计算后,得出计划的最初方案,但它只是一种可行方案,不一定是比较合理的或最优的方案。为此,还必须对网络计划的初步方案进行优化处理或调整。

网络计划的优化是在满足既定约束的条件下,按某一目标（工期、成本、资源）,通过对网络计划的不断调整,寻求相对满意或最优计划方案的过程。网络计划优化的目标,应该按计划任务的需要和条件选定,主要包括工期目标、费用目标、资源目标。因此,网络计划优化的主要内容有工期优化、费用优化、资源优化。

一、工期优化

当网络计划的计算工期不能满足要求工期时,即计算工期小于、等于或大于要求工期时,应该进行工期优化,可以通过延长或缩短计算工期以达到工期目标,保证按期完成任务。

工期优化的条件是:各种资源（包括劳动力、材料、机械等）充足,只考虑时间问题。

（一）计算工期小于或等于要求工期

如果计算工期小于要求工期不多或两者相等,一般不必优化。

如果计算工期小于要求工期较多,则宜优化。优化方法是:延长关键工作中资源占用量大或直接费用高的工作持续时间（通常采用减少劳动力等资源需用量的方法）,重新计算各工作计算参数,反复多次进行,直至满足要求工期为止。

（二）计算工期大于要求工期

当计算工期大于要求工期时.可以通过压缩关键工作的持续时间来达到优化目标。

1. 优化步骤

（1）计算并找出初始网络计划的计算工期、关键线路及关键工作。

（2）按要求工期计算应该缩短的时间 ΔT:

$$\Delta T = T_c - T_r \tag{11-104}$$

（3）确定各关键工作能缩短的持续时间。

（4）在关键线路上,按下列因素选择应优先压缩其持续时间的关键工作;

①缩短持续时间后对质量和安全影响不大的关键工作。

②有充足备用资源的关键工作。

③缩短持续时间所需增加的费用最少的关键工作。

（5）将应该优先压缩的关键工作压缩至最短持续时间，并重新计算网络计划的计算工期，找出关键线路。若被压缩的工作变成了非关键工作，则应该将其持续时间延长，使之为关键工作。

（6）若计算工期仍超过要求工期时，则重复以上步骤，直到满足工期要求或工期已经不能再缩短为止。

（7）当所有关键工作的持续时间都已达到最短持续时间而工期仍不能满足要求时，应该对计划的原技术、组织方案进行调整，如果仍不能达到工期要求时，则应该对要求工期重新审定，必要时可以提出要求改变工期。

2. 缩短网络计划工期的方法

（1）改变施工组织安排，往往是缩短网络计划工期的捷径。如重新划分施工段数、最大限度地安排流水施工以及改变各施工段之间先后施工的顺序或相互之间的逻辑关系等。

（2）缩短某些关键工作的持续时间来逐步缩短网络计划工期。其方法有以下两种：

①采用技术措施或改变施工方法，提高工效等。

②采取组织措施，如增加劳动力、机械设备，当工作面受到限制时可以采用两班制或三班制等。

（3）也可以综合采用上述几种方法。如果有多种可行方案均能达到缩短工期的目的时，应该对各种可行方案进行技术经济比较，从中选择最优方案。

3. 缩短网络计划工期时应注意的问题

（1）在缩短网络计划工期的过程中，当出现多条关键线路时，必须将各条关键线路的持续时间同时缩短同一数值，否则不能达到缩短工期的目的。

（2）在缩短关键线路的持续时间时，应逐步缩短，不能将关键工作缩短成非关键工作。

（3）在缩短关键工作的持续时间时，必须注意由于关键线路长度的缩短，次关键线路有可能成为关键线路，因此有时需要同时缩短次关键线路上有关工作的持续时间，才能达到缩短工期的要求。

4. 工期优化实例

【例 11-5】 已知双代号网络计划如图 11-44 所示。图中箭线下方括号外的数字为正常持续时间，括号内的数字为最短持续时间；箭线上方括号内的数字为考虑各种因素后的优选系数，优选系数越小应该优先选择，若同时缩短多个关键工作，则该对多个关键工作的优选系数之和（称为组合优选系数）最小者也应优先选择。假定要求工期为 100d，试进行工期优化。

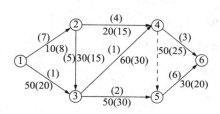

图 11-44　某双代号网络计划图

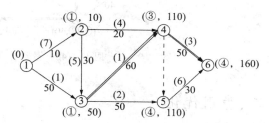

图 11-45　初始双代号网络计划图

解 （1）用标号法求出在正常持续时间下的关键线路及计算工期,如图 11−45 所示。

（2）应缩短的时间:

$$\Delta T = T_c - T_r \tau = 160 - 100 = 60(\text{d})$$

（3）应优先压缩关键线路中优选系数最小的工作 1—3 和工作 3—4,并将其压缩至最短持续时间。用标号法找出关键线路,如图 11−46 所示。此时,工作 1—3 压缩至非关键作,故需要将其松弛,使之成为关键工作,如图 11−47 所示。

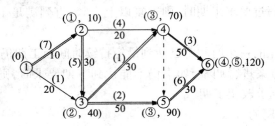

图 11−46　第一次调整后网络计划图

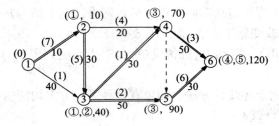

图 11−47　第二次调整后网络计划图

（4）由于计算工期仍大于要求工期,故需要继续压缩。如图 11−47 所示,有四个压缩方案;

①压缩工作 1—2、1—3,组合优选系数为 7 + 1 = 8。

②压缩工作 2—3、1—3,组合优选系数为 5 + 1 = 6。

③压缩工作 3—5、4—6,组合优选系数为 2 + 3 = 5。

④压缩工作 4—6、5—6,组合优选系数为 3 + 6 = 9。

决定压缩优选系数最小者,即工作 3—5、4—6。用最短工作持续时间置换工作 3—5 正常持续时间,工作 4—6 缩短 20d,重新计算网络计划工期,如图 11−48 所示。

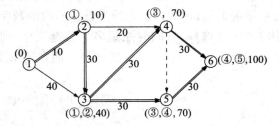

图 11−48　最终优化网络计划图

二、费用优化

费用优化又称成本优化,其优化是寻求最低成本时的最短工期安排,或者按要求工期寻求最低成本的计划安排过程。

（一）工期与费用的关系

工程施工的总费用包括直接费用和间接费用两种。

直接费用是指在工程施工过程中,直接消耗在工程项目上的活劳动和物化劳动,包括人工费、材料费、机械使用费以及冬雨季施工增加费、特殊地区施工费、夜间施工费等。一般情况下,直接费用是随着工期的缩短而增加的。然而,工作时间缩短至某一极限,则无论增加多少直接费用,也不能再缩短工期,此时的工期为最短工期,此时的费用为最短时间直接费用。反之,若延长时间,则可以减少直接费用。然而,时间延长至某一极限,则无论将工期延至多长,也不能再减少直接费用,此时的工期称为正常工期,此时的费用称为正常时间直接费用。

间接费用是与整个工程有关的、不能或不宜直接分摊给每道工序的费用,它包括与工程有关的管理费用、全工地性设施的租赁费、现场临时办公设施费、公用和福利事业费及占用资金应付的利息等。间接费用一般与工程的工期成正比关系,即工期越长,间接费用越多,工期越短,间接费用越少。

如果把直接费用和间接费用加在一起,必然有一个总费用最少的工期,即最优工期。上述关系可由图 11-49 所示的工期费用曲线表示。

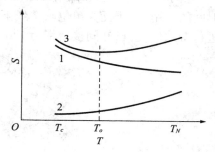

图 11-49 工期—费用曲线图
1—直接费用；2—间接费用；3—总费用；
T_o—最短工期；T_N—正常工期；T_c—最优工期

（二）费用优化的方法

费用优化的基本方法是不断地从时间和费用的关系中,找出能使工期缩短且直接费用增加最少的工作,缩短其持续时间,同时考虑间接费用叠加,便可以求出费用最低相应的最优工期和工期规定时相应的最低费用。

（三）费用优化的步骤

（1）按工作正常持续时间找出关键工作及关键线路。
（2）按下列公式计算各项工作的费用率。
①对双代号网络计划

$$\Delta C_{i-j} = \frac{CC_{i-j} - CN_{i-j}}{DN_{i-j} - DC_{i-j}} \qquad (11-105)$$

式中：ΔC_{i-j}——工作 $i-j$ 的费用率

CC_{i-j}——将工作 $i-j$ 持续时间缩短为最短持续时间后,完成该工作所需的直接费用；

CN_{i-j}——在正常条件下完成的工作 $i-j$ 所需的直接费用；

DN_{i-j}——工作 $i-j$ 的持续时间；

DC_{i-j}——工作 $i-j$ 最短持续时间。

②对单代号网络计划

$$\Delta C_i = \frac{CC_i - CN_i}{DN_i - DC_i} \qquad (11-106)$$

式中：ΔC_i——工作 i 的费用率；

CC_i——将工作 i 的持续时间缩短为最短持续时间后，完成该工作所需的直接费用；

CN_i——在正常的条件下完成工作 i 所需的直接费用；

DN_i——工作 i 的正常持续时间；

DC_i——工作 i 的最短持续时间。

（3）在网络计划中找出费用率（或组合费用率）最低的一项关键工作或一组关键工作，作为缩短持续时间的对象。

（4）缩短找出的关键工作或一组关键工作的持续时间，其缩短值必须符合不能压缩成非关键工作和缩短后其持续时间不小于最短持续时间的原则。

（5）计算相应增加的直接费用 C_i。

（6）考虑工期变化带来的间接费用及其他损益，在此基础上计算总费用。

（7）重复 3～6 条的步骤，一直计算到总费用最低为止。

（四）费用优化实例

【例 11－6】 已知网络计划如图 11－50 所示，图中箭线上方为工作的正常费用和最短时间的费用（以千元为单位），箭线下方为工作的正常持续时间和最短的持续时间。试对其进行费用优化（已知间接费率为 120 元/d）。

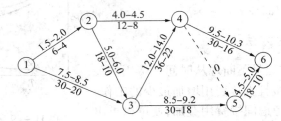

图 11－50 初始网络计划图

解

1. 简化网络图

简化网络图的目的是在缩短工期过程中，删去那些不能变成关键工作的非关键工作，使网络图及其计算简化。

首先按持续时间计算，找出关键线路及关键工作，如图 11－51 所示。关键线路为 1—3—4—6，关键工作为 1—3、3—4、4—6。用最短的持续时间置换那些关键工作的正常持续时间，重新计算，找出关键线路及关键工作。重复本步骤，直至不能增加新的关键线路为止。

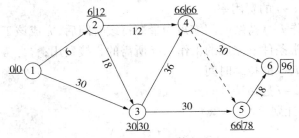

图 11－51 按正常持续时间计算网络计划图

经计算,如图 11−51 所示中的工作 2—4 不能转变为关键工作,故删去它,重新整理成新的网络计划,如图 11−52 所示。

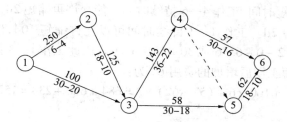

图 11−52 新的网络计划图

2. 计算各工作费用率

$$\Delta C_{1-2} = \frac{CC_{1-2} - CN_{1-2}}{DN_{1-2} - DC_{1-2}} = \frac{2000 - 1500}{6 - 4} = 250(元/d)$$

其他工作费用率同理均按式(11−75)计算,将计算结果标注在图 11−52 中的箭线上方。

3. 找出关键线路上工作费用率最低的关键工作

在图 11−53 中关键线路为 1—3—4—6,工作费用率最低的关键工作是 4—6。

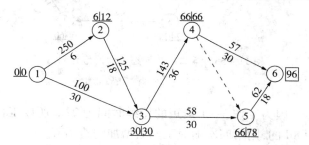

图 11−53 按新的网络计划确定关键线路图

4. 缩短工作的持续时间

原则是原关键线路不能变为非关键线路,并且工作缩短后的持续时间不小于最短持续时间。

已知关键工作 4—6 的持续时间可以缩短 14d,由于工作 5—6 的总时差只有 12d。因此,第一次缩短只能是 12d,工作 4—6 的持续时间应改为 18d,如图 11−54 所示。计算第一次缩短工期后增加费用 C_1 为:

$$C_1 = 57 \times 12 = 684(元)$$

图 11−54 第一次工期缩短的网络计划图

通过第一次缩短后,如图 11-54 所示,关键线路变成两条,即 1—3—4—6 和 1—3—4—5—6。若继续缩短,两条关键线路的长度必须缩短为同一值。为了减少计算次数,关键工作 1—3、4—6、5—6 都缩短时间,工作 4—6 持续时间只能允许再缩短 2d,故将工作 4—6 和 5—6 的持续时间同时缩短 2d。工作 1—3 持续时间可以允许缩短 10d,但考虑到工作 1—2 和 2—3 的总时差有 6d(12 − 0 − 6 = 6 或 30 − 18 − 6 = 6),因此工作 1—3 持续时间短 6d,共计缩短 8d,计算第二次缩短工期后增加的费用 C_2 为:

$$C_2 = C_1 + 100 \times 6 + (57 + 62) \times 2 = 684 + 600 + 238 = 1522(元)$$

第三次缩短:

如图 11-55 所示,工作 4—6 不能再压缩,关键工作 3—4 的持续时间缩短 6d,因工作 3—5 的总时差为 6d(60 − 30 − 24 = 6),计算第三次缩短工期后,增加的费用为 C_3。

$$C_3 = C_2 + 143 \times 6 = 1522 + 858 = 2380(元)$$

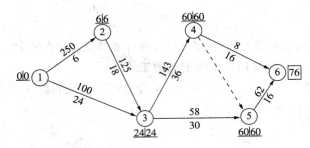

图 11-55　第二次工期缩短的网络计划图

第四次缩短:

如图 11-56 所示,因为工作 3—4 最短的持续时间为 22d,所以工作 3—4 和 3—5 的持续时间可以同时缩短 8d 的,则第四次缩短工期后增加的费用 C_4 为

$$C_4 = C_3 + (143 + 58) \times 8 = 2380 + 201 \times 8 = 3988(元)$$

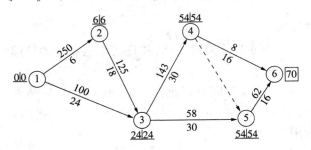

图 11-56　第三次工期缩短的网络计划图

第五次缩短:

如图 11-57 所示,关键线路有 4 条,只能在关键工作 1—2、1—3、2—3 中选择,只有缩短工作 1—3 和 2—3 持续时间 4d。工作 1—3 的持续时间已经达到最短,不能再缩短,过五次缩短工期,不能再减少了,第五次缩短工期后共增加费用 C_5 为

$$C_5 = C_4 + (125 + 100) \times 4 = 3988 + 900 = 4888(元)$$

考虑到不同工期增加费用及间接费用的影响,如表 11-8 所示。选择其中费用最低的工期作为优化的最佳方案,如图 11-58 所示。

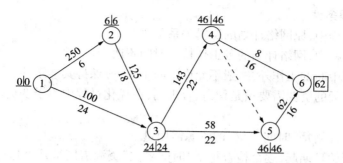

图 11-57 第四次工期缩短的网络计划图

表 11-8 不同工期组合费用表

不同工期	96	84	76	70	62	58
增加直接费	0	684	1522	2380	3988	4888
间接费用	11520	10080	9120	8400	7440	6960
合计费用	11520	10674	10642	10780	11428	11848

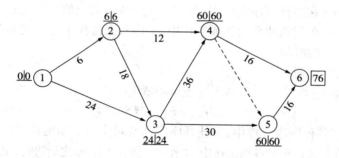

图 11-58 费用最低网络计划图

三、资源优化

资源是指完成某建设项目所需的人力、材料、机械设备和资金等的统称。完成某建设项目所需的资源量基本上是不变的,不可能通过资源优化将其减少。资源优化是通过改变工作的开始时间,使资源按时间的分布符合优化目标。如在资源有限时如何使工期最短,当工期一定时如何使资源均衡。

资源优化中的常用术语如下:

资源强度,一项工作在单位时间内所需的某种资源数量。工作 $i-j$ 的资源强度用 r_{i-j} 表示。资源需用量,网络计划中各项工作在某一单位时间内所需某种资源数量之和。第 t 天资源需用量用 R_t 表示。资源限量,单位时间内可供使用的某种资源的最大数量,用 R_a 表示。

（一）资源有限——工期最短的优化

资源有限——工期最短的优化是通过调整计划安排,以满足资源限制条件,并使工期拖延最少的过程。

1.优化的前提条件

（1）在优化过程中,原网络计划的逻辑关系不改变。

（2）在优化过程中,网络计划的各工作持续时间不改变。

（3）除规定可中断的工作外,一般不允许中断工作,应保持其连续性。

（4）各工作每天的资源需要量是均衡、合理的,在优化过程中不予变更。

2.优化步骤

（1）计算网络计划每"时间单位"的资源需用量。

（2）从计划开始日期起,逐个检查每个"时间单位"资源需用量是否超过资源限量 R_a,如果在整个工期内都是 $R_t \leqslant R_a$,则可行优化方案就编制完成。若发现 $R_t > R_a$。则必须进行计划调整。

（3）分析超过资源限量的时段（每"时间单位"资源需用量相同的时间区段）,计算工期增量,确定新的安排顺序。调整计划时,应该对资源冲突的各项工作做新的顺序安排。顺序安排的选择标准是工期延长时间最短,其值应该按下列公式计算：

①对双代号网络计划：

$$\Delta D_{m'-n',i'-j'} = \min\{\Delta D_{m-n,i-j}\} \tag{11-107}$$

$$\Delta D_{m-n,i-j} = EF_{m-n} - LS_{i-j} \tag{11-108}$$

式中：$\Delta D_{m'-n',i'-j'}$——在各种顺序安排中,最佳顺序安排所对应的工期延长时间的最小值；

$\Delta D_{m-n,i-j}$——在资源冲突的各项工作中,工作 i,安排在工作 m 之后进行,工期所延长的时间。

②对单代号网络计划：

$$\Delta D_{m',n'} = \min\{\Delta D_{m,i}\} \tag{11-109}$$

$$\Delta D_{m,i} = EF_m - LS_i \tag{11-110}$$

式中：$\Delta D_{m',n'}$——在各种顺序安排中,最佳顺序安排所对应的工期延长时间的最小值；

$\Delta D_{m,i}$——在资源冲突的各项工作中,工作 i 安排在工作 m 之后进行,工期所延长的时间。

（4）当最早完成时间 $EF_{m'-i'}$ 或 EF'_m 最小值和最迟开始时间 $LS_{i'-j'}$ 或 LS'_i 最大值同属一个工作时,应找出最早完成时间为次小,最迟开始时间为次大的工作,分别组成两个顺序方案,再从中选取较小者进行调整。

（5）绘制调整后的网络计划,重复以上步骤,直到满足要求。

3.资源有限——工期最短优化实例

【例11-7】已知网络计划如图11-59所示。图中箭线上方为工作资源强度,箭线下方为持续时间,若资源限量为 $R_a = 12$,试对其进行资源有限——工期最短的优化。

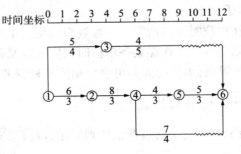

图11-59 初始网络计划图

解　（1）计算每日资源需用量,如图 11 -60 所示。至第 4 天,$R_4 = 13 > R_a = 12$,故需要进行调整。

（2）第一次调整。资源超限时段内有工作 1—3、2—4 两项,分别计算 EF、LS,得

$$EF_{1-4} = 4 \qquad LS_{1-3} = 3$$

$$EF_{2-4} = 6 \qquad LS_{2-4} = 3$$

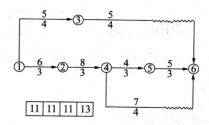

图 11 -60　每日资源需用量

方案一：工作 1—3 移到 2—4 之后

$$\Delta D_{2-4,1-3} = EF_{2-4} - LS_{1-3} = 6 - 3 = 3$$

方案二：工作 2—4 移到 1—3 之后

$$\Delta D_{1-3,2-4} = EF_{1-3} - LS_{2-4} = 4 - 3 = 1$$

（3）决定先考虑工期增加量较小的第二方案,绘出其网络计划如图 11 -61 所示。

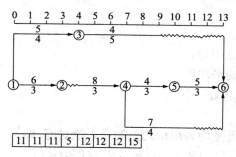

图 11 -61　将 2—4 移到 1—3 之后

（4）计算资源需用量至第 8 天,$R_8 = 15 > R_a = 12$,故需要进行第二次调整。资源超限时段内的工作有 3—6、4—5、4—6 三项,分别计算 EF、LS,得

$$EF_{3-6} = 9 \qquad LS_{3-6} = 8$$

$$EF_{4-5} = 10 \qquad LS_{4-5} = 7$$

$$EF_{4-6} = 11 \qquad LS_{4-6} = 9$$

根据式(11 -107)和式(11 -108),确定 $\Delta D_{m-n,i-j}$ 最小值,只需要找到 $\min\{EF_{m-n}\}$ 和 $\max\{LS_{i-j}\}$,即为最佳方案。由上面计算结果可知,$\min\{EF_{m-n}\}$ 为工作 3—6,$\max\{LS_{i-j}\}$ 为工作 4—6,则选择工作 4—6 安排在工作 3—6 之后进行,工期增加最小:

$$\Delta D_{3-6,4-6} = EF_{3-6} - LS_{4-6} = 9 - 9 = 0$$

此时工期没有增加,仍为 13d,如图 11 -62 所示。再计算每天资源需用量,均能满足要求。

如果有多个平行作业,当调整一项工作的最早开始时间后仍不能满足要求,就应该继续

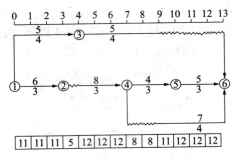

图 11 - 62　优化后的网络计划图

调整。

（二）工期固定——资源均衡的优化

工期固定—资源均衡的优化是调整计划安排,在保持工期不变的条件下,使资源需用量尽可能均衡的过程。

资源均衡也就是使各种资源需用量动态曲线尽可能不出现短时期高峰或低谷,因而可以大大减步施工现场各种临时设施的规模,从而节省施工费用。

1. 资源均衡的指标

(1)不均衡系数 K。

$$K = \frac{R_{\max}}{R_{\mathrm{m}}} \qquad (11-111)$$

式中:$R_{\max}$——最大的资源需用量;

R_{m}——资源需用量的平均值。

K 值越小,资源均衡性越好。

(2)极差值 ΔR。

每天计划需用量与每天平均需用量之差的最大绝对值,即

$$\Delta R = \max\{R_t - R_{\mathrm{m}}\} \ (0 \leqslant f \leqslant r) \qquad (11-112)$$

ΔR 值越小,资源均衡性越好。

(3)均方差值 σ^2。

每天计划需用量与每天平均需用量之差的平方和的平均值。即

$$\sigma^2 = \frac{1}{T} \sum_{t=1}^{T} (R_t - R_{\mathrm{m}})^2 \qquad (11-113)$$

σ^2 值越小,资源均衡性越好。

2. 用均方差值 σ^2 最小进行优化的基本思想

优化的基本思想是:利用网络计划初始方案,计算网络计划的自由时差,通过改善进度计划的安排,使资源动态曲线的均方差值减到最小,从而达到均衡的目的。

将式(11-113)展开:

$$\sigma^2 = \frac{1}{T} \sum_{t=1}^{T} (R_t - R_{\mathrm{m}})^2 = \frac{1}{T} \sum_{t=1}^{T} (R_t^2 - 2R_t R_{\mathrm{m}} + R_{\mathrm{m}}^2)$$

$$= \frac{1}{T} \sum_{t=1}^{T} R_t^2 - 2 \frac{1}{T} \sum_{t=1}^{T} R_t R_{\mathrm{m}} + \frac{1}{T} \sum_{t=1}^{T} R_{\mathrm{m}}^2$$

而 $\dfrac{1}{T} \displaystyle\sum_{t=1}^{T} R_t = R_{\mathrm{m}}$，则

$$\sigma^2 = \dfrac{1}{T} \sum_{t=1}^{T} R_t^2 - R_{\mathrm{m}}^2$$

由上式可以看出，T 及 R_{m} 都是常数，要都使 σ^2 为最小，只需 $\displaystyle\sum_{t=1}^{T} R_t^2$ 为最小值。即

$$W = \sum_{t=1}^{T} R_t^2 = R_1^2 + R_s^2 + \cdots + R_T^2 = \min$$

3. 优化步骤

（1）确定关键线路及非关键工作总时差。

（2）调整顺序。调整宜自网络计划终点节点开始，从右向左逐次进行。按工作的完成节点的编号值从大到小的顺序进行调整，同一个完成节点的工作则先调整开始时间较迟的工作。

在所有工作都按上述顺序自右向左进行了一次调整之后，再按上述顺序自右向左进行多次调整，直至所有工作的位置都不能再移动为止。

（3）调整移动的方法。设被移动的工作 $k-1$，i、j 分别表示工作未移动前开始和完成的那 1d。如果工作 $k-1$ 右移 1d。则第 i 天的资源需用量将减少 r_{k-1}。而第 $J+1$ 天的资源需用量增加 r_{k-1}。这时，ΔW 值的变化量（移动前的差值）为：

$$\Delta W = \left[(R_i - r_{k-1})^2 + (R_{j=1} + r_{k-1})^2 \right] - \left[R_i^2 + R_{j+1}^2 \right] = 2r_{k-1}(R_{j+1} - R_i + r_{k-1})$$

显然，$\Delta W < 0$ 时，表示 σ^2 减小，即

$$R_{j+1} + r_{k-1} \leqslant R, \tag{11-114}$$

工作 $k-1$ 可向右移动 1d。

若 $\Delta W > 0$ 时，表示增加，不能向右移 1d。此时，还要考虑右移多天（在总时差允许的范围内），计算各天的 ΔW 的累计值 $\sum \Delta W$，如果 $\sum \Delta W \leqslant 0$，则将工作右移至该天。

4. 工期固定——资源均衡优化实例。

【例 13-8】已知网络计划如图 11-63 所示，图中箭线上方为资源强度，箭线下方为持续时间。试对其进行工期固定一资源均衡的优化。

解 （1）绘出时标网络计划，算出资源需用量，并标注在网络计划的下方，如图 11-64 所示。

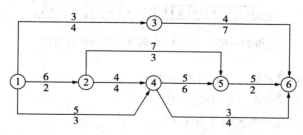

图 11-63 初始网络计划图

（2）计算初始网络计划的不均衡系数。

$$R_{\mathrm{m}} = \dfrac{3 \times 14 + 19 + 15 + 8 + 4 \times 12 + 9 + 3 \times 5}{14} = 11.14$$

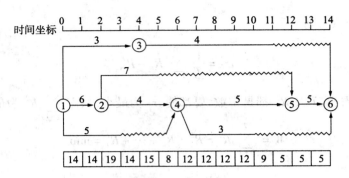

图 11 –64　初始时标网络计划图

$$K = \frac{R_{\max}}{R_m} = \frac{19}{11.14} = 1.71$$

（3）第一次调整。

①以节点 6 为网络计划终点节点的工作有 3—6、4—6、5—6，而工作 5—6 为关键工作，因而只能调整工作 3—6、4—6，又因工作 4—6 的开始时间较工作 3—6 为迟，先调整工作 4—6。

$R_{11} + r_{4-6} = 9 + 3 = 12 = R_7 = 12$，可右移 1d；

$R_{12} + r_{4-6} = 5 + 3 = 8 < R_8 = 12$，可右移 1d；

$R_{13} + r_{4-6} = 5 + 3 = 8 < R_9 = 12$，可右移 1d；

$R_{14} + r_{4-6} = 5 + 3 = 8 < R_{10} = 12$，可右移 1d。

至此，工作 4—6 的总时差已经用完，不能再右移，工作 4—6 调整后的网络计划，如图 11 –65 所示。对工作 3—6 进行调整；

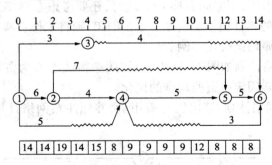

图 11 –65　工作 4—6 调整后的网络计划图

$R_{12} + r_{3-6} = 8 + 4 = 12 < R_{15} = 15$，可右移 1d；

$R_{13} + r_{3-6} = 8 + 4 = 12 > R_6 = 8$，不能右移 1d

$R_{14} + r_{3-6} = 8 + 4 = 12 > R_7 = 9$，不能右移。

工作 3—6 调整后的网络计划如图 11 –66 所示。

②以节点 5 为完成节点的工作有 4—5、2—5，而工作 4—5 为关键工作，只能调整工作 2—5。

$R_6 + r_{2-5} = 8 + 7 = 15 < R_3 = 19$，可右移 1d；

$R_7 + r_{2-5} = 9 + 7 = 16 > R_4 = 14$，不能右移 1d；

$R_8 + r_{2-5} = 9 + 7 = 16 > R_5 = 11$，不能右移 1d；

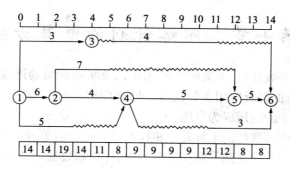

图 11 - 66 工作 3—6 调整后的网络计划图

$R_9 + r_{2-5} = 9 + 7 = 16 > R_6 = 8$，不能右移 1d。

工作 2—5 调整后的网络计划如图 11 - 67 所示。

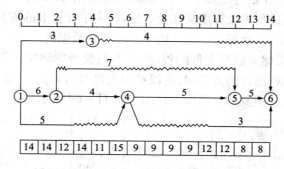

图 11 - 67 工作 2—5 调整后的网络计划图

③分别对以节点 4、3、2 为完成节点的工作进行调整，可以看出，都不能右移。

④第二次调整。

对以节点 6 为完成节点的工作 3—6 进行调整。

$R_{13} + r_{3-6} = 8 + 4 = 12 < R_6 = 15$，可右移 1d；

$R_{14} + r_{3-6} = 8 + 4 = 12 > R_7 = 9$，不能右移 1d。

至此，工作 3—6 的总时差已经用完，不可能再右移。以其他节点为完成节点的工作都不能右移，因而工作 3—6 调整后的网络计划则为优化后的网络计划，如图 11 - 68 所示。

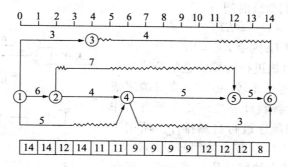

图 11 - 68 工作 3—6 调整后的优化网络计划图

第七节 网络计划的电算方法

网络计划的时间参数计算、方案的各种优化以及实施期间的进度管理都需要大量的重复计算,而电子计算机的普及应用为解决这一问题创造了有利条件,尤其是微型机的出现,使得网络电算在企业中的应用成为可能。

网络计划电算程序同其他的电算程序相比有计算过程简单、数据变量较多的特点,它介于计算程序和数据处理程序之间。所在学习之中,计算和数据处理都很重要,希望引起足够的重视。

一、建立数据文件

如前所述,一个网络计划是由多个工作组成,一个工作又由若干个数据来表示,所以网络计划的时间参数计算过程很大程度是在数据处理,为了计算上的方便,也为了便于数据的检查,有必要建立数据文件,数据文件就是用来存放原始数据的。

为了使用上的方便,建立数据文件的程序时,不但要考虑到学过计算机语言的人使用,也要考虑到没学过计算机语言的人使用,可以利用人机对话的优点,进行一问一答的交换信息。这个过程实现起来并不复杂。其程序框图如图11-69所示。

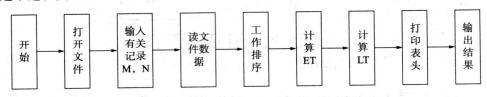

图11-69 网络计划电算过程

二、计算程序

网络时间参数计算程序的关键就是确定其计算公式,用迭代公式进行计算。由前面网络计算公式可知,尽管网络时间参数较多,但其关键的两个参数 ET、LT 确定之后,其余参数都可据此算出,所以其计算法中关键就是 ET、LT 两个参数的计算。其中

$$ET_j = \max(ET_i + D_{i-j})$$

式中:D_{i-j} 为工作 $i-j$ 的持续时间。

由上式可推出 $ET_i + D_{i-j} \leqslant ET_j$

如果 $ET_i + D_{i-j} > ET_j$,则令 $ET_j = ET_i + D_{i-j}$

上式即为利用计算机进行计算的叠加公式。由于计算机不能直观的进行比较,必须依节点顺序依次计算比较,故在进行参数计算之前要对所有工作按其前节点、后节点的顺序进行自然排序。所谓工作的自然排序就是按工作前节点的编号从小到大,当前节点相同时按后节点的编号从小到大进行排列的过程。如图11-70所示给出了计算 ET 的框图。框图中 K 为节点序号。

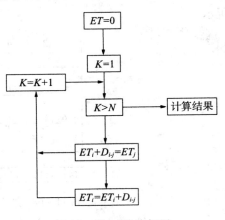

图11-70 ET 的框图

同样,由网络的计算公式可以得出节点的最迟时间计算公式

$$LT_i = \min(LT_j - D_{i,j})$$

由上式可推出 $LT_j - D_{i,j} \geqslant LT_i$

如果 $LT_j - D_{i,j} < LT_i$,则令 $LT_j = LT_j - D_{i,j}$

从上述两个公式看出,在迭代过程中,ET 值不断增大,LT 值不断减少,这也正符合其原有的计算规律。值得提出的是,由于 LT 值是由小到大,故开始计算时,对所有节点的 ET 值赋初值,都令其等于零。而 LT 是由大到小,故所有节点的 LT 初值都要赋予一个较大的值,为了计算上的方便,一般将后一个节点的 ET 赋值给它,因在网络中,终结点的 LT 值一般都为最大值。关于 LT 值的计算框图,如图 11 – 71、图 11 – 72 所示,给出了有关网络时间参数计算整个过程的粗框图。

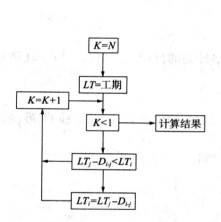

图 11 – 71　LT 值计算框图

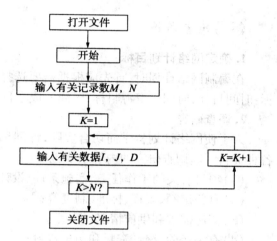

图 11 – 72　网络时间参数计算过程框图

三、输出部分

计算结果的输出也是程序设计的主要部分。首先要解决输出的表格形式。目前输出的表格形式一种是采用横道图形式,另一种是直接用表格形式,输出相应的各时间参数值。无论什么总是先要设计好格式,用 TAB 语句或 PRINTUSING 语句等严格控制好打印位置、换行的位置。本节中介绍的输出形式如表 11 – 9 所示。

表 11 – 9　网络计划时间参数输出表

$I!$	$J!$	$D!$	$T^{ES}!$	$T^{EF}!$	$T^{LS}!$	$T^{LF}!$	$F^F!$	$T^T!$	CP
1	2	3	0	3	1	4	0	1	
1	3	4	0	4	0	4	0	0	!!!
2	4	3	3	6	7	10	4	4	
3	4	6	4	10	4	10	0	0	!!!
其中:CP 为关键线路;有"!!!"号即为关键线路,否则为非关键线路。									

工程应用案例

【背景材料】

某单位办公楼工程为五层现浇框架结构,建筑面积 4200m²,建筑总长为 39.20m,宽为 14.80m,层高为 3.00m,总高 16.20m。钢筋混凝土条形基础,主体为现浇框架结构,围护墙为空心砖砌筑,室内底层地面为缸砖,标准层地面面层均为地板砖,内墙、天棚为中级抹灰,面层为涂料,外墙镶贴面砖,屋面用柔性防水。

一、网络计划技术在土木工程管理中的应用程序

(一)准备阶段

1. 确定网络计划目标

在编制网络计划时,首先应根据需要选择确定网络计划的目标。常见的有以下几种目标:时间目标;时间—资源目标;时间—成本目标。

2. 调查研究

为了使网络计划科学而切合实际,计划编制人员应通过调查研究,拥有足够的、准确的各种资料。其调查研究的内容主要包括:

(1)项目有关的工作任务、实施条件、设计数据等资料;

(2)有关定额、规程、标准、制度等;

(3)资源需求和供应情况;

(4)有关经验、统计资料和历史资料;

(5)其他有关技术经济资料。

调查研究可使用以下几种方法:即实际观察、测量与询问;会议调查;查阅资料;计算机检索;信息传递;分析预测。通过对调查的资料进行综合分析研究,就可掌握项目全貌及其间的相互关系,从而预测项目的发展,变化规律。

3. 工作方案设计

在计划目标已确定和调查研究的基础上,就可进行工作方案设计,其主要内容包括:

(1)确定施工(生产)顺序;

(2)确定施工(生产)方法;

(3)选择需用的机械设备;

(4)确定重要的技术政策或组织原则;

(5)对施工中的关键问题的技术和组织措施的制定;

(6)确定采用网络图的类型。

4. 在进行工作方案设计时,应遵循的基本要求

(1)尽可能减少不必要的步骤,在工序分析基础上,寻求最佳程序;

(2)工艺应达到技术要求,并保证质量和安全;

(3)尽量采用先进技术和先进经验;

(4)组织管理分工合理、职责明确,充分调动全员积极性;

(5)有利于提高劳动生产率,缩短工期,降低成本和提高经济效益。

（二）绘制网络图

1. 项目分解

根据网络计划的管理要求和编制需要,确定项目分解的粗细程度,将项目分解为网络计划的基本组成单元——工作。

2. 逻辑关系分析

逻辑关系分析就是确定各项工作开始的顺序、相互依赖和相互制约关系。它是绘制网络图的基础。在逻辑关系分析时,主要应分析清楚工艺关系和组织关系两类逻辑关系,列出项目分解和逻辑关系表。

3. 绘制网络图

根据所选定的网络计划类型以及项目分解和逻辑关系表,就可进行网络图的绘制;具体方法见以下几节内容。

（三）时间参数计算

按照网络计划的类型不同,根据相应的方法,即可计算出所绘网络图的各项时间参数,并确定出工期、关键工作、关键线路。

（四）编制可行性网络计划

1. 检查与调整

对上述网络计划时间参数计算完后,应检查:工期是否符合要求;资源配置是否符合资源供应条件;成本控制是否符合要求。如果工期不满足要求,则应采取适当措施压缩关键工作的持续时间,如仍不能满足要求时,则需改变工作方案的组织关系进行调整;当资源强度超过供应可能时,则应调整非关键工作使资源降低。在总时差允许范围内,在工艺允许前提下,灵活安排非关键工作,如延长其持续时间、改变开始及完成时间或间断进行等。

2. 编制可行网络计划

对网络计划进行检查与调整之后,必须计算时间参数。根据调整后的网络图和时间参数,重新绘制网络计划——可行网络计划。

（五）网络计划优化

可行网络计划一般需进行优化,方可编制正式网络计划,当无优化要求时,可行网络计划即可作为正式网络计划。

（六）网络计划的实施

1. 网络计划的贯彻

正式网络计划报请有关部门审批后,即可组织实施。一般应组织宣讲,进行必要的培训,建立相应的组织保证体系,将网络计划中的每一项工作落实到责任单位。作业性网络计划必须落实到责任者,并制定相应的保证计划实施的具体措施。

2. 计划执行中的检查和数据采集

为了对网络计划的执行进行控制,必须建立健全相应的检查制度和执行数据采集报告制度。建立有关数据库,定期、不定期或随机地对网络计划执行情况进行检查和收集处理有关信息数据,其检查的主要内容有:关键工作的进度,非关键工作的进度及时差利用;工作逻辑关系的变化情况;资源状况;成本状况;存在的其他问题。对检查结果和收集反馈的有关数据进行分析,抓住关键,及时制定对策。

对网络计划在执行中发生的偏差,应及时予以调整,从而保证计划的顺利实施。计划调整的内容常见的有:工作持续时间的调整;工作项目的调整;资源强度的调整,成本控制。其调整工作可按以下步骤进行:

(1)根据计划执行中检查记录和收集反馈的有关数据的分析结果,确定调整对象和目标;

(2)选择适当调整方法,设计调整方案;

(3)对调整方案进行评价和决策;

(4)确定调整后付诸实施的新的网络计划。

(七)网络计划的总结分析

为了不断积累经验,提高计划管理水平,应在网络计划完成后,及时进行总结分析,并应形成制度。总结分析资料应连同网络计划一起,作为档案资料保存。通常,总结分析的内容包括:

(1)各项目标的完成情况,包括时间目标、资源目标、成本目标等的完成情况;

(2)计划工作中的问题及原因分析;

(3)计划工作中的经验总结分析;

(4)提高计划工作水平的措施总结等。

二、施工劳动量计算

该办公楼工程的基础、主体结构工程均分为三个段组织流水施工,屋面工程不分段,内装修工程按每层划分为一个流水段,外装修工程按自上而下一次完成,其劳动量见表 11-10。

表 11-10　某单位办公楼工程劳动量一览表

序号	分部分项名称	劳动量		工作持续天数	每天工作班数	每班工人数
		单位	数量			
一	基础工程					
1	基础挖土	工日	300	15	1	20
2	基础垫层	工日	45	3	1	15
3	基础现浇混凝土	工日	567	18	1	30
4	基础墙(素混凝土)	工日	90	6	1	15
5	基础及地坪回填土	工日	120	6	1	20
二	主体工程					
1	柱筋	工日	178	4.5	1	8
2	柱、梁、板模板(含梯)	工日	2085	21	1	20
3	柱混凝土	工日	445	3	1.5	20
4	梁板筋(含梯)	工日	450	7.5	1	12
5	梁板混凝土(含梯)	工日	1125	3	3	20
6	砌墙(窗柜)	工日	2596	25.5	1	25
7	拆模	工日	671	10.5		20
8	搭架子	工日	360			6

序号	分部分项名称	劳 动 量		工作持续天数	每天工作班数	每班工人数
		单位	数量			
三	屋面工程					
1	屋面防水	工日	105	7.5	1	15
2	屋面隔热	工日	240	12	1	20
四	装饰工程					
1	外墙粉刷	工日	450	15	1	30
2	安装门窗扇	工日	60	5	1	12
3	天棚粉刷	工日	300	10	1	30
4	内墙粉刷	工日	600	20	1	30
5	楼地面、楼梯、扶手粉刷	工日	450	15	1	30
6	涂料	工日	50	5	1	10
7	油玻	工日	75	7.5	1	10
8	水电安装	工日		3	1	10
9	拆脚手架、拆井架	工日		2	1	6
10	扫尾	工日			1	

三、绘制办公楼工程的网络计划（如图 11-73 所示）

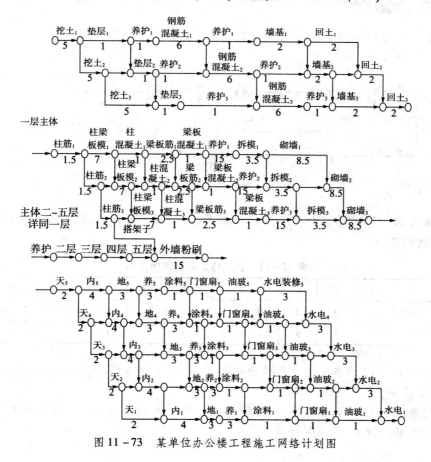

图 11-73 某单位办公楼工程施工网络计划图

复习思考题

1. 试述网络图与横道图比较各有哪些优缺点?

2. 在双代号网络计划中虚工作如何表示? 有什么作用?

3. 简述绘制双代号网络图的基本规则。

4. 双代号网络图组成基本要素有哪些? 试述各要素的含义。

5. 简答双代号网络计划时间参数计算包括哪些内容?

6. 时差有哪几种? 它们各有何作用?

7. 什么是关键工作和关键线路? 如何确定?

8. 单代号网络计划如何表示? 单代号网络计划时间参数如何计算?

9. 单代号网络图与双代号网络图的区别是什么?

10. 与普通网络计划相比较,双代号时间坐标网络计划有什么优点? 如何绘制?

11. 什么是单代号搭接网络计划? 有哪些搭接关系? 单代号搭接网络计划时间参数如何计算?

12. 什么是网络计划优化? 优化内容包括哪些? 如何进行优化?

作 业

1. 试指出如图 11-74 所示网络图中的错误,指明错误原因。

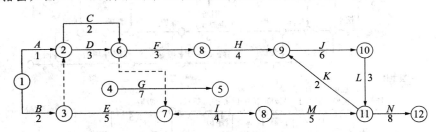

图 11-74 找出图中的错误

2. 根据表 11-11 中各工作之间的逻辑关系,绘制双代号网络图,并进行时间参数的计算,标出关键线路。

表 11-11 各工作之间的逻辑关系

工作名称	A	B	C	D	E	F	G	H	I	J	K	L	M
紧前工作	—	A	A	A	B	C	B、C、D	F、G	E	E、G	I、J	H、I、J	K、L
持续时间	3	5	3	5	4	5	4	3	4	3	2	3	2

3. 根据表 11-12 中各工作之间的逻辑关系,绘制单代号网络图,并进行时间参数的计算,标出关键线路。

4. 根据表 11-13 中各工作之间的逻辑关系,按最早时间绘制双代号时间坐标网络图,并进行时间参数的计算,标出关键线路。

表 11-12　各工作之间的逻辑关系

工作名称	A	B	C	D	E	F	G	H	I	J	K
紧前工作	—	A	A	B	B	E	A	D、C	E	F、G、H	I、J
紧后工作	B、C、G	D、E	H	H	F、I	J	J	J	K	K	—
持续时间	2	3	5	2	4	3	2	5	2	3	1

表 11-13　各工作之间的逻辑关系

工作名称	A	B	C	D	E	F	G	H	I
紧前工作	—	—	A	B	B	A、D	E	C、E、F	G
持续时间	2	5	3	5	2	5	4	5	2

5. 已知双代号网络计划如图 11-75 所示,图中箭线下方括号外的数字为正常持续时间,括号内的数字为最短持续时间,箭线上方括号内的数字为考虑各种因素后的优先选择系数。假定要求工期为 12d,试对其进行工期优化(工作 2—3 和 4—5 持续时间都是 1d,不能再压缩)。

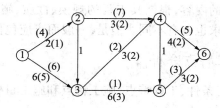

图 11-75　习题 5 图

6. 已知网络计划如图 11-76 所示,图中箭线上方为工作的正常费用和最短时间的费用(以千元为单位),箭线下方为工作的正常持续时间和最短的持续时间。试对其进行费用优化(已知间接费率为 150 元/d)。

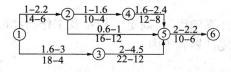

图 11-76　习题 6 图

7. 如图 11-77 所示,图中箭线上方的数据为资源强度,箭线下方的数据为工作持续时间,若资源限量为 $R_a = 14$,试对其进行资源有限——工期最短的优化。

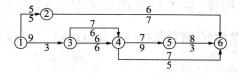

图 11-77　习题 7 图

第十二章　单位工程施工组织设计

第一节　单位工程施工组织设计的内容和编制程序

单位工程施工组织设计是以单位工程为对象,依据工程项目施工组织总设计的要求和有关的原始资料,并结合单位工程实际的施工条件而编制的指导单位工程现场施工活动的技术经济文件。其目的是策划单位工程的施工部署,协调组织单位工程的施工活动,以达到工期短、质量好、成本低的施工目标。

一、单位工程施工组织设计的内容

单位工程施工组织设计的内容,根据其工程的规模、性质、施工复杂程度和施工条件的不同,其内容的深度、广度要求也各有不同。但是,一般而言应包括以下主要内容:

（一）工程概况和施工特点分析

主要包括工程概况、施工条件、工程特点、施工特点和施工目标等内容。

（二）施工方案

主要包括确定施工程序、确定施工起点流向、确定施工顺序、选择施工方案与施工机械等内容。

（三）施工进度计划

主要包括划分施工段、计算工程量、确定工作量及工作持续时间,确定各施工过程的施工顺序及搭接关系,绘制进度计划表等内容。

（四）施工准备工作计划

主要包括施工前的技术准备、现场准备、人力资源准备、材料及构件准备、机械设备及工器具准备等内容。

（五）劳动力、材料、构件、施工机械等需要量计划

主要包括劳动力需要量计划、材料及构件需要量计划、机械设备需要量计划等内容。

（六）施工平面图

主要包括对施工机械、临时加工场地、材料构件仓库与堆场、临时水网和电网、临时道路、临时设施用房的布置等内容。

（七）主要技术组织措施

主要包括保证施工质量的措施、保证施工安全的措施、冬雨季施工措施、文明施工措施及降低成本的措施等内容。

（八）各项技术经济指标

主要包括工期指标、质量和文明安全指标、实物量消耗指标、降低成本指标等内容。

对于一般常见的工业厂房及民用建筑等单位工程，其施工组织设计可以相对精简，内容一般以施工方案、施工进度计划、施工平面图为主，并辅以相应的文字说明。对于技术复杂、规模较大的单位工程或应用新技术、新工艺、新材料没有施工经验的单位工程，则应编制得详细一些。

二、单位工程施工组织设计的编制依据

单位工程施工组织设计的编制依据主要有以下几个方面：

（一）主管部门及建设单位的要求

主要包括上级主管部门或建设单位对工程的开、竣工日期，施工许可证等方面的要求，以及施工合同中的关于质量、工期、费用等方面的规定。

（二）施工图纸及设计单位对施工的要求

主要包括单位工程的全部施工图纸、会审记录和标准图等有关设计资料，对于复杂的建筑工程还要有设备图纸和设备安装对土建施工的要求，及设计单位对新结构、新材料、新技术和新工艺的要求。

（三）施工组织总设计

当该单位工程是某建设项目或建筑群的一个组成部分时，应从总体的角度考虑，在满足施工组织总设计的既定条件和要求的前提下编制该单位工程施工组织设计。

（四）施工企业年度生产计划

应根据施工企业年度生产计划对该工程下达的施工安排和有关技术经济指标来指导单位工程施工组织设计的编制。

（五）施工现场的资源情况

主要包括施工中需要的劳动力、材料、施工设备及工器具、预制构件的供应能力和来源情况等。

（六）建设单位可能提供的条件

主要包括供水、供电、施工道路、施工场地及临时设施等条件。

（七）施工现场条件和勘察资料

主要包括施工现场的地形、地貌、水准点、地上或地下的障碍物、工程地质和水文地质、

气象资料、交通运输等资料。

（八）预算或报价文件和有关规程、规范等资料

主要包括工程的预算文件、国家的施工验收规范、质量标准、操作规程和有关定额等内容。

三、单位工程施工组织设计的编制程序

单位工程施工组织设计的编制程序如图 12-1 所示。

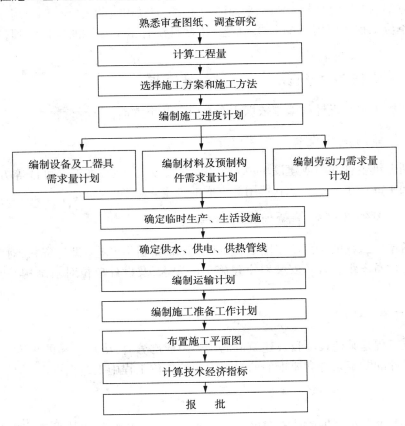

图 12-1　单位工程施工组织设计的编制程

四、工程概况和施工特点分析

（一）工程概况

主要介绍拟建工程的建设单位、工程名称、性质、用途、作用、资金来源及工程投资额、开竣工日期、设计单位、施工单位、施工组织管理结构、施工图纸情况、施工合同、主管部门的有关文件或要求、组织施工的指导思想等。

（二）施工特点分析

主要是概括指出单位工程的施工特点和施工中的关键问题，以便在选择施工方案、组织

资源供应,技术力量配备以及施工设备上采取有效措施,保证施工顺利进行。如现浇钢筋混凝土高层建筑的施工特点主要有:结构和施工机具设备的稳定性要求高,钢材加工量大,混凝土浇筑难度大,脚手架搭设必须进行设计计算,安全问题突出等。

第二节　施工方案设计

施工方案设计是单位工程施工组织设计的核心问题。施工方案合理与否,不仅影响到施工进度计划的安排和施工平面图的布置,而且关系到工程施工的效率、质量、工期和技术经济效果,所以应予以充分重视。其内容一般包括:确定施工程序、施工顺序、施工起点流向、主要分部分项工程的施工方法和施工机械等。

一、确定施工程序

施工程序是指施工中不同阶段的不同工作内容按照其固有的先后次序及其制约关系循序渐进向前开展的客观规律。单位工程的施工程序一般为:接受任务阶段,开工前的准备阶段,全面施工阶段,竣工验收阶段。每一阶段都必须完成规定的工作内容,并为下阶段工作创造条件。

(一)接受任务阶段

接受任务阶段是其他各个阶段的前提条件,施工单位在这个阶段承接施工任务,并签订施工合同,明确具体的施工任务。目前施工单位承接的工程施工任务,一般是通过投标方式承接。签订施工合同签前,施工单位需重点检查该项工程是否有正式的批准文件及建设投资是否落实。在签订工程承包合同时,应明确合同双方应承担的技术经济责任及奖励、处罚条款。对于施工技术复杂、工程规模较大的工程,还需选择分包单位,签订分包合同。

(二)开工前准备阶段

开工前准备阶段是继接受任务之后,为单位工程施工创造必要条件阶段。单位工程开工前必须具备如下条件:施工图纸设计完成并通过会审;施工预算已编制;施工组织设计已经过批准并完成交底;场地平整、障碍物的清除和场内外交通道路的铺设已经基本完成;施工用水、用电、排水均可满足施工的需要;永久性或半永久性坐标和水准点已经完成设置;临时设施建设基本能满足开工后生产和生活的需要;材料、成品和半成品及施工机械设备能陆续进入现场,保证连续施工;劳动力计划已落实,随时可以进场,并已经过必要的技术安全教育。在此基础上,编写开工报告,并经上级主管部门审查批准后方可开工。

(三)全面施工阶段

施工方案设计中主要应确定此阶段的施工程序。施工中通常遵循的程序主要有:

1. 先地下、后地上

施工时,通常应首先完成管道、管线等地下设施、土方工程和基础工程,然后开始地上工程施工。对于地下工程应按先深后浅的顺序进行,以免造成施工返工或对上部工程的干扰,影响工程质量,造成浪费。但采用逆作法施工时除外。

2. 先主体、后围护

施工时应先进行框架主体结构施工,然后进行围护结构施工。

3. 先结构、后装饰

施工时先进行主体结构施工,然后进行装饰工程施工。

4. 先土建、后设备

先土建、后设备是指一般的土建与水暖电卫等工程的总体施工程序,施工时某些工序可能要穿插在土建的某一工序之前进行,这是施工顺序问题,并不影响总体施工程序。

工业建筑中土建与设备安装工程之间的程序取决于工业建筑的类型,如精密仪器厂房,一般要求土建、装饰工程完成后安装工艺设备,而重型工业厂房,一般要求先安装工艺设备后建设厂房或设备安装与土建工程同时进行。

（四）竣工验收阶段

单位工程完工后,施工单位应首先进行内部预验收,并向建设单位提交竣工验收报告。然后建设单位组织各方参与正式验收,验收合格双方办理交工手续及有关事宜。

二、确定施工起点流向

确定施工起点流向,就是确定单位工程在平面上或竖向上施工开始的部位和进展的方向。对于单层建筑物,如厂房,可按其车间、工段或跨间,分区分段地确定出在平面上的施工流向。对于多层建筑物,除了确定每层平面上的流向外,还应确定沿竖向上的施工流向。对于道路工程可确定出施工的起点后,沿道路前进方向,将道路分为若干区段,如1千米一段进行。

确定单位工程施工起点流向时,一般应考虑如下因素:

1. 车间的生产工艺流程

从生产工艺上考虑影响其他工段试车投产的工段应该先施工。

2. 建设单位对生产和使用的需要

生产或使用急的工段或部位先施工。例如,建设单位需先期进入时所需要的办公场所等。

3. 施工的繁简程度

一般技术复杂、施工进度慢、工期较长的区段或部位应先施工。例如,高层现浇钢筋混凝土结构房屋,主楼部分应先施工,裙房部分后施工。

4. 工程现场条件和施工方案

施工场地的大小,道路布置和施工方案中采用的施工方法和机械是确定施工起点和流向的主要因素。例如,挖土和吊装机械的开行路线或布置位置便决定了基础挖土及结构吊装的施工流向,当土方工程边开挖边余土外运,则施工起点应确定在离道路远的部位和由远及近的进展方向。

5. 房屋高低层或高低跨

例如,柱子的吊装应从高低跨并列处开始;高低层并列的多层建筑物中,应从层数多的区段开始。

6. 分部分项工程的特点及其相互关系

密切相关的分部分项工程的流水,一旦前导施工过程的起点流向确定,则后续施工过程也随其而定了。如单层工业厂房的挖土工程的起点流向决定桩基础施工过程和吊装施工过程的起点流向。

三、确定施工顺序

施工顺序是指分项工程或工序之间施工的先后次序。它的确定既是为了保证能够按照客观的施工规律组织施工,也是为了解决各分部分项工程之间在时间上的搭接利用问题。在保证质量与安全施工的前提下,实现缩短工期的目的。

(一)确定施工顺序应考虑的因素

合理地确定施工顺序是编制施工进度计划的需要。确定施工顺序时,一般应考虑以下因素:

(1)符合施工工艺

(2)与施工方法和施工机械一致

(3)考虑工期和施工组织的要求

(4)考虑施工质量和安全要求

(5)考虑当地气候影响

(二)多层砖混结构的施工顺序

多层砖混结构的施工,一般可划分为基础工程、主体结构工程、屋面及装饰工程等施工阶段,其施工顺序如图 12 - 2 所示。

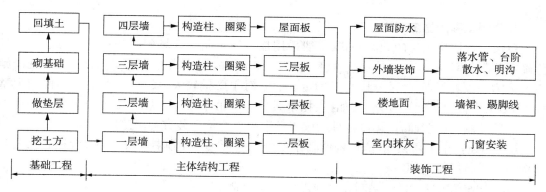

图 12 - 2　多层砖混结构施工顺序图

(三)装配式单层工业厂房的施工顺序

装配式单层工业厂房的施工可分为基础工程、预制工程、结构安装工程、围护工程和装饰工程等五个施工阶段,其施工顺序如图 12 - 3 所示。

1. 基础工程的施工顺序

基础工程的施工顺序通常是:挖土方—做垫层—扎钢筋—支模板—浇混凝土—养护—拆模—回填土。

单层工业厂房的柱基础一般为现浇钢筋混凝土杯形基础,适宜采用平面流水施工。对于厂房的设备基础,由于与厂房柱基础施工顺序的不同,故常常影响到主体结构的安装方法

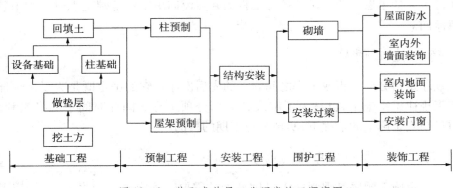

图 12-3 装配式单层工业厂房施工顺序图

和设备安装投入的时间。因此,需根据具体情况决定其施工顺序序。通常有三种方案:

(1)当厂房柱基础的埋置深度大于设备基础埋置深度时,采用"封闭式"施工,即厂房柱基础先施工,设备基础后施工。当厂房施工处于雨季或冬季时,或设备基础不大,在厂房结构安装后对厂房结构稳定性并无影响时,或对于较大较深的设备基础采用了特殊的施工方法(如沉井时),可采用"封闭式"施工。

(2)当设备基础埋置深度大于厂房基础的埋置深度时,通常采用"开敞式"施工,即厂房柱基础和设备基础同时施工。

(3)当设备基础较大较深,其基坑的挖土范围已经与柱基础的基坑挖土范围连成一片或深于厂房柱基础,以及厂房所在地点土质不佳时,采用厂房柱基础与设备基础同时施工的顺序。

2.预制工程的施工顺序

单层工业厂房构件的预制方式,一般采用加工厂预制和现场预制相结合的方法。在具体确定预制方案时,应结合构件技术特征、当地加工厂的生产能力、工程的工期要求、现场施工及运输条件等因素,经过分析之后确定。通常对于质量较大、尺寸较大,运输不便的大型构件,多采用拟建车间现场预制,如柱、托架梁、屋架、吊车梁等。数量较多的中小型构件可在加工厂预制。一般而言,预制构件的施工顺序根据结构吊装方案确定。

(1)场地狭小工期又允许时,构件制作可分别进行。先预制柱和吊车梁,待柱和梁安装完毕后再进行屋架预制。

(2)场地宽敞时,可柱、梁制完后即进行屋架预制。

(3)场地狭小工期又紧时,可将柱和梁等构件在拟建车间内就地预制,同时在外进行屋架预制。

3.结构安装工程的施工顺序

结构安装工程是单层工业厂房施工中的主导工程。结构安装施工的顺序取决于吊装方法。采用分件吊装法时,顺序为第一次开行吊装柱,校正固定,混凝土强度达到70%后第二次开行吊装吊车梁、连系梁和基础梁,第三次开行吊装屋盖构件。采用综合法时,顺序依次为吊装第一节间四根柱,校正固定后安装吊车梁及屋盖等构件,如此至整个车间安装完毕。

结构吊装的流向通常应与预制构件制作的流向一致。当厂房为多跨且有高低跨时,构件安装应从高低跨柱列开始,先安装高跨,后安装低跨,以适应安装工艺的要求。

4.围护工程的施工顺序

围护工程阶段的施工包括内外墙体砌筑、搭脚手架、安装门窗框和屋面工程等。在厂房结构安装工程结束后,或安装完一部分区段后即可开始内外墙砌筑工程的分段施工。

脚手架应配合砌筑和屋面工程搭设,在室外装饰之后,散水施工前拆除。屋面工程的顺序同混合结构居住房屋的屋面施工顺序。

5. 装饰工程的施工顺序

装饰工程具体分为室内装饰和室外装饰。一般单层厂房的装饰工程,通常不占总工期,而与其他施工过程穿插进行。地面工程应在设备基础、墙体砌筑工程完成了一部分和埋入地下的管道电缆或管道沟完成后穿插进行。钢门窗安装一般与砌筑工程穿插进行,也可以在砌筑工程完成后开始安装。

（四）多层全现浇钢筋混凝土框架结构房屋的施工顺序

多层全现浇钢筋混凝土框架结构房屋的施工一般可划分为基础工程、主体结构工程、围护工程和装饰工程等四个施工阶段。其施工顺序如图 12－4 所示。

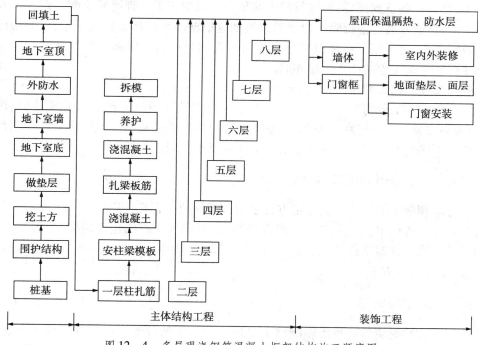

图 12－4 多层现浇钢筋混凝土框架结构施工顺序图

1. ±0.00 以下工程施工顺序

多层全现浇钢筋混凝土框架结构房屋的基础一般可分为有地下室和无地下室基础工程。

（1）若有一层地下室,且房屋建设在软土地基时,基础工程的施工顺序一般为:

桩基—围护结构—土方开挖—垫层—地下室底板—地下室墙、柱（防水处理）—地下室顶板—回填。

（2）若无地下室,且房屋建设在土质较好的地区时,基础工程的施工顺序一般为:

挖土—垫层—基础（扎筋、支模、浇混凝土、养护、拆模）—回填。

在多层框架结构房屋基础工程施工之前,和混合结构居住房屋一样,也要先处理好基础下部的松软土、洞穴等,然后分段进行平面流水施工。施工时,应根据当地的气候条件,加强对垫层和基础混凝土的养护,在基础混凝土达到拆模要求时及时拆模,并提早回填土,从而为上部结构施工创造条件。

2.主体结构工程的施工顺序

主体结构工程即全现浇钢筋混凝土框架的施工顺序为:绑柱钢筋—安柱、梁、板模板—浇柱混凝土—绑梁、板钢筋—浇梁、板混凝土。柱、梁、板的支模、绑筋、浇混凝土等施工过程的工程量大,耗用的劳动力和材料多,而且对工程质量和工期也起着决定性作用。故需把多层框架在竖向上分成层,在平面上分成段,即分成若干个施工段,组织平面上和竖向上的流水施工。

3.围护工程的施工顺序

围护工程的施工包括墙体工程、安装门窗框和屋面工程。墙体工程包括砌筑用的脚手架的搭拆,内、外墙砌筑等分项工程。不同的分项工程之间可组织平行、搭接、立体交叉流水施工。屋面工程、墙体工程应密切配合,如在主体结构工程结束之后,先进行屋面保温层、找平层施工,待外墙砌筑到顶后,再进行屋面油毡防水层的施工。脚手架应配合砌筑工程在室外装饰之后、做散水坡之前拆除。内墙的砌筑则应根据内墙的基础形式而定,有的需在地面工程完成后进行,有的则可在地面工程之前与外墙同时进行。屋面工程的施工顺序与混合结构居住房屋屋面工程的施工顺序相同。

4.装饰工程的施工顺序

装饰工程的施工分为室内装饰和室外装饰。室内装饰包括天棚、墙面、楼地面、楼梯等抹灰,门窗扇安装,门窗油漆,安玻璃等;室外装饰包括外墙抹灰、勒脚、散水、台阶、明沟等施工。其施工顺序与混合结构居住房屋的施工顺序基本相同。

四、施工方法和施工机械选择

施工方法和施工机械选择是施工方案中的关键问题。它直接影响施工进度、施工质量、施工安全以及工程成本。编制施工组织设计时,必须根据工程的建筑结构、抗震要求、工程量大小、工期长短、资源供应情况、施工现场条件和周围环境,制定出可行方案,并进行技术经济比较,确定最优方案。

(一)施工方法的选择

选择施工方法时应着重考虑影响整个单位工程施工的分部分项工程的施工方法,如在单位工程中占重要地位的分部分项工程、施工技术复杂或采用新技术、新工艺对工程质量起关键作用的分部分项工程、不熟悉的特殊结构工程或由专业施工单位施工的特殊专业工程的施工方法。而对于按照常规做法和工人熟悉的分项工程,只要提出应注意的特殊问题即可,不必详细拟定施工方法。

1.选择施工方法的基本要求

(1)要重点解决主要分部分项工程的施工方法

(2)要符合施工组织总设计的要求

(3)要满足施工技术的需要

(4)要争取提高工厂化和机械化程度

(5)要符合先进可行、经济合理的原则

(6)要满足工期、质量和安全的要求

2. 主要分部分项工程施工方法的选择

（1）土石方工程

①计算土石方工程量,确定土石方开挖或爆破方法。

②确定放坡坡度系数或边坡支护形式。

③选择排除地面、地下水的方法,确定排水沟、集水井或井点布置。

④确定土石方调配方案。

（2）基础工程

①基础中垫层、混凝土基础和钢筋混凝土基础施工的技术要求,以及地下室施工的技术要求。

②桩基础的类型及施工方法。

（3）砌筑工程

①砖墙的砌筑方法和质量要求。

②弹线及皮数杆的控制要求。

③确定脚手架搭设方法及安全网的挂设方法。

（4）钢筋混凝土工程

①确定模板类型及支模方法,对于复杂的工程还需要进行模板设计及绘制模板放样图

②选择钢筋的加工、绑扎和焊接方法。

③确定混凝土的类型,选择搅拌、输送、浇筑顺序和方法,确定施工缝的留设位置。

④确定预应力混凝土的施工方法。

（5）结构安装工程

①确定结构安装方法。

②确定构件运输及堆放要求。

（6）屋面工程

①屋面施工的操作要求

②确定屋面构件的运输方式

（7）装饰工程

①各种装修的操作要求和方法。

②选择材料运输方式及储存要求。

（二）施工机械的选择

施工机械选择应主要考虑以下几个方面：

1. 应首先根据工程特点选择适宜的主导工程施工机械

如在选择装配式单层工业厂房结构安装用的起重机械类型时,若工程量大而集中,可以采用生产率较高的塔式起重机;若工程量较小或虽大但较分散时,则采用无轨自行式起重机械;在选择起重机型号时,应使起重机性能满足起重量、安装高度、起重半径和臂长的要求。

2. 各种辅助机械应与直接配套的主导机械的生产能力协调一致

为了充分发挥主导机械的效率,在选择与主导机械直接配套的各种辅助机械和运输工具时,应使其互相协调一致;如土方工程中自卸汽车的选择,应考虑使挖土机的效率充分发挥出来。

3. 在同一建筑工地上的建筑机械的种类和型号应尽可能少

在一个建筑工地上,如果拥有大量同类而不同型号的机械,会给机械管理带来困难,同时增加对于工程机械转移的工时消耗。因此,对于工程量大的工程应采用专用机械;量小而分散的情况,应尽量采用多用途的机械。

4. 尽量选用施工单位的现有机械,以减少施工的投资额,提高现有机械的利用率,降低工程成本

若现有机械满足不了工程需要,如果此机械本工程利用时间长或将来工程经常要用,则可以考虑购置,否则可考虑租赁。

5. 确定各个分部工程垂直运输方案时应进行综合分析,统一考虑

如高层建筑施工时,可从下述几种组合情况选一种,进行所有分部工程的垂直运输:塔式起重机和施工电梯;塔式起重机、混凝土泵和施工电梯;塔式起重机、井架和施工电梯;井架和施工电梯;井架、快速提升机和施工电梯。

五、主要技术组织措施

技术组织措施主要是指在技术、组织方面对保证质量、安全、节约和季节施工所采用的方法。根据工程特点和施工条件,主要制定以下技术组织措施:

(一)保证工程质量措施

保证质量的关键是对工程施工中经常发生的质量通病制定防治措施,以及对采用新工艺、新材料、新技术和新结构制定有针对性的技术措施,确保基础质量的措施,保证主体结构中关键部位质量的措施,以及复杂特殊工程的施工技术组织措施等。

(二)保证施工安全措施

保证安全的关键是贯彻安全操作规程,对施工中可能发生的安全问题提出预防措施并加以落实。保证安全的措施主要包括以下几个方面:

(1)新工艺、新材料、新技术和新结构的安全技术措施。

(2)预防自然灾害,如防雷击、防滑等措施。

(3)高空作业的防护和保护措施。

(4)安全用电和机具设备的保护措施。

(5)防火防爆措施。

(三)冬雨季施工措施

雨季施工措施要根据工程所在地的雨量、雨期、工程特点和部位,在防淋、防潮、防泡、防淹、防拖延工期等方面,采取改变施工顺序、排水、加固、遮盖等措施。

冬季施工措施要根据所在地的气温、降雪量、工程内容和特点、施工单位条件等因素,在保温、防冻、改善操作环境等方面,采取一定的冬期施工措施。如暖棚法,先进行门窗封闭,再进行装饰工程的方法,以及混凝土中加入抗冻剂的方法等。

(四)降低成本措施

降低成本措施包括提高劳动生产率、节约劳动力、节约材料、节约机械设备费用、节约临时设施费用等方面的措施,它是根据施工预算和技术组织措施计划进行编制的。

第三节　单位工程施工进度计划的编制

单位工程施工进度计划是在确定了施工方案的基础上,根据规定工期和各种资源供应条件,按照施工过程的合理施工顺序及组织施工的原则,用图表的形式(横道图或网络图),对一个工程从开始施工到工程全部竣工的各个项目,确定其在时间上的安排和相互间的搭接关系。在此基础上,方可编制月、季计划及各项资源需要量计划。所以,施工进度计划是单位工程施工组织设计中的一项非常重要的内容。

一、单位工程施工进度计划

(一)单位工程施工进度计划的作用

(1)安排单位工程的施工进度,保证在规定工期内完成符合质量要求的工程任务;
(2)确定单位工程中各个施工过程的施工顺序、持续时间、相互衔接和合理配合关系;
(3)为编制各种资源需要量计划和施工准备工作计划提供依据;
(4)为编制季度、月、旬生产作业计划提供依据。

(二)单位工程施工进度计划的编制依据

编制单位工程施工进度计划,主要依据下列资料:
(1)经过审批的建筑总平面图、地形图、单位工程施工图、工艺设计图、设备基础图、采用的标准图集以及技术资料;
(2)施工工期要求及开竣工日期;
(3)施工组织总设计对本单位工程的有关规定;
(4)主要分部分项工程的施工方案;
(5)施工条件,劳动力、材料、构件及机械的供应条件,分包单位的情况等;
(6)劳动定额及机械台班定额;
(7)其他有关要求和资料。

(三)单位工程施工进度计划的表示方法

单位工程施工进度计划的表示方法施工进度计划一般用图表表示,经常采用的有两种形式:横道图和网络图。这两种形式进度计划的编制详见本书前面相关章节。

(四)单位工程施工进度计划的编制方法和步骤

1. 划分施工过程

编制进度计划时,首先应按照图纸和施工顺序将拟建单位工程的各个施工过程列出,并结合施工方法、施工条件、劳动组织等因素,加以适当调整,使其成为编制施工进度计划所需的施工过程。

通常施工进度计划表中只列出直接在建筑物或构筑物上进行施工的砌筑安装类施工过程以及占有施工对象空间、影响工期的制备类和运输类施工过程,如装配式单层工业厂房柱预制等施工过程等。

在确定施工过程时,应注意以下几个问题:

(1)施工过程划分的粗细程度,主要根据单位工程施工进度计划的客观作用而定。对于起控制性作用的施工进度计划,其施工项目的划分可以比较粗。一般可以按分部工程名称划分施工项目,例如,基础工程、预制工程、结构安装工程等。而对于实施性的施工进度计划,项目划分得要细一些,例如,上屋面工程应进一步划分为找平层、隔气层、保温层、防水层等分项工程,这样便于掌握施工进度,起到指导的作用。

(2)施工过程的划分要结合所选择的施工方案。例如,工业厂房基础工程施工,厂房柱基础和设备基础同时进行施工时,可以合并为一个施工项目;如果组织施工时,一个先做,另一个跟着后施工,也可分列为两项。

(3)要适当简化施工进度计划内容,避免工程项目划分过细,重点不突出。可将某些穿插性分项工程合并到主导分项工程中,或对在同一时间内,由同一专业工程队施工的过程,合并为一个施工过程。而对于次要的零星分项工程,可合并为其他工程一项。例如,各种油漆施工,包括钢木门窗油漆、铁栏杆、窗栅油漆、钢支撑、抓梯等金属面漆可合并为一项"油漆工程"列出。

(4)水暖电卫工程和设备安装工程通常由专业工作队负责施工。因此,在一般土建工程施工进度计划中,只要反映出这些工程与土建工程相互配合即可。

(5)所有施工过程应基本按施工顺序先后排列,所采用的施工项目名称可参考现行定额手册上的项目名称。这样可以增强相关数据的通用性和可比性,提高信息的处理和利用效率。

2. 计算工程量

可以直接采用施工图预算所计算的工程量数据,但应注意有些项目的工程量应按实际情况作适当调整。如土方工程施工中挖土工程量,应根据土壤的类别及具体的施工方案进行调整。计算时应注意以下几个问题:

(1)各分部分项工程的内容、计算规则和计量单位应与现行定额一致,以避免计算劳动力、材料和机械数量时产生错误。

(2)结合选定的施工方法和安全技术要求,计算工程量。

(3)结合施工组织要求,分区、分项、分段、分层计算工程量。

(4)计算工程量时,尽量考虑编制其他计划时使用工程量数据的方便,做到一次计算,多次使用。

3. 计算劳动量和机械台班

根据各分部分项工程的工程量、施工方法套用企业定额,计算各分部分项工程的劳动量和机械台班量。计算公式如下:

$$P = \frac{Q}{S} \qquad\qquad (12-1)$$

或
$$P = Q \times H \qquad\qquad (12-2)$$

式中:P——某施工过程所需的劳动量(工日)或机械台班数量(台班);

Q——某施工过程的工程量;

S——某施工过程的产量定额;

H——某施工过程的时间定额。

在使用定额时,可能会出现以下几种情况:

(1)当施工进度计划所列项目与定额项目内容不一致,且包含几个定额项目时,如某施工项目可能是由同一工种,但材料、做法都不相同的施工过程合并而成。如果各定额项目所对应工程量相等,则可以计算各定额项目的平均值,然后利用定额平均值计算劳动量,如公式(12-3)所示。

$$P = Q \times \frac{H_1 + H_2 + H_3 + \cdots + H_n}{n} \qquad (12-3)$$

式中:$H_1, H_2, H_3, \cdots, H_n$——各定额项目的时间定额;

n——各定额项目的数量;

如果各定额项目所对应工程量不相等,则需分别计算各定额项目所对应劳动量,然后汇总得出总的劳动量,如公式(12-4)所示。

$$P = Q_1 \times H_1 + Q_2 \times H_2 + Q_3 \times H_3 + \cdots + Q_n \times H_n \qquad (12-4)$$

式中:$Q_1, Q_2, Q_3, \cdots, Q_n$——各定额项目所对应的工程量。

(2)在实际施工中,如遇到采用新技术或特殊施工方法的分部分项工程,由于缺乏足够的经验和可靠的资料等,暂时未列入定额,计算时可参考类似项目的定额或经过实际测算,确定临时定额。

(3)施工计划中"其他工程"项目所需的劳动量。可根据其内容和工地具体情况,以总劳动量的一定百分比计算,一般取(10~20)%。

(4)水暖电卫、设备安装等工程项目,由专业工程队组织施工,在编制一般土建单位工程施工进度计划时,不考虑其具体进度,只需表示出与一般土建工程进度相配合的关系。

4. 确定各施工过程的施工天数

根据施工条件及施工工期要求不同,有定额法、工期倒推法和经验估计法等三种方法,详见本书前面章节,不再累述。

需特别注意在应用定额法时,通常先按一班制考虑,如果每天所需机械台数或工人人数,已超过施工单位现有人力、物力或工作面限制时,则应根据具体情况和条件从技术和施工组织上采取积极的措施,如增加工作班次,最大限度地组织立体交叉平行流水施工,加早强剂提高混凝土早期强度等。

5. 编制施工进度计划的初始方案

具体方法如下:

(1)确定主要分部工程并组织其流水施工

应首先确定主要分部工程,组织其中主导分项工程的流水施工,使主导分项工程连续施工。

(2)安排其他各分部工程流水施工

其他各分部工程施工应与主要分部工程相配合,并用与主要分部工程相类似的方法;组织其内部的分项工程,使其尽可能流水施工。

(3)按各分部工程的施工顺序编排初始方案

各分部工程之间按照施工工艺顺序或施工组织的要求,将相邻分部工程的相邻分项工程,按流水施工要求或配合关系搭接起来,组成单位工程进度计划的初始方案。

6. 检查与调整施工进度计划的初始方案,绘制正式进度计划

检查与调整的目的在于使初始方案满足规定的计划目标,确定理想的施工进度计划。其内容如下:

（1）检查施工过程的施工顺序以及平行、搭接和技术间歇等是否合理；

（2）检查初始方案的总工期是否满足规定工期；

（3）检查主要工程工人是否连续施工，施工机械是否充分发挥作用；

（4）检查各种资源需要量是否均衡。

经过检查，对不符合要求的部分进行调整。其方法一般有：增加或缩短某些分项工程的施工时间；在施工顺序允许的情况下，将某些分项工程的施工时间前后移动；必要时还可以改变施工方法或施工组织措施。最后，绘制正式进度计划。

二、资源需要量计划

各项资源需要量计划可用来确定建筑工地的临时设施，并按计划供应材料、构件、调配劳动力和机械，以保证施工顺利进行。在编制单位工程施工进度计划后，就可以编制各项资源需要量计划。

（一）劳动力需要量计划

它主要是作为安排劳动力、调配和衡量劳动力消耗指标、安排生活福利设施的依据，其编制方法是将施工进度计划表中所列各施工过程每天（或旬、月）劳动量、人数按工程汇总填入劳动力需要量计划表。其格式如表 12-1 所示。

表 12-1　劳动力需求量计划

序号	工种名称	需要量（工　日）	需　要　时　间						备注
			×月			×月			
			上旬	中旬	下旬	上旬	中旬	下旬	

（二）主要材料需要量计划

它主要作为备料、供料和确定仓库、堆场面积及组织运输的依据。其编制方法是，根据施工预算中工料分析表、施工进度计划表，材料的贮备和消耗定额，将施工中需要的材料，按品种、规格、数量、使用时间计算汇总，填入主要材料需要量计划表，其格式如表 12-2 所示。

表 12-2　主要材料需要量计划

序号	材料名称	规格	需　要　量		供应时间	备注
			单位	数量		

（三）构件和半成品需要量计划

它主要用于落实加工订货单位，并按照所需规格、数量、时间、组织加工、运输和确定仓库或堆场,可根据施工图和施工进度计划编制,其格式如表12-3所示。

表12-3　构件和半成品需要量计划

序号	构件半成品名称	规格	图号型号	需要量		使用部位	加工单位	供应日期	备注
				单位	数量				

（四）施工机械需要量计划

它主要用于确定施工机具类型、数量、进场时间,据此落实施工机具来源,组织进场。其编制方法是,将单位工程施工进度表中的每一个施工过程,每天所需的机械类型、数量和施工日期进行汇总,即得施工机械需要量计划。其格式如表12-4所示。

表12-4　施工机械需要量计划

序号	机械名称	类型、型号	需要量		使用起止时间	备注
			单位	数量		

第四节　单位工程施工平面图的设计

单位工程施工平面图设计是对一个建筑物的施工现场的平面规划和空间布置图。它是根据工程规模、特点和施工现场的条件,按照一定的设计原则,来正确地解决施工期间所需各种暂设工程和其他业务设施等同永久性建筑物和拟建工程之间的合理位置关系。它是进行现场布置的依据,也是实现施工现场有组织有计划地进行文明施工的先决条件。编制和贯彻合理的施工平面图,施工现场井然有序,施工进行顺利;反之,则导致施工现场混乱,直接影响施工进度,造成工程成本增加等不良后果。

单位工程施工平面图的绘制比例一般为1:500～1:2000。

一、单位工程施工平面图的设计内容

（1）建筑总平面图上已建和拟建的地上地下的一切房屋、构筑物以及其他设施（道路和各种管线等）的位置和尺寸。

（2）测量放线标校位置、地形等高线和土方取弃场地。

（3）自行式起重机械开行路线、轨道布置和固定式垂直运输设备位置。

（4）各种加工厂、搅拌站、材料、加工半成品、构件、机具的仓库或堆场。

（5）生产和生活性福利设施的布置。

（6）场内道路的布置和引入的铁路、公路和航道位置。

(7)临时给排水管线、供电线路、蒸汽及压缩空气管道等布置。

(8)一切安全及防火设施的布置。

二、单位工程施工平面图的设计依据

在进行施工平面图设计前,应认真研究施工方案,并对施工现场做深入细致地调查研究,对原始资料进行周密分析,使设计与施工现场的实际情况相符,从而使其确实起到指导施工现场空间布置的作用。设计所依据的资料主要有:

（一）建筑、结构设计和施工组织设计时所依据的有关拟建工程的当地原始资料

(1)自然条件调查资料:气象、地形、水文及工程地质资料。主要用于布置地表水和地下水的排水沟,确定易燃、易爆及有碍人体健康的设施的布置,安排冬雨季施工期间所需设施的地点。

(2)技术经济调查资料:交通运输、水源、电源、物资资源、生产和生活基地情况。它对布置水、电管线和道路等具有重要作用。

（二）建筑设计资料

(1)建筑总平面图:包括一切地上地下拟建和已建的房屋和构筑物。它是正确确定临时房屋和其他设施位置,以及修建工地运输道路和解决排水等所需的资料。

(2)一切已有和拟建的地下、地上管道位置。在设计施工平面图时,可考虑利用这些管道或需考虑提前拆除或迁移,并需注意不得在拟建的管道位置上面建临时建筑物。

(3)建筑区域的竖向设计和土方平衡图。它们在布置水电管线和安排土方的挖填、取土或弃土地点时需要用到。

（三）施工资料

(1)单位工程施工进度计划,从中可了解各个施工阶段的情况,以便分阶段布置施工现场。

(2)施工方案。据此可确定垂直运输机械和其他施工机具的位置、数量和规划场地。

(3)各种材料、构件、半成品等需要量计划,以便确定仓库和堆场的面积、形式和位置。

三、单位工程施工平面图的设计原则

(1)在保证施工顺利进行的前提下,现场布置尽量紧凑,以节约土地。

(2)合理布置施工现场的运输道路及各种材料堆场、加工厂、仓库、各种机具的位置,尽量使得运距最短,从而减少或避免二次搬运。

(3)尽量减少临时设施的数量,降低临时设施费用。

(4)临时设施的布置,尽量利于工人的生产和生活,使工人至施工区的距离最近,往返时间最少。

(5)符合环保、安全和防火要求。

四、单位工程施工平面图的设计步骤

单位工程施工平面图的设计步骤如图12-5所示。

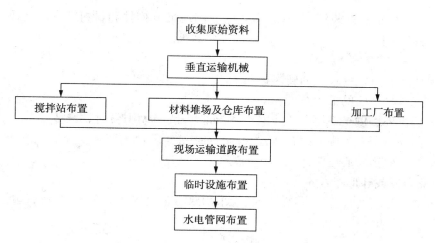

图 12 – 5 单位工程施工平面图的设计步骤

（一）确定垂直运输机械的布置

垂直运输机械的位置直接影响仓库、搅拌站、各种材料和构件等位置及道路和水、电线路的布置等，因此，它是施工现场布置的核心，必须首先确定。由于各种起重机械的性能不同，其布置方式也不相同。

1. 塔式起重机的布置

塔式起重机是集起重、垂直提升、水平输送三种功能为一身的机械设备。按其在工地上使用架设的要求不同可分为固定式、轨行式、附着式、内爬式四种。

轨行式塔式起重机可沿轨道两侧全幅作业范围内进行吊装，但占用施工场地大，路基工作量大，且使用高度受一定限制，通常只用于高度不大的高层建筑。一般沿建筑物长向布置，其位置、尺寸取决于建筑物的平面形状、尺寸、构件重量、起重机的性能及四周的施工场地的条件等。通常，轨道布置方式有以下四种布置方案，如图 12 – 6 所示。

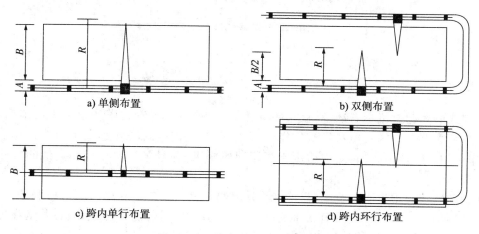

a) 单侧布置   b) 双侧布置

c) 跨内单行布置   d) 跨内环行布置

图 12 – 6 塔式起重机布置方案

（1）单侧布置

当建筑物宽度较小，构件重量不大选择起重力矩在 450kN·m 以下时，可采用单侧布置方案。其优点是轨道长度较短,且有较为宽敞的场地堆放构件和材料。此时起重半径应满足式(12－5)的要求。

$$R \geqslant B + A \qquad (12-5)$$

式中:R——塔式起重机的最大回转半径,m;

  B——建筑物平面的最大宽度,m;

  A——建筑外墙皮至塔轨中心线的距离,m。一般当无阳台时,A＝安全网宽度＋安全网外侧至轨道中心线距离;当有阳台时,A＝阳台宽度十安全网宽度十安全网外侧至轨道中心线距离。

(2)双侧布置或环形布置

当建筑物宽度较大,构件重量较重时,应采用双侧布置或环形布置,此时,起重半径应满足公式(12－6)要求:

$$R > B/2 + A \qquad (12-6)$$

(3)跨内单行布置

由于建筑物周围场地狭窄,不能在建筑物外侧布置轨道,或由于建筑物较宽、构件较重时,塔式起重机应采用跨内单行布置,才能满足技术要求,此时最大起重半径满足式(12－7):

$$R > B/2 \qquad (12-7)$$

(4)跨内环行布置

当建筑物较宽,构件较重,塔式起重机跨内单行布置不能满足构件吊装要求,且塔吊不可能在跨外布置时,则选择这种布置方案。

塔式起重机的位置及尺寸确定之后,应当复核起重量、回转半径、起重高度三项工作参数是否能够满足建筑物吊装技术要求。若复核不能满足要求,则调整上述各公式中 A 的距离。若 A 已是最小安全距离时,则必须采取其他的技术措施。最后,绘制出塔式起重机服务范围。它是以塔轨两端有效端点的轨道中点为圆心,以最大回转半径画出两个半圆,连接两个半圆,即为塔式起重机服务范围,如图 12－7 所示。

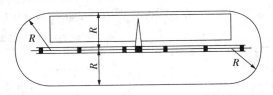

图 12－7　塔吊服务范围示意图

固定式塔式起重机不需铺设轨道,便其作业范围较小;附着式塔式起重机占地面积小,且起重高度大,可自升高,但对建筑物作用有附着力;而内爬式塔式起重机布置在建筑物中间,且作用的有效范围大:它们均适用于高层建筑施工,并且可与轨行式相类似的方法绘制出服务范围。

在确定塔式起重机服务范围时,最好将建筑物平面尺寸包括在塔式起重机服务范围内,以保证各种构件与材料直接吊运到建筑物的设计部位上,尽可能不出现死角;若实在无法避免,则要求死角越小越好,同时在死角上应不出现吊装最重、最高的预制构件,且在确定吊装方案时,提出具体的技术和安全措施,以保证这部分死角的构件顺利安装。例如,将塔式起重机和龙门架同时使用,以解决这个问题,如图 12－8 所示。但要确保塔吊回转时不能有碰撞的可能,确保施工安全。

此外,在确定塔式起重机服务范围时应考虑有较宽的施工用地,以便安排构件堆放以及使搅拌设备出料斗能直接挂钩起吊。同时也应将主要道路安排在塔吊服务范围之内。

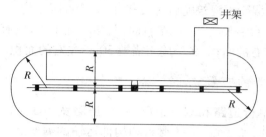

图 12－8　塔吊龙门架配合示意图

2. 固定式垂直运输机械

固定式垂直起重设备,有钢井架、龙门架、桅杆式起重机等。布置时应充分发挥设备能力,使地面或楼面上运距短。故应根据超重机械的性能、建筑物的平面尺寸、施工段的划分、材料进场方向及运输道路而确定。

井架、龙门架一般布置在窗口处,以避免砌墙留搓和减少拆除井架后的修补工作。应特别注意固定式起重运输设备中的卷扬机的位置,不应距离超重机过近,阻挡司机视线,应使司机可观测到起重机的整个升降过程,以保证安全生产。

3. 自行无轨式起重机械

自行无轨起重机械分履带式、轮胎式和汽车式三种起重机。它一般不作垂直提升和水平运输之用。适用于装配式单层工业厂房主体结构和吊装,也可用于混合结构如大梁等较重构件的吊装方案等。

4. 混凝土泵和泵车

高层建筑施工中,混凝土的垂直运输量十分巨大,通常采用泵送方法进行。混凝土泵是在压力推动下沿管道输送混凝土的一种设备,它能一次连续完成水平运输和垂直运输,配以布料杆或布料机还可以有效地进行布料和浇筑。混凝土泵布置时宜考虑设置在场地平整、道路畅通、供料方便、且距离浇筑地点近,便于配管、排水、供水、供电方便的地方,并且在混凝土泵作用范围内不得有高压线。

（二）确定搅拌站、仓库、材料和构件堆场以及加工厂的位置

搅拌站、仓库和材料、构件的布置应尽量靠近使用地点或在起重机服务范围以内,并考虑到运输和装卸料方便。

根据起重机械的类型、材料、构件堆场的布置有以下几种情况:

(1)当采用固定式垂直运输机械时,首层、基础和地下室所有的砖、石等材料宜沿建筑物四周布置,并距坑、槽边不小于0.5m,以免造成槽、坑土壁的坍塌事故。二层以上的材料、构件布置时,对大宗的、重量大的和先期使用的材料,可布置稍远一点。混凝土、砂浆搅拌站、仓库应尽量靠近垂直运输机械。

(2)当采用塔式起重机时,材料和构件堆场位置以及搅拌站出料口的位置,应布置在塔式起重机有效服务范围内。

(3)当采用自行无轨式起重机械时,材料、构件的堆场和仓库及搅拌站的位置,应沿着起重机开行路线布置,且其位置应在起重臂的最大起重半径范围内。

（4）任何情况下,搅拌机应有后台上料的场地,所有搅拌站所用材料:水泥、砂、石子以及水泥罐等都应布置在搅拌机后台附近。当混凝土基础的体积较大时混凝土搅拌站可以直接布置在基坑边缘附近,待混凝土浇筑完后再转移,以减少混凝土的运输距离。

（5）混凝土搅拌机每台需要有 $25m^2$ 左右面积,冬季施工时,应有 $50m^2$ 左右面积。砂浆搅拌机每台需有 $15m^2$ 左右的面积,冬季施工需要 $30m^2$ 左右的面积。

（三）现场运输道路的布置

现场运输道路分为单行道路和双行道路,单行道路宽为 $3 \sim 3.5m$,双行道路为 $5.5 \sim 6m$,为保证场内道路畅通,便于调车,按材料和构件运输的需要,沿着仓库和堆场成环行线路布置,布置时应尽量利用永久性道路。

（四）临时设施的布置

临时设施分为生产性临时设施,如钢筋加工棚和水泵房、木工加工房等,非生产性临时设施如办公室、工人休息室、开水房、食堂、厕所等,布置的原则就是有利生产,方便生活,安全防火。通常采用以下布置方法:

（1）生产性设施如木工加工棚和钢筋加工棚的位置,宜布置在建筑物四周和远位置,且有一定的材料、成品的堆放场地;

（2）石灰仓库、淋灰池的位置应靠近搅拌站,并设在下风向;

（3）沥青堆放场及熬制锅的位置应离开易燃品仓库或堆放场,并宜布置在下风向;

（4）办公室应靠近施工现场,设在工地入口处;工人休息室应设在工人作业区;宿舍应布置在安全的上风向一侧;收发室宜布置在入口处等。

（五）水电管网布置

1. 施工水网的布置

一般从建设单位的干管或自行布置的干管接到用水地点,应力求管网总长度最短。管径的大小和出水龙头的数目及设置,应视工程规模的大小通过计算确定。管道可埋于地下,也可铺于路上,以当地的气候条件和使用期限的长短而定。在工地内要设置消防栓,消防栓距建筑物应不小于 $5m$,也不应大于 $25m$,距路边个大于 $2m$,条件允许时,可利用已有消防栓。

有时为了防止水的意外中断,可在建筑物旁布置简易的蓄水池,以储备一定的施工用水,高层建筑还应在水池边设泵站。

2. 施工供电布置

施工临时用电线路的布置应尽量利用已有的高压电网或已有的变压器进行布线,线路应架设在道路一侧,且距建筑物水平距离大于 $1.5m$,电杆间距为 $25 \sim 40m$,分支线及引入线均由电杆处接出,在跨越道路时应根据电气施工规范的尺寸要求进行配置与架设。

在进行单位工程施工平面图设计时,必须强调指出,建筑施工是一个复杂的施工过程。各种施工设备、施工材料及构件均是随工程的进展而逐渐进场的,但又随工程的进展不断变动。因此在设计平面图时,要充分考虑到这一点,应根据各单位工程在各个施工阶段中的各项要求,将现场平面合理划分,综合布置,使各施工过程在不同的施工阶段具有良好的施工条件,指导施工顺利进行。

复习思考题

1. 单位工程施工组织设计的编制依据有哪些?
2. 单位工程施工组织设计有哪些内容组成?
3. 确定施工顺序时应考虑哪些因素?
4. 单位工程施工方案有哪些内容组成?
5. 单位工程施工进度计划的编制依据有哪些?
6. 简述单位工程施工进度计划的编制步骤?
7. 全面施工阶段通常应遵循的基本程序主要有哪些?
8. 单位工程施工平面图的设计内容有哪些?
9. 在单位工程施工组织设计中应编写的主要技术组织措施有哪些?

第十三章　施工组织总设计

第一节　施工组织总设计的编制程序及依据

施工组织总设计是以若干个单位工程组成的群体工程或特大型项目为编制对象,用于指导施工的技术、经济和管理的综合性文件,对整个项目的施工过程起统筹规划、重点控制的作用。

一、施工组织总设计编制程序

施工组织总设计的编制程序,如图13-1所示。

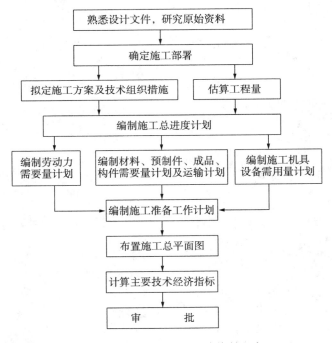

图13-1　施工组织总设计编制程序

二、施工组织总设计编制依据

编制施工组织总设计一般以下列资料为依据:

(1)计划文件和有关合同。包括可行性研究报告及其批准文件,规划红线范围和用地批准文件,施工招标文件和工程施工合同等。

(2)设计文件。包括初步设计或技术设计批准文件,以及设计图纸和说明书,总概算或修正总概算等。

（3）地形、地质、气象等自然条件；与工程有关的资源供应情况；施工企业的生产能力、机具设备状况、技术水平等。

（4）有关的法律法规和文件、规范规程、工程定额和类似工程的经验资料。

三、施工组织总设计内容

施工组织总设计包括下列主要内容：工程概况、总体施工部署、施工总进度计划、总体施工准备与主要资源配置计划、主要施工方法、施工总平面布置图等。

第二节 施工部署

施工部署是对项目实施过程做出的统筹规划和全面安排，包括项目施工主要目标、施工顺序及空间组织、施工组织安排等。

一、对项目总体施工做出宏观部署

（1）根据建设项目施工合同，确定满足或高于合同要求的进度、质量、安全、环境和成本等施工总目标。

（2）根据项目施工总目标的要求，确定项目分阶段（期）交付的计划。建设项目通常是由若干个相对独立的投产或交付使用的子系统组成，如大型工业项目有主体生产系统、辅助生产系统和附属生产系统之分，住宅小区有居住建筑、服务性建筑和附属性建筑之分，此时，可以根据项目施工总目标的要求，将建设项目划分为分期分批投产或交付使用的独立交工系统。在保证工期的前提下，实行分期分批建设，即可使各具体项目迅速建成，尽早投入使用，又可在全局上实现施工的连续性和均衡性，减少暂设工程数量，降低工程成本。

（3）确定项目分阶段（期）施工的合理顺序及空间组织。根据确定的项目分阶段（期）交付计划，合理地确定各单位工程的开工顺序和开竣工时间。在确定施工顺序时，按生产工艺要求先投产或起主导作用的工程先安排；工程量大、施工难度大、需要时间长的工程先安排；运输、动力系统的工程先安排；供施工使用或生产先期使用的工程先安排；充分考虑到季节性对某些工程的影响。划分各参与施工单位的工作任务，明确各单位之间分工与协作的关系，确定综合的和专业化的施工组织，保证先后投产或交付使用的系统都能够正常运行。

二、施工难点和重点分析

从组织管理和施工技术两个方面简要分析项目施工的难点和重点，据此做好重点控制的各项准备。

根据现有的施工技术水平和管理水平，对项目施工中开发和使用的新技术、新工艺作出规划，并采取可行的技术、管理措施来满足工期和质量等要求。

三、确定总承包单位的管理组织机构形式

根据项目的规模、复杂程度、专业特点、人员素质和地域范围，总承包单位确定有效的项目管理组织机构形式，一般采用框图的形式表示。

四、分包单位的能力要求

因为分包项目属于建设单位与总承包单位签订的施工合同内容,分包单位的资质、能力直接影响着工程质量、进度等目标的实现,为了确保实现目标,对主要分包项目施工单位的资质和能力提出明确要求。

第三节　施工总进度计划及资源需求量计划

施工总进度计划是按照总体施工部署确定的施工顺序和空间组织,依据施工合同、施工进度目标和有关技术经济资料,对各单位工程施工在时间上做出安排。其作用在于确定工程项目施工的先后顺序、施工期限、开工和竣工日期,以及它们之间的搭接关系和时间。从而确定建筑工地上劳动力、材料、施工机具设备、成品、半成品的需要量和供应时间,附属企业、加工厂(站)的生产供应能力,临时房屋和仓库、堆场的面积,水电供应数量等。

一、施工总进度计划的编制

(一)列出工程项目并计算工程量

首先根据工程项目一览表列出主要的工程项目。因为施工总进度计划起控制工期的作用,所以项目划分不宜过细,应突出主要项目,一些附属项目,辅助项目可以合并。

在此基础上,计算各工种工程实物工程量。工程量计算可按设计图纸,采用有关定额、资料,如万元(或十万元)投资工程量、劳动力及材料消耗扩大指标,概算指标和扩大结构定额,已建成的类似工程的资料进行粗略的计算。

除了各主要项目外,还要计算全工地性工程的工程量,如场地平整的土石方工程量等。

(二)确定各单位工程的施工期限

各单位工程的施工期限与其建筑类型、结构特征、施工条件、施工方法、施工技术和管理水平等因素有关。因此,在确定各单位工程工期时,应参考有关的工期定额,结合上述因素进行综合考虑。

(三)确定各单位工程开竣工时间和相互搭接关系

安排时,一般应考虑以下几点:

(1)抓住重点,分清主次,同一时期施工的项目不宜过多,以免人力、物力分散。施工使用或生产先期使用的工程,工程规模较大,施工难度较大,施工工期较长的工程以及需要先期配套使用的工程尽量先安排。

(2)努力实现均衡施工。应使主要工种工程能流水施工,尽量使劳动力、材料、施工设备在全工地内实现均衡。

(3)考虑冬雨季施工的影响,合理安排施工项目。

(4)确定适量的附属工程作为调剂项目,用以保证重点同时实现均衡施工。

(5)土建施工、设备安装、试车运转相互配合,同时前后期工程有机衔接。

（四）绘制施工总进度计划

　　施工总进度计划可采用网络图或横道图表示，并附必要说明。由于网络图明确表达了各项目之间的逻辑关系，计划的调整、优化较为方便，所以优先采用网络计划表示形式。施工总进度计划主要起控制总工期作用，不宜过细，过细不利于调整。时间划分可按月，对跨年度工程，通常第一年度按月划分，第二年以后可按季划分。

二、主要资源需求量计划的编制

　　总进度计划编制好后，就可以据此编制劳动力、材料等物资需求量计划及总体施工准备工作计划。

（一）劳动力配置计划

　　劳动力配置计划是组织劳动力进场的基本依据，合理的劳动力配置计划可减少劳务人员不必要的进、退场或避免窝工状态，进而节约施工成本。先按单位工程的各主要实物工程量，套用定额或有关经验资料计算出所需工种的劳动量，再依据总进度计划中单位工程分工种的施工持续时间，求出某单位工程在某段时间内的平均劳动力人数。用同样的方法求出各单位工程各主要工种在各时期的平均劳动力人数，叠加起来得到总用工人数，表示在纵坐标（表示人数）上，并把它们连接起来，横坐标表示时间，即成为某工种劳动力动态曲线。把计算结果填入专用的表格，即可得到劳动力配置计划（见表 13-1）。

表 13-1　劳动力需要量计划

序号	工程名称	工种	施工高峰需用人数	201×年	201×年	备注

（二）物资配置计划

　　与编制劳动力配置计划类似，按单位工程的各主要实物工程量和施工总进度计划，套用定额或有关经验资料，计算出各种物资的配置计划。物资配置计划是组织各种物资进、退场的依据，科学合理的物资配置计划即可保证工程建设顺利进行，又可降低工程成本（见表 13-2、表 13-3）。

表 13-2　主要材料需要量计划

工程名称	型钢/t	钢板/t	钢筋/t	水泥/t	砌块/千块	砂/m³	…

表 13-3　主要施工机具设备需要量计划

序号	机具名称	规格型号	功率	单位	需要数量	现有	不足	使用时间	备注

第四节 施工总平面布置图

施工总平面布置图是表示施工场地在施工期间所需各项临时设施和永久性建筑(包括已有和拟建)之间的空间位置关系的图形,它是按照施工部署、主要施工方法和施工总进度计划的要求,将临时建筑、临时加工预制厂、材料仓库和堆场、交通道路和水电动力管线,合理地规划和布置在建筑总平面图上。对于指导现场进行有组织、有计划的文明施工具有重大意义。

一、施工总平面布置图的内容

一切地上、地形既有和拟建的建(构)筑物及其他设施的位置和尺寸。

建设项目施工用电范围内地形、等高线、全部拟建的建(构)筑物和其他基础设施的坐标网。

一切为施工服务的临时设施的布置,包括施工用道路,各种加工厂、半成品制备站及有关施工机械,各种建筑材料、半成品、构配件的仓库和堆场,取土及弃土的位置,办公和生活用房,临时供电、供水供热、排水排污设施,安全、消防、环境保护等设施。

二、设计施工总平面布置图的资料

设计资料。包括建筑总平面图、场地的竖向设计图、建设项目占地范围内地上和地下的建(构)筑物和各种管网。

建设地区资料。包括工程勘测和技术经济调查资料,以便充分利用当地自然条件和技术经济条件为施工服务,用于确定物资来源、加工厂和仓库的位置和规模、施工道路、给排水管路和动力线路。

施工部署、主要工程的施工方案、施工总进度计划。

各种建筑材料、构件、加工品、施工机械和运输工具需要量计划,以便确定它们的储存、堆放场地和运输道路。

构件加工厂、仓库等各种临时建筑及尺寸情况。

三、设计施工总平面布置图的原则

平面布置科学合理,施工场地占用面积少。

在保证运输方便的前提下,运输费用最少。这就要求合理布置仓库、加工场站、垂直运输机械等的位置,减少场内运输距离,减少二次搬运。

充分利用既有建(构)筑物及既有设施为施工服务,又降低临时设施的建造费用。

施工区域的划分和场地的临时占用符合总体施工部署和施工流程的要求,减少相互干扰。

方便生产和生活,办公区、生活区和生产区宜分离设置。

符合节能、环保、安全和消防等要求,并遵守当地主管部门和建设单位关于施工现场安全文明施工的相关规定。

四、施工总平面布置图的设计步骤

(一)把场外交通引入现场

在设计施工总平面布置图时,首先从确定大宗材料、半成品和生产工艺设备进入施工现场的运输方式开始。当大宗施工物资由铁路运来时,因为铁路的转弯半径大,坡度有限制,所以要解决铁路从何处引入现场和引到何处的问题。尽可能利用该企业永久性铁路专用线,铁路专用线最好沿着工地周边或各个独立施工区的周边铺设,避免与工地内部运输线交叉,影响工地内部运输。

当大宗施工物资由水路运来时,要解决如何利用原有码头和是否增设新码头,以及大型仓库和加工场同码头关系问题。

当大宗施工物资由公路运来时,因公路线路设置灵活,应先把场内仓库和加工场布置在最经济合理的地方,再将场内道路与场外公路连通。

(二)确定仓库和堆场位置

仓库的位置与材料进场方式有关。当采用铁路运输时,仓库尽可能沿铁路专用线布置,并且在仓库前有足够的装卸前线,否则在铁路线附近设置转运仓库,并且该仓库要设置在靠近工地一侧,避免内部运输跨越铁路。

当采用水路运输时,要在码头附近设置转运仓库,以减少船只在码头上的停留时间。

当采用公路运输时,仓库尽可能靠近使用地点或工地中心区,如不可能这样做时,也可以布置在工地入口处。

工业项目还应考虑主要设备的仓库(或堆场),重型工艺设备尽可能运至车间附近,普通工艺设备可放至车间外围或其他空地上。

(三)确定搅拌站和加工场位置

当有混凝土(或砂浆)专用运输设备时,现场可以不设搅拌站而使用商品混凝土(或砂浆),也可集中设置大型搅拌站,其位置可采用线性规划方法确定。否则在靠近使用地点或垂直运输设备的位置,分散设置小型搅拌站。

各种加工场的布置应以方便生产、安全防火、环境保护和运输费用少为原则。一般加工场集中布置在工地边缘处,并且与其相应仓库或堆场布置在同一地区。

(四)确定场内运输道路位置

在研究物资转运路径和转运量的基础上,明确主要道路(干线)和次要道路(支线)的位置。

尽可能提前修建或利用原有的永久性道路;场内道路要将堆场、仓库或加工场和施工点贯穿起来;合理安排施工道路与场内地下管网间的施工顺序,如果场内地下管网图纸未到往往先修路后建管网,此时修路要避开管网及其施工要占的位置,保证场内道路时刻畅通;干线采用环状布置,转运施工区及货运量密集区场应放置环形道路;干线用双车道,宽度5～5.5m,支线用单车道,宽度3～3.5m;尽可能减少有尽头的死道,对于有尽头的单车道,应在末端设置回车场;根据运输情况、运输工具和使用条件,合理选择路面结构。

(五)确定行政与生活福利等房屋的位置

行政与生活福利等房屋要尽量利用建设单位生活基地或其他永久性建筑,不足部分再按计划建造。行政管理用房屋宜设在工地入口处,以便对外联系,也可设在比较中心地带,便于工地管理。工人居住用房屋宜布置在工地外围或边缘处,文化福利用房屋设置在工人集中地方,或工人必经之路附近的地方。

(六)确定水电管网和动力设施位置

尽量利用已有的和提前修建的永久线路。若必须设置临时线路时,应取最短线路。

降压变电所设在高压线进入工地处较隐蔽的位置,并采取安全防护措施。临时自备发电设备应设在工地中心或靠近主要用电区域。

管网一般沿道路布置。供电线路应避免与其他管线设在同一侧,不得妨碍交通和施工机械的装拆、运转,并要避开堆料、挖槽、修建临时工棚用地。主要水电管线采用环状,孤立点可采用树枝状。

临时水管铺设可采用明管或暗管。在严寒地区,暗管应埋设在冰冻线以下,明管应加保温。通过道路部分,应考虑地面上重型机械荷载对埋设管道影响。排水沟沿道路布置,纵坡不小于0.2%,过路处应设涵管,在山地建设时应设防洪设施。

根据建设项目规模大小,设置消防站、消防通道和消火栓。消火栓间距不大于120m,距拟建房屋不大于25m,并不小于5m,距路边不大于2m。

(七)绘制评价施工总平面图

以上各种布置不是截然分开的,应相互协调配合,统一考虑,形成施工总平面图。图幅大小和绘图比例应根据工地大小以及布置内容多少来确定。图幅一般选用1~2号图纸大小,比例一般采用1:1000或1:2000。为了从几个可行的施工总平面图方案中,选择出一个最优方案,通常采用的评价指标有:施工占地总面积、土地利用率、施工设施建造费用、施工道路总长度和施工管网总长度。并在分析技术的基础上,对每个可行方案进行综合评价。

复习思考题

1. 试述施工组织总设计的内容。
2. 施工部署包括哪些内容?
3. 试述施工总进度计划的作用、编制方法。
4. 试述施工总平面图的设计步骤和方法。

参考文献

［1］吴涛,丛培经. 中国工程项目管理知识体系. 北京:中国建筑工业出版社,2003.

［2］刘宗仁,王士川. 土木工程施工. 北京:高等教育出版社,2003.

［3］重庆建筑大学等. 建筑施工. 北京:中国建筑工业出版社,2001.

［4］张长友,白峰编. 建筑施工技术. 北京:中国电力出版社,2004.

［5］钟晖,栗宜民,艾合买提·依不拉音. 土木工程施工. 重庆:重庆大学出版社,2001.

［6］建筑施工手册编写组. 建筑施工手册. 第四版. 北京:中国建筑工业出版社,2003.

［7］重庆大学,同济大学,哈尔滨工业大学. 土木工程施工. 北京:中国建筑工业出版社.

［8］袁朝庆等. 土木工程施工. 北京:科学出版社,2006.

［9］GB 50207—2002 屋面工程质量验收规范.

［10］编写委员会. 建筑工程检测标准大全. 北京:中国建筑工业出版社,2000.

［11］手册编委会. 防水工程施工与质量验收实用手册. 北京:中国建材工业出版社,2004.

［12］JGJ 55—2000 普通混凝土配合比设计规程.

［13］GBJ 108—1987 地下工程防水技术规范.

［14］GB 50208—2002 地下防水工程质量验收规范.

［15］GB 50203—2002 砌体工程施工质量验收规范.

［16］赵仲琪. 建筑施工组织. 北京:冶金工业出版社,1999.

［17］蔡雪峰. 建筑施工组织. 武汉:武汉理工大学出版社,1997.